国家出版基金项目
NATIONAL PUBLICATION FOUNDATION

"十三五"国家重点出版物出版规划项目

光电子科学与技术前沿丛书

聚苯胺的制备与应用

王献红 等/编著

科学出版社
北京

内 容 简 介

聚苯胺是最有应用前景的导电高分子之一，本书以聚苯胺的合成、结构解析、性能研究、成型加工和应用为主线，阐述了聚苯胺的历史和发展现状，指出了聚苯胺研究所面临的问题和可能的发展思路。主要内容包括聚苯胺的制备、聚苯胺的结构解析与物化性能、聚苯胺的成型加工、聚苯胺在新能源材料领域的应用、聚苯胺在金属防腐领域的应用、聚苯胺在传感器领域的应用、基于导电聚苯胺的电磁屏蔽材料等。本书不仅向读者全方位展示了聚苯胺的合成技术，同时还基于聚苯胺在溶液加工尤其是水系加工方面的突破展望了聚苯胺在能源、环保、智能材料等方面的重要发展前景。

本书展示了聚苯胺合成、加工和应用的全貌，主要供从事高分子材料科学与技术的研究人员、工程师阅读，也适合能源、电化学、人工智能材料领域相关的研究人员参考，还可作为高等院校、科研院所相关专业的师生教学和自学的参考用书。

图书在版编目（CIP）数据

聚苯胺的制备与应用 / 王献红等编著. —北京：科学出版社，2019.11
（光电子科学与技术前沿丛书）

"十三五"国家重点出版物出版规划项目 国家出版基金项目
ISBN 978-7-03-062502-1

Ⅰ.①聚… Ⅱ.①王… Ⅲ.①苯胺–制备–研究 Ⅳ.①O625.63

中国版本图书馆 CIP 数据核字（2019）第 220772 号

丛书策划：杨 震 张淑晓 / 责任编辑：张淑晓 李丽娇 / 责任校对：杜子昂
责任印制：赵 博 / 封面设计：黄华斌

科学出版社 出版
北京东黄城根北街 16 号
邮政编码：100717
http://www.sciencep.com

三河市春园印刷有限公司印刷

科学出版社发行 各地新华书店经销

*

2019 年 11 月第 一 版 开本：720×1000 1/16
2025 年 2 月第三次印刷 印张：17 插页：2
字数：323 000

定价：**118.00 元**

（如有印装质量问题，我社负责调换）

"光电子科学与技术前沿丛书"编委会

丛书序

　　光电子科学与技术涉及化学、物理、材料科学、信息科学、生命科学和工程技术等多学科的交叉与融合，涉及半导体材料在光电子领域的应用，是能源、通信、健康、环境等领域现代技术的基础。光电子科学与技术对传统产业的技术改造、新兴产业的发展、产业结构的调整优化，以及对我国加快创新型国家建设和建成科技强国将起到巨大的促进作用。

　　中国经过几十年的发展，光电子科学与技术水平有了很大程度的提高，半导体光电子材料、光电子器件和各种相关应用已发展到一定高度，逐步在若干方面赶上了世界先进水平，并在一些领域实现了超越。系统而全面地整理光电子科学与技术各前沿方向的科学理论、最新研究进展、存在问题和前景，将为科研人员以及刚进入该领域的学生提供多学科、实用、前沿、系统化的知识，将启迪青年学者与学子的思维，推动和引领这一科学技术领域的发展。为此，我们适时成立了"光电子科学与技术前沿丛书"专家委员会，在丛书专家委员会和科学出版社的组织下，邀请国内光电子科学与技术领域杰出的科学家，将各自相关领域的基础理论和最新科研成果进行总结梳理并出版。

　　"光电子科学与技术前沿丛书"以高质量、科学性、系统性、前瞻性和实用性为目标，内容既包括光电转换导论、有机自旋光电子学、有机光电材料理论等基础科学理论，也涵盖了太阳电池材料、有机光电材料、硅基光电材料、微纳光子材料、非线性光学材料和导电聚合物等先进的光电功能材料，以及有机/聚合物光电子器件和集成光电子器件等光电子器件，还包括光电子激光技术、飞秒光谱技术、太赫兹技术、半导体激光技术、印刷显示技术和荧光传感技术等先进的光电子技术及其应用，将涵盖光电子科学与技术的重要领域。希望业内同行和读者不吝赐教，帮助我们共同打造这套丛书。

在丛书编委会和科学出版社的共同努力下，"光电子科学与技术前沿丛书"获得 2018 年度国家出版基金支持，并入选了"十三五"国家重点出版物出版规划项目。

我们期待能为广大读者提供一套高质量、高水平的光电子科学与技术前沿著作，希望丛书的出版为助力光电子科学与技术研究的深入，促进学科理论体系的建设，激发创新思想，推动我国光电子科学与技术产业的发展，做出一定的贡献。

最后，感谢为丛书付出辛勤劳动的各位作者和出版社的同仁们！

"光电子科学与技术前沿丛书"编委会

2018 年 8 月

前　言

　　聚苯胺是主链由对苯二胺和醌二亚胺两个单元组成的一类长链共轭高分子，尽管其早在 19 世纪中期就已经以苯胺黑的名称存在并广泛应用于染料工业，但是直到 1983 年才被 Alan G. MacDiarmid 重新进行科学研究，后经 Alan J. Heeger 及其团队对其独特的结构解析和性能发现，聚苯胺成为最重要的导电高分子品种之一。MacDiarmid 和 Heeger 因有关导电聚合物的发现于 2000 年获得诺贝尔化学奖。值得一提的是，曹镛先生为导电态聚苯胺的成型加工做出了里程碑式的贡献，他与 Heeger 先生合作的成果至今仍在学术界和工业界得到广泛应用。国内王佛松先生领导的团队最早开展聚苯胺研究，并积极推进其在金属防腐、抗静电、二次电池的电极材料等领域的应用，研究工作持续 30 余年而不衰。

　　《聚苯胺的制备与应用》一书基于王佛松先生创立的聚苯胺研究团队的研发经历，结合国内外研究小组关于聚苯胺的研究成果编写而成。全书以聚苯胺的合成、结构解析、性能研究、成型加工和应用为主线，共分成 7 章，其中第 1 章由中国科学院长春应用化学研究所的高红博士和王献红研究员编写；第 2 章由中国科学院长春应用化学研究所的路崎博士编写；第 3 章由江南大学的罗静博士编写；第 4 章由中国科学院长春应用化学研究所的姚玉洁博士和王献红研究员编写；第 5 章由中国科学院长春应用化学研究所的罗以仲博士编写；第 6 章由中国科学院长春应用化学研究所的鞠洪岩副研究员和王献红研究员编写；第 7 章由中国科学院长春应用化学研究所的傅大光副研究员编写；全书由王献红研究员负责整理、修改。张薇女士为本书的顺利完成做了大量文字编排和校稿工作，特此致谢。

　　按照本丛书主编姚建年和副主编李永舫两位先生的部署，我们怀着忐忑之心承担了本书的撰写工作，从 2016 年 10 月开始历时两年半，经过多次修改，完成了此书。

诚挚感谢王佛松先生在中国科学院长春应用化学研究所率先开创了我国的聚苯胺研究方向，不仅引领本书编者进入科研殿堂，更使我们能有机会在先生的大旗下坚持 35 年，且不断发现新的研究方向。

感谢国家自然科学基金委员会、中国科学院、吉林省科学技术厅等国家和地方各部门对聚苯胺研究的长期持续支持。感谢国家出版基金的支持。感谢丛书编辑张淑晓女士对本书的全面审核修改。

必须指出的是，本书主要以中国科学院长春应用化学研究所 35 年来在聚苯胺的合成和应用领域的认识为基础编撰而成。由于作者的学识和精力有限，不足之处在所难免，欢迎读者朋友批评指正。

王献红

2019 年 2 月 2 日于长春

目 录

丛书序 ··· i

前言 ··· iii

第 1 章　聚苯胺的制备 ································· 001

　1.1　聚苯胺的化学合成 ································· 002

　　1.1.1　苯胺的化学氧化聚合机理 ····················· 003

　　1.1.2　不同分子量聚苯胺的合成方法 ················· 006

　　1.1.3　含苯胺齐聚物结构单元的高分子 ··············· 014

　　1.1.4　化学合成聚苯胺的形貌调控 ··················· 021

　1.2　聚苯胺的电化学合成 ····························· 025

　　1.2.1　非水介质中苯胺的电化学聚合 ················· 026

　　1.2.2　水介质中苯胺的电化学聚合 ··················· 027

　　1.2.3　苯胺的电化学聚合机理 ······················· 029

　1.3　展望 ··· 030

　参考文献 ··· 030

第 2 章　聚苯胺的结构解析与物化性能 ··············· 040

　2.1　本征态聚苯胺的结构 ····························· 040

　　2.1.1　苯胺齐聚物的结构 ··························· 040

2.1.2 不同氧化态聚苯胺的结构解析 ···················· 043

2.2 掺杂态聚苯胺的结构 ···················· 047

2.2.1 不同氧化态聚苯胺的掺杂反应 ···················· 048

2.2.2 自掺杂聚苯胺 ···················· 052

2.3 聚苯胺的导电性能 ···················· 053

2.3.1 聚苯胺的导电机理 ···················· 053

2.3.2 掺杂态聚苯胺的电导率 ···················· 058

2.4 聚苯胺的氧化还原性能 ···················· 061

2.4.1 本征态聚苯胺的氧化还原性能 ···················· 061

2.4.2 掺杂态聚苯胺的氧化还原性能 ···················· 062

2.5 展望 ···················· 064

参考文献 ···················· 064

第 **3** 章 聚苯胺的成型加工 ···················· 068

3.1 本征态聚苯胺的溶液行为 ···················· 068

3.2 掺杂态聚苯胺的溶液加工 ···················· 069

3.2.1 基于掺杂剂对离子诱导的可溶性导电聚苯胺 ···················· 069

3.2.2 接枝改性聚苯胺 ···················· 074

3.2.3 共聚法制备可溶性聚苯胺 ···················· 078

3.3 掺杂态聚苯胺的熔融加工 ···················· 081

3.3.1 对离子诱导聚苯胺的熔融行为 ···················· 081

3.3.2 导电聚苯胺与聚烯烃的熔融加工 ···················· 082

3.4 导电聚苯胺的水基加工 ···················· 083

3.4.1 取代基法制备水溶性聚苯胺 ···················· 083

3.4.2 聚合法制备水溶性聚苯胺 ···················· 086

3.4.3 对离子诱导法合成水基导电聚苯胺 ···················· 092

3.5 导电聚苯胺胶体分散液 ···················· 103

3.5.1 苯胺的分散聚合 ···················· 104

3.5.2 苯胺的乳液聚合 ···················· 107

3.5.3 反相微乳液法合成导电聚苯胺纳米胶粒 ···················· 110

3.5.4 自组装法制备聚苯胺胶体粒子 ···················· 111

3.6 展望 ···················· 113

参考文献 ···················· 113

第 4 章　聚苯胺在新能源材料领域的应用 ································ 124

4.1　基于聚苯胺的锂离子电池正极材料 ·························· 124
4.1.1　锂离子电池简介 ······································· 124
4.1.2　导电聚苯胺作为电极活性材料的基本原理 ············ 125
4.1.3　聚苯胺/无机物复合物正极材料 ······················ 125
4.1.4　聚苯胺正极材料 ······································· 128

4.2　基于聚苯胺的锂空电池正极材料 ···························· 130
4.2.1　锂空电池简介 ··· 130
4.2.2　基于导电高聚物的锂空电池正极材料 ················ 131
4.2.3　聚苯胺直接作为锂空电池正极材料 ·················· 132

4.3　基于聚苯胺的锂硫电池正极材料 ···························· 133
4.3.1　锂硫电池简介 ··· 133
4.3.2　基于聚苯胺的锂硫电池正极材料 ···················· 134
4.3.3　聚苯胺/硫复合物正极材料 ··························· 135
4.3.4　基于聚苯胺的多元复合正极材料 ···················· 137
4.3.5　基于聚苯胺前驱体的正极材料 ······················ 140
4.3.6　聚苯胺在正极材料中的黏结剂行为 ·················· 140

4.4　基于聚苯胺的超级电容器电极材料 ·························· 142
4.4.1　超级电容器简介 ······································· 142
4.4.2　聚苯胺基超级电容器电极材料 ······················ 142
4.4.3　聚苯胺/碳材料复合物电极材料 ······················ 144
4.4.4　聚苯胺/金属氧化物复合物电极材料 ·················· 149

4.5　聚苯胺在太阳能电池上的应用 ······························ 149
4.5.1　聚苯胺在染料敏化太阳能电池中的应用 ·············· 150
4.5.2　聚苯胺在有机太阳能电池中的其他应用 ·············· 154

4.6　展望 ··· 154

参考文献 ·· 154

第 5 章　聚苯胺在金属防腐领域的应用 ······················· 165

5.1　聚苯胺的分子结构 ······································· 166
5.2　聚苯胺的制备方法 ······································· 167
5.3　聚苯胺对不同金属的防腐行为 ······························ 168
5.3.1　聚苯胺对低碳钢的防腐行为 ························· 168
5.3.2　聚苯胺对铝的防腐行为 ····························· 170

5.3.3 聚苯胺对铜的防腐行为 ………………………………… 172

5.3.4 聚苯胺对锌的防腐行为 ………………………………… 173

5.3.5 聚苯胺对镁合金的防腐行为 ……………………………… 173

5.4 聚苯胺的金属防腐机理 …………………………………… 176

5.4.1 物理屏蔽机理 …………………………………………… 177

5.4.2 阳极保护机理 …………………………………………… 180

5.4.3 掺杂剂阴离子腐蚀抑制机理 ……………………………… 185

5.5 聚苯胺防腐涂料的工业化 ………………………………… 187

5.6 展望 …………………………………………………………… 188

参考文献 …………………………………………………………… 189

第 6 章 聚苯胺在传感器领域的应用 …………………………… 196

6.1 聚苯胺气体传感器 ………………………………………… 196

6.1.1 聚苯胺氨气传感器 ……………………………………… 197

6.1.2 聚苯胺硫化氢传感器 …………………………………… 199

6.1.3 聚苯胺一氧化碳传感器 ………………………………… 201

6.1.4 聚苯胺二氧化氮传感器 ………………………………… 203

6.1.5 聚苯胺氢气传感器 ……………………………………… 205

6.1.6 聚苯胺湿度传感器 ……………………………………… 207

6.1.7 其他聚苯胺气体传感器 ………………………………… 208

6.2 聚苯胺在生物传感器中的应用 …………………………… 209

6.2.1 聚苯胺葡萄糖生物传感器 ……………………………… 210

6.2.2 聚苯胺过氧化氢生物传感器 …………………………… 212

6.2.3 聚苯胺胆固醇生物传感器 ……………………………… 213

6.2.4 其他聚苯胺生物传感器 ………………………………… 214

6.3 展望 …………………………………………………………… 215

参考文献 …………………………………………………………… 215

第 7 章 基于导电聚苯胺的电磁屏蔽材料 ……………………… 223

7.1 电磁屏蔽的概念、原理及测量 …………………………… 224

7.1.1 电磁屏蔽的概念 ………………………………………… 224

7.1.2 电磁屏蔽的原理 ………………………………………… 224

7.1.3 电磁屏蔽的测量 ………………………………………… 226

7.2　导电聚苯胺电磁屏蔽材料 ···································· 227
　7.2.1　导电聚苯胺的电磁性能 ······························ 227
　7.2.2　导电聚苯胺复合物的电磁屏蔽性能 ················· 229
　7.2.3　导电聚苯胺与导电填料的复合物 ··················· 236
　7.2.4　导电聚苯胺与电磁损耗材料的复合物 ··············· 240
　7.2.5　导电聚苯胺与其他材料的复合物 ··················· 243
　7.2.6　导电聚苯胺智能屏蔽材料 ·························· 244
7.3　展望 ·· 247
参考文献 ·· 247
索引 ·· 254

彩图

第 **1** 章

聚苯胺的制备

聚苯胺(polyaniline, PANI)是主链由苯二胺和醌二亚胺两个单元组成的一类长链共轭高分子。其早期合成可追溯到 19 世纪中期,Runge、Fritzsche 和 Letheby 先后通过化学和电化学的方法将苯胺在酸性条件下氧化成固态产物。产物颜色随反应条件而变化,可呈黑色、深绿色、深蓝色及暗紫色等,该产物被作为染料(著名的"苯胺黑")广泛用于纺织业和印刷业[1]。不过对聚苯胺的真正认识来自 MacDiarmid 在 20 世纪 80 年代初期对"聚苯胺"的基础研究,经过他的细致工作,证明这些不同颜色产物对应着聚苯胺的不同氧化态,可通过氧化/还原反应或者用酸/碱溶液处理进行相互转换,而且聚苯胺的电导率等性质也随之改变[2,3]。目前,聚苯胺的合成方法多种多样,但是最常见的方法还是化学氧化法和电化学氧化合成法。当然有些新的合成方法,如苯胺在弱磁场中的自稳定分散聚合、苯胺在脉冲直流等离子体中的聚合等也受到关注[4]。

聚苯胺的结构及其物化性能与制备方法密切相关。采用化学氧化法可大批量制备结构规整的头尾(1,4-)偶联导电聚苯胺,并可减少非 1,4-偶联反应如头头偶联(1,1-偶联,即偶氮结构)或尾尾偶联(4,4-偶联,即联苯结构)、苯环取代反应等副反应的发生,为实现聚苯胺的溶液和熔融加工提供高品质的聚苯胺原料,因此化学氧化法是工业化合成聚苯胺的主要路线。与化学氧化法不同,通过电化学氧化合成法可小批量合成聚苯胺薄膜,直接用于传感器等电化学器件,电化学氧化合成法还可实时记录电化学反应的动力学参数,进而研究苯胺的聚合机理。考虑到本书的编写目的,本章将主要讨论聚苯胺的化学氧化合成方法,对电化学氧化合成方法仅做简要介绍。

1.1 聚苯胺的化学合成

聚苯胺的化学合成是指苯胺单体在一定条件下发生化学氧化聚合反应，生成具有一定分子量的聚苯胺。从聚合方法来看，聚苯胺的化学合成法主要有苯胺的溶液聚合、乳液聚合、微乳液聚合等。此外，模板聚合和酶催化聚合法等新的合成方法也有许多报道。

对聚苯胺的化学合成而言，聚合条件对所得聚苯胺物化性能的影响很大，典型的聚合条件主要是指：反应介质、氧化剂种类、单体与氧化剂的比例、反应温度、反应时间等。

聚苯胺的化学合成一般在溶液中进行，反应介质主要是指苯胺聚合的溶剂。最常见的溶剂是水，当苯胺的聚合反应在水溶液中进行时，酸性水溶液中生成的导电聚苯胺，不仅分子量较高，而且导电性最好。中性水溶液中得到的产物则存在较多的头头或尾尾偶联等副反应，所得聚苯胺的电导率较低，与酸性溶液下所得的聚苯胺有数量级的差别。而在碱性水溶液中合成的聚苯胺不仅分子量较低，分子结构规整性也很差，几乎没有导电性能。

苯胺的聚合反应还可以在非水介质如二甲基亚砜(DMSO)中进行，由于反应速率相对较慢，可合成出溶解性较好的导电聚苯胺，不过分子量相对较低。

许多氧化剂均可用于苯胺化学氧化聚合，不过最常见的还是过硫酸铵(APS)。APS 不含金属离子，且在 0℃以下的低温条件下依然具有很强的氧化能力，从而能制备高电导率的聚苯胺。除了 APS，文献上报道的氧化剂还有很多，如过渡金属 [Mn(Ⅰ)、Mn(Ⅳ)、Mn(Ⅶ)、Cr(Ⅵ)、Ce(Ⅳ)、V(Ⅴ)、Cu(Ⅱ)] 的化合物、贵金属 [Au(Ⅲ)、Pt(Ⅳ)、Pd(Ⅱ)、Ag(Ⅰ)] 的化合物，以及碘酸钾、三氯化铁、过氧化氢、次氯酸钠、过氧化苯甲酰等，另外也有人将几类氧化物的混合物一起作为苯胺化学聚合的氧化剂。

苯胺在酸性介质中化学氧化聚合时，生成聚苯胺的同时也被掺杂在主链上产生正离子，酸根离子则作为对离子与聚苯胺主链上的正离子形成平衡离子对，确保聚苯胺整体呈电中性。聚苯胺的电导率与质子酸种类密切相关，无机质子酸如盐酸(HCl)是最常用的，不仅掺杂速度最快，且所得聚苯胺的电导率也较高，因此经常用于聚苯胺的掺杂机理研究。不过 HCl 在高温和长期储存下较易从掺杂态聚苯胺中脱除，从而使导电聚苯胺发生脱掺杂现象。采用硫酸(H_2SO_4)、高氯酸($HClO_4$)等难挥发质子酸掺杂聚苯胺时，尽管掺杂速度相对 HCl 较慢，掺杂率也相对较低，但环境稳定性更好。

随着对聚苯胺掺杂机理研究的不断深入，有机质子酸开始走上舞台，有机酸掺杂的聚苯胺在提高电导率、改善加工性方面显示出明显优势。其中最典型的是 1992

年开始采用的樟脑磺酸(camphorsulfonic acid，CSA)和十二烷基苯磺酸(DBSA)，随后发现十二烷基磺酸(DSA)、萘磺酸(NSA)以及 2,4-二硝基萘酚-7-磺酸(NONSA)等有机酸也是各有特点，因此文献上又将有机质子酸称为功能型质子酸。

1.1.1　苯胺的化学氧化聚合机理

1. 苯胺的聚合反应历程

苯胺的聚合反应过程十分复杂，主要由以下因素造成：

(1)苯胺的聚合过程是一个放热反应，而温度是影响反应动力学的最主要因素之一，聚合反应速率、副反应等随着温度的改变而发生各种变化。

(2)苯胺的聚合反应过程中不断有酸生成，导致溶液 pH 不断发生变化，以过硫酸铵氧化苯胺聚合反应为例，苯胺的聚合反应可简单描绘为(图 1-1)：

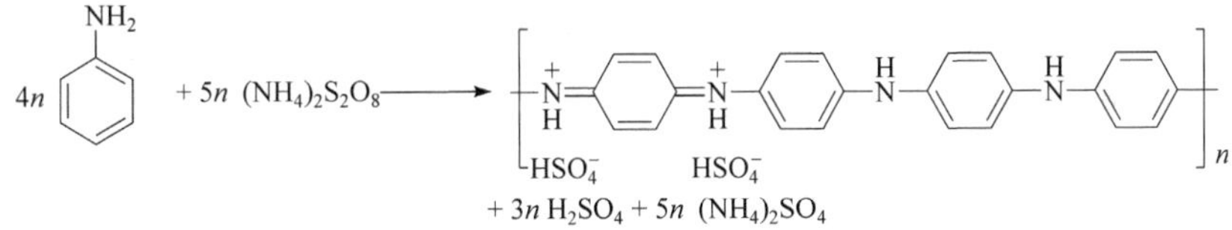

图 1-1　过硫酸铵氧化下的苯胺聚合反应[2]

反应过程中不断生成的硫酸使溶液的 pH 值不断减小，而不同 pH 介质中苯胺氧化聚合的中间产物变化很大，从而极大地增加了聚合反应的复杂程度。

(3)苯胺氧化聚合反应的产物十分复杂，除了不同分子量及其分布的聚苯胺，还生成不规整偶联产物、环加成有机物等多种副产物[4]。

(4)反应介质、质子酸和氧化剂均对聚合反应速率、副反应及副产物有很大的影响。

在不同 pH 值的介质(强酸、弱酸或碱溶液)中，聚合反应历程和产物差异很大。Stejskal 等[5]以过硫酸铵为氧化剂，跟踪了不同介质(0.1 mol/L 硫酸、0.4 mol/L 乙酸或 0.2 mol/L 氨水)中的反应温度和溶液 pH 值的变化，他们将苯胺和过硫酸铵的浓度分别固定为 0.2 mol/L 和 0.25 mol/L，并在 20℃下将过硫酸铵溶液滴加到相应介质中。

当以硫酸溶液为介质时，溶液的起始 pH 值为 2.4，滴加过硫酸铵后反应十分剧烈，溶液温度由 20℃迅速升至 37℃，反应在 10 min 内完成，此时 pH 值为 1.0。反应介质为乙酸溶液时，苯胺聚合速率变得较慢，溶液起始 pH 值为 4.5，35 min 后反应终止，此时溶液 pH 值为 3。反应介质为氨水溶液时，起始 pH 值为 10.4，反应迅速而剧烈，10 min 内 pH 值降至 4，并放出大量的热量，溶液温度迅速升至 39℃，而后反应速率变慢，反应终止时溶液的 pH 值为 3.0。苯胺在不同介质中的聚合机理不同，最终生成聚苯胺的分子结构(分子量、化学结构、掺杂率等)和物理性质(形貌、电导率等)都有很大的差异。

除了反应介质，氧化剂对苯胺聚合反应的影响也很大。David 等[6]在 1 mol/L 盐酸溶液中采用一锅法进行苯胺聚合反应，并跟踪了不同氧化剂下介质电位的变化。他们设置的反应温度为 1℃，此时苯胺盐酸盐溶液的电位为 436 mV，加入过硫酸铵后溶液电位急剧升至 736 mV，40 s 后缓慢降至 663 mV，而在随后的 175 s 内又升至 756 mV，此时溶液开始变成蓝色，这是最高氧化态聚苯胺的颜色。随后聚合反应剧烈进行，3 min 内电位降至 715 mV，再过 2.5 min 后已降至 550 mV，此时溶液已由蓝色变为绿色，这是中间氧化态导电聚苯胺的颜色。反应在 60 min 后停止，此时电位为 446 mV。

当以氯化铁为氧化剂时，聚合反应通常需要在 20℃下进行。当苯胺溶液与氯化铁溶液混合后，溶液电位为 728 mV，80 s 后电位开始下降，140 s 后电位降至 638 mV，相应地溶液变为蓝色，介质电位随着聚合反应进行而持续下降，20 min 后溶液开始由蓝色变为绿色，60 min 后介质电位降至 563 mV。若将上述反应介质由盐酸换为对甲苯磺酸，苯胺的聚合速率明显减慢，但是溶液电位和颜色的变化趋势依然是与盐酸为介质时一致。

2. 苯胺的化学氧化聚合机理

如前所述，影响苯胺聚合反应和最终产物的因素很多，原因在于苯胺聚合反应与普通的自由基聚合不同，其聚合机理相当复杂。

苯胺的化学氧化聚合通常在酸性介质中进行，1989 年危岩等[7]提出了如图 1-2 所示的链式聚合机理：首先苯胺在酸性介质中被氧化生成阳离子自由基，两个阳离子自由基再按头-尾相连的方式形成二聚体。由于二聚体的氧化电位比单体的低，它随后迅速被氧化成阳离子自由基，通过苯环亲电取代机理进攻单体(或二聚体)，氧化脱氢芳构化后生成三聚体(或四聚体)。此过程不断重复，使链增长反应持续进行，当生成的聚合物阳离子自由基失去偶合活性时，聚合反应结束。按照上述机理，聚合反应前期，由于溶液中存在大量苯胺单体，且苯胺单体与生长链之间的电位差较大，二聚体与单体偶联(途径一)为主导反应，而到聚合反应后期，溶液中苯胺单体消耗殆尽，二聚体之间偶联(途径二)成为主导反应。

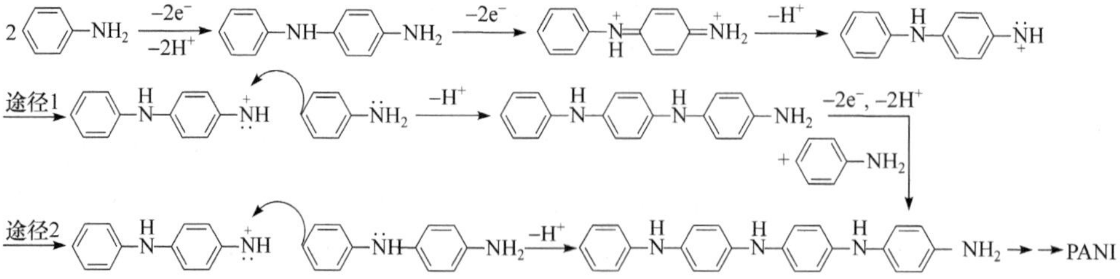

图 1-2 苯胺的链式聚合机理[7]

苯胺的化学氧化聚合反应过程可分为链引发期、链增长期和链终止期三个阶段。根据反应介质的酸碱性，Marjanović 等[8]认为在链引发期可能存在的苯胺分子结构如图 1-3 所示，其中苯胺的起始状态为苯胺阳离子(A，酸性介质)或苯胺(C，碱性介质)，苯胺化学氧化的第一步是生成阳离子自由基(D)，这一步与 pH 值无关。不过 1985 年 Genies 等[9]根据其光谱数据分析指出，苯胺阳离子自由基是在较低的氧化电位下形成的，在较高氧化电位下则形成氮鎓离子(G)。Qin 等[4]确定了苯胺阳离子自由基(D)的性质，在 pH < 7 的酸性溶液中以苯胺阳离子自由基为主，而在碱性溶液中以中性苯胺自由基(F)为主。值得指出的是，在很强的酸性条件下，苯胺阳离子的单电子氧化反应伴随着苯胺双阳离子自由基(B)的生成，它也能参与到后续的链增长过程中。此外，若使用单电子氧化物如三价铁化合物为氧化剂，在链引发期则能生成苯胺阳离子自由基(D)和苯胺中性自由基(F)。

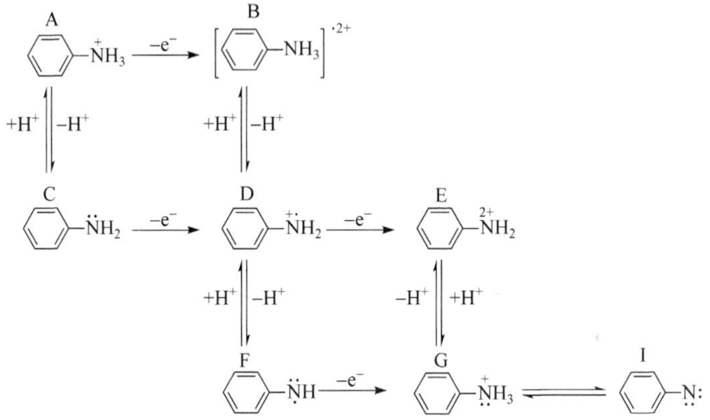

图 1-3　苯胺聚合反应的链引发期可能存在的中间产物[8]

对链增长机理而言，比较被认可的是由 Gospodinova 等[10]提出的苯胺齐聚物/聚苯胺的链增长机理，即在增长的苯胺齐聚物链或聚苯胺链(处于全氧化态，起氧化剂作用)与苯胺单体(起还原剂作用)间的氧化还原反应，使分子链的末端增加一个苯胺单元。通常被氧化的苯胺齐聚物链或聚苯胺链的氧化电位取决于氧化程度、质子化程度及链长度，对于全氧化态聚苯胺链而言，高的质子化程度下具有较高的氧化电位，而且全氧化态聚苯胺链的氧化电位随着链长的增长而升高，这也是苯胺化学氧化聚合过程中存在自加速反应的原因。

Planes 等[11]指出，苯胺聚合反应的链增长过程还伴随着降解反应等副反应，降解过程中有二氧化碳生成。Gospodinova 等[10]根据现场电位、pH 值等参数的变化完善了链增长机理。

尽管链式聚合机理是学术界认可度最高的苯胺化学氧化聚合机理，苯胺的化学氧化聚合机理还是存在着一定争议，如 Nicolas-Debarnot 等[12]曾经报道如图 1-4 所示的类似缩聚反应的机理。

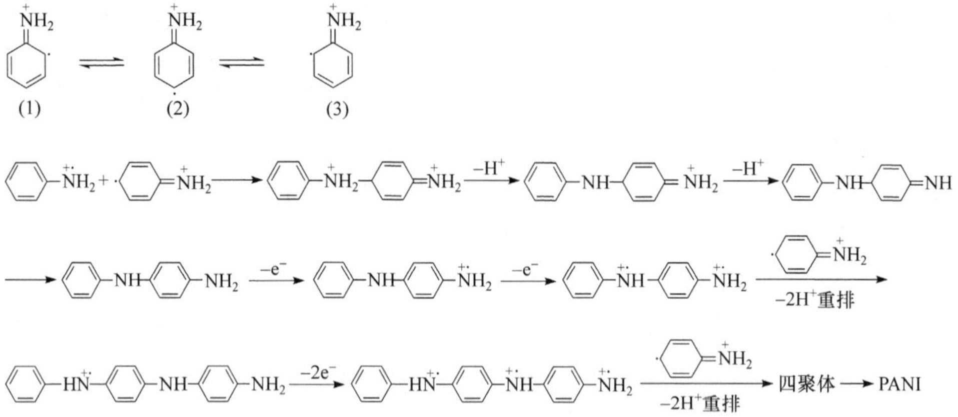

图 1-4　类似缩聚反应的苯胺聚合机理[12]

按照图 1-4 所示的聚合机理，苯胺的阳离子自由基有三种共振形式，当苯胺的阳离子自由基与苯胺的第二种共振形式进行缩合反应，即形成苯胺二聚体，随后通过去质子化作用生成端基为阳离子自由基的二聚体，这种二聚体再与苯胺阳离子自由基发生缩合反应生成三聚体，分子链逐步缩合增长，最终生成聚苯胺。

1.1.2　不同分子量聚苯胺的合成方法

根据聚苯胺分子量的大小，Oh 等[13]将聚苯胺分为低分子量、高分子量、超高分子量聚苯胺等三类。低分子量聚苯胺的数均分子量低于 3 万且重均分子量低于 10 万，高分子量聚苯胺的数均分子量在 3 万～8.5 万之间且重均分子量在 10 万～30 万之间，而超高分子量聚苯胺的数均分子量大于 8.5 万且重均分子量大于 30 万。不过，我们认为低分子量聚苯胺的定义还是太宽泛，应该进一步细分成三类：含 2～16 个苯胺单元且数均和重均分子量均在 1500 以下的一类窄分子量分布的苯胺齐聚物，数均分子量在 1500～10000 之间且重均分子量在 1500～20000 之间的超低分子量聚苯胺，数均分子量在 1 万～3 万且重均分子量在 2 万～10 万之间的低分子量聚苯胺。下面我们按照上述分类介绍不同分子量聚苯胺的合成方法。

1. 高分子量聚苯胺的化学合成

文献上通常采用室温下合成聚苯胺，也很少给出分子量及其分布，原因在于分子量的测试需要特殊的溶液体系和专门的凝胶色谱柱。Kenwright 等[14]指出，室温聚合所得的聚苯胺分子量较低，且副反应较多，其主链常有不规整偶联或苯环取代反应等造成的缺陷，导致其电导率较低。由于聚苯胺的分子量与分子结构规整性直接影响其电导率、溶解性甚至力学性能，提高分子量可以改善聚苯胺的机械性能和电导率，具有重要的理论和实际应用价值。下面主要介绍几种制备高分子量聚苯胺的方法。

1) 低温加盐法

MacDiarmid 等[15]通过在苯胺的聚合反应体系中加入适量的惰性盐，在低温下合成了重均分子量 10 万以上的高分子量聚苯胺。低温加盐法的原理在于，温度越低，苯胺聚合的副反应越少，更倾向于形成规整 1,4-偶联的聚苯胺。另外，过硫酸铵这类氧化剂可以在远低于室温的条件下发生分解反应(或氧化反应)，但是温度过低，普通的反应溶液体系会发生所谓的结冰或固化，离子迁移率大大降低，而加入一定量的可溶性无机盐如 LiCl、$CaCl_2$ 等，可以降低结冰或固化温度，提高反应溶液的流动性。低温加盐法是制备高分子量聚苯胺的最重要途径，一般可以通过控制反应体系中无机盐浓度来调控聚苯胺的分子量。实际操作过程中，除了进行苯胺单体与氧化剂的配比设计之外，为了控制反应初期活性中心的数量和保持反应温度恒定，氧化剂一般要缓慢滴入苯胺的酸性溶液中。

唐南(Donnan)效应可解释低温加盐法获得高分子量聚苯胺的原因。溶液中荷电基团表面的溶液组成与主体溶液的组成是不同的，荷电基团表面就如同有一层界面膜包裹，溶液中的反离子(所带电荷与膜内固定电荷相反的离子)在膜内浓度大于其在主体溶液中的浓度，而同离子在膜内的浓度则低于其在主体溶液中的浓度，由此形成的 Donnan 电位差阻止了同离子从主体溶液向膜内的扩散，而为了保持电中性，反离子也被膜截留。具体到苯胺的聚合反应过程，质子化的苯胺(正离子)与过硫酸根(负离子)反应生成苯胺阳离子自由基的过程是苯胺聚合反应的起始步骤，也是决速步骤，受 Donnan 效应影响，在盐酸溶液中质子化的不溶于水的聚苯胺表面带有大量正电荷，使苯胺或者苯胺齐聚物的阳离子自由基难以接近，从而阻止聚苯胺链的继续增长，加入可溶性中性盐降低了聚苯胺表面正电荷聚集的密度，使阳离子自由基更容易向其靠近并与其继续反应，即延长了链增长过程，导致聚合物链不断与阳离子自由基反应，使其分子量越来越高。

不过并非添加所有惰性盐都可提高聚苯胺的分子量，氟化锂就是一个特例。氟化锂在水溶液中倾向于形成离子对，这种离子对偶极子拥有带有正负电荷的两端，拉近了起始反应物(苯胺质子酸盐、过硫酸根)的距离，增加了反应初期活性中心数量，从而提高了起始反应速率，但是聚苯胺的分子量反而降低了。

MacDiarmid 等[15]研究了不同惰性盐对聚苯胺分子量的影响。反应在 0℃ 和 1 mol/L 的盐酸溶液中进行，苯胺单体的浓度约为 0.44 mol/L，过硫酸铵的浓度为 0.10 mol/L，惰性盐浓度为 2 mol/L。过硫酸铵溶液和苯胺溶液预冷后在机械搅拌下混合均匀，随后全过程跟踪其开路电位，当开路电位到 0.43 V (*vs*. SCE，饱和甘汞电极) 时视为反应终止。当反应体系中没有添加惰性盐时，所得聚苯胺的重均分子量为 5.3 万，分子量分布为 2.08。当添加氟化锂时，聚苯胺重均分子量降至 3.69 万，分子量分布为 2.36。添加氯化锂对聚苯胺分子量的提高最有效，重均分子量可达 12.13 万，而添加的惰性盐为氯化钠时，聚苯胺的分子量可达 8.25 万。氯化锂比较有效的原因是其离子对中阴阳离子间的相互作用没有氟化锂那么强，且其分子量较低，加入溶液中可大大降低溶液凝固点，提高溶液的介电常数，从而有利于生成高分子量聚苯胺。

为了合成高分子量聚苯胺，Adams 等[16]设计了先进行低温长时间反应再进行室温反应的路线。反应温度降低，溶液中粒子的移动速率会减慢，降低了反应物粒子间的有效碰撞概率，延长了反应时间。但是聚苯胺分子量并不会随温度降低而持续增大，如 18℃下所得聚苯胺的重均分子量是 2.97 万，在−25℃下反应聚苯胺重均分子量可提高到 20.9 万，但−35℃下聚苯胺的重均分子量反而降低到 16.6 万。原因在于，进一步降低聚合反应温度，会使温度降至溶液的凝固点以下，反应物粒子趋于静止，反而使聚合反应难以进行。

除了惰性盐的种类，惰性盐的浓度对聚苯胺分子量也有重要影响。Adams 等[16]研究了氯化锂浓度在 0.5～10 mol/L 之间时对聚苯胺分子量的影响。他们指出浓度为 5.8 mol/L 时可得到最高分子量聚苯胺，其重均分子量为 21.81 万。但进一步将氯化锂浓度提高到 10 mol/L，所得聚苯胺的重均分子量仅为 8.56 万。值得指出的是，若将加入 5.8 mol/L 氯化锂的反应体系冷却到−40℃以下，此时反应体系仍为液态，当慢慢加入氧化剂并反应 48 h，可以制备出重均分子量高达 38.49 万的超高分子量聚苯胺。

Adams 等[17]的研究表明，除了惰性无机盐的因素，盐酸浓度、氧化剂与苯胺的摩尔比、反应时间都对聚苯胺的分子量有一定的影响。其中过高的盐酸浓度会影响聚苯胺的结构，如当盐酸浓度大于 2 mol/L 时，会发生芳环氯代反应，影响聚苯胺的电导率。而当反应溶液的初始 pH 值低于 0.1 时，产率会大大降低，通常最佳的 pH 值为 0.2～1。相应地，氧化剂与苯胺的最佳比值为 1.25:1，此时的产率最接近理论值，而比值高于 1.35:1 时，芳环氯代率会上升，产率会下降，随着比值进一步提高，苯胺齐聚物易被过氧化，生成紫色的全氧化态。当然，过分延长反应时间对增大聚苯胺分子量的贡献并不大，如−26℃下反应 15 h 就可得到分子量足够高的聚苯胺，延长时间并不能使聚苯胺分子量继续增大。

除了过硫酸铵，Adams 等[18]采用重铬酸钠作为氧化剂在低温下也得到了高分子量聚苯胺，如将重铬酸钾与苯胺的摩尔比定为 41.7:100，在 2 mol/L 盐酸中反应 45 h，加入适量的氯化锂，−23℃下聚苯胺的重均分子量可达 20.3 万，即使在 0℃下反应，仍可得到重均分子量为 10.4 万的聚苯胺。

2)乳液聚合法

乳液聚合法[19-22]是获得高分子量聚苯胺的另一个有效手段。按照 MacDiarmid 等[23]的研究结果，在乳液聚合中苯胺是在胶乳中发生聚合反应，其中盐酸掺杂的聚苯胺链被氧化成全氧化态，再与胶乳中的苯胺单体反应，聚苯胺链持续增长，其重均分子量可达 9 万。

乳液聚合有许多优点，首先在乳液聚合中可使用较低的氧化剂用量，且聚合热可通过分散于水相的乳液有效散出从而避免局部过热，加上体系黏度变化小，有利于提高聚苯胺的分子量。不过目前乳液聚合方法面临的一个难题是乳化剂的用量较大，不易完全脱除，给聚苯胺的纯化带来很多困难。另外，乳液聚合方法使用大量的有机溶剂和沉淀剂，需要分离或回收，导致成本相对较高。

3)混合酸聚合法

Abe 等的早期工作表明[24]，在苯胺聚合过程中，采用混合酸也可提高聚苯胺的分子量，如使用盐酸和硫酸的混合物，在−5~−3℃聚合时，可制备重均分子量为 12 万~16 万的聚苯胺。

2. 超高分子量聚苯胺的合成

超高分子量聚苯胺是指数均分子量大于 8.5 万且重均分子量大于 30 万的聚苯胺。如前所述，低温下在反应体系中加入惰性盐是制备高分子量聚苯胺的有效途径。在所有的惰性盐中，氯化锂的分子量较小，且能有效降低溶液的凝固点，增大反应体系的介电常数。

基于上述原理，Adams 等[16]在−50℃下将苯胺溶于含有 5.8 mol/L 氯化锂的 1 mol/L 盐酸溶液中，设定苯胺与过硫酸铵的摩尔比为 4.34∶1，将过硫酸铵缓慢加入苯胺中，随后升温到−40℃下反应 48 h。制备出数均分子量为 10.81 万，重均分子量为 38.49 万的超高分子量聚苯胺，其分子量分布指数为 3.56。

如何准确测定聚苯胺分子量一直是该领域很受关注的问题。危岩等[25]研究了聚苯胺的氧化态对凝胶渗透色谱(GPC)法测定分子量的影响。他们首先在 0℃下采用高单体/氧化剂摩尔比的策略合成了超高分子量聚苯胺，将苯胺和过硫酸铵(摩尔比为 4∶1)分别溶于 1 mol/L 的盐酸溶液中，预冷后混合，反应 2 h 后得到掺杂态聚苯胺，随后用 0.1 mol/L 氨水反掺杂得到本征态聚苯胺，这是中间氧化态聚苯胺。将其在苯肼溶液(纯度为 99%)或者盐酸/肼/乙酸钠的混合水溶液中还原，可以得到全还原态聚苯胺。以 N-甲基吡咯烷酮(NMP)为流动相，以窄分布聚苯乙烯为标样，通过 GPC 法测得中间氧化态聚苯胺与全还原态聚苯胺的数均分子量分别为 24 万和 58 万，全还原态聚苯胺的表观分子量比中间氧化态高 1 倍多，原因在于不同氧化态聚苯胺的分子间相互作用存在很大的差别。当采用不同氧化剂将全还原态聚苯胺氧化时，所得聚苯胺的分子量也有很大差异，如用过氧化氢 [30wt%（wt%表示质量分数）]氧化全还原态聚苯胺粉末，所得到的氧化态聚苯胺的数均分子量高达 77 万。这表明聚苯胺的氧化度对其分子量的准确界定是有很大影响的，因此文献上通常以中间氧化态聚苯胺的分子量来界定聚苯胺的分子量。

值得指出的是，采用 GPC 法测定聚苯胺分子量及其分布时，经常面临聚苯胺的分子聚集问题，因此早期的文献中经常会出现分子量数值上的巨大差异，在溶液中加入 0.1 mol/L LiCl 溶液是减缓甚至消除聚苯胺分子聚集的常用方法。

3. 低分子量聚苯胺的化学合成

低分子量聚苯胺是指数均分子量低于 3 万且重均分子量低于 10 万的聚苯胺，其合成方法较为丰富。最简单的方法是根据聚苯胺的分子量与反应温度、氧化剂种类、介质的依赖关系，通过控制合成条件来调控其分子量。

Farrokhzad 等[26]通过改变聚合条件来控制聚苯胺的分子量。他们研究了在盐酸溶液中以过硫酸铵为氧化剂下苯胺的聚合反应，当聚合反应温度由 20℃降低到 0℃时，聚苯胺的重均分子量从 1.25 万增加到 4.72 万，分子量分布指数由 2.61 增加到 2.78。但是进一步将反应温度降至−10℃，重均分子量并没有继续增大，分子量分布指数反而增至 3.19。

Davied 等[6]则通过改变氧化剂种类制备不同分子量的聚苯胺，当以过硫酸铵为氧化剂时，他们制备了重均分子量为 1.12 万的聚苯胺，而采用氯化铁为氧化剂时，则得到了重均分子量为 2.92 万的聚苯胺。

Stejskal 等[5]在不同介质（强酸、弱酸或碱溶液）中进行苯胺聚合反应，实现了聚苯胺分子量的调控。在硫酸溶液中得到的聚苯胺重均分子量为 3.94 万，稍高于乙酸溶液中得到的 3.22 万，而在氨水溶液中得到的聚苯胺分子量最小，重均分子量只有 4000 左右，不过氨水溶液中合成的聚苯胺的分子量分布较窄，分子量分布指数仅为 1.3，而硫酸溶液与乙酸溶液中得到的聚苯胺的分子量分布指数较高，分别为 13.1 和 19.0。值得指出的是，酸性溶液中可生成导电性较好的掺杂态聚苯胺，如硫酸（盐酸）溶液中聚合所得的聚苯胺电导率分别为 3.7 S/cm（或 0.036 S/cm），而碱性的氨水溶液中得到的聚苯胺是不导电的，原因在于这类聚苯胺中含有过多的头头偶联或尾尾偶联成分，规整的 1,4-头尾偶联成分含量很低，无法进行有效的掺杂反应。

4. 超低分子量聚苯胺的合成

超低分子量聚苯胺是指数均分子量在 1500～10000 且重均分子量在 1500～20000 的聚苯胺。耿延侯等[27]采用水与有机溶剂为混合溶剂，通过控制水与有机溶剂的比例,巧妙地合成了超低分子量聚苯胺。其基本原理是,在苯胺的聚合过程中,首先形成全氧化态中间体,随后该全氧化态中间体氧化苯胺生成分子量更高的中间体。一旦在水溶液中加入有机溶剂,则全氧化态中间体的停留时间大幅度延长,聚合反应时间也相应延长,所得的聚苯胺分子量迅速下降,当有机溶剂如丙酮的含量达到80%时,所得聚苯胺在 N-甲基吡咯烷酮中的特性黏度降至0.20 dL/g,此时的数均分子量已经在2000左右。

5. 苯胺齐聚物的化学合成

苯胺齐聚物是含2～16个苯胺单元,且数均和重均分子量均低于1500的一类窄分子量分布的聚苯胺,比较容易合成的有苯胺二聚体、四聚体、八聚体和十六聚体,它们可通过化学反应得到,组分单一且结构明确。苯胺齐聚物与高分子量聚苯胺不同,易溶于常见有机溶剂,由于苯胺齐聚物具有与聚苯胺类似的化学结构,可作为主要结构单元和模型分子用于研究聚苯胺的导电机理。此外,苯胺齐聚物还可作为结构单元合成光电功能高分子,用于组装电致变色器件、电化学响应元件、荧光传感器和氨传感器等各种器件,从而表现出苯胺齐聚物的电活性、电化学活性、可逆掺杂-反掺杂等性能。

1)苯胺二聚体的合成

苯胺二聚体是结构最简单的苯胺齐聚物,又称对氨基二苯胺,灰色针状晶体,易溶于多种有机溶剂,微溶于水。其合成方法主要有对硝基二苯胺还原法和对亚硝基二苯胺还原法。

对硝基二苯胺还原法又分为苯胺法和甲酰苯胺法。苯胺法是将对硝基氯苯和苯胺在铜的催化下常压高温(170～215℃)缩合得到对硝基二苯胺。甲酰苯胺法则是将甲酸与苯胺进行缩合反应获得甲酰苯胺,经与对硝基氯苯在碳酸钾存在下高温(120～195℃)反应得到对硝基二苯胺,再进行还原反应得到苯胺二聚体。

对亚硝基二苯胺还原法将二苯胺在酸性条件下用亚硝酸盐进行亚硝化,得 N-亚硝基二苯胺,再用无水氯化氢进行重排反应得到对亚硝基二苯胺,进而采用催化加氢还原或者电化学还原获得苯胺二聚体。

2)苯胺三聚体到苯胺八聚体的合成

早在1907年,Willstatter 和 Moore 就报道了苯胺四聚体的合成方法[28]。后来,Honzl 等[29]在1965年通过对 N,N'-二(4'-硝基苯基)-1,4-苯二胺的催化加氢反应,制备了还原态的苯胺三聚体, N,N'-二(4'-氨基苯基)-1,4-苯二胺。1968年,Honzl 和 Tlustako[30]进一步报道了一系列苯胺齐聚物及其衍生物的制备方法,他们首先利用对氨基二苯胺与 1,4-环己二酮-2,5-二甲酸二乙酯进行缩合反应,再连续通过芳构化反应、水解反应和脱羧反应,合成了全还原态(leucoemeraldine base)的苯胺四聚体,不过整个反应过程比较复杂。

之后所发展的合成苯胺四聚体的方法都比较复杂，包括 Gebert 等[31]的席夫碱合成路线，其合成过程中都经历了硝基还原反应，很难得到苯胺单元更多的苯胺齐聚物。1990 年，危岩等[32,33]在研究苯胺的氧化聚合机理过程中，意外发现在苯胺的氧化聚合过程中，当在反应体系中加入少量对苯二胺后，它可作为聚合反应的链引发剂，加速苯胺的氧化聚合反应。基于此机理，聚苯胺的分子量便可通过调节添加剂用量来控制。他们提出的反应历程如图 1-5 所示[34]：当加入 2 倍苯胺当量的对苯二胺时，可成功合成苯胺三聚体。当加入苯胺的衍生物如邻甲苯胺、邻氯苯胺等，可通过同样的反应历程，得到相应的苯胺三聚体衍生物，其氧化态可通过氧化还原反应进行控制。

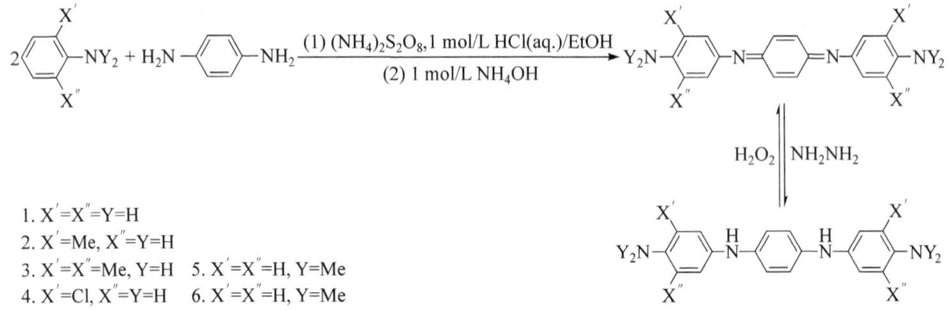
(1) $(NH_4)_2S_2O_8$,1 mol/L HCl(aq.)/EtOH
(2) 1 mol/L NH_4OH
H_2O_2
NH_2NH_2
1. X′=X″=Y=H
2. X′=Me, X″=Y=H
3. X′=X″=Me, Y=H
4. X′=Cl, X″=Y=H
5. X′=X″=H, Y=Me
6. X′=X″=H, Y=Me

图 1-5　苯胺三聚体衍生物的合成[34]

Ochi 等[35]报道了一种相对简单的全还原态苯胺四聚体的合成方法。他们在苯作为介质的反应体系中，将 1 当量对羟基二苯胺与 2 当量对苯二胺在 70℃下反应 30 h，可以获得 1 当量的两端均为苯封端的全还原态苯胺四聚体。

Rebourt 等[36]优化了 Honzl 等的苯胺四聚体合成路线。他们使用对氨基二苯胺和 1,4-二羟基-2,5-二羧酸-1,4-环己二烯为反应物，在间甲酚中反应得到了两端均为苯封端的全还原态苯胺四聚体，再将其用氧化银在四氢呋喃中氧化，制备了本征态（emeraldine base）的苯胺四聚体。

基于 Honzl 等的研究，Wudl 等[37]合成了与聚苯胺有相似结构的苯基封端的八聚体，末端基团除了苯基之外，也可为氨基封端的八聚体。全还原态苯胺齐聚物的一端是苯基，另一端是氨基。值得指出的是，两端皆为苯封端的苯胺八聚体可作为模型化合物研究聚苯胺的结构和性能，因为这类模型化合物的很多性能都与聚苯胺有相似之处[38,39]。

MacDiarmid 等[40]发展了一种制备全还原态和本征态苯胺四聚体的简单方法，即在 0.1 mol/L 盐酸溶液中，采用氯化铁氧化对氨基二苯胺合成出苯胺四聚体，随后用 0.1 mol/L 氨水溶液反掺杂得到本征态苯胺四聚体。该四聚体用 1 mol/L 盐酸溶液重新掺杂后，得到电导率为 3.0×10^{-3} S/cm 的苯胺四聚体。此外，在乙醇溶液中用水合肼将苯胺四聚体还原，即可得到全还原态苯胺四聚体。

MacDiarmid 等[41]还报道了另一种苯胺四聚体的合成方法。他们以钛酸四丁酯为催化剂，氩气保护下将 1 当量对苯二酚与 2 当量对氨基二苯胺在苯中反应 16 h，可高选择性地制备出全还原态的苯封端的苯胺四聚体，其反应式如图 1-6 所示。

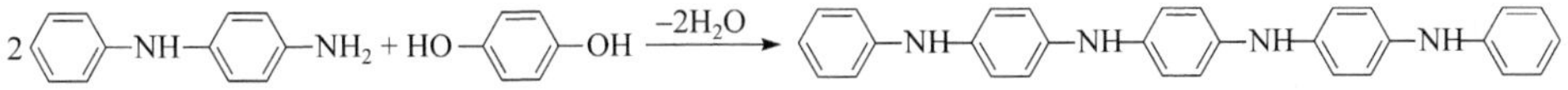

图 1-6　一种苯胺四聚体的合成方法[41]

将全还原态苯胺四聚体分散在 0.1 mol/L 盐酸溶液中，滴加 0.5 mol/L 氯化铁溶液反应 16 h，所得产物再用 0.1 mol/L 氨水溶液反掺杂，即得到本征态的苯胺四聚体。危岩等[42]也利用几种含端氨基的芳香族单体的氧化反应，一步法合成了全还原态的苯胺三聚体、四聚体和八聚体等苯胺齐聚物，随后通过氧化反应制备出相应的本征态齐聚物。

张万金等[43]巧妙地用假高稀方法制备了苯基封端的三聚体及四聚体。如图 1-7 所示，在对苯二胺或苯胺二聚体的乙醇溶液中加入乙醛和乙酸溶液进行席夫碱反应，然后在 0℃下将经干燥后的席夫碱产物加入预先制备的二苯胺的二甲基甲酰胺(DMF)/浓盐酸溶液中，利用席夫碱将其缓慢水解溶解在盐酸溶液中，创造了相对于二苯胺的浓度而言浓度低得多的对苯二胺或苯胺二聚体溶液，这种假高稀条件下对苯二胺或苯胺二聚体的均聚速率远低于与二苯胺的偶联速率，从而在以过硫酸铵为氧化剂下发生了苯二胺或苯胺二聚体与二苯胺的氧化偶联反应，制得苯封端的中间氧化态苯胺三聚体或四聚体，然后在氨水溶液中反掺杂得到本征态的苯胺三聚体或四聚体。用水合肼对本征态苯胺齐聚物进行还原反应，可得到全还原态的苯基封端苯胺三聚体或四聚体。

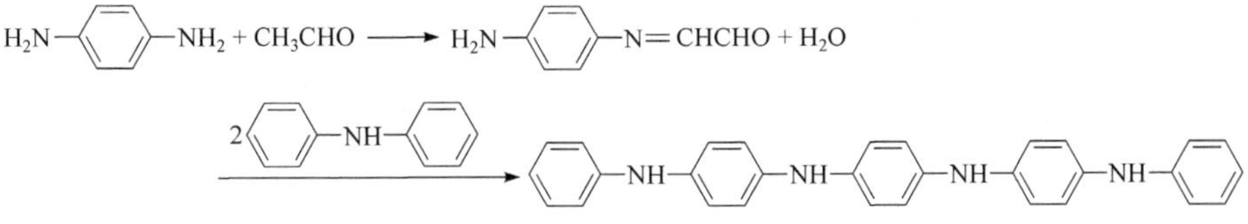

图 1-7　假高稀方法合成苯胺齐聚物[43]

Gao 等[44]报道了以苯胺四聚体为原料合成苯胺五聚体和苯胺六聚体的方法。他们首先利用苯胺二聚体在 FeCl₃ 氧化下合成苯胺四聚体[40]，随后进一步用 FeCl₃将纯化后的苯胺四聚体氧化，氧化产物为最高氧化态苯胺四聚体，将其与二苯胺在 DMF/浓盐酸溶液中反应可制备出苯封端的苯胺五聚体。当将全氧化态的苯胺四聚体与对氨基二苯胺进行反应时，则可制备出苯封端的苯胺六聚体。

Hu 等[45]报道了一种两端为羧基封端的苯胺五聚体的制备方法。他们首先将对氨基二苯胺与丁二酸酐反应制备出一端为羧基封端的苯胺二聚体，随后以过硫酸铵为氧化剂，将该羧基封端的苯胺二聚体在 DMF/浓盐酸溶液中与对苯二胺进行氧化偶联反应，合成出羧基封端的苯胺五聚体，这种羧基功能化的苯胺五聚体可方便地接到高分子的主链或侧链上。

Yang 等[46]报道了一种水分散自掺杂的苯胺齐聚物的合成方法。如图 1-8 所示，将对氨基二苯胺与丙环酰内酯在二氯甲烷中发生反应制备出对 N-丙磺酸氨基二苯胺，再以过硫酸铵为氧化剂，在 DMF/浓盐酸溶液中与对苯二胺反应，合成出 N-丙磺酸基的苯胺五聚体。该五聚体在酸性、中性及碱性溶液中都有很好的溶解性，具有自掺杂性能；在酸性和中性溶液中均具有良好的导电性能和电化学活性，同时可在水中进行分散。

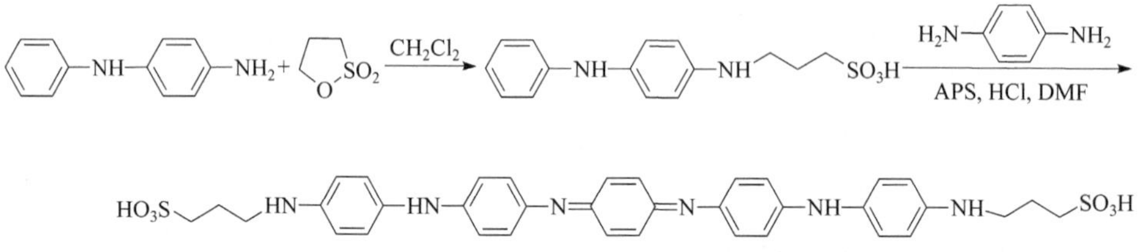

图 1-8　水分散自掺杂苯胺齐聚物的合成方法[46]

除了合成功能化的结构明确的苯胺齐聚物，也可制备出不同形貌的苯胺齐聚物纳米材料。Tao 等[47]结合化学氧化法和自组装技术在微酸性介质中制备了一系列具有不同形貌的苯胺齐聚物纳米材料。他们首先在超声作用下将乙酸和苯胺分散在去离子水中，随后加入过硫酸铵并在室温下反应后制得苯胺齐聚物，通过调节介质中苯胺浓度，如降低苯胺浓度和控制反应时间，可分别得到片状、花状、条状等不同形貌的纳米材料。

1.1.3　含苯胺齐聚物结构单元的高分子

苯胺齐聚物不仅是聚苯胺的模型化合物，还具有类似聚苯胺的许多性能，如可逆的电化学活性、可逆的掺杂-反掺杂性能，甚至导电性。最典型的是基于苯胺齐聚物的导电性、可逆的电化学活性以及不同氧化态的颜色变化，将苯胺齐聚物用于电致变色器件，其关键是如何将苯胺齐聚物引入高分子的主链或侧链结构，制得含苯胺齐聚物结构单元的功能高分子。当然，若能实现苯胺齐聚物与其他官能团的融合，则有望发展新型智能器件，如电化学响应光学元件、场效应晶体管、荧光传感器和气体传感器等。

目前主要有两个合成路线用于制备含苯胺齐聚物结构单元的高分子。其一是先合成含苯胺齐聚物结构单元的单体，之后再进行聚合反应；其二是采用大分子反应策略将功能化苯胺齐聚物接入高分子主链或侧链。前者可直接聚合得到功能化高分子，但是这类单体一般尺寸较大，不容易发生聚合。后者通过在苯胺齐聚物上引入功能单元，如不同取代基团（羧基、羟基、亚硫酸氢根等），再通过酰化、席夫碱反应或烷基化反应等将苯胺齐聚物引入高分子结构中，得到具有特定功能的高分子。

目前所合成的含苯胺齐聚物的功能高分子结构多样，有嵌段共聚物、接枝共聚物或交替共聚物等。对于含苯胺齐聚物结构单元的高分子来说，苯胺齐聚物的含量控制是关键，因为其含量决定了目标高分子的电性能、电化学性能等特殊性能。

1. 主链含苯胺齐聚物结构单元的高分子

Wang（王利祥）小组[48]报道了如何将苯胺四聚体引入聚苯硫醚主链中的方法，如图 1-9 所示，他们先合成带有端氨基的苯胺四聚体，对其进行乙酰化保护后，再与对溴苯亚甲磺酰基反应，在端基引入亚甲磺酰基，然后在吡啶中通过甲基磺酸引发的缩聚反应及苯肼还原反应制备了苯胺四聚体-苯硫醚共聚物，其重均分子量为 2.09 万，数均分子量达 1.06。该共聚物与全还原态聚苯胺类似，是无色材料，在四氢呋喃（THF）、二甲基甲酰胺（DMF）和二甲基亚砜（DMSO）等普通有机溶剂中均有很好的溶解性，电导率达到 1 S/cm，且具有很稳定的电化学活性，表明其共轭链段的长度可与高分子量的聚苯胺相媲美。

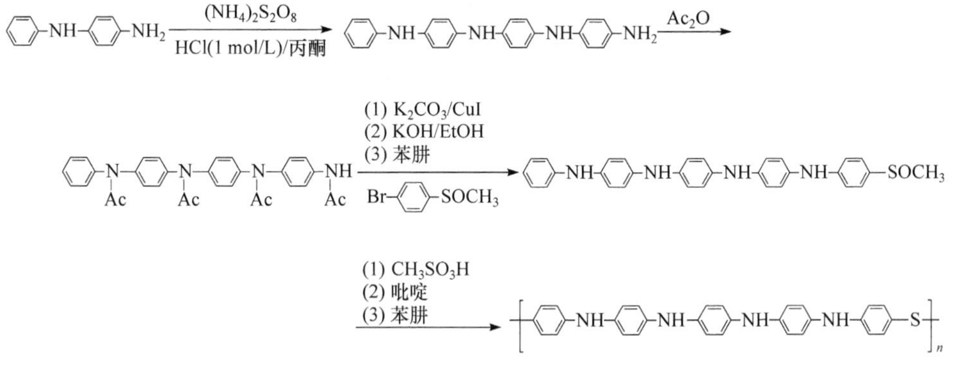

图 1-9　苯胺四聚体-苯硫醚共聚物的合成[48]

随后他们[49]合成了图 1-10 所示的一系列性能类似聚苯胺的苯胺齐聚物-苯硫醚共聚物，其重均分子量最低的达 8000，最高的接近 10 万。该共聚物的分子量与苯胺齐聚物中苯胺单元含量有关，苯胺单元含量越高，越不易得到高分子量聚合物，苯胺单元含量最低的苯胺-苯硫醚交替共聚物的分子量最高，重均分子量接近10 万。

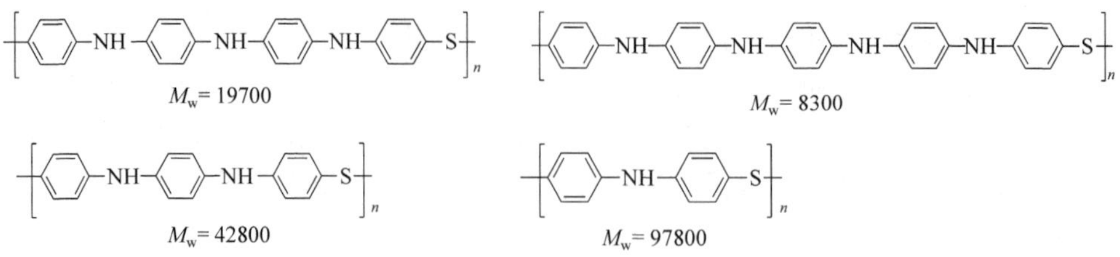

图 1-10 不同苯胺齐聚物-苯硫醚共聚物的结构[49]

通过研究图 1-10 所示的不同苯胺齐聚物-苯硫醚共聚物的掺杂-反掺杂反应，可加深对聚苯胺的掺杂机理和导电行为的了解。经过质子酸掺杂和碱反掺杂，普通聚苯胺可在导电-绝缘之间反复转换，但是这种导电性转变的前提是聚苯胺主链结构中必须含有一组相邻的醌式苯胺二聚体及苯式苯胺二聚体，因此，只有含苯胺四聚体以上的齐聚物才能显示良好的导电性能。

与导电性能相比，电化学活性对苯胺齐聚物中苯胺单元的数量要求相对宽松。键入高分子主链的苯胺齐聚物可改变整个高分子的电化学性能，如 Chang 等[50]合成了苯胺二聚体-酰亚胺嵌段共聚物，该共聚物不仅兼具聚酰亚胺的耐高温和优良的力学性能，同时具有良好的电化学活性。

苯胺齐聚物结构单元是共聚物具有光电功能的基础。图 1-11 列出了一个高效蓝光聚合物即蒽-苯胺四聚体交替共聚物的合成路线，首先将具有电致发光功能的蒽采用二苯胺封端，而后在二甲基甲酰胺(DMF)/浓盐酸中采用过硫酸铵为氧化剂进行氧化偶联聚合，合成了主链为苯胺四聚体和蒽交替结构所组成的共聚物[51]，由于蒽具有电致发光功能，苯胺四聚体与蒽单元之间具有高效的能量转移，其协同作用的结果是共聚物在 426 nm 波段发出了蓝光。

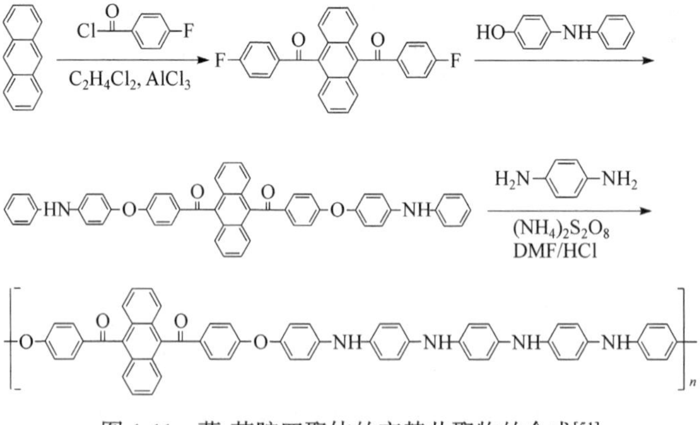

图 1-11 蒽-苯胺四聚体的交替共聚物的合成[51]

Chao 等[52]采用图 1-12 所示的方法成功将苯胺四聚体引入聚酰亚胺主链。首先他们通过苯胺二聚体与联苯二酸酐反应合成了苯胺二聚体封端的酰胺酸，随后与对苯二胺进行氧化共聚，制备出主链为苯胺四聚体单元与酰胺酸单元的交替共聚物。该共聚物在二甲基乙酰胺、*N*-甲基吡咯烷酮等极性溶剂中有很好的溶解性，因此可通过亚胺化反应形成苯胺四聚体与酰亚胺的交替共聚物，显示出良好的导电性和介电性能。

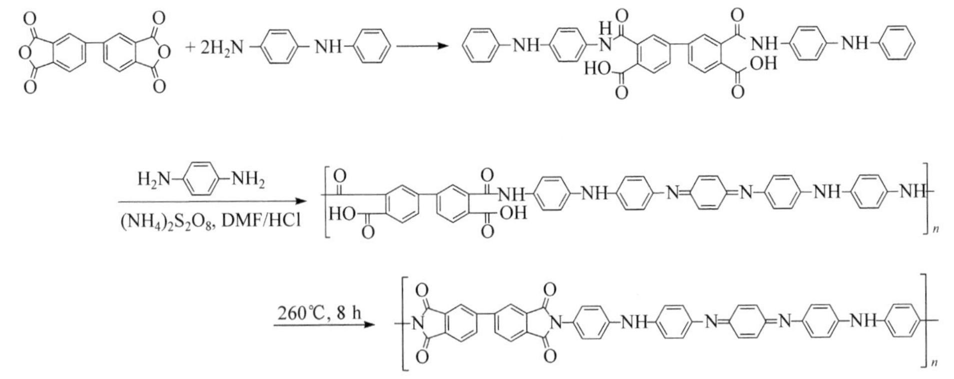

图 1-12　苯胺四聚体-酰亚胺交替共聚物的合成[52]

He 等[53]以对羟基二苯胺为原料，合成了一种含氰基侧链的苯胺衍生物，随后与对苯二胺氧化聚合得到主链为苯胺四聚体，侧链为氰基的共聚物，由于每个结构单元都含有一个氰基，因此可将氰基转换为羧基或氨基等官能团，进而显示多种特殊性能。

2. 侧链含有苯胺齐聚物结构单元的高分子

除了主链含苯胺齐聚物的高分子，侧链含苯胺齐聚物的高分子也可显示出特殊的电学或电化学性能[54-57]。Jia 等[58]首先合成了侧链含苯胺齐聚物结构单元的超支化聚酰胺，具有明确的电化学活性。Li 等[59]采用图 1-13 的方法，在 *N*-甲基吡咯烷酮(NMP)与甲苯的混合溶剂中合成了侧链含苯胺四聚体的聚芳醚酮，由于侧链含苯胺四聚体，该高分子不仅具有优良的力学性能，还具有良好的电化学活性，是一类具有防腐性能的聚芳醚酮。

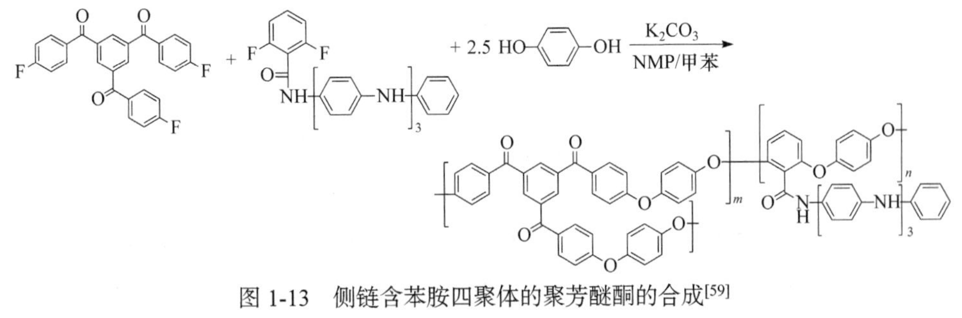

图 1-13　侧链含苯胺四聚体的聚芳醚酮的合成[59]

苯胺齐聚物中的苯胺单元数是决定这类高分子电学性能的关键，如以苯胺四聚体为侧链、甲基丙烯酰胺为主链的高分子[60]，质子酸掺杂后其电导率可达 10^{-4} S/cm，同时具有可逆的电化学氧化还原活性。

除了主链或侧链至少有一个是非共轭结构的高分子材料，也有主链侧链均为共轭结构的导电高分子材料，Dufour 等[61]将噻吩与苯胺四聚体偶联，再与辛基噻吩共聚，可合成以苯胺四聚体为侧链、噻吩为主链的共轭高分子，这类共轭高分子的主链和侧链可同时进行掺杂或反掺杂。Qu 等[62]以含苯胺四聚体的二苯胺封端的二胺，与六亚甲基二异氰酸酯(HDI)反应合成了侧链含苯胺四聚体、主链含苯胺但没有共轭结构的聚脲(EPU)，如图 1-14 所示。EPU 不仅具有良好的热稳定性，还具有一定的导电性和优良的电化学活性，显示出特殊的电致变色性和防腐性能。

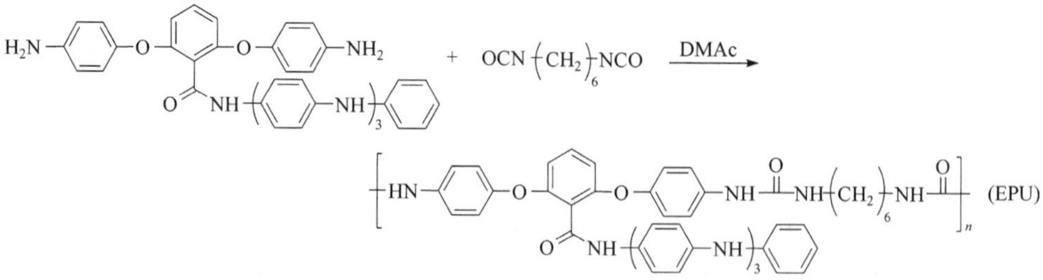

图 1-14　侧链含苯胺四聚体的聚脲的合成[62]

氨基与羧基的反应经常被用于合成含苯胺齐聚物的高分子。Kaya 等[63]合成了一种带有苯胺齐聚物侧链的功能高分子，他们首先在乙酸溶液中用次氯酸钠氧化苯胺单体，得到了一端为氨基、另一端为苯基的苯胺低聚物，随后在乙醇中与含羰基的聚合物发生席夫碱反应，得到含苯胺齐聚物侧链的功能高分子(图 1-15)。

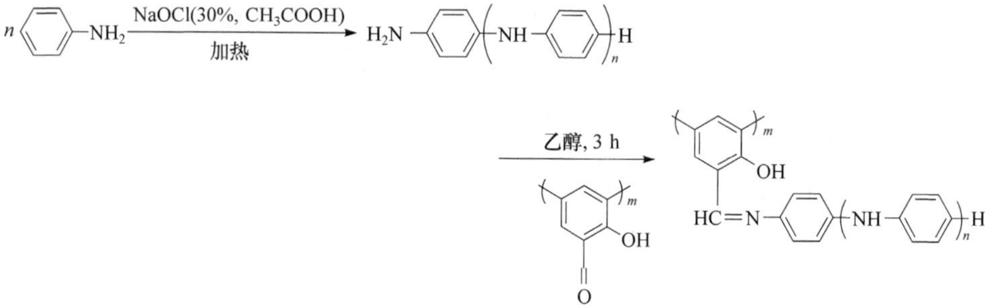

图 1-15　含苯胺齐聚物侧链的功能高分子的合成[63]

碳纳米管中含有大量羧基，因此通过羧基和氨基的反应，也可以将苯胺衍生物接到碳纳米管表面。Baravik 等[64]将巯基苯胺修饰的葡萄糖氧化酶接到碳纳米管表面，利用巯基对金的表面吸附作用，在金电极表面形成一个具有电催化性能的单分子层，其中碳纳米管作为导线，苯胺齐聚物则作为一个电子传输中间体，从而有效提高了葡萄糖氧化酶的电催化活性，其双电子催化氧化葡萄糖的转化数(TON)高达 $1025\ s^{-1}$。

Buga 等[65]报道了含苯胺二聚体的聚噻吩的合成方法，他们首先合成了含羧酸酯侧链的聚噻吩衍生物，水解后制备出侧基为羧基的聚噻吩，如图 1-16 所示，该羧基再与苯胺二聚体发生反应，合成出侧链为苯胺二聚体的聚噻吩。

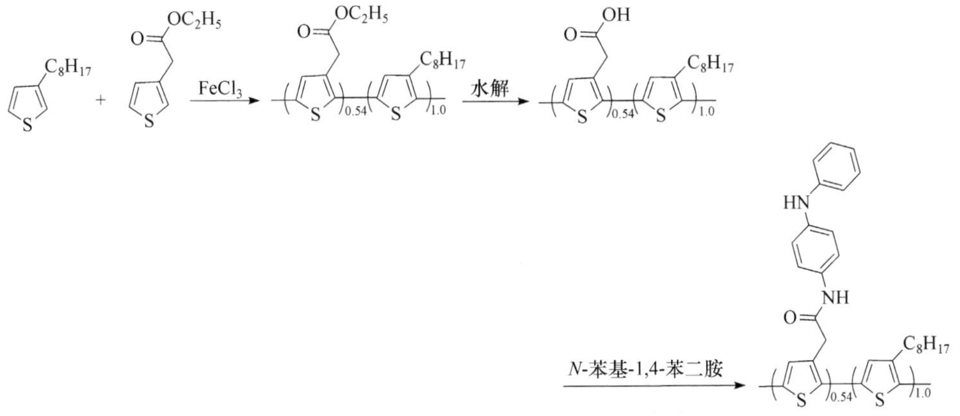

图 1-16 含苯胺二聚体的聚噻吩的合成[65]

在上述聚合物中，苯胺二聚体是通过氨基与侧链中的羧基反应引入的，因此苯胺二聚体的含量相对较低。为提高苯胺齐聚物的含量，如图 1-17 所示，Buga 等[66]以含酯基侧链的噻吩衍生物为单体，通过氧化聚合得到聚噻吩衍生物，水解反应后在侧链引入了羧基。随后在四氢呋喃中，在二环己基碳二亚胺（DCC）和二甲氨基吡啶（DMAP）下侧链羧基与苯胺二聚体或苯胺四聚体反应，得到了主链为噻吩衍生物、侧链为苯胺二聚体或苯胺四聚体的功能高分子，苯胺齐聚物在聚合物中的含量大大提高，且苯胺齐聚物在高分子结构中分布更均匀，从而大幅度改善了聚合物的电化学性能。

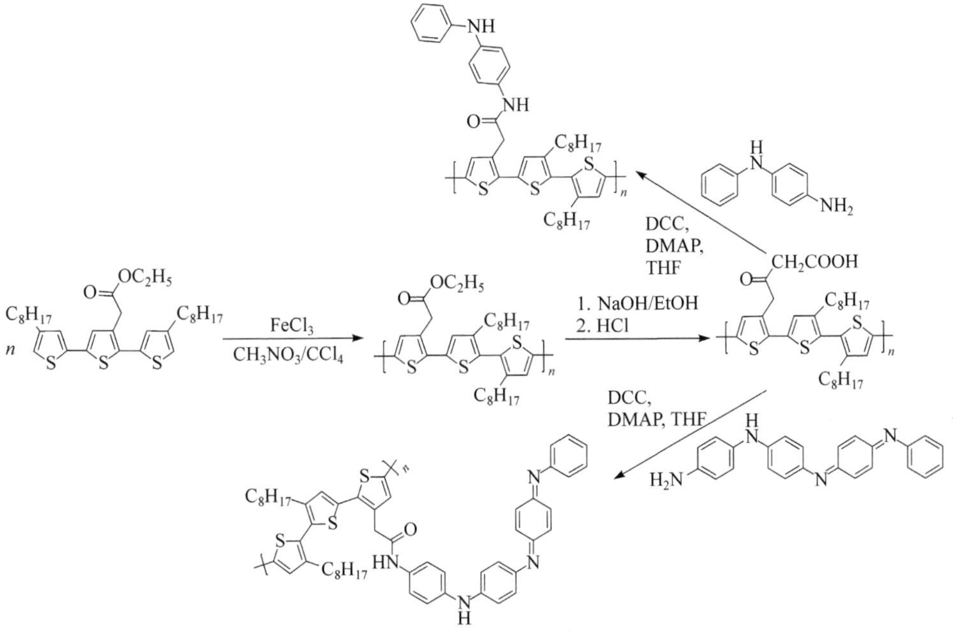

图 1-17 高含量苯胺齐聚物侧链的聚噻吩的合成[66]

在绝缘高分子中引入苯胺齐聚物[67-69]，可显著地提高材料的介电性能，原因在于主链的 π 共轭结构可产生强烈的界面极化现象，使该区域的正负电荷中心分离，材料表现出明显的介电响应。

聚合物中苯胺齐聚物的含量是影响材料介电性能最重要的因素之一。Liang 等[70]将苯胺八聚体引入铁电聚合物中，制备了哑铃形共聚物。该哑铃形聚合物的合成路线如图 1-18 所示，他们首先合成了两端分别为苯基和氨基的苯胺八聚体，而后两端各含两个羧基的铁电聚合物(聚偏氟乙烯-偏氟氯乙烯)前驱体与苯胺八聚体发生酰胺化反应，得到哑铃形高分子。其中苯胺八聚体的合成是一个多步反应，

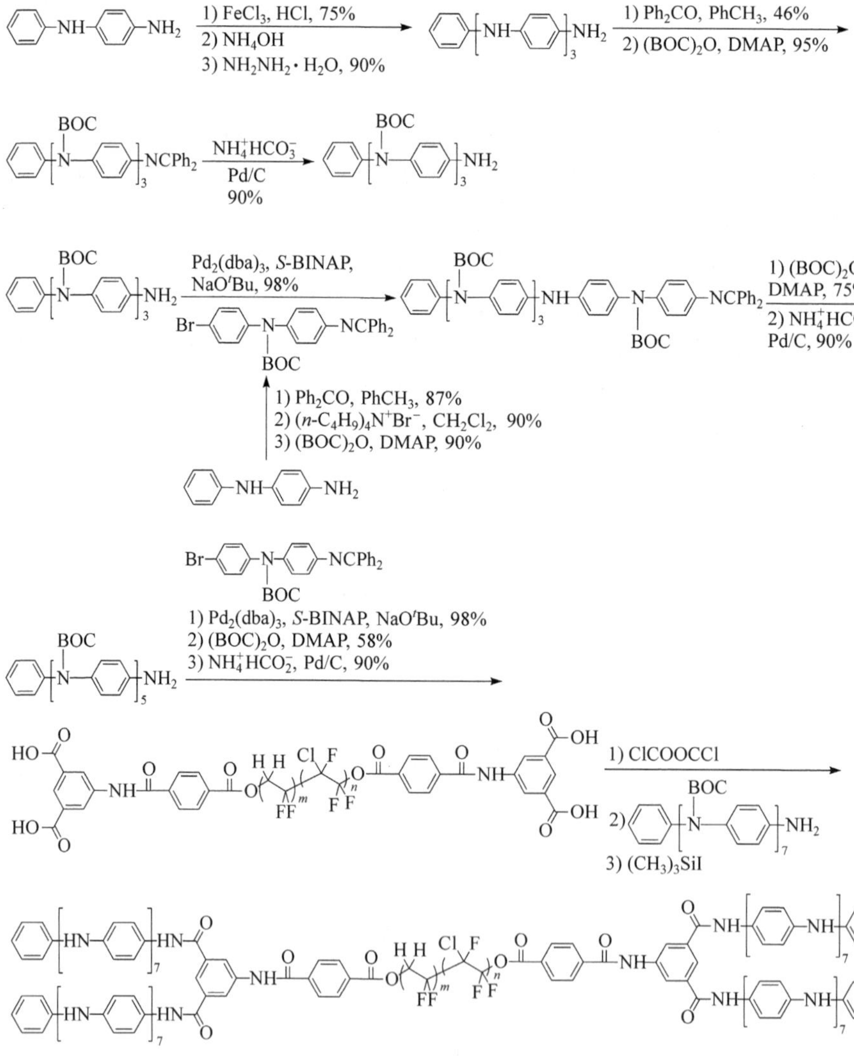

图 1-18　哑铃形聚合物的合成路线[70]

起始单体为对氨基二苯胺，在氯化铁氧化偶联下得到苯胺四聚体，随后经过去掺杂、水合肼还原反应得到全还原态苯胺四聚体。四聚体中的伯胺端基再与苯甲酮发生缩合反应形成亚胺，仲胺则用叔丁氧羰基(BOC)保护以防止其被氧化，同时还可改善苯胺四聚体的溶解性。四聚体中伯胺上的二苯亚甲基(CPh$_2$)通过催化加氢处理除去后，形成端基为氨基的四聚体，再通过钯催化偶联反应使四聚体与二聚体反应形成六聚体，不过二聚体需要先进行端基保护，然后溴化，偶联反应在溴基与苯环上的 C—H 上进行。八聚体的合成与六聚体的类似，即六聚体与溴代二聚体通过催化偶联得到仲胺被保护的苯胺八聚体。必须指出的是，含有羧基的铁电聚合物在与苯胺八聚体偶联之前，其分子中的羧基先用酰氯进行活化，再与苯胺八聚体进行酰胺化反应得到目标哑铃形聚合物。

当哑铃形聚合物中苯胺八聚体的含量为 10wt%时，1 kHz 下材料的介电常数由 12 增至 85，但继续增加苯胺八聚体含量却导致材料介电性能下降。不过在导电性能上的变化趋势与介电性能不同，聚合物中苯胺齐聚物的含量越高，电子传导能力越强，当苯胺齐聚物在整个聚合物中均匀分散并形成连续的电子通路时，聚合物逐渐由绝缘体向导体转变，只是在聚合物导电性能得以提高的同时，聚合物的介电常数则降低了。

1.1.4 化学合成聚苯胺的形貌调控

聚苯胺的形貌控制是该领域的一大研究热点。一般地，化学合成聚苯胺的形貌与单体浓度、氧化剂浓度、温度、介质 pH 值、表面活性剂、掺杂剂等均有很大关系。当然其他参数如化学氧化过程参数、电化学反应过程参数、模板或特种添加剂等也可用于调控聚苯胺形貌。

聚苯胺形貌中最受关注的是纳米结构聚苯胺，采用不同的聚合方法，如界面聚合法、微乳液聚合法、分子自组装法及电化学聚合法等[71-74]均可获得纳米结构聚苯胺。综合文献报道，纳米结构聚苯胺的合成方法大致可分为模板法和非模板法两类，其中模板法采用外部模板诱导或控制聚苯胺纳米结构的生长过程，而非模板法是相对模板法而言的，该方法无需采用外部模板即可制备纳米结构聚苯胺。

模板法是合成纳米结构聚苯胺的最常用方法。从模板的构成来看，模板法又可分为软模板法和硬模板法两种。软模板形状多种多样，其构筑一般不需要复杂的设备，可以是由两亲性分子形成的各种有序结构，如液晶、胶团、微乳状液、囊泡、LB 膜、自组装膜等，也可以是高分子的自组装结构或生物大分子。尽管软膜板本身并不能严格控制聚苯胺的尺寸和形状，但由于软模板法操作方便而受到研究人员的广泛关注。硬模板法多是以材料的内表面或外表面为模板，填充到模板的单体随后进行化学或电化学反应，在一定反应时间后除去模板即得到相应的纳米结构，如纳米颗粒、纳米棒、纳米线或纳米管、纳米空心球和纳米多孔材料等，最常用的硬模板有分子筛、多孔氧化铝膜、径迹蚀刻聚合物膜、聚合物纤维、纳米碳管和聚苯乙烯微球等。

1,4-偶联(或称头尾)偶联反应是生成规整结构聚苯胺的关键,但是苯胺的氧化聚合过程中存在多种副反应,如尾尾偶联反应会形成联苯结构,头头偶联则形成偶氮苯。头尾偶联结构单元还可通过分子内环化反应,形成吩嗪结构,成为链增长过程中的成核中心[75]。吩嗪链段相对扁平的分子结构而言更具有疏水性,并通过 π-π 键的作用使它们能够保持稳定的一维结构,在各种界面上形成有序排列并带有向外伸展苯环的纳米结构[76]。因此在苯胺最初的氧化过程中发生的上述反应,有可能形成分子自组装的成核中心,直接影响着聚苯胺最终的形貌。因此研究苯胺最初的氧化过程有助于分析相关聚苯胺纳米结构的形成机制[77,78]。目前使用苯胺化学氧化法可制备聚苯胺纳米球、纳米线、纳米棒、纳米管、纳米栅,以及星形、海胆形、树叶形及花形等不同形貌的纳米结构。下面介绍几种常见的聚苯胺纳米结构的合成方法。

1. 聚苯胺颗粒和纳米球

在强酸和强氧化剂下,采用高浓度的苯胺进行沉淀聚合,通常会得到颗粒状的聚苯胺[5]。这是因为在高浓度苯胺溶液中,在强酸和强氧化剂下,在很短的聚合时间内即可形成高浓度的成核中心,当聚苯胺链开始快速生长时,成核中心开始聚集,而成核中心在水中溶解度有限,因此随机聚集、堆叠形成更大的颗粒。在剪切力作用下,在预成型颗粒的表面通常会发生多相成核,此时疏水的成核中心可作为纳米尺度的黏合剂,吸附在已经形成的聚苯胺颗粒表面,将颗粒连接在一起,并可在其表面推动新颗粒的生长,最后得到颗粒状产物。例如,以过硫酸铵(APS)为氧化剂,苯胺在磷酸溶液中 30℃下反应 6 h,很容易制备出颗粒状聚苯胺。

Stejskal 等[79]指出,在胶体稳定剂存在下进行苯胺分散聚合可制备聚苯胺纳米微球。随着稳定剂与苯胺单体比值的增大,聚苯胺微球颗粒直径逐渐减小。Park 等[80]就以高浓度聚乙烯吡咯烷酮(polyvinyl pyrrolidone,PVP)为表面活性剂,进行苯胺的氧化聚合,制备出聚苯胺纳米球。

软模板法是一种合成聚苯胺纳米球的典型方法。首先在表面活性剂下形成胶束,苯胺的氧化以及随后的成核中心自组装均在胶束内部进行,最终制备出聚苯胺纳米球。Lv 等[81]利用细乳液微滴的表面为模板成功合成了聚苯胺纳米囊,若将疏水的液体自愈药剂封进上述聚苯胺纳米囊内部,该自愈药剂可通过还原反应进行释放,且其释放在氧化反应条件下可被阻止,因此这类自愈合聚苯胺胶囊有望成为智能金属防腐材料。当然聚苯胺纳米球也可在非水体系中采用软模板法合成,例如,Zhang 等[82]采用醋酸纤维素为软模板,在二甲基乙酰胺和丙酮的混合溶剂中,以过硫酸铵为氧化剂,合成了直径约 180 nm 的聚苯胺纳米球。

采用硬模板法也可制备聚苯胺颗粒，例如，Zhang 等[83]采用 γ-Fe$_2$O$_3$ 纳米颗粒作为模板，在盐酸水溶液中可将苯胺氧化，制备出直径在 100 nm 左右的聚苯胺中空纳米球。

聚合过程出现的自组装现象经常被用于制备聚苯胺纳米颗粒。例如，二价铜催化剂下进行苯胺氧化聚合，可通过自组装的方式形成聚苯胺中空微球[84]。又如，在低温下，即使在不加任何酸的条件下，将苯胺与过硫酸铵混合、静置，也可制备出直径在 3～12 nm 的聚苯胺微球[85]。此外，在超声分散的条件下进行苯胺聚合反应，也能制得聚苯胺纳米微球[86]。

2. 一维纳米结构聚苯胺

聚苯胺一维纳米结构包括聚苯胺纳米纤维、纳米管和纳米棒等，下面分别介绍其制备方法。

1) 聚苯胺纳米纤维

纳米纤维通常是指直径低于 100 nm 的纤维，2009 年 Tran 等[87]报道了聚苯胺纳米纤维的制备方法，这是最典型的一维纳米结构聚苯胺。随后文献中出现了许多聚苯胺纳米纤维的制备方法，典型的有快速混合反应法[88]和界面聚合反应法[89]。此外，稀释法[90]、晶种法或静电纺丝法等[91]也有报道。

通常条件下聚苯胺成核中心倾向于堆叠，并通过 π-π 键作用稳定化，成核中心诱使纳米纤维在它们附近形成，并作为纳米纤维继续生长的主体部分。与颗粒形貌的形成相比，均匀、均相的成核可形成聚苯胺纳米纤维，不均匀、多相的成核导致颗粒形成，在快速混合反应的条件下，反应物的快速消耗限制了二次生长，有利于形成纳米纤维，因此合成聚苯胺纳米纤维的关键在于阻止成核中心的二次生长[92, 93]。

在界面聚合反应中，苯胺与氧化剂在界面处发生反应形成纳米纤维，此时纳米纤维远离反应界面，抑制了不规则颗粒的二次生长。而新的成核中心能在生长中的纳米纤维的不同方向上堆叠，从而使一维结构扩展为柱状的网络结构，纳米纤维上自由成核中心的吸附导致纤维结构出现分支[94]。Li 等[95]采用界面聚合法合成了直径在 100 nm 左右的聚苯胺纳米纤维，他们通过控制苯胺浓度、过硫酸铵（APS）浓度、温度等参数来调控聚苯胺形貌，当苯胺浓度从 0.1 mol/L 增加到 0.4 mol/L 时，聚苯胺纳米纤维的形貌变化不明显，直径在 70 nm 左右。当 APS 的浓度偏低时，活跃成核点不足将导致二次成核发生，容易生成颗粒，而当 APS 的浓度偏高时，因活跃成核点过多而聚集成珊瑚状。

Chen 等[96]采用氧化还原引发剂合成出聚苯胺纳米纤维，他们以 APS/Fe^{2+}为引发剂，通过控制 HCl 溶液浓度实现了聚苯胺纳米纤维形貌的控制，纤维的尺寸和形貌可通过改变氧化还原引发剂的组成或苯胺与引发剂的摩尔比来控制。除了上述方法，Zhou 等[97]报道了一种聚苯胺纳米线的制备方法，他们在低温和酸性环境中加入少量对苯二胺，将过硫酸铵与苯胺单体混合，静置后制备出直径在 70 nm 左右的聚苯胺纳米线。随后他们利用聚苯胺纳米线荷正电的特性，与荷负电的氧化石墨烯复合，进一步将石墨烯还原后制备出石墨烯包覆的聚苯胺纳米纤维。

2) 聚苯胺纳米管

与纳米纤维不同，纳米管是含腔式结构的一维结构材料。聚苯胺纳米管既可以通过物理方法制备，也可采用化学方法来制备，如硬模板法、软模板法等。

采用硬模板法制备聚苯胺纳米管时，模板周围纳米管的形成机理与纳米纤维类似[98]，即在硬模板的成核中心（如内部薄膜孔）的引导下，在硬模板结构表面形成聚苯胺纳米管。Paik 等[99]以氧化锌为硬模板合成了聚苯胺纳米管，Pan 等[100]和 Chen 等[101]则以二氧化锰纳米管为硬模板，采用原位聚合法合成了聚苯胺纳米管。值得指出的是，与 ZnO 不同，MnO_2 不仅是模板，还可作为氧化剂，当二氧化锰模板表面发生苯胺的氧化聚合反应时，MnO_2 被消耗掉，从而无需后续处理步骤即可形成聚苯胺纳米管，而且通过改变 MnO_2 的形状可制备不同形貌的聚苯胺纳米管。

若采用软模板法制备聚苯胺纳米管，苯胺在模板剂下能进行可控自组装，随后通过氧化聚合得到不同形貌聚苯胺，去除模板剂后，即得到聚苯胺纳米管。例如，Rana 等[102]以均苯四甲酸为软模板合成了聚苯胺纳米管；Park 等[103]报道了一种多孔聚苯胺纳米管的合成方法，他们以磷酸为软模板，通过调控苯胺浓度合成了长 415 nm、直径 55 nm 的聚苯胺纳米管；Wu 等[104]则以苹果酸、丙酸、琥珀酸、酒石酸、柠檬酸等有机酸为掺杂剂和结构引导剂，合成了多种结构的聚苯胺纳米管。

3) 特殊形貌聚苯胺

Zhu 等[105]以氯气为氧化剂、苯胺的柠檬酸盐为模板，在有机溶剂中，采用气/固反应合成了形貌类似大脑皮层结构的聚苯胺。他们还采用全氟辛基磺酸为添加剂和软模板，通过自组装方式合成了类红毛丹结构的中空聚苯胺球，具有优异的超疏水性[106]。随后他们采用洋葱状的多层囊为软模板，以特殊的液晶作为苯胺聚合反应及自组装的催化剂，合成了螺旋形结构的聚苯胺，并观测到了聚苯胺螺旋结构的形态演变[107]。

Yang 等[108]和 Tan 等[109]分别以聚苯乙烯(PS)为晶种、Fe^{3+}盐为氧化剂，采用种子溶胀聚合法合成了海胆状聚苯乙烯/聚苯胺复合微球。Prasannan 等[110]和 Yang 等[111]也制备出平均半径为 60~200 nm 的海胆状聚苯胺纳米材料。$FeCl_3$ 不仅是一类温和的氧化剂，还可作为结构导向剂，当苯胺在 β-环糊精微乳液中聚合时可制备出实心的海胆状聚苯胺纳米颗粒，当以聚苯乙烯微球为模板进行苯胺聚合后，消除该模板即可获得空心的聚苯胺纳米颗粒。Peng 等[112]以聚二甲硅氧烷(PDMS)

为模板，制备出类似荷叶超疏水结构的纳米结构聚苯胺，进而获得了具有超疏水结构的仿生聚苯胺薄膜。

1.2　聚苯胺的电化学合成

自 1980 年 Diaz[113]成功地用电化学方法制备出电活性聚苯胺膜以来，苯胺的电化学聚合以及聚苯胺电化学行为的相关研究获得了很大进展。

电化学合成法是在含苯胺的电解质溶液(如 HCl/H$_2$O)中，采用恒电位法、恒电流法、动电位扫描法或脉冲极化法等使苯胺在阳极(通常为铂、金等惰性电极材料)上发生氧化聚合反应，生成聚苯胺粉末或薄膜。尽管存在制备规模小的缺点，但电化学合成法具有可直接获得与电极有一定附着力的薄膜，无需后续加工步骤等优势。此外，电化学合成可方便地通过电化学参数的变化控制聚苯胺膜的形貌、电导率和电化学活性，也可直接进行原位电化学或光谱学分析。

苯胺的电化学聚合是一种在电极表面发生的固液界面反应，而绝大多数的化学合成法本质上是一种体相反应。由于电化学聚合与化学氧化聚合在聚合机理上有很大差别，所得聚苯胺在结构与性能上差别也很大。

电化学法制备的聚苯胺的物化性能与苯胺浓度、电聚合方式、溶液 pH 值、电解质和溶剂类型相关，此外，电极材料甚至电极表面的微观形貌对苯胺的电化学聚合也有很大影响。由于苯胺的氧化电位一般比聚苯胺的氧化电位高，因此在链增长过程中可能出现聚苯胺的过氧化现象。另外，电化学聚合过程中活性中心的选择性较差，因此几乎所有电化学聚合都存在不同程度的交联。一旦除去不溶的交联产物，电化学合成的聚苯胺的重均分子量一般在 1000~50000，相当于化学氧化法制备的低分子量聚苯胺。

介质的 pH 值对聚苯胺的物性有很大影响。由于聚苯胺在 pH 值大于 3 的溶液中没有电化学活性，苯胺的电化学聚合一般在 pH 值小于 3 的介质中进行，尤其当溶液 pH 值小于 1.8 时，可得到具有氧化还原活性并伴随着多重可逆颜色变化的聚苯胺膜。另外，聚合电位和聚合电流都不宜过大，否则会引起聚苯胺膜发生过氧化，甚至发生不可逆的氧化反应，从而降低聚苯胺的电化学活性。另外，即使在较高的电位下，随着聚合时间的增加，由于早期在电极表面生成的聚苯胺膜的电导率比金属电极低几个数量级，因此后期聚苯胺的生长速度会下降，甚至低于在低电位下的生长速度。

电化学合成的聚苯胺大多呈非晶态结构，降低了聚苯胺分子链间电导率，进而降低了聚苯胺的宏观电导率。为提高聚苯胺的导电性，可以采用二次掺杂方法，即将酸掺杂后的导电聚苯胺膜再用间甲酚蒸气饱和，聚苯胺分子链从卷曲状态变为伸展状态，并且其结晶度大幅度增加，从而可使聚苯胺膜的电导率产生数量级的增大。

苯胺的电化学聚合可分为非水介质体系和水介质体系两类，下面分别进行简要介绍。

1.2.1　非水介质中苯胺的电化学聚合

早在 1980 年，Volkov 等[114]就报道了苯胺衍生物的电化学聚合及聚合产物的性能，发现某些聚苯胺衍生物有一定的电化学活性，但当时并没有引起重视。后来 Ohsaka 等[115]、Kobayashi 等[116]和 Kitani 等[117]分别在不同介质中进行苯胺的电化学聚合，他们指出只有在酸性水溶液中才能制备出有电化学活性的聚苯胺。对非水介质而言，直到 1988 年 Osaka 等[118]才在非水介质中得到了真正具有电化学活性的聚苯胺，此时合成聚苯胺的化学氧化聚合法已经发展得很成熟了。

碳酸丙烯酯(PC)是典型的非水介质，在 PC 中加入三氟乙酸(CF_3COOH)和高氯酸锂($LiClO_4$)，可作为苯胺电化学聚合的介质。再以 Pt 丝为对电极、Ag/Ag^+电极(0.01 mol/L $AgNO_3$/PC)为参比电极，采用循环电位扫描法聚合，当苯胺浓度为 0.5 mol/L 时，扫描电位在–0.7～0.4 V(扫描速度为 10 mV/s)之间，可以制备出具有优良电化学活性的聚苯胺。实际上，为制备具有电化学活性的聚苯胺，电化学聚合反应的溶液中必须满足两个基本条件：溶液中存在提供质子的有机酸，该有机酸的酸性要与 CF_3COOH 的酸性相当，同时溶液中必须有浓度足够高的电解质，以确保 PC 溶液的导电性。

三氟乙酸的吸水性很强，因此如何除去其中微量的水是个难题，而水的存在会影响所得聚苯胺的电化学性能。为此，Takehara 等[119]以苯胺的四氟硼酸盐(An-HBF$_4$)代替三氟乙酸，在 0.2 mol/L An-HBF$_4$ 和 1.0 mol/L LiBF$_4$ 的 PC 溶液中通过循环电位扫描法制得了具有电化学活性的聚苯胺。

聚苯胺具有可逆的氧化还原活性，因此可用作蓄电池的正极材料。Osaka 等[120]指出，与从水介质中沉积得到的聚苯胺电极相比，从非水介质 PC 溶液中沉积得到的聚苯胺薄膜电极显示出较高的库仑效率和能量密度，这是因为从 PC 溶液沉积得到的聚苯胺薄膜呈现粗糙多孔结构，而水介质中沉积得到的聚苯胺薄膜则呈致密的纤维状结构。

Osaka 等[121]研究了电化学聚合过程中苯胺与酸的摩尔比对聚苯胺膜的影响，以铂为工作电极，在恒电流密度(0.5 mA/cm^2)或扫描电位(–0.7～0.4 V，10 mV/s)下进行苯胺聚合，他们发现当苯胺与酸的摩尔比为 1∶2 时，所得聚苯胺的电化学性能最佳。他们还研究了 PC、碳酸乙烯酯(EC)、1,2-二甲氧基乙烷(DME)或其混合液等不同介质对聚苯胺性能的影响[122]，含 PC 的介质中所得聚苯胺的电化学活性较好，而 DME 介质中所得的聚苯胺的电化学活性最差。不过若采用 PC/DME

混合介质(摩尔比 1∶1)，可得到电导率较高的聚苯胺膜。

如前所述，为制备高导电性或电化学活性优良的聚苯胺，非水介质中需要有足够浓度的质子酸。不过若仅从电化学活性考虑，质子酸并非是不可或缺的。Miras 等[123] 以乙腈(AN)为溶剂，加入 0.5 mol/L LiClO₄ 作为电解质，工作电极为镀金玻璃板，苯胺浓度为 0.1 mol/L，在−0.2～1.3 V 下进行扫描电位聚合(扫描速度为 0.05 V/s)，在非质子溶剂中制得电化学活性优良的聚苯胺膜，说明质子并不是电化学聚合必不可少的因素，因为在电化学聚合起始阶段，苯胺并没有质子化形成苯胺盐。Pandey 等[124]用电化学聚合法在乙腈、二氯甲烷和硝基苯等几种非质子溶剂中合成了一系列聚苯胺膜，溶剂中加入四甲基高氯酸铵(TMAP)、四苯基硼酸钠(TPB)和四乙基四氟硼酸钠(TETFB)，苯胺浓度为 0.4 mol/L，聚合采用恒电位[2.0 V (*vs.* Ag/AgCl)]或循环扫描电位(−0.7～2.0 V，100 mV/s，10 min)方法。不同介质所得的聚苯胺膜的形貌有很大差异，电化学性质也有很大不同。值得指出的是，由于上述电化学聚合反应过程中没有质子酸的参与，因此得到的聚苯胺尽管具有电化学活性，但处于绝缘态。为了得到导电态聚苯胺，必须采用相应的质子酸进行掺杂。

1.2.2　水介质中苯胺的电化学聚合

1. 苯胺的电化学聚合方法

苯胺的电化学聚合方法主要有循环扫描电位法、恒电位法和恒电流法等三种。1980 年，Diaz 等[113]首先采用循环扫描电位法在铂电极上合成了聚苯胺薄膜，该电化学聚合是在两电极电解池中进行的，工作电极为铂电极，参比电极为饱和甘汞电极，反应溶液为 0.1 mol/L 硫酸水溶液，在−0.2～0.8 V 之间匀速扫描实现了苯胺的电化学聚合。Noufi 等[125]和 Oyama 等[125,126] 也在酸性溶液(pH=1)中采用循环扫描电位法(−0.2～0.8 V)进行苯胺的电化学聚合，他们还报道了采用恒电位聚合法(+0.9 V)进行苯胺的电化学聚合。无论是循环扫描电位法还是恒电位法，均可制备出具有电化学活性的聚苯胺。

除了循环扫描电位法和恒电位法，采用恒电流法也可实现苯胺的电化学聚合，制备出具有电化学活性的聚苯胺薄膜。Kobayashi 等[116]采用恒电流法(电流密度为 0.1 mA/cm²)在 1 mol/L 苯胺盐酸盐溶液中实现了苯胺的电化学聚合，得到具有电化学活性的聚苯胺。与循环扫描电位法或恒电位法相比，恒电流法得到的聚苯胺膜具有更好的电化学稳定性，如在−0.2～0.6 V(*vs.* SCE)之间扫描时，聚苯胺薄膜显示出优异的氧化还原可逆性，且伴有相应的颜色变化。但是当扫描电位高于 0.7 V 时，聚苯胺薄膜发生氧化降解反应，整个过程变得不可逆。Elkais 等[127]也采用恒电流法使苯胺在盐酸溶液中发生电化学聚合，制备出聚苯胺薄膜或粉末，所得聚苯胺为掺杂态。Okabayashi 等[128]在 3 mA/cm² 的电流密度下，使 1 mol/L 苯胺在 2 mol/L HClO₄ 水溶液发生电化学聚合，制备出具有优良电化学活性的聚苯胺薄膜。Kanamura 等[129]则将 1 mol/L 苯胺溶解在含 2 mol/L 四氟硼酸溶液中，在不同电流密度（0.01～5 mA/cm²）下制备出不同形貌的聚苯胺薄膜，其厚度大约为 100 μm。

2. 聚苯胺的电致变色行为

随着聚苯胺掺杂率和氧化态的变化，聚苯胺薄膜可发生相应的颜色变化。外加电流或电压均可改变聚苯胺的氧化态或掺杂率，从而产生薄膜的颜色变化，即所谓的电致变色行为。在一定的电流或电压范围内，这种电致变色现象是可逆的，且聚苯胺色彩转变不仅仅是同一种颜色深浅的转变，而且根据所施加的电位或电流大小，聚苯胺薄膜可迅速在黄、绿、深蓝和黑色之间转变。如当电位在 0.2 V 时，聚苯胺薄膜为蓝色，而电位降低到 0 V 时，聚苯胺薄膜呈透明的黄色，薄膜变色均匀，没有发生区域变色现象。其原因在于聚苯胺的氧化还原反应伴随着电子或质子的得失，导致聚苯胺光学性能的改变[113]。伴随聚苯胺从全还原态到全氧化态的变化，聚苯胺薄膜的颜色从淡黄色变为绿色、蓝色、黑色，分别对应聚苯胺的全还原态、中间氧化态和全氧化态。实际上，根据 Kobayashi 等[130]的报道，若将聚苯胺薄膜在 –0.15 V 和 0.4 V（vs. SCE）之间进行循环扫描，其颜色可以在黄色和绿色之间反复转换 100 万次以上，并具有较快的响应时间。MacDiarmid 等[131]正是利用聚苯胺这种可逆的氧化还原性能，将其用于蓄电池的正极材料。

3. 电化学合成聚苯胺的结构与性能

Watanabe 等[132] 研究了苯胺在硫酸溶液中的电化学聚合，他们采用不同电化学聚合方法合成聚苯胺，其中恒电压法 [0.9 V（vs. SCE）] 得到的聚苯胺重均分子量大于 9000，而循环扫描电压法 [–0.7～1.3 V（vs. SCE），16.7 mV/s] 得到的聚苯胺分子量分布较宽，重均分子量可从几百到几千变化。

除了不同的电化学聚合方法，反应介质或反应溶液也会影响聚苯胺结构和性能。酸性溶液中得到的聚苯胺一般为墨绿色，具有较高的电导率和电化学活性，且稳定性也很好，但是不同酸掺杂聚苯胺的电导率和形貌不同。与在有机介质中电化学聚合所得的聚苯胺膜相比，在水介质体系下电化学聚合所得聚苯胺微观形貌多为纳米线或相应的聚集态[133]。Fraoua 等[134]用电化学法和光电子能谱表征了不同 pH 对电化学聚合的聚苯胺的影响，发现聚苯胺膜的电化学行为和 pH 值有直接的关系。Yonezawa 等[135]用碳酸丙烯酯和乙腈作介质，以四氟硼酸为电解质进行苯胺的电化学聚合，所得聚苯胺膜的充放电容量远高于在 2.0 mol/L 四氟硼酸的水体系中所得的聚苯胺膜。原因在于非水介质中苯胺的聚合过程中很少发生氧化降解反应。

　　与化学氧化聚合法制备的聚苯胺相比，电化学聚合所得的聚苯胺分子量一般较低。但是利用中性盐的电子屏蔽效应，在反应介质中加入中性盐，能使苯胺单体更倾向于与生长链结合，从而制备分子量较高的聚苯胺。Mottoso 等[136]将中性盐(6 mol/L LiCl)加入反应溶液中，成功将聚苯胺的重均分子量提高到了16 万。中性盐种类和浓度对聚苯胺分子量的影响较大，如加入 3 mol/L 氯化钙可以制备出重均分子量超过 10.6 万的聚苯胺。通常电位高于 0.75 V 后聚苯胺的分子量会下降，原因在于高电位下聚苯胺链段间会发生过氧化反应，从而影响分子量的增长。

　　聚苯胺薄膜的厚度控制也是电化学合成法所关注的焦点。Dabke 等[137]用电化学聚合法将聚苯胺沉积在基底上制得了 Langmuir-Blodgett 膜(LB 膜)，聚苯胺分子层可在基底上保持定向排列的结构。聚苯胺膜的厚度越大，其氧化还原峰越宽，氧化还原动力学过程越慢，其电致变色现象的灵敏度越低。聚苯胺 LB 膜具有很强的电化学活性，对在分子水平上研究聚苯胺性能有重要价值，也可为聚苯胺基分子器件的研究提供一种新思路。

　　值得指出的是，聚苯胺具有良好的氧化还原可逆性，在其循环伏安曲线上通常能观察到两组可逆的氧化还原峰，分别位于 0.2 V 和 0.7 V(*vs.* SCE)左右[138, 139]，对应着聚苯胺的全还原态、中间氧化态、全氧化态之间的可逆转变。此外，聚苯胺的循环伏安曲线有时在 0.4 V(*vs.* SCE)左右会出现一对氧化还原峰，这是由醌式结构氧化降解产物的氧化还原反应所致。

1.2.3　苯胺的电化学聚合机理

　　苯胺的电化学聚合机理一直是该领域的关注焦点，不过即使经过几十年的研究，苯胺的电化学聚合机理仍存在争议。其中一个普遍的共识是，苯胺的电化学聚合也是通过自由基引发的自催化过程[140]，其自加速反应速率可采用脉冲伏安法确定[141]。此外，在电化学聚合过程中，除了聚苯胺链增长过程，还存在链降解反应这个竞争反应[142]。

　　Johnson 等[143]指出，苯胺的氧化反应在远低于循环伏安曲线的峰值电位下就已经开始了，但在低的过电位下铂电极的背景电流会掩盖苯胺氧化反应的伏安电流。他们还指出，聚苯胺膜在苯胺的氧化反应中能起到类似催化剂的作用，其证据之一是采用聚苯胺薄膜覆盖电极后极化电阻会降低。

　　原位光谱电化学技术常用于研究苯胺电化学聚合机理，借此确定了苯胺的氮烯阳离子是苯胺电化学聚合的中间体。两个苯胺单元的偶联有三种方式：头头偶联所得二聚体为偶氮二苯，头尾偶联所得二聚体为正常的苯胺二聚体即 *N*-苯基对苯二胺，尾尾偶联所得二聚体为联苯胺。值得指出的是，这三种苯胺二聚体的氧化态在苯胺的存在下都有可能转化为聚苯胺。三种产物的比例可以通过控制电化学合成参数来调节，在较低的电流密度和高的苯胺浓度下，电化学反应溶液中苯胺二聚体的浓度最高，而在较高的电流密度和低的苯胺浓度下，则易产生联苯胺[144,145]。此外，在非水体系中进行苯胺电化学聚合时，当质子受体如吡啶等存在时，容易产生偶氮苯[146,147]。

通常电化学合成的聚苯胺膜可以分为两层，每层的形成都包括成核、核增长并沉积等两个过程。第一层发生在电极基底表面，苯胺分子在一定的电位下发生电化学氧化，形成阳离子自由基，并与另一苯胺分子发生自由基-单体偶联反应形成二聚体。二聚体再重复上述过程则形成长链低聚体，接着低聚体沉积在电极上形成聚合物膜，在该阶段电极对苯胺的氧化起着催化作用。第二层是发生在覆盖电极的聚苯胺膜层上，因在聚苯胺膜表面上单体或低聚体比在电极基底表面上更易被氧化，使单体或低聚物更易在聚苯胺膜上沉积，从而使薄膜的厚度迅速增加，此即所谓的自催化加速阶段，其聚合速度很大程度上取决于聚苯胺的形态[140]。

1.3 展望

聚苯胺的制备经历了 150 多年的历史，尤其是经过最近 30 多年的重新发掘，采用化学法合成的聚苯胺已经可以实现分子量的调控，从苯胺齐聚物、超低分子量聚苯胺、低分子量聚苯胺、高分子量聚苯胺，再到超高分子量聚苯胺均能实现可控合成，而电化学法也可直接在电极上制备各种分子量和电导率的聚苯胺薄膜。不过合成聚苯胺的难题依然存在，首先是更高分子量的聚苯胺，如重均分子量超过 100 万的聚苯胺，其制备难度依然很大，尤其是高分子量、高 1,4-偶联的规整结构聚苯胺的合成依然还是一个重要挑战。其次是目前所制备的聚苯胺分子量分布依然较宽，如何制备窄分布(分子量分布低于 2，甚至更低)的聚苯胺始终是该领域的难点。我们期待发展新的合成方法解决上述两个难题，为聚苯胺的制备提供一个全面的图像。

参 考 文 献

[1] Ćirić-Marjanović G. Recent advances in polyaniline research: Polymerization mechanisms, structural aspects, properties and applications. Synthetic Metals, 2013, 171: 1~47.

[2] MacDiarmid A G, Chiang J C, Halpern M, et al. "Polyaniline": Interconversion of metallic and insulating forms. Molecular Crystals and Liquid Crystals, 1985, 121: 173~180.

[3] Travers J P, Chroboczek J, Devreux F, et al. Transport and magnetic resonance studies of polyaniline. Molecular Crystals and Liquid Crystals, 1985, 121: 195~199.

[4] Qin L, Tripathi G N R, Schuler R H. Radiation chemical studies of the oxidation of aniline in aqueous solution. Zeitschrift fur Naturforschung A: Journal of Physical Sciences, 1985, 40: 1026~1039.

[5] Stejskal J, Sapurina I, Trchova M, et al. Oxidation of aniline: Polyaniline granules, nanotubes, and oligoaniline microspheres. Macromolecules, 2008, 41: 3530~3536.

[6] David S, Nicolau Y F, Melis F, et al. Molecular weight of polyaniline synthesized by oxidation of aniline with ammonium persulfate and with ferric chloride. Synthetic Metals, 1995, 69: 125~126.

[7] Wei Y, Tang X, Sun Y, et al. A study of the mechanism of aniline polymerization. Journal of Polymer Science Part A: Polymer Chemistry, 1989, 27: 2385~2396.

[8] Marjanović B, Juranic I, Ćirić-Marjanović G. Revised mechanism of Boyland-Sims oxidation. The Journal of Physical Chemistry A, 2011, 115: 3536~3550.

[9] Genies E M, Tsintavis C. Redox mechanism and electrochemical behaviour of polyaniline deposits. Journal of Electroanalytical Chemistry, 1985, 195: 109~128.

[10] Gospodinova N, Terlemezyan L. Conducting polymers prepared by oxidative polymerization: Polyaniline. Progress in Polymer Science, 1998, 23: 1443~1484.

[11] Planes G A, Rodriguez J L, Miras M C, et al. Spectroscopic evidence for intermediate species formed during aniline polymerization and polyaniline degradation. Physical Chemistry Chemical Physics, 2010, 12: 10584~10593.

[12] Nicolas-Debarnot D, Poncin-Epaillard F. Polyaniline as a new sensitive layer for gas sensors. Analytica Chimica Acta, 2003, 475: 1~15.

[13] Oh E J, Min Y, Wiesinger J M, et al. Polyaniline: Dependency of selected properties on molecular weight. Synthetic Metals, 1993, 55: 977~982.

[14] Kenwright A M, Feast W J, Adams P, et al. Solution-state carbon-13 nuclear magnetic resonance studies of polyaniline. Polymer, 1992, 33: 4292~4298.

[15] Mattoso L H C, MacDiarmid A G, Epstein A J. Controlled synthesis of high molecular weight polyaniline and poly (o-methoxyaniline). Synthetic Metals, 1994, 68: 1~11.

[16] Adams P N, Laughlin P J, Monkman A P, et al. Low temperature synthesis of high molecular weight polyaniline. Polymer, 1996, 37: 3411~3417.

[17] Adams P N, Laughlin P J, Monkman A P, et al. Synthesis of high molecular weight polyaniline at low temperatures. Synthetic Metals, 1996, 76: 157~160.

[18] Adams P N, Abell L, Middleton A, et al. Low temperature synthesis of high molecular weight polyaniline using dichromate oxidant. Synthetic Metals, 1997, 84: 61~62.

[19] Osterholm J E, Cao Y, Klavetter F, et al. Emulsion polymerization of aniline. Synthetic Metals, 1993, 55: 1034~1039.

[20] Shreepathi S, Holze R. Spectroelectrochemical investigations of soluble polyaniline synthesized via new inverse emulsion pathway. Chemistry of Materials, 2005, 17: 4078~4085.

[21] Kim S G, Lim J Y, Sung J H, et al. Emulsion polymerized polyaniline synthesized with dodecylbenzene-sulfonic acid and its electrorheological characteristics: Temperature effect. Polymer, 2007, 48: 6622~6631.

[22] Rao P S, Subrahmanya S, Sathyanarayana D N. Inverse emulsion polymerization: A new route for the synthesis of conducting polyaniline. Synthetic Metals, 2002, 128: 311~316.

[23] MacDiarmid A G, Epstein A J. Polyaniline: Interrelationships between molecular weight, morphology, donnan potential and conductivity. Materials Research Society Symposium

Proceedings, 1992, 247: 565~576.

[24] Abe M, Ohtani A, Umemoto Y, et al. Soluble and high molecular weight polyaniline. Journal of the Chemical Society, Chemical Communications, 1989, 22: 1736~1738.

[25] Wei Y, Hsueh K F, Jang G W. A study of leucoemeraldine and the effect of redox reactions on the molecular weight of chemically prepared polyaniline. Macromolecules, 1994, 27: 518~525.

[26] Farrokhzad H, Darvishmanesh S, Genduso G, et al. Development of bivalent cation selective ion exchange membranes by varying molecular weight of polyaniline. Electrochimica Acta, 2015, 158: 64~72.

[27] Geng Y H, Li J, Sun Z C, et al. Polymerization of aniline in aqueous system containing organic solvents. Synthetic Metals, 1998, 96: 1~6.

[28] Willstatter R, Moore C W. Black aniline. I .[XII. Announcement on quinodes]. Berichte Der Deutschen Chemischen Gesellschaft, 1907, 40: 2665~2689.

[29] Honzl J, Ulbert K, Hadek V, et al. Organic semiconductors: Donor-acceptor complexes of conjugated based with a repeating structural unit. Chemical Communications, 1965, 19: 440~441.

[30] Honzl J, Tlustako M. Polyaniline compounds. 2. Linear oligoaniline derivatives tri-, tetra-, and hexaanilinobenzene and their conductive complexes. Journal of Polymer Science Part C: Polymer Symposium, 1968, 22: 451.

[31] Gebert P H, Batich C D, Tanner D B, et al. Polyaniline via Schiff-base chemistry. Synthetic Metals, 1989, 29: 371~376.

[32] Wei Y, Jang G W, Chan C C, et al. Polymerization of aniline and alkyl ring-substituted anilines in the presence of aromatic additives. The Journal of Physical Chemistry, 1990, 94: 7716~7721.

[33] Wei Y, Hsueh K F, Jang G W. Monitoring the chemical polymerization of aniline by open-circuit-potential measurements. Polymer, 1994, 35: 3572~3575.

[34] Wei Y, Yang C C, Ding T Z. A one-step method to synthesize N,N'-bis(4'-aminophenyl)-1,4-quinonenediimine and its derivatives. Tetrahedron Letters, 1996, 37: 731~734.

[35] Ochi M, Furusho H, Tanaka J. Preparation of linear oligoaniline derivatives using titanium alkoxide as a condensing agent. Bulletin of the Chemical Society of Japan, 1994, 67: 1749~1752.

[36] Rebourt E, Joule J A, Monkman A P. Polyaniline oligomers: Synthesis and characterisation. Synthetic Metals, 1997, 84: 65~66.

[37] Lu F L, Wudl F, Nowak M, et al. Phenyl-capped octaaniline (COA): An excellent model for polyaniline. Journal of the American Chemical Society, 1986, 108: 8311~8313.

[38] Vachon D, Angus R O, Lu F L, et al. Polyaniline is poly-para-phenyleneamineimine-proof of structure by synthesis. Synthetic Metals, 1987, 18: 297~302.

[39] Wudl F, Angus R O, Lu F L, et al. Poly(p-phenyleneamineimine): Synthesis and comparison to polyaniline. Journal of the American Chemical Society, 1987, 109: 3677~3684.

[40] Zhang W J, Feng J, MacDiarmid A G, et al. Synthesis of oligomeric anilines. Synthetic Metals, 1997, 84: 119~120.

[41] Wang W, MacDiarmid A G. New synthesis of phenyl/phenyl end-capped tetraaniline in the leucoemeraldine and emeraldine oxidation states. Synthetic Metals, 2002, 129: 199~205.

[42] Wei Y, Yang C C, Wei G, et al. A new synthesis of aniline oligomers with three to eight amine units.

Synthetic Metals, 1997, 84: 289~291.

[43] Gao J B, Li K, Zhang W J, et al. Facile synthesis of phenyl-capped oligoanilines using pseudo-high dilution technique. Macromolecular Rapid Communications, 1999, 20: 560~563.

[44] Gao J B, Zhang W J, Li K, et al. A novel synthetic method to phenyl-capped penta- and hexaaniline. Macromolecular Rapid Communications, 1999, 20: 463~466.

[45] Hu J, Huang L H, Zhuang X L, et al. A new oxidation state of aniline pentamer observed in water-soluble electroactive oligoaniline-chitosan polymer. Journal of Polymer Science Part A: Polymer Chemistry, 2008, 46: 1124~1135.

[46] Yang R, Chao D M, Liu H T, et al. Synthesis, electrochemical properties and inhibition performance of water-soluble self-doped oligoaniline derivative. Electrochimica Acta, 2013, 93: 107~113.

[47] Tao J Z, Yang M, Gao H Y, et al. Synthesis and assembly of oligoaniline for hierarchical structures within stable and mild acid system. Colloids and Surfaces A: Physicochemical and Engineering Aspects, 2014, 451: 117~124.

[48] Zhu K Z, Wang L X, Jing X B, et al. Poly (phenylene sulfide-tetraaniline): The soluble conducting polyaniline analogue with well-defined structures. Macromolecules, 2001, 34: 8453~8455.

[49] Zhu K Z, Wang L X, Jing X B, et al. Design, synthesis and characterization of novel nitrogen- and sulfur-containing polymers with well-defined conjugated length. Journal of Materials Chemistry, 2002, 12: 181~187.

[50] Chang K C, Huang K Y, Hsu C H, et al. Synthesis of ultra-high-strength electroactive polyimide membranes containing oligoaniline in the main chain by thermal imidization reaction. European Polymer Journal, 2014, 56: 26~32.

[51] Zhang J F, Chao D M, Cui L L, et al. Novel copolymer with oligoaniline and anthracene units in the main chain: Synthesis, characterization, and optical properties. Macromolecular Chemistry and Physics, 2009, 210: 394~400.

[52] Chao D M, Zhang J F, Liu X C, et al. Synthesis of novel poly (amic acid) and polyimide with oligoaniline in the main chain and their thermal, electrochemical, and dielectric properties. Polymer, 2010, 51: 4518~4524.

[53] He L B, Chao D M, Jia X T, et al. Synthesis and characterization of a novel electroactive polymer with oligoaniline and nitrile groups. Journal of Polymer Research, 2011, 18: 443~448.

[54] Chao D M, Wang S T, Tuten B T, et al. Densely functionalized pendant oligoaniline bearing poly (oxanorbornenes): Synthesis and electronic properties. Macromolecules, 2015, 48: 5054~5057.

[55] Chao D M, Jia X T, Liu H T, et al. Novel electroactive poly (arylene ether sulfone) copolymers containing pendant oligoaniline groups: Synthesis and properties. Journal of Polymer Science Part A: Polymer Chemistry, 2011, 49: 1605~1614.

[56] Chao D M, Wang S T, Berda E B, et al. Novel poly (aryl ether) bearing oligoaniline and carbazole pendants: Synthesis and properties. Journal of Materials Science, 2013, 48: 5946~5952.

[57] Li F F, Wang J Y, Zhou M J, et al. Synthesis and electrochemical properties of a novel poly (ether sulfone) with oligoaniline pendants. Chemical Research in Chinese Universities, 2015, 31: 1066~1071.

[58] Jia X T, Chao D M, He L B, et al. Hyperbranched electroactive azo polyamide based on oligoaniline: Synthesis, characterization, and dielectric properties. Macromolecular Research, 2011, 19: 1127~1133.

[59] Li F F, Zhou M J, Wang J Y, et al. Synthesis and electrochemical properties of electroactive hyperbranched poly (aryl ether ketone) bearing oligoaniline segments. Synthetic Metals, 2015, 205: 42~47.

[60] Liu S W, Zhu K Z, Zhang Y, et al. Synthesis and electrical conductivity of poly (methacrylamide) (PMAA) with fixed length oligoaniline as side chains. Materials Letters, 2005, 59: 3715~3719.

[61] Dufour B, Rannou P, Travers J P, et al. Spectroscopic and spectroelectrochemical properties of a poly (alkylthiophene) -oligoaniline hybrid polymer. Macromolecules, 2002, 35: 6112~6120.

[62] Qu G Q, Li F F, Berda E B, et al. Electroactive polyurea bearing oligoaniline pendants: Electrochromic and anticorrosive properties. Polymer, 2015, 58: 60~66.

[63] Kaya I, Vilayetoglu A R. Synthesis and characterization of oligosalicylaldehyde-*graft*-oligoaniline and its beginning oligomers. Journal of Applied Polymer Science, 2002, 85: 218~226.

[64] Baravik I, Tel-Vered R, Ovits O, et al. Electrical contacting of redox enzymes by means of oligoaniline-cross-linked enzyme/carbon nanotube composites. Langmuir, 2009, 25: 13978~13983.

[65] Buga K, Kepczynska K, Kulszewicz-Bajer I, et al. Poly (alkylthiophene) with pendant dianiline groups via postpolymerization functionalization: Preparation, spectroscopic, and spectroelectrochemical characterization. Macromolecules, 2004, 37: 769~777.

[66] Buga K, Pokrop R, Majkowska A, et al. Alternate copolymers of head to head coupled dialkylbithiophenes and oligoaniline substituted thiophenes: Preparation, electrochemical and spectroelectrochemical properties. Journal of Materials Chemistry, 2006, 16: 2150~2164.

[67] Stoyanov H, Kollosche M, McCarthy D N, et al. Molecular composites with enhanced energy density for electroactive polymers. Journal of Materials Chemistry, 2010, 20: 7558~7564.

[68] Cui L L, Chao D M, Lu X F, et al. Synthesis and properties of an electroactive alternating multiblock copolymer of poly (ethylene oxide) and oligo-aniline with high dielectric constant. Polymer International, 2010, 59: 975~979.

[69] Hardy C G, Islam M S, Gonzalez-Delozier D, et al. Converting an electrical insulator into a dielectric capacitor: End-capping polystyrene with oligoaniline. Chemistry of Materials, 2013, 25: 799~807.

[70] Liang S W, Claude J, Xu K, et al. Synthesis of dumbbell-shaped triblock structures containing ferroelectric polymers and oligoanilines with high dielectric constants. Macromolecules, 2008, 41: 6265~6268.

[71] Wang H, Wang L, Wang R X, et al. Novel route to polyaniline nanofibers from miniemulsion polymerization. Journal of Materials Science, 2011, 46: 1049~1052.

[72] Sutar D S, Major S S, Srinivasa R S, et al. Conformational morphology of polyaniline grown on self-assembled monolayer modified silicon. Thin Solid Films, 2011, 520: 351~355.

[73] El-Dib F I, Sayed W M, Ahmed S M, et al. Synthesis of polyaniline nanostructures in micellar solutions. Journal of Applied Polymer Science, 2012, 124: 3200~3207.

[74] Chaudhari S, Patil P P. Inhibition of nickel coated mild steel corrosion by electrosynthesized polyaniline coatings. Electrochimica Acta, 2011, 56: 3049~3059.

[75] Sapurina I, Stejskal J. The mechanism of the oxidative polymerization of aniline and the formation of supramolecular polyaniline structures. Polymer International, 2008, 57: 1295~1325.

[76] Zhao Y C, Stejskal J, Wang J X. Towards directional assembly of hierarchical structures: Aniline oligomers as the model precursors. Nanoscale, 2013, 5: 2620~2626.

[77] Huang W S, Humphrey B D, MacDiarmid A G. Polyaniline, a novel conducting polymer-morphology and chemistry of its oxidation and reduction in aqueous electrolytes. Journal of the Chemical Society, Faraday Transactions, 1986, 82: 2385~2400.

[78] Molapo K M, Ndangili P M, Ajaji R F, et al. Electronics of conjugated polymers（I）: Polyaniline. International Journal of Electrochemical Science, 2012, 7: 11859~11875.

[79] Stejskal J. Colloidal dispersions of conducting polymers. Journal of Polymer Materials, 2001, 18: 225~258.

[80] Park H W, Kim T, Huh J, et al. Anisotropic growth control of polyaniline nanostructures and their morphology-dependent electrochemical characteristics. ACS Nano, 2012, 6: 7624~7633.

[81] Lv L P, Zhao Y, Vilbrandt N, et al. Redox responsive release of hydrophobic self-healing agents from polyaniline capsules. Journal of the American Chemical Society, 2013, 135: 14198~14205.

[82] Zhang L, Ma H Y, Cao F, et al. Nonaqueous synthesis of uniform polyaniline nanospheres via cellulose acetate template. Journal of Polymer Science Part A: Polymer Chemistry, 2012, 50: 912~917.

[83] Zhang L, Liu P. Synthesis of hollow polyaniline nanoparticles with reactive template. Materials Letters, 2010, 64: 1755~1757.

[84] Guo X, Fei G T, Su H, et al. Synthesis of polyaniline micro/nanospheres by a copper（Ⅱ）-catalyzed self-assembly method with superior adsorption capacity of organic dye from aqueous solution. Journal of Materials Chemistry, 2011, 21: 8618~8625.

[85] Neelgund G M, Oki A. A facile method for the synthesis of polyaniline nanospheres and the effect of doping on their electrical conductivity. Polymer International, 2011, 60: 1291~1295.

[86] Zhang X, Zhu J H, Haldolaarachchige N, et al. Synthetic process engineered polyaniline nanostructures with tunable morphology and physical properties. Polymer, 2012, 53: 2109~2120.

[87] Tran H D, Li D, Kaner R B. One-dimensional conducting polymer nanostructures: Bulk synthesis and applications. Advanced Materials, 2009, 21: 1487~1499.

[88] McCullough L A, Dufour B, Matyjaszewski K. Polyaniline and polypyrrole templated on self-assembled acidic block copolymers. Macromolecules, 2009, 42: 8129~8137.

[89] Chen J Y, Chao D M, Lu X F, et al. Novel interfacial polymerization for radially oriented polyaniline nanofibers. Materials Letters, 2007, 61: 1419~1423.

[90] Zhao M, Wu X M, Cai C X. Polyaniline nanofibers: Synthesis, characterization, and application to direct electron transfer of glucose oxidase. Journal of Physical Chemistry C, 2009, 113: 4987~4996.

[91] Xing S X, Zhao C, Jing S Y, et al. Morphology and conductivity of polyaniline nanofibers prepared by 'seeding' polymerization. Polymer, 2006, 47: 2305~2313.

[92] Huang J X, Kaner R B. Nanofiber formation in the chemical polymerization of aniline: A mechanistic study. Angewandte Chemie International Edition, 2004, 43: 5817~5821.

[93] Huang J X, Kaner R B. The intrinsic nanofibrillar morphology of polyaniline. Chemical Communications, 2006, 4: 367~376.

[94] Zhou C F, Du X S, Liu Z, et al. Solid phase mechanochemical synthesis of polyaniline branched nanofibers. Synthetic Metals, 2009, 159: 1302~1307.

[95] Li R Q, Chen Z, Li J Q, et al. Effective synthesis to control the growth of polyaniline nanofibers by interfacial polymerization. Synthetic Metals, 2013, 171: 39~44.

[96] Li G C, Zhang C Q, Li Y M, et al. Rapid polymerization initiated by redox initiator for the synthesis of polyaniline nanofibers. Polymer, 2010, 51: 1934~1939.

[97] Zhou S P, Zhang H M, Zhao Q, et al. Graphene-wrapped polyaniline nanofibers as electrode materials for organic supercapacitors. Carbon, 2013, 52: 440~450.

[98] Long Y Z, Li M M, Gu C Z, et al. Recent advances in synthesis, physical properties and applications of conducting polymer nanotubes and nanofibers. Progress in Polymer Science, 2011, 36: 1415~1442.

[99] Paik P, Manda R, Amgoth C, et al. Polyaniline nanotubes with rectangular-hollow-core and its self-assembled surface decoration: High conductivity and dielectric properties. RSC Advances, 2014, 4: 12342~12352.

[100] Pan L J, Pu L, Shi Y, et al. Synthesis of polyaniline nanotubes with a reactive template of manganese oxide. Advanced Materials, 2007, 19: 461~464.

[101] Chen W, Rakhi R B, Alshareef H N. Facile synthesis of polyaniline nanotubes using reactive oxide templates for high energy density pseudocapacitors. Journal of Materials Chemistry A, 2013, 1: 3315~3324.

[102] Rana U, Chakrabarti K, Malik S. Benzene tetracarboxylic acid doped polyaniline nanostructures: Morphological, spectroscopic and electrical characterization. Journal of Materials Chemistry, 2012, 22: 15665~15671.

[103] Park K H, Kim S J, Gomes R, et al. High performance dye-sensitized solar cell by using porous polyaniline nanotubes as counter electrode. Chemical Engineering Journal, 2015, 260: 393~398.

[104] Wu W L, Pan D, Li Y F, et al. Facile fabrication of polyaniline nanotubes using the self-assembly behavior based on the hydrogen bonding: A mechanistic study and application in high-performance electrochemical supercapacitor electrode. Electrochimica Acta, 2015, 152: 126~134.

[105] Zhu Y, Li J M, Wan M X, et al. A new route for the preparation of brain-like nanostructured polyaniline. Macromolecular Rapid Communications, 2007, 28: 1339~1344.

[106] Zhu Y, Hu D, Wan M X, et al. Conducting and superhydrophobic rambutan-like hollow spheres of polyaniline. Advanced Materials, 2007, 19: 2092~2096.

[107] Li C, Yan J, Hu X J, et al. Conductive polyaniline helixes self-assembled in the absence of chiral dopant. Chemical Communications, 2013, 49: 1100~1102.

[108] Yang M, Cao L J, Tan L. Synthesis of sea urchin-like polystyrene/polyaniline microspheres by seeded swelling polymerization and their catalytic application. Colloids and Surfaces A:

Physicochemical and Engineering Aspects, 2014, 441: 678～684.

[109] Tan L, Cao L J, Yang M, et al. Formation of dual-responsive polystyrene/polyaniline microspheres with sea urchin-like and core-shell morphologies. Polymer, 2011, 52: 4770～4776.

[110] Prasannan A, Truong T L B, Hong P D, et al. Synthesis and characterization of "hairy urchin" - like polyaniline by using β-cyclodextrin as a template. Langmuir, 2011, 27: 766～773.

[111] Yang M, Yao X X, Wang G, et al. A simple method to synthesize sea urchin-like polyaniline hollow spheres. Colloids and Surfaces A: Physicochemical and Engineering Aspects, 2008, 324: 113～116.

[112] Peng C W, Chang K C, Weng C J, et al. Nano-casting technique to prepare polyaniline surface with biomimetic superhydrophobic structures for anticorrosion application. Electrochimica Acta, 2013, 95: 192～199.

[113] Diaz A F, Logan J A. Electroactive polyaniline films. Journal of Electroanalytical Chemistry, 1980, 111: 111～114.

[114] Volkov A, Tourillon G, Lacaze P C, et al. Electrochemical polymerization of aromatic amines: IR, XPS and PMT study of thin film formation on a Pt electrode. Journal of Electroanalytical Chemistry, 1980, 115: 279～291.

[115] Ohsaka T, Ohnuki Y, Oyama N, et al. IR absorption spectroscopic identification of electroactive and electroinactive polyaniline films prepared by the electrochemical polymerization of aniline. Journal of Electroanalytical Chemistry, 1984, 161: 399～405.

[116] Kobayashi T, Yoneyama H, Tamura H. Electrochemical reactions concerned with electrochromism of polyaniline film-coated electrodes. Journal of Electroanalytical Chemistry, 1984, 177: 281～291.

[117] Kitani A, Kaya M, Hiromoto Y, et al. Performance study of Li-polyaniline storage batteries. Denki Kagaku, 1985, 53: 592～596.

[118] Osaka T, Ogano S, Naoi K. Electroactive polyaniline deposit from a nonaqueous solution. Journal of the Electrochemical Society, 1988, 135: 539～540.

[119] Tekehara Z, Kanamura K, Yonezawa S. Preparation of polyaniline by electropolymerization in nonaqueous solvent containing anilinium salt. Journal of the Electrochemical Society, 1989, 136: 2767～2768.

[120] Osaka T, Ogano S, Naoi K, et al. Electrochemical polymerization of electroactive polyaniline in nonaqueous solution and its application in rechargeable lithium batteries. Journal of the Electrochemical Society, 1989, 136: 306～309.

[121] Osaka T, Nakajima T, Naoi K, et al. Electroactive polyaniline film deposited from nonaqueous organic media Ⅱ. Effect of acid concentration in solution. Journal of the Electrochemical Society, 1990, 137: 2139～2142.

[122] Osaka T, Nakajima T, Shiota K, et al. Electroactive polyaniline film deposited from nonaqueous media Ⅲ. Effect of mixed organic solvent on polyaniline deposition and its battery performance. Journal of the Electrochemical Society, 1991, 138: 2853～2858.

[123] Miras M C, Barbero C, Kotz R, et al. Electroactive polyaniline film from proton free nonaqueous solution. Journal of the Electrochemical Society, 1991, 138: 335～336.

[124] Pandey P C, Singh G. Electrochemical polymerization of aniline in proton-free nonaqueous media. Journal of the Electrochemical Society, 2002, 149: D51~D56.

[125] Noufi R, Nozik A J, White J, et al. Enhanced stability of photoelectrodes with electrogenerated polyaniline films. Journal of the Electrochemical Society, 1982, 129: 2261~2265.

[126] Oyama N, Ohnuki Y, Chiba K, et al. Selectivity of poly (aniline) film-coated electrode for redox reactions of species in solution. Chemistry Letters, 1983, 11: 1759~1762.

[127] Elkais A R, Gvozdenovic M M, Jugovic B Z, et al. Electrochemical synthesis and characterization of polyaniline thin film and polyaniline powder. Progress in Organic Coatings, 2011, 71: 32~35.

[128] Okabayashi K, Goto F, Abe K, et al. *In situ* electrogravimetric analysis of polypyrrole and polyaniline positive electrodes in nonaqueous medium. Journal of the Electrochemical Society, 1989, 136: 1986~1988.

[129] Kanamura K, Kawai Y, Yonezawa S, et al. Effect of morphology of polyaniline on its discharge characteristics in nonaqueous electrolyte. Journal of the Electrochemical Society, 1995, 142: 2894~2899.

[130] Kobayashi T, Yoneyama H, Tamura H. Polyaniline film-coated electrodes as electrochromic display devices. Journal of Electroanalytical Chemistry, 1984, 161: 419~423.

[131] MacDiarmid A G, Mu S L, Somasiri N L D, et al. Electrochemical characteristics of "polyaniline" cathodes and anodes in aqueous electrolytes. Molecular Crystals and Liquid Crystals, 1985, 121: 187~190.

[132] Watanabe A, Mori K, Iwasaki Y, et al. Molecular weight of electropolymerized polyaniline. Journal of the Chemical Society, Chemical Communications, 1987, 1: 3~4.

[133] Zhang L, Jiang X E, Niu L, et al. Syntheses of fully sulfonated polyaniline nano-networks and its application to the direct electrochemistry of cytochrome c. Biosensors and Bioelectronics, 2006, 21: 1107~1115.

[134] Fraoua K, Delamar M, Andrieux C P. Study of pH effect on the relaxation phenomenon of polyaniline by electrochemistry and XPS. Journal of Electroanalytical Chemistry, 1996, 418: 109~113.

[135] Yonezawa S, Kanamura K, Takehara Z. Discharge and charge characteristics of polyaniline prepared by electropolymerization of aniline in nonaqueous solvent. Journal of the Electrochemical Society, 1993, 140: 629~633.

[136] Mattoso L H C, Faria R M, Bulhoes L O S, et al. Influence of electropolymerization conditions on the molecular weight of polyaniline. Polymer, 1994, 35: 5104~5108.

[137] Dabke R B, Dhanabalan A, Major S, et al. Electrochemistry of polyaniline Langmuir-Blodgett films. Thin Solid Films, 1998, 335: 203~208.

[138] Lapkowski M, Berrada K, Quillard S, et al. Electrochemical oxidation of polyaniline in nonaqueous electrolytes: "*In situ*" Raman spectroscopic studies. Macromolecules, 1995, 28: 1233~1238.

[139] D'Aprano G, Leclerc M, Zotti G. Stabilization and characterization of pernigraniline salt: The "acid-doped" form of fully oxidized polyanilines. Macromolecules, 1992, 25: 2145~2150.

[140] Stilwell D E, Park S M. Electrochemistry of conductive polymers Ⅱ. Electrochemical studies on

growth properties of polyaniline. Journal of the Electrochemical Society, 1988, 135: 2254～2262.

[141] Shim Y B, Park S M. Electrochemistry of conductive polymers Ⅶ. Autocatalytic rate-constant for polyaniline growth. Synthetic Metals, 1989, 29: E169～E174.

[142] Stilwell D E, Park S M. Electrochemistry of conductive polymers Ⅳ. Electrochemical studies on polyaniline degradation-product identification and coulometric studies. Journal of the Electrochemical Society, 1988, 135: 2497～2502.

[143] Johnson B J, Park S M. Electrochemistry of conductive polymer ⅩⅨ. Oxidation of aniline at bare and polyaniline-modified platinum electrodes studied by electrochemical impedance spectroscopy. Journal of the Electrochemical Society, 1996, 143: 1269～1276.

[144] Hand R L, Nelson R F. Anodic oxidation pathways of *N*-alkylanilines. Journal of the American Chemical Society, 1974, 96: 850～860.

[145] Hand R L, Nelson R F. The anodic decomposition pathways of *ortho*- and *meta*-substituted anilines. Journal of the Electrochemical Society, 1978, 125: 1059～1069.

[146] Wawzonek S, McIntyre T W. Electrolytic oxidation of aromatic amines. Journal of the Electrochemical Society, 1967, 114: 1025～1029.

[147] Matsuda Y, Shono A, Iwakura C, et al. Anodic oxidation of aniline in aqueous alkaline solution. Bulletin of the Chemical Society of Japan, 1971, 44: 2960～2963.

第 **2** 章

聚苯胺的结构解析与物化性能

聚苯胺的物化性能与其自身的结构密切相关。尽管 Green 和 Woodhead 早在 1910 年就开始进行聚苯胺的结构解析了，但一直没有形成明确的共识。1983 年 MacDiarmid 重新将聚苯胺作为本征型导电高分子进行研究，自此进入了聚苯胺的精确结构解析时代。世界各国的研究人员充分利用现代科学仪器的发展成果，经过十多年的努力终于完成了聚苯胺结构的精确解析，进而推动建立了其结构与性能之间的内在联系，加深了对聚苯胺各项性能的综合理解。

本章将分别从本征态和掺杂态聚苯胺的结构解析和相应的物化性能两个方面展开论述，希望对聚苯胺的结构和性能关系提供一个完整的图像。

2.1　本征态聚苯胺的结构

本征态聚苯胺是主链由苯二胺和醌二亚胺单元构成的绝缘态聚苯胺，掺杂态聚苯胺是本征态聚苯胺经过质子酸掺杂或氧化还原掺杂后得到的导电态聚苯胺。相比于掺杂态聚苯胺，本征态聚苯胺结构相对简单、明确，不仅是认识聚苯胺结构的基石，还是打开聚苯胺的光学、电学及氧化还原性能的大门，更是了解掺杂态聚苯胺的结构与性能关系的基础。因此，本征态聚苯胺的结构解析具有十分重要的学术价值，而苯胺齐聚物正是解析聚苯胺结构的基础。为此本节将分别从苯胺齐聚物和聚苯胺两个方面整理聚苯胺结构解析的结果。

2.1.1　苯胺齐聚物的结构

聚苯胺的合成最早可以追溯至 1860 年，当时苯胺黑作为棉布染料已经有大量报道并得到商业应用，然而苯胺黑的结构却一直没有得到明确的解析。

早在 1910 年，Green 和 Woodhead 分别以双氧水和氯酸钠为氧化剂，制备出五种具有不同氧化程度的苯胺八聚体[1,2]。基于它们在颜色、元素组成及在特定溶剂中溶解性的差异，Green 和 Woodhead 提出了如图 2-1 所示的五种分子结构，并将其分别命名为：leucoemeraldine（全苯式结构，全还原态），protoemeraldine（单醌式结构），emeraldine（半醌式结构，中间氧化态），nigraniline（三醌式结构），pernigraniline（全醌式结构，全氧化态）。虽然当时还不能最终确认苯胺齐聚物的确切结构，上述有关苯胺齐聚物的命名却一直沿用到聚苯胺的命名中。

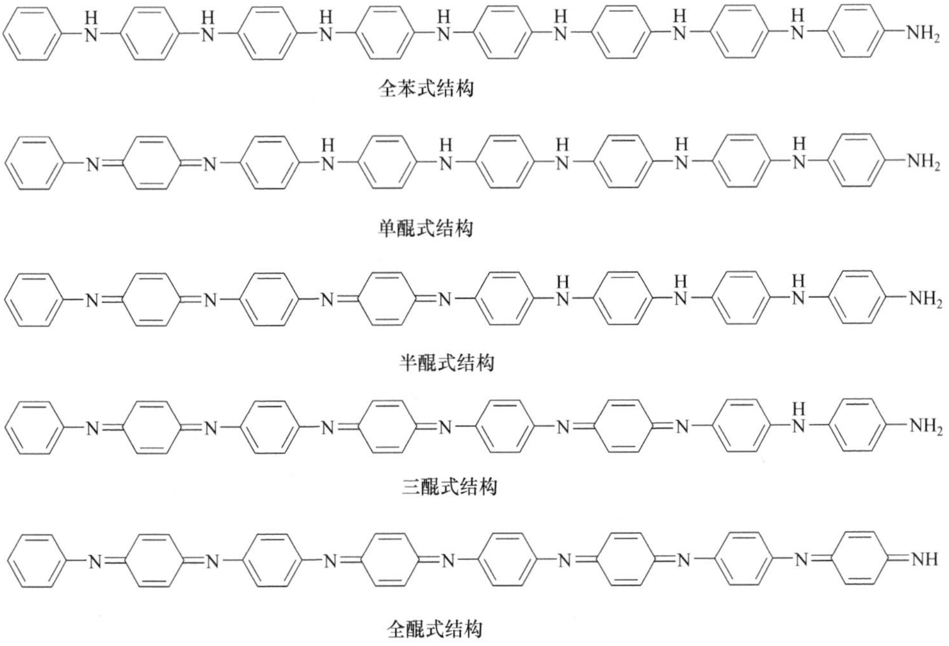

全苯式结构

单醌式结构

半醌式结构

三醌式结构

全醌式结构

图 2-1　苯胺八聚体的五种氧化态结构式[1]

20 世纪 70 年代以来，各种新型分析测试手段快速发展，特别是 X 射线衍射技术对苯胺齐聚物的结构解析起到了决定性作用。1976 年，Potevéva 等[3]借助 X 射线衍射技术研究了苯胺三聚体 N,N-二苯基对苯二胺（N,N-diphenyl-1,4-phenylene-diamine）重结晶粉末，发现该粉末样品存在两类不同的晶型，一类是三斜晶系[图 2-2(a)]，另一类是正交晶系[图 2-2(b)]。

正交晶系的结构当时就已经解析出来，其晶体相邻面间距为 25.701 Å，苯胺三聚体在该晶型内部呈棒状排列形成交替分子层，并朝 a 轴的两侧分别倾斜 32.4°。三斜晶系则较为复杂，直到 2000 年 Corraze 等[4]才借助真空沉积技术，分别在玻璃、石英及单晶硅等基底表面均制备出苯胺三聚体的三斜晶系薄膜，该薄

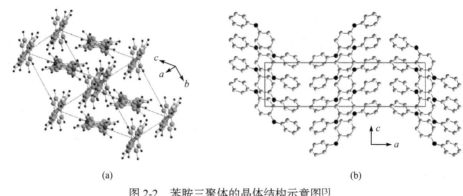

(a)   (b)

图 2-2   苯胺三聚体的晶体结构示意图[3]
(a)三斜晶系；(b)正交晶系

膜的 X 射线衍射谱中存在明显的 001 特征峰，说明苯胺三聚体在薄膜中是以垂直于基底的方式进行有序排列，且分子与基底法线之间的夹角也近似等于 32.4°，晶体在[001]方向上的相邻面间距为 12.836 Å，与二十多年前 Potevéva 等获得的数据十分契合。

X 射线观测结果还显示苯胺三聚体的有序排列仅能够维持在基底表面的数层分子厚度之内，一旦薄膜的厚度超出这一范围，其三斜晶系的典型特征将迅速弱化。2001 年，Quillard 等[5]借助拉曼光谱研究了中性态苯胺三聚体及其阳离子自由基的分子振动行为，通过比较不同晶型的中性态苯胺三聚体的拉曼光谱和全还原态聚苯胺的拉曼光谱，发现后者与真空沉积得到的三斜晶系苯胺三聚体的数据较为接近，说明在全还原态聚苯胺晶体中聚合物主链最有可能以该排列方式为主。他们结合苯胺三聚体阳离子自由基的拉曼光谱和理论计算，证实在该体系内部同时存在全苯式结构、全醌式结构及半醌式结构单元。该研究不但首次将离子态苯胺齐聚物纳入该类化合物的结构研究范畴，也为进一步探讨掺杂态聚苯胺的结构提供了有益参考。

2002 年，Khalki 等[6]借助低波数非弹性中子散射技术研究了氧化苯胺四聚体（分子中含有一个醌环结构）、苯胺二聚体、苯胺三聚体和氧化苯胺三聚体（分子中含有一个醌环结构）在低温下的分子振动行为，发现苯胺齐聚物中的苯环与醌环在低于 50 K 时出现振动受限并伴有 80 cm^{-1} 以上的无规氢散射现象，而这一温度正是此前所报道的聚苯胺电导率发生突变的临界点之一，该结果对理解聚苯胺内部电子传输行为具有重要的参考价值。

Poncet 等[7]借助真空沉积技术得到了苯封端的苯胺四聚体的两种有序薄膜，并用 X 射线衍射证实这两种具有不同形貌的薄膜均具有三斜晶系的晶型特征，其晶胞参数为：$a = 5.7423$ Å，$b = 8.8849$ Å，$c = 22.6858$ Å；$\alpha = 82.85°$，$\beta = 84.70°$，$\gamma = 88.50°$（图 2-3）。他们利用极化红外吸收光谱进一步确定苯胺四聚体在两种薄膜内部的生长方向，指出在表面极为光滑平整的薄膜内部，苯胺四聚体采取平行于基底的方向生长，而在表面具有横纹特征的薄膜内部，苯胺四聚体采取垂直于基底的方向生长。

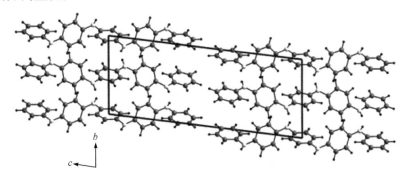

图 2-3 苯胺四聚体的三斜晶系结构模型[7]

2.1.2 不同氧化态聚苯胺的结构解析

如前所述，Green 和 Woodhead 对不同氧化态的苯胺齐聚物的命名成功被用于相关结构聚苯胺的描述。基于苯胺齐聚物的结构解析结果，目前公认的本征态聚苯胺是一类具有不同氧化态的 1,4-偶联的线型聚合物，如式 (2-1) 所示[2]。

$$\left[\left[\left\langle\ \right\rangle-\overset{H}{N}-\left\langle\ \right\rangle-\overset{H}{N}\right]_y\left[\left\langle\ \right\rangle-N=\left\langle\ \right\rangle=N\right]_{1-y}\right]_x \tag{2-1}$$

聚苯胺的诸多结构形式中，能够稳定存在的有三种，即全氧化态聚苯胺 ($y = 0$, pernigraniline base, PNB)、中间氧化态聚苯胺 ($y = 0.5$, emeraldine base, EB) 和全还原态聚苯胺 ($y = 0$, leucoemeraldine base, LEB)。

由于早期全氧化态聚苯胺一直没有合成出来，其结构解析在很长一段时间里仅停留在理论模型推测，因此对全氧化态聚苯胺的理论研究实际上早于实验观测。Santos 等[8]于 1989 年尝试将 Su、Schrieffer 和 Heeger 修正的汉密尔顿方程用于研究全氧化态聚苯胺的化学及电子结构。如图 2-4 所示，全氧化态聚苯胺的主链可能存在两种孤子畸变模式（Ⅰ型和Ⅱ型）。在这两种畸变模式中，畸变中心都对应于一个氮原子，且孤子具有如下特征：Ⅰ型孤子缺陷中心周围的环状结构具有芳香构型，伴随的电子定域能级比费米能级低 0.11 eV，其对应的对称波函数在氮原子处具有最大值。而Ⅱ型孤子缺陷中心周围的环状结构具有醌式结构，伴随的电子定域能级比费米能级高 0.06 eV，其对应的非对称波函数在氮原子处存在一个结节。全氧化态聚苯胺内部存在的多余电子(或缺失电子)的最稳定存在形式应当是极化子形式。具体而言，图 2-4(a)和(b)是经优化得到的两种孤子构型，而图(c)是经优化得到的极化子构型。

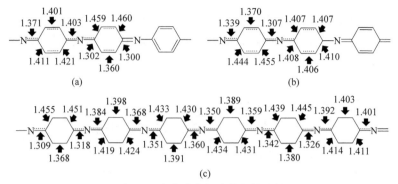

图 2-4　聚苯胺的缺陷优化构型[8]

(a)对应Ⅰ型孤子；(b)对应Ⅱ型孤子；(c)对应极化子。长度单位 Å

一直到 1990 年 MacDiarmid 小组[9]才首次报道了全氧化态聚苯胺的合成。他们采用间氯过氧苯甲酸-三乙胺体系将中间氧化态聚苯胺进一步氧化，经丙酮、乙醚反复洗涤得到部分结晶的紫褐色粉末，傅里叶变换红外光谱显示该紫褐色粉末中苯环与醌环的摩尔比接近 1，且其红外光谱的整体峰形与此前报道的全氧化态苯胺八聚体的红外光谱较为一致，同时其紫外光谱也与全氧化态苯胺八聚体的紫外光谱高度一致，循环伏安分析进一步证明该产物即为全氧化态聚苯胺。该工作为后续进一步深入开展全氧化态聚苯胺的实验研究打下了重要基础。从 1991 年开始 MacDiarmid 等[10]围绕全氧化态聚苯胺的化学合成开展了大量研究工作，提出了两条便捷的合成路线。第一条路线是在 0℃下利用过硫酸铵引发过量的苯胺单体聚合，可以监测到反应体系的氧化电位在最初的十几分钟一直维持在 0.75 V (*vs.* SCE，饱和甘汞电极)，收集该阶段的聚合产物并用氨水洗涤、干燥，即可得到全氧化态聚苯胺粉末。第二条路线是碘代全氧化态聚苯胺的合成路线，首先将中间氧化态聚苯胺与过量的单质碘在氯仿溶液中高速搅拌 16 h，经真空除碘后再用氨水将产物浸泡 16 h，元素分析及紫外光谱测试显示该产物为苯环与醌环被部分碘代的全氧化态聚苯胺，碘元素在产物中的质量分数约为 49%。

Mishra 等[11]对全氧化态聚苯胺的振动特性进行了系统研究，他们按照 C—H 伸缩振动、C—C 伸缩振动、C—H 弯曲振动、C—N 伸缩振动、C—H 面外振动、自由基骨架振动、面外骨架振动、C—N 面内弯曲振动和 C—N 面外振动这九大类振动模式进行分类计算，并将计算结果与此前报道的有关全氧化态聚苯胺的红外及拉曼光谱数据进行对比分析，发现几乎所有的已观测谱带都能够在运算结果中找到与之相对应的振动项。当然其他尚未被观测到的振动项也为今后的实验研究提供了一个重要参考。上述工作是导电高分子科学研究中理论与实验相结合的一个典范，已成为全氧化态聚苯胺光谱研究领域的重要参考依据。

在本征态聚苯胺的三种结构中，中间氧化态聚苯胺最为稳定，也是研究得最为透彻的一个氧化态。Pouget 等[12]研究了中间氧化态聚苯胺及其盐酸盐的结晶行为和晶体结构，他们通过改变中间氧化态聚苯胺的制备方法，获得了 EB-I 和 EB-II 两种聚集态结构。EB-I 是无定形结构，很容易通过将酸性条件下合成的聚苯胺用氨水反掺杂制得，而 EB-II 是约 50%结晶度的中间氧化态聚苯胺，可将 EB-I 溶于 *N*-甲基吡咯烷酮再浇注成膜制备出 EB-II，其内部晶粒尺寸为 5～15 nm。X 射线衍射方法证实 EB-II 具有如图 2-5 所示的斜方晶系特征，相邻苯环与桥连氮原子所形成的苯环-氮-苯环夹角 δ 在 131°～141°之间，且两个苯环分别位于氮原子所定义平面的上下两侧，均与该平面呈 30°倾斜角。

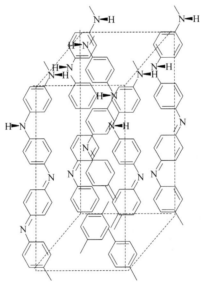

图 2-5　中间氧化态聚苯胺 EB-II 的斜方晶体结构[12]

　　1994 年，Quillard 等[13]采用红外光谱分析技术研究了三种氧化态聚苯胺的分子振动特性，对全氧化态和全还原态聚苯胺的红外吸收峰进行了完整的归属。首先他们将全氧化态聚苯胺的特征吸收峰归属如下：1570 cm^{-1}（醌环，C＝C 伸缩振动），1480 cm^{-1}（苯环振动），1315 cm^{-1}（醌环振动），1211 cm^{-1}（C—N 伸缩振动），1098 cm^{-1}（醌环振动）。与此同时，他们还给出了全还原态聚苯胺的特征吸收峰的归属：1496 cm^{-1}（C—C 伸缩振动与 C—H 弯曲振动的叠加），1282 cm^{-1}（C—H 弯曲振动），1218 cm^{-1}（C—N 伸缩振动），814 cm^{-1}（面外振动）。基于对全氧化态和全还原态聚苯胺的红外吸收峰的完整归属，他们明确了中间氧化态聚苯胺的红外特征吸收峰，分别位于 1591 cm^{-1}、1494 cm^{-1}、1299 cm^{-1}、1217 cm^{-1}、1103 cm^{-1} 和 824 cm^{-1}，中间氧化态聚苯胺在结构上既包含了全氧化态聚苯胺的醌环结构，又包含了全还原态聚苯胺的苯环结构。综合上述特征峰及其归属的结果，后来研究人员将 1600 cm^{-1} 处的吸收峰归属为醌环特征峰，又将 1500 cm^{-1} 处的吸收峰归属为苯环特征峰，两个峰高的相对比值(I_{1600}/I_{1500})经标定后用于定量讨论本征态聚苯胺所处的氧化状态。如对于中间氧化态聚苯胺而言，其醌环与苯环的摩尔比近似为 1:3。

Selvan 等[14]采用两种油包水型微乳液聚合反应制备出具有较高结晶度的中间氧化态聚苯胺，这两种乳液分别由水/环己烷/正丁醇/十二烷基磺酸钠和水/环己烷/琥珀酸二(2-乙基己基)酯磺酸钠构成。所得聚苯胺中结晶部分的晶胞参数为 $a = 7.65\,\text{Å}$、$b = 5.75\,\text{Å}$、$c = 10.22\,\text{Å}$ 和 $v = 450\,\text{Å}$，与此前 Pouget 等通过浇注成膜得到的 EB-II 的晶胞参数几乎完全一致，可见相同晶型组成的中间氧化态聚苯胺可通过不同方法制备得到。

Ou 等[15]考察了不同溶剂下中间氧化态聚苯胺膜的结晶行为。当溶剂为 N-甲基吡咯烷酮时，有利于聚苯胺在成膜过程中形成结晶，但以 N,N-二甲基丙烯基脲为溶剂只能得到非晶的聚苯胺薄膜。其原因在于，只有在溶剂挥发过程中能形成一定数量的结晶成核点，才能生成类似结晶的规整聚集态结构，而一旦溶液组成的稳定性遭到某种程度的破坏，将会大大降低成核点的生成概率，从而影响结晶化过程。与 N-甲基吡咯烷酮相比，N,N-二甲基丙烯基脲易和聚苯胺形成更强的氢键相互作用，因此以其为溶剂不利于聚苯胺在成膜过程中形成结晶。

全还原态聚苯胺的结构解析也始于实验观测。1987 年 Ohira 等[16]将在铂电极表面电化学合成的聚苯胺薄膜进行原位还原，还原后的聚苯胺薄膜的紫外光谱仅在 350 nm 处有明显的吸收峰，而在 600 nm 以上没有任何吸收峰，表明在其内部只有单纯的 π-π^*电子跃迁，不存在极化子结构。在还原后聚苯胺的拉曼光谱中，1320 cm^{-1} 和 1480 cm^{-1} 处的谱带完全消失，而 1625 cm^{-1} 和 1192 cm^{-1} 处的谱带则明显增强。由于防老剂 H(或 N,N-二苯基对苯二胺，N,N-diphenyl-1,4-phenylene-diamine)可作为全还原态苯胺三聚体的模型化合物，其拉曼光谱分别在 1616 cm^{-1} 和 1193 cm^{-1} 处出现吸收峰，因此可以肯定该还原产物就是全还原态聚苯胺。通过拉曼光谱跟踪暴露在大气环境中的全还原态聚苯胺薄膜，证明其在大气环境下是不稳定的，能被逐渐氧化成中间氧化态聚苯胺。

1992 年 Kostić 等[17]采用价键-光学模型研究了全还原态聚苯胺的分子振动特性，全还原态聚苯胺的红外吸收光谱可以被精细划分为六个区间，即分子内部 N—H 键及 C—H 键的伸缩振动区间(3000～3400 cm^{-1})，分子内部 C—C 键和 C—N 键的伸缩振动以及 C—H 键和 N—H 键的面内弯曲振动区间(1400～1700 cm^{-1})，N—H 键的面外弯曲振动以及 C—C—C 键的面内变形振动区间(1200～1400 cm^{-1})，C—C—N 键的弯曲振动区间(1000～1200 cm^{-1})，C—H 键的面外弯曲振动、C—C—C 键的面外变形振动以及 C—N—C 键的面外弯曲振动区间(700～1000 cm^{-1})，C—N—C 键的呼吸振动区间(400～600 cm^{-1})。上述精细振动光谱的建立为还原态聚苯胺的分子结构解析提供了重要基础。1997 年 Ram 等[18]用苯肼还原电化学聚合聚苯胺薄膜(中间氧化态),该还原产物是非晶的,与 Ohira 等经电化学还原所得到的产物具有相同的紫外吸收信号。随后在氧气气氛下对该还原产物进行了紫外光谱跟踪,证实了其向中间氧化态聚苯胺的转变过程。全还原态聚苯胺在 365 nm 激发波长下具有最高的荧光发射强度,这来源于其所特有的全苯环式结构。

2009 年,Mishra 等[19]采用从头算法(*ab initio*)和密度泛函理论(DFT)计算两种方法研究了全还原态聚苯胺的空间构型、振动特性及电子结构特征,他们通过 B3LYP/6-31G**基组对不同长度的苯胺齐聚物进行构型优化(分子构型参数列于表 2-1),并将分子构型随链长度的变化规律外推至全还原态聚苯胺,获得了聚合物的构型信息。在完成全部构型优化之后,对分子的振动特性及电子结构展开运算,所获得的拉曼光谱数据与此前 Ohira 等报道的实验观测数据相吻合,且比 Kostić 等获得的计算结果更为全面和精细。他们获得的前线分子轨道能级差 $E_{LUMO-HOMO}$ 也与紫外光谱观测结果一致,从而建立了全还原态聚苯胺的空间构型、振动特性与电子结构特征的相互关系,完成了全还原态聚苯胺的结构解析。

表 2-1　苯胺四聚体的最优构形参数　(基组为 **B3LYP/6-31G****)[19]

(a)　　　　　　　　　　　　　　　(b)

关联原子示例	对应键长/Å	关联原子示例	对应键角/(°)
N12-C4,N12-C14	1.395,1.405	C4-N12-C14	129.0
C1-C2,C16-C17	1.395,1.406	N12-C4-C3	123.1
C1-C6,C17-C18	1.397,1.405	N12-C14-C15	122.8
C2-C3,C15-C16	1.394,1.400	(c)	
C3-C4,C14-C15	1.407,1.405	关联原子示例	对应二面角/(°)
C4-C5,C14-C19	1.408,1.403	C14-N12-C4-C3	16.0
C5-C6,C18-C19	1.391,1.391	C4-N12-C14-C15	36.2

2.2　掺杂态聚苯胺的结构

本征态聚苯胺需经过掺杂反应才能具有优良的电子传输性能,因为掺杂引起了聚苯胺分子结构的根本变化，进而导致其电子结构的转变。本征态聚苯胺的掺杂反应与其氧化态有关，下面我们将从不同氧化态聚苯胺的掺杂反应入手，对掺杂态聚苯胺的结构进行解析。

2.2.1　不同氧化态聚苯胺的掺杂反应

不同氧化态的聚苯胺均可与相应的掺杂剂发生反应，综合多年来各种文献报道，可总结出如图 2-6 所示的掺杂反应。中间氧化态聚苯胺通过质子酸掺杂后可具备较高的电导率，全氧化态聚苯胺则须采用还原掺杂如碱金属离子注入掺杂才能得到一定电导率的聚苯胺，全还原态聚苯胺则可采用碘等掺杂剂进行氧化掺杂获得一定电导率的聚苯胺。

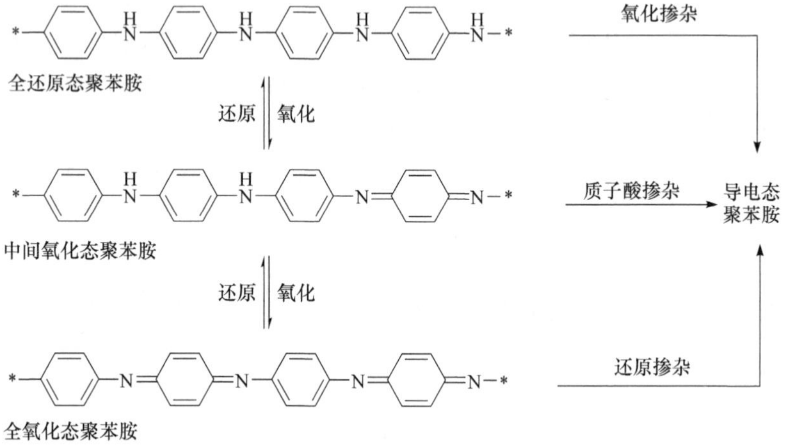

图 2-6　不同氧化态聚苯胺的掺杂反应[35,38]（见书末彩图）

尽管中间氧化态聚苯胺的掺杂反应一直是该领域的研究重点，但是掺杂态聚苯胺结构解析的基础却在于全氧化态和全还原态聚苯胺的掺杂反应。1992 年 D'Aprano 等[20]在铂电极表面将 2-甲基苯胺、2-乙基苯胺或 N-甲基苯胺进行电化学聚合制备了几类聚苯胺薄膜，苯环上甲基或乙基的推电子效应能够有效地提高相邻氮原子的碱性，从而有利于形成稳定的双极化子，且 N-甲基苯胺的特殊化学结构使其在形成全氧化态聚苯胺时只能以双极化子形式存在。他们采用循环伏安和原位电化学谱研究了聚苯胺薄膜的生长动力学，在 pH=0 的酸性介质中，聚(2-甲基苯胺)和聚(2-乙基苯胺)均处于全氧化态，并以双极化子的形式存在[图 2-7(a)]，二者的紫外光谱吸收带分别位于 630 nm 和 680 nm 附近。聚(N-甲基苯胺)同样处于全氧化态并以双极化子的形式存在[图 2-7(b)]，其紫外光谱吸收带位于 770 nm 附近。2008 年 Bazito 等[21]在疏水型离子液体即 1-丁基-2,3-二甲基咪唑双(三氟甲基磺酰)亚胺中，采用电化学聚合方法制备了全氧化态聚苯胺薄膜。与传统的水溶液电化学聚合体系相比，该方法获得的聚苯胺具有更高的稳定性，即便在电极表面被施加更高的电压也不会发生降解反应。与盐酸掺杂的中间氧化态聚苯胺的紫外光谱相比较，该薄膜位于 430 nm 和 890 nm 附近的吸收带分别向高波数和低波数方向移动，证明其内部具有质子化的醌式结构存在。拉曼光谱进一步显示该全氧化态聚苯胺以双极化子形式存在。值得指出的是，该双极化子形式的全氧化态聚苯胺显示出一定的电导性，而此前一直认为全氧化态聚苯胺都是不导电的。

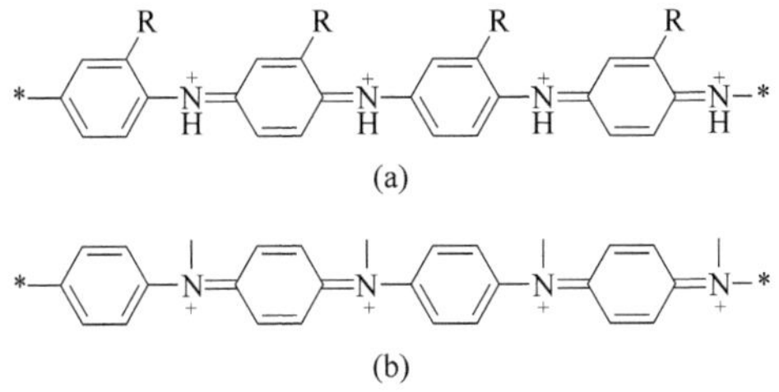

图 2-7 几种双极化子形式的全氧化态聚苯胺结构[20]

(a) 聚 (2-甲基苯胺) 或聚 (2-乙基苯胺)；(b) 聚 (N-甲基苯胺)

还原态聚苯胺的掺杂反应也很受关注。1991 年 Neoh 等[22]利用 $Cu(ClO_4)_2$ 对经苯肼还原处理得到的全还原态聚苯胺进行了氧化掺杂，全还原态聚苯胺的 X 射线光电子能谱上只有对应于胺基的 399.3 eV 单峰。当体系中 ClO_4^- 浓度较低时，掺杂产物中氮的 XPS 谱峰除了代表胺基的 399.3 eV 单峰外，在 398.1 eV 处逐渐出现一个新峰，这正是胺基被部分氧化所生成的亚胺结构。当 ClO_4^- 浓度进一步升高，谱图中 398.1 eV 的峰会逐渐消失，而在 401 eV 处出现新峰，正好对应于氮正离子峰。但是，当化合物中的氮正离子与胺基的摩尔比达到 1:1 之后，继续加大 ClO_4^- 的浓度也不能进一步提高氮正离子的含量。这是因为全还原态聚苯胺与 ClO_4^- 进行的氧化掺杂反应达到了饱和，其结构变化过程如图 2-8 所示。

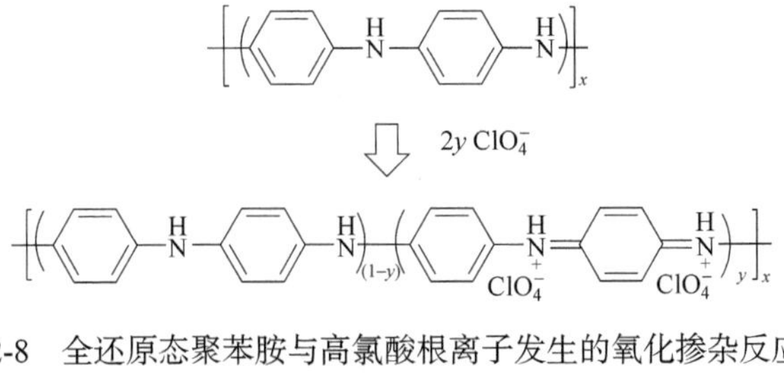

图 2-8 全还原态聚苯胺与高氯酸根离子发生的氧化掺杂反应[22]

需要指出的是，尽管全还原态聚苯胺经氧化掺杂得到的产物结构上与中间氧化态聚苯胺经质子酸掺杂得到的产物较为相似，但二者的电导率却相差近三个数量级。1995 年，Libert 等[23]采用量子化学方法研究了全还原态聚苯胺掺杂产物的空间构型与电子结构，他们指出全还原态聚苯胺经氧化掺杂后，其主链上所携带的正电荷会导致分子构型发生较强的局域晶格松弛，而带有负电荷的对阴离子则会令聚苯胺主链易于伸展。从电荷分布的角度来看，全还原态聚苯胺经氧化掺杂后生成的正极化子(阳离子自由基)或正双极化子(双阳离子自由基)将会从价带的最上层诱导分离出一个更靠近价带的缺陷能级。而对于氧化掺杂率达到 50% 的全还原态聚苯胺而言，其分子主链上的正极化子能够采取如图 2-9 所示的两种分布模式，即正电荷中心既有可能位于氮原子上面，也有可能位于相邻的苯环上面，分布模式取决于极化子所处的具体环境。正是由于存在上述不同的分布模式，Neoh 等观测到掺杂态全还原态聚苯胺与掺杂态中间氧化态聚苯胺在电导率上存在数量级差异，因为掺杂态全还原态聚苯胺中的正极化子普遍处于定域状态，而掺杂态中间氧化态聚苯胺中的正极化子则处于很好的离域状态。

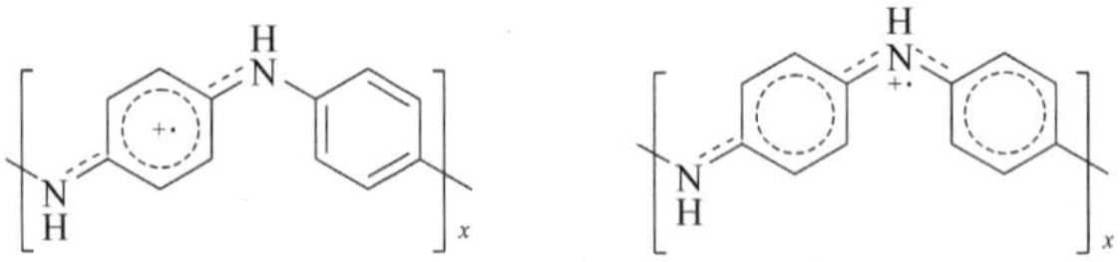

图 2-9　全还原态聚苯胺主链极化子的两种分布模式[23]

与前述的氧化态聚苯胺的还原掺杂以及还原态聚苯胺的氧化掺杂不同，中间氧化态聚苯胺的质子酸掺杂是一个典型的非氧化还原反应过程。所采用的质子酸掺杂剂种类很多，既包含了以盐酸、硫酸、磷酸和硝酸为代表的无机酸，也包含了以樟脑磺酸、十二烷基苯磺酸和乙酸为代表的有机酸，甚至是聚苯乙烯磺酸(polystyrene sulfonic acid，PSSA)和聚丙烯酸为代表的高分子质子酸掺杂剂。

Pouget 等[12]在研究中间氧化态聚苯胺结晶行为的同时，也探讨了掺杂态聚苯胺的晶体结构。他们将 EB-Ⅰ 和 EB-Ⅱ 经盐酸掺杂的产物分别命名为 ES-Ⅰ 和 ES-Ⅱ，依据 X 射线衍射观测结果，ES-Ⅰ 和与之相对应的本征态聚苯胺 EB-Ⅰ 的聚集形态并不相同，却与由 EB-Ⅱ 生成的 ES-Ⅱ 具有一定程度的结构相似性。与 ES-Ⅱ 相比，ES-Ⅰ 采用了同样的掺杂剂离子嵌入模式，但聚苯胺主链的扭曲角及环状结构的倾斜角都更大。ES-Ⅱ 的结构与其本征态聚苯胺 EB-Ⅱ 相一致，均属于斜方晶系，通过晶胞参数计算可得出其内部环状结构的倾斜角几乎为 0°，掺杂剂离子是沿链间空隙插入晶体的 (a, c) 层之中。该工作给出了 ES-Ⅰ 和 ES-Ⅱ 晶体结构解析，时至今日依然具有很高的参考价值。

1992 年，曹镛等[24]巧妙地采用具有表面活性剂功能的樟脑磺酸或十二烷基苯磺酸作为中间氧化态聚苯胺的掺杂剂，首次制备出可在甲苯、氯仿或者间甲酚等有机溶剂中溶解或分散的掺杂态聚苯胺，这是实现导电聚苯胺溶液加工的里程碑式工作。Dufour 等[25]研究了用长链双烷基磺酸酯掺杂的中间氧化态聚苯胺膜的晶体结构，如图 2-10 所示，掺杂剂上的烷基链自行相互穿插排列，同时将聚苯胺主链有序分隔开，而主链的链间距则取决于掺杂剂上烷基链的长度。

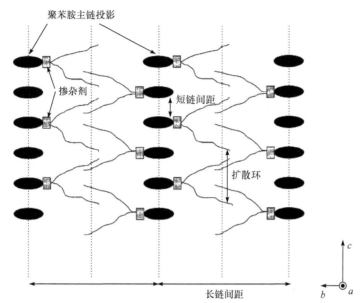

图 2-10　长链双烷基磺酸酯掺杂聚苯胺的聚集态结构[25]

2000 年，Luzny 等[26]将樟脑磺酸掺杂的中间氧化态聚苯胺溶于间甲酚后成膜，该薄膜的结晶度超过 20%，但其晶胞参数却与 Pouget 等报道的 EB-Ⅱ型晶胞参数相差甚远。Minto 等[27]认为其原因在于樟脑磺酸与聚苯胺主链之间发生相互作用，导致聚苯胺主链共平面性变好。另外，其晶胞参数 $a=0.35$ nm 明显小于 ES-Ⅰ的晶胞参数 $a=0.426$ nm，表明共平面性的改善也缩短了聚苯胺主链的链间距，因此该薄膜晶体是 EB-Ⅱ的一种变形结构。

掺杂剂除了能改善聚苯胺的溶液加工性能之外，一些特殊掺杂剂分子还能诱导聚苯胺主链形成手性构型，例如，Majidi 等[28]利用手性樟脑磺酸掺杂中间氧化态聚苯胺，可使其主链形成具有同样手性特征的螺旋构型，制备出具有光学活性的导电聚苯胺薄膜。

除了溶液成膜方法，电化学聚合反复也能直接制备结晶态导电聚苯胺薄膜。Zhu 等[29]利用电化学聚合方法在电极表面制备了导电聚苯胺薄膜，薄膜中聚苯胺主链均采取平行排列的方式形成微观有序结构。掺杂剂分子的尺寸决定了聚苯胺链间距大小，如盐酸掺杂的聚苯胺主链的链间距为 0.4 nm，高氯酸掺杂的聚苯胺主链的链间距为 0.7 nm，而对甲苯磺酸掺杂的聚苯胺主链的链间距则可达 1.4 nm。

如前所述，掺杂剂对聚苯胺链结构和导电性能有重要影响。除此之外溶剂对聚苯胺的链结构和导电性能也有很大影响，最典型的例子是 MacDiarmid 等[30]所发现的溶剂诱导的二次掺杂现象。当时他们发现盐酸掺杂聚苯胺经间甲酚蒸气饱和作用后，其电导率能够提高近两个数量级，原因在于间甲酚能使聚苯胺的主链结构由卷曲状态变为伸展状态，且薄膜的结晶度从原来的 20% 左右提高到近 50%。类似现象还有，如樟脑磺酸掺杂聚苯胺溶于氯仿后浇注成膜，薄膜经间甲酚蒸气饱和作用后，其电导率也能够提升 2~3 个数量级。二次掺杂是通过引入第二种掺杂剂改变聚苯胺主链排列方式而提升其电导率的一种掺杂现象，间甲酚也因此被称为二次掺杂剂。除了间甲酚，Rossi[31]指出水也是二次掺杂剂。例如，从聚苯胺的 N-甲基吡咯烷酮溶液中制备聚苯胺膜后，用甲基磺酸掺杂时电导率很低，但是用水饱和后其电导率提升了 3 个数量级，表明水也可以被看作是一种二次掺杂剂。

值得指出的是，二次掺杂现象是可以保留并稳定存在的。因为当体系中的二次掺杂剂被去除之后，由二次掺杂剂所带来的一些性质，如高电导率和特殊的微观结构依然得以保留。

2.2.2　自掺杂聚苯胺

自掺杂是聚苯胺的一种特殊掺杂方式。早在 1990 年，Yue 等[32]就通过对聚苯胺的磺化反应合成了侧基为磺酸基取代的聚苯胺，并提出了自掺杂的概念。随后研究人员一直试图通过以磺酸基苯胺为单体进行聚合得到磺化聚苯胺，这样侧链的磺酸基团不但可以提高聚苯胺的水分散性，还可以在不外加质子酸的情况下实现对聚苯胺的掺杂，即自掺杂。但是通常情况下由于磺酸基团的空间位阻以及强烈的吸电子效应，无论是化学聚合还是电化学聚合，都很难使间氨基或邻氨基苯磺酸发生聚合反应，因此直到 1998 年 Chan 等[33]才在高压条件下以过硫酸铵为引发剂制备了聚(间氨基苯磺酸)和聚(邻氨基苯磺酸)。Shimizu 等[34]则通过在磺酸基团的对位引入甲氧基以减弱前者对氨基反应活性的影响，在常压下制备了全磺化聚苯胺。

通常质子酸掺杂的聚苯胺在 pH 大于 3 的环境下会迅速丧失电化学活性，但是自掺杂聚苯胺在 pH = 0~7 之间均能保持电化学活性，因此其电化学活性的 pH 窗口比普通的质子酸掺杂聚苯胺要宽得多。

除了磺酸基团之外，将磷酸基团连接到聚苯胺分子上也能够实现自掺杂。不过与外加质子酸掺杂得到的导电聚苯胺相比，自掺杂导电聚苯胺的电导率通常低几个数量级。究其原因，第一是磺酸基侧链的引入增大了聚苯胺主链间的链间距，减小了聚苯胺的结晶度，进而减弱载流子在链间的扩散从而造成电导率的下降。第二，磺酸基团的存在会导致聚苯胺相邻苯环间形成较大的扭转角，破坏共轭体系中分子轨道的交叠，进而减弱载流子在链内的扩散最终造成电导率下降。第三，与盐酸掺杂的聚苯胺相比，自掺杂聚苯胺中磺酸基团与氮正离子自由基或氮上氢原子之间的氢键作用很强，导致载流子在自掺杂聚苯胺中更倾向于限域在氮原子附近，形成如图 2-11 所示的环状结构或链间结构，而这些结构都能将正电荷强烈地限域在氮原子周围，导致更低的电导率。

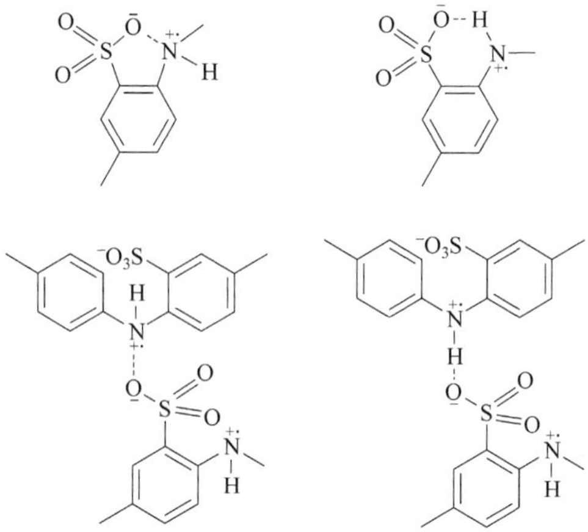

图 2-11　磺酸基团与氮正离子自由基或氮上氢原子的氢键相互作用[34]

2.3　聚苯胺的导电性能

导电性是聚苯胺成为导电高分子的最根本属性，也是聚苯胺在很多领域受到广泛关注的最重要原因。到目前为止，与聚苯胺相关的绝大部分研究工作都是围绕探索其分子结构与电子传输的本质，进而提升其导电性能而展开的。本节将在之前介绍聚苯胺分子结构的基础上，从聚苯胺的导电机理以及如何提升聚苯胺电导率两个方面展开讨论。

2.3.1　聚苯胺的导电机理

聚苯胺的导电性是指其产生并传输载流子的能力。因此聚苯胺从绝缘态到导电态的转变需要同时满足两个条件：首先是在其内部形成足够浓度的传递电荷载体即载流子，其次是在外加电场存在的情况下载流子能够实现定向输运。

综合文献中理论研究和实验观测所达成的共识[35]，导电聚苯胺中的载流子是极化子，它是通过掺杂而产生的。以图 2-12 所示的中间氧化态聚苯胺进行质子酸掺杂的过程为例：聚苯胺首先与质子酸发生相互作用生成双极化子，双极化子进而分离为两个单独的极化子，最终极化子在整个聚苯胺主链上形成离域共振。尽管理论计算显示双极化子的能量要低于两个独立极化子的能量总和，但是目前普遍认为独立的极化子或分离的极化子才是导电聚苯胺中的主要载流子[36]，库仑相互作用、介电屏蔽及聚苯胺晶格无序化等因素使得极化子离域后更趋于稳定[37]。

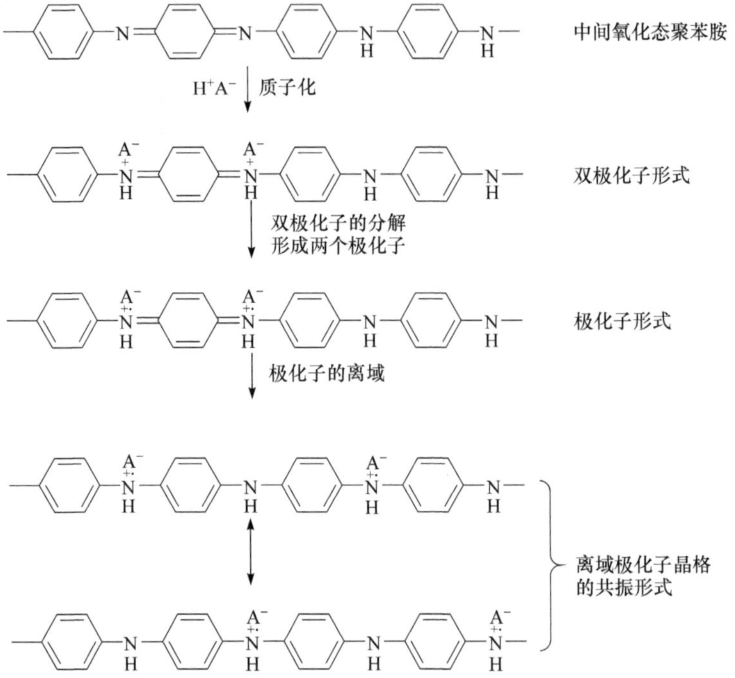

图 2-12 中间氧化态聚苯胺的质子酸掺杂示意图[37]

值得指出的是，虽然导电高分子的掺杂概念源于无机半导体，但聚苯胺的掺杂与无机半导体的掺杂有很大区别。首先，为了获得较为理想的导电性能，聚苯胺的掺杂率通常都大于 20%，甚至会朝着 50%这一理论最高值的方向靠近，而对于无机半导体材料而言，掺杂率则在 ppm 量级（10^{-6}）。其次，聚苯胺经掺杂后在主链上所形成的离域的极化子是主要载流子，而对于无机半导体材料而言，掺杂后形成的载流子是电子和空穴。最后，聚苯胺经掺杂后主链的构型虽然会发生相应的变化，但质子酸掺杂剂没有嵌入到主链原子之间，而无机半导体材料的掺杂则会涉及微量杂原子在其原有晶格内的嵌入。

关于聚苯胺内部载流子的输运方式，目前主要有四种认可度较高的理论模型，分别是可变程跃迁导电[variable range hopping（VRH）conduction]模型，隧穿导电[又称涨落诱导隧穿导电，fluctuation induced tunneling（FIT）through potential barrier conduction]模型，充电能受限隧穿导电[charging energy limited tunneling（CELT）conduction]模型，以及金属岛导电[metallic island（MI）conduction]模型[35, 38]。

　　按照可变程跃迁导电模型，当材料内部的载流子呈无规分布时，体系中存在随机电场，导致载流子发生明显的定域作用[39-41]，在导带进行的电荷输运被两个定域位点之间的声子辅助跃迁传导所取代。由于定域态的能量量子化可延伸至一定的区间，因此每一个跃迁的过程都需要相应的活化能。以准一维可变程跃迁导电模型为例，其电导率可以表示为

$$\delta = (\delta_0/T)\exp[-(T_0/T)^{0.5}] \tag{2-2}$$

式中，T_0 为莫特(Mott)特征温度，$T_0 = 8\alpha/k_B N(E_F)Z$，其中 α 为定域长度的倒数[$\alpha = (8\pi^2 m \times V/h^2)^{0.5}$]，$N(E_F)$ 为体系在费米能级处的态密度，k_B 为玻尔兹曼常量，Z 为最近相邻主链数量(对导电聚苯胺而言 $Z=4$)[42,43]。在准一维体系中，跃迁的区域(R_{hop})和所需要的活化能(W_{hop})可分别表示为

$$R_{hop} = [\alpha\pi k_B T N(E_F)]^{-0.5} \tag{2-3}$$

$$W_{hop} = [\pi R_{hop} N(E_F)]^{-1} \tag{2-4}$$

　　将准一维可变程跃迁导电模型进一步推广至三维空间体系，其电导率与温度的关系则将变为 $\delta \propto \exp[-(T_0/T)^{0.25}]$，此时 Mott 特征温度 T_0 的计算公式也随之变为

$$T_0 = 16\alpha^3/k_B N(E_F) \tag{2-5}$$

　　对聚苯胺而言，可变程跃迁导电模型是最早得到实验验证的。1989 年，Monkman 等[44]借助电子顺磁共振以及紫外光电子能谱技术研究了聚苯胺的导电机理，电子顺磁共振结果证明在聚苯胺内部确实存在大量极化子，但是自旋-晶格弛豫时间约为 10^{-6} s，表明极化子与晶格之间存在强烈耦合作用，即聚苯胺的极化子不是那种能够自由移动的载流子，而是被定域在聚苯胺主链某些特定的缺陷位点上。紫外光电子能谱数据显示在体系的费米能级处存在一定程度的态密度，即体系的费米能级已处于载流子的定域态能量区间，但是这种态密度的强度还不足以支撑聚苯胺内部发生类似于金属的传导行为。由于上述实验观测符合可变程跃迁导电模型的理论描述，因此他们认为聚苯胺的导电机理可以用可变程跃迁导电模型来描述。

　　得益于超低温测量技术的发展，研究人员可以在很宽的温度范围内观测聚苯胺电导率随温度的变化。1997 年，Singh 等[45]采用超低温测量技术研究了不同掺杂剂、不同掺杂率下聚苯胺的导电机理。他们的研究表明，盐酸或磷酸掺杂的聚苯胺，即使掺杂率不同，在低温下其导电机理也均符合三维可变程跃迁导电模型。随温度的升高，较低掺杂率的磷酸掺杂聚苯胺的导电机理依然符合三维可变程跃迁导电模型，但是不同掺杂率的盐酸掺杂聚苯胺以及中等掺杂率的磷酸掺杂聚苯胺，都先后发生了由三维可变程跃迁导电模型向低维模型的转变。原因在于掺杂态聚苯胺的微观形貌因掺杂剂和掺杂率的变化而发生了相应变化。Chutia 等[46]采用低温电导率测量技术进一步研究了掺杂剂尺寸对聚苯胺导电机理的影响，樟脑磺酸掺杂聚苯胺的导电机理符合一维可变程跃迁导电模型，而盐酸掺杂聚苯胺的导电机理则符合二维可变程跃迁导电模型。原因在于樟脑磺酸掺杂聚苯胺具有更

均一和规整的微观形貌，因为樟脑磺酸的引入能够有效提升聚苯胺链间 π-π 堆叠的有序化程度，延长有效共轭长度，从而降低载流子进行链间跃迁传导所需的活化能。另外，从介电弛豫分析角度来看，尽管两种掺杂态聚苯胺都具有相同的德拜型弛豫特征，但由于结构上差异较大，樟脑磺酸掺杂聚苯胺的弛豫时间明显低于相应的盐酸掺杂聚苯胺。

与可变程跃迁导电模型的定域态能量量子化假设不同，隧穿导电模型的基本假设在于：聚苯胺是由尺寸较大的导电区域和尺寸较小的绝缘区域共同构成的。每个隧道结可以近似看作由一个平板电容器和一个电阻所组成，那么该隧道结的充电能为 $e^2/2C_0$。当夹在两个导电区域之间的绝缘区域尺寸足够小(或薄)时，隧道结的充电能相对较低，即体系的荷电效应对电荷输运的影响占次要地位，从而发生载流子的受限涨落诱导隧穿导电现象。当体系温度极低时，载流子能单纯依靠量子力学的隧穿效应跨越位垒形成表观电导，温度升高后热激发跨越位垒则会占据载流子传输的主导地位，此时体系的电导率可以表示为

$$\delta(T) = \delta_\infty \exp[-T_1/(T+T_0)] \tag{2-6}$$

式中，δ_∞ 为体系温度趋近于无穷高时的电导率，又被称为饱和电导率。当体系的温度无限趋近于热力学零度时，其电导率 δ_0 可表示为 $\delta_0 = \delta_\infty \exp(-T_1/T_0)$。通常热激发所主导的温度较高，可在 1～300 K 之间，而量子隧穿效应所主导的温度则很低，至少低于 0.75 K。

符合涨落诱导隧穿导电模型的导电聚苯胺通常有一个基本特征，即其表观电导率随体系温度的上升呈同步上升趋势。当处在两个导电区域间的绝缘区域相对较大时，导电区域可被近似地看作是分布于绝缘网络之中的金属导体，此时隧道结的充电能对载流子的隧穿导电占据主导地位，即体系发生充电能受限隧穿导电。按照充电能受限隧穿导电模型，其电导率同时呈现温度与电场强度的依赖性。在低电场强度下，电导率与温度的关系可表示为

$$\delta \propto \exp[-(D/k_BT)^{0.5}] \tag{2-7}$$

式中，D 为常数；k_B 为玻尔兹曼常量。

隧穿导电模型的实验观测验证时间比可变程跃迁导电模型晚了十多年，一直到 2006 年 Chaudhuri 等[47]合成了一系列含硼的 Lewis 酸掺杂聚苯胺，并借助超低温测量技术研究其导电机理。在讨论聚苯胺电导率随温度的变化趋势时，发现可变程跃迁导电模型通常依据体系的温度指数因子 α 为 0.5 来判定导电机理。为此他们建立了更为严密的利用双对数模式确定指数因子 α 的分析方法，借此对所获得的实验数据进行分析，发现 Lewis 酸掺杂的聚苯胺样品中电荷传导机理与充电能受限隧穿导电模型相一致，而质子酸掺杂聚苯胺的导电机理则符合可变程跃迁导电机理。聚苯胺的磁化系数研究进一步表明，与之前的单对数模式求导指数因子 α 相比，双对数模式确定指数因子 α 对于判定聚苯胺的导电机理具有更高的准

确性。由此涨落诱导隧穿导电模型进一步发展为充电能受限隧穿模型。

充电能受限隧穿模型在 2011 年进一步由 Lin 等[48]的研究工作得到证实。他们借助电子束刻蚀在氧化硅表面构筑了间距为几百纳米的微型对电极，然后利用电化学沉积技术将单根聚苯胺纳米纤维连接到对电极的两端以形成电流回路，跟踪了该纳米纤维的电导率在不同温度及电场强度下的变化趋势，发现该纳米纤维的电荷传导机理与充电能受限隧穿导电模型是匹配的，并得到了聚苯胺的平均导电颗粒粒径为 4.9 nm，平均粒径间距为 2.8 nm，平均颗粒充电能为 78 meV，该研究工作极大地提升了探索聚苯胺导电机理的实验观测水平。

金属岛导电模型是目前最常用的导电模型，它认为导电聚苯胺是由高电导率的金属区域（即金属岛）和包围在其外部的绝缘区域共同构成的[49,50]。该模型充分考虑到导电聚苯胺内部所具有的各向异性和不均匀性，并结合了可变程跃迁导电模型与受限涨落诱导隧穿导电模型的合理之处。

按照金属岛导电模型的假设，聚苯胺的表观电导率取决于其链内电导率和链间电导率，其中聚苯胺的链内电导率与其自身特性及掺杂剂种类有关，而聚苯胺的链间电导率则取决于其主链间的排列方式，即掺杂态聚苯胺的空间结构。在金属岛内部，所有聚苯胺分子主链都能够形成有序的三维排布，该区域的电导率由链内电导率所决定。而在金属岛周边的绝缘区域，载流子的传输则主要依赖跃迁或者隧穿效应。因此链内电导率是导电聚苯胺所能达到的表观电导率的理论上限，而绝缘区域主链排列的有序化程度则决定了跃迁或隧穿导电的难易程度，是限制聚苯胺表观电导的重要因素。

金属岛导电模型的重要实验依据就是取向对聚苯胺电导率的影响。对掺杂态聚苯胺进行定向拉伸处理，在拉伸方向上由于发生了主链的有序化排列使表观电导率提高了 1～2 个数量级，但垂直于拉伸方向上的电导率则基本不变，导电聚苯胺拉伸后其电导率的各向异性甚至高达 24。

按照金属岛导电模型，导电聚苯胺内部既能发生跃迁传导，也能发生隧穿导电。Bohli 等[51]将导电聚苯胺溶于二氯乙酸或二氯乙酸/甲酸（4∶1）混合溶液中并浇注成膜，从二氯乙酸溶液中制备的聚苯胺薄膜具有较高结晶度，其导电机理符合三维可变程跃迁的导电特征，而从混合溶液中制备的聚苯胺薄膜为无定形，其导电机理符合受限涨落诱导隧穿的导电特征。可见即使化学组成相同的聚苯胺薄膜，也能够表现出不同的导电机理，因此一旦在薄膜内部存在结晶和无定形等不同结构，则其导电机理有可能同时满足跃迁或隧穿导电特征。上述设想在 2006 年得到了 Nazeer 等[52]的实验证明，他们研究了间甲酚掺杂聚苯胺膜的导电机理，发现在直流或低频电场条件下，在 173～303 K 范围内聚苯胺薄膜的导电机理符合三维可变程跃迁的导电特征，其定域长度（α^{-1}）约为 7 Å，体系费米能级处的态密度为 1.04×10^{19} states/eV，跃迁区域（R_{hop}）为 60 Å，跃迁能量（W_{hop}）为 0.38 eV。但是在较高频率范围，如

10 kHz～5 MHz 的频率区间，在 150～380 K 范围内聚苯胺薄膜却显示出极化子隧穿的传导特征，其极化子半径(r_p)约为 25 Å，能垒高度(W_{HO})约为 0.22 eV。

2.3.2 掺杂态聚苯胺的电导率

聚苯胺的电导率是其导电性的量化反映，它既与聚苯胺的本征属性如分子量及其分布、掺杂剂甚至聚集态结构等密不可分，也与外部因素如温度、湿度等密切相关。本节我们重点介绍掺杂剂的种类和掺杂率对聚苯胺电导率的影响，考虑到高电导率聚苯胺在学术及应用领域的重要意义，我们还总结了几种典型的制备方法下聚苯胺的导电性能。

1. 掺杂剂对聚苯胺导电性能的影响

掺杂剂是影响聚苯胺导电性能的最重要因素。掺杂剂不仅影响聚苯胺主链的质子化程度（或掺杂率），还能与溶剂一起通过协同作用影响聚苯胺主链构型及链间排列方式（所谓的二次掺杂）。通常导电聚苯胺的结构规整度上升或掺杂率提高，均有利于提高其电导率。

Joo 等[53]研究了掺杂剂与溶剂的不同组合方式对聚苯胺电导率的影响。以间甲酚为溶剂，苯磺酸掺杂的聚苯胺膜的室温电导率为 12 S/cm，而 2-萘磺酸掺杂的聚苯胺膜的室温电导率仅为 0.3 S/cm，同时樟脑磺酸或对甲苯磺酸掺杂的聚苯胺膜的室温电导率则介于两者之间。若将上述四种导电聚苯胺在正丁醇中成膜，其室温电导率的变化趋势正好相反，即 2-萘磺酸掺杂聚苯胺膜的电导率最高，苯磺酸掺杂的聚苯胺电导率最低，其余两种掺杂剂下聚苯胺的室温电导率仍然介于两者之间。从 X 射线衍射结果来看，电导率较高的聚苯胺膜的结晶度也较高，表明形成规整或有序结构是提高聚苯胺电导率的关键因素。此外，十二烷基苯磺酸掺杂的聚苯胺在氯仿中成膜，室温电导率为 10 S/cm，在该溶液中逐渐添加苯磺酸掺杂的聚苯胺/间甲酚溶液，最终聚苯胺膜的室温电导率会逐渐升高，当两种聚苯胺的质量比为 2∶1 时，聚苯胺薄膜的室温电导率可升至 50 S/cm，远高于两种聚苯胺单独成膜的室温电导率。由此可见，通过掺杂剂与溶剂间的合理组合可以提高聚苯胺的电导率。

2. 掺杂率对聚苯胺导电性的影响

聚苯胺的掺杂率也是影响其导电行为的重要因素。由于聚苯胺的掺杂涉及主链上氮元素的价态变化，而 X 射线光电子能谱可清晰地给出同一元素不同价态的分布情况，常用于计算聚苯胺的掺杂率。王献红等[54]对酸性磷酸酯掺杂聚苯胺的氮元素的 X 射线光电子能谱进行了逐一归属，如图 2-13 所示，通过对几个特征峰的峰面积进行积分，获得了聚苯胺的掺杂率。通过与元素分析和拉曼光谱等多个方法进行比较可知，X 射线光电子能谱方法所获得的聚苯胺掺杂率具有很高的准确性。

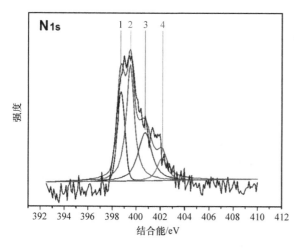

1. 醌亚胺单元
2. 苯胺单元
3. 质子化亚胺单元
4. 质子化铵单元

图 2-13 酸性磷酸酯掺杂聚苯胺的氮元素 X 射线光电子能谱[54]（见书末彩图）

Holland 等[55]研究了掺杂率对聚苯胺导电性能的影响，他们将本征态聚苯胺与樟脑磺酸按一定比例研磨后溶于间甲酚中形成 1.6wt%的溶液，随后在硅片表面浇注成膜，得到表观掺杂率从 10%到 90%不等的聚苯胺膜。在表观掺杂率由 10%增大至 60%的过程中，聚苯胺膜的室温电导率逐渐上升，最高达到约 300 S/cm。但是进一步增大聚苯胺的表观掺杂率，其室温电导率反而出现明显下降。根据低温观测结果，当表观掺杂率低于 30%时，聚苯胺膜的导电机理为受限涨落诱导隧穿导电，电导率随温度的升高而增大。当表观掺杂率高于 30%时，聚苯胺膜的电导率在低温下随温度的升高而增大，但温度进一步升高，其电导率随温度上升而增大的速率明显减慢直至转为负增长，即在整个变温范围内存在一个电导率的最大值。因此，表观掺杂率介于 30%至 90%之间的聚苯胺，在高于某个临界温度时能呈现一定程度的金属导电特征。值得指出的是，通常理论上聚苯胺的掺杂率为 50%时其电导率达到最高值，由于樟脑磺酸并不是完全掺杂到聚苯胺主链的所有亚胺位点，即样品的实际掺杂率要低于表观掺杂率，如在 60%的表观掺杂率下聚苯胺的电导率最高，而不是理论上的 50%掺杂率。

3. 高电导率聚苯胺的制备方法

聚苯胺电导率的上限到底多高？这是学术界一直关注的焦点。按照金属岛导电模型，平行于聚苯胺主链方向的电导率为[49,50,56]：

$$\delta_{int} = Ne^2\tau/m = (2\pi Ne^2/hk_F)\, l_{in} \tag{2-8}$$

式中，N 为载流子密度；e 为单电子电荷；m 为聚苯胺质量；k_F 为费米波矢；h 为普朗克常量；l_{in} 为非弹性散射长度。

根据方程式 $\tau_{in} = (l_{in})^2/D$，可计算出聚苯胺的非弹性散射长度为 150～300 Å。进而将聚苯胺体系的载流子密度 $N = 2.5\times10^{21}$ cm^{-3} 以及费米波矢 $k_F = \pi/2c = \pi/14$ Å^{-1}

一并代入公式(2-8)，计算得到 $\delta_{int} = 2.5 \times 10^4$ S/cm，即聚苯胺的理论电导率能够达到 10^4 S/cm 这一数量级。

但是到目前为止，已经报道的聚苯胺电导率与该理论值依然有 1～2 个数量级的差距。不过也应当看到，在过去的 30 多年间高电导率聚苯胺的制备方面已经取得了一系列进展。考虑到无机半导体材料的电导率介于 10^{-4}～10^2 S/cm，故在本小节将电导率大于 10^2 S/cm 的导电聚苯胺称为高导电聚苯胺。自从 1992 年曹镛和 Heeger 等报道采用掺杂剂-溶剂组合法获得高电导率聚苯胺之后，经过多年的发展，出现了自稳定分散聚合法、高压电场后处理法、固液界面聚合法等新的聚合和后处理技术，均获得了高电导率聚苯胺。下面对这些方法做简单的介绍。

1)掺杂剂-溶剂组合法

1993 年曹镛和 Heeger 等报道了以樟脑磺酸掺杂聚苯胺制备高电导率聚苯胺的方法[57]。他们将樟脑磺酸与聚苯胺按照掺杂剂分子和聚合物重复单元数比为 1∶2 的比例进行混合，然后将该混合物溶于间甲酚并在 50℃超声分散 48 h，制成浓度为 2wt%～8wt%的导电聚苯胺/间甲酚溶液，最后将该溶液在玻璃表面上浇注成膜，用四探针法测得该自支撑膜的室温电导率高达 200～400 S/cm。

2)自稳定分散聚合法

Lee 等[58]报道，他们利用一种自稳定分散聚合方法制备的高导电聚苯胺，其室温电导率高达 600～800 S/cm。该方法的基本原理是利用体系中存在的有机相将齐聚物以及增长链与水相中的最终产物分隔开，防止支链或交联聚苯胺的生成。他们首先将两体积的苯胺盐酸盐溶液加入到一体积的氯仿与水(体积比 1∶1)的混合溶剂中，在–35℃下搅拌，体系中的苯胺单体、苯胺盐酸盐、氯仿以及其他疏水和亲水组分共同构成一个复杂的界面稳定体系，并最终形成絮状胶冻。将过硫酸铵的盐酸溶液滴加入上述体系中，同时保持高速搅拌并适当进行冷却，当反应器中出现掺杂态聚苯胺所特有的绿色之后停止搅拌，将粗产物过滤、洗涤，并利用过量氨水进行去掺杂反应，得到高度线型本征态聚苯胺，再利用樟脑磺酸在间甲酚溶液中进行掺杂，最终获得高电导率的聚苯胺。

3)高压电场后处理法

Kulhánková 等[59]采用直流高压电场对新制备的聚苯胺薄膜进行处理，提高其室温电导率。他们首先将一片经酸和醇洗涤干净的干燥玻璃片放入烧杯，然后分别将 0.2 mol/L 的苯胺稀硫酸溶液和 0.1 mol/L 的过硫酸铵水溶液快速倒入上述烧杯中并充分摇匀，过硫酸铵引发苯胺单体进行聚合约 20 min，在玻璃片表面生成绿色聚苯胺薄膜。将玻璃片取出，用 0.2 mol/L 的盐酸水溶液进行彻底清洗，并静置于场强为 1.0 kV/cm 的直流高压电场中进行干燥，得到了电导率为 374 S/cm 的聚苯胺薄膜。虽然将电场强度进一步提升至 2.7 kV/cm 能够使聚苯胺薄膜的电导率上升至 541 S/cm，但此时会发生聚苯胺的快速降解。

4）固液界面聚合法

Kim 等[60]借助固-液界面聚合方法制备出高电导率的樟脑磺酸掺杂聚苯胺。他们首先将一定量的苯胺单体与两倍的樟脑磺酸溶于氯仿溶液，然后将经过仔细研磨得到的过硫酸铵超细粉末加入上述体系引发聚合，其中苯胺单体与过硫酸铵的摩尔比为 4：1。值得指出的是，当体系中有苯胺存在时，樟脑磺酸在氯仿中的溶解度会增大，有利于在反应体系中形成苯胺樟脑磺酸盐。在 20℃下连续搅拌 24 h，含有大量过硫酸铵悬浮颗粒的反应体系的颜色逐渐转变为蓝色，进而转变为深绿色，生成了樟脑磺酸掺杂的聚苯胺，其电导率达到约 580 S/cm，且所得聚苯胺的数均分子量达到 61000，重均分子量达到 154000，该聚苯胺的分子结构以 1,4-偶联结构为主，只含有极微量的间位取代结构。

2.4　聚苯胺的氧化还原性能

聚苯胺除了具有良好的导电性能外，还具有独特的氧化还原可逆性，即不同氧化程度的本征态和掺杂态聚苯胺之间可通过相应的氧化还原反应进行可逆转化。聚苯胺的氧化还原可逆性不仅是其在金属防腐领域得到应用的理论基础，同时也使其在蓄电池、超级电容器等新能源器件方面备受关注，聚苯胺也因此成为一类新能源材料。

不同氧化程度的本征态及掺杂态聚苯胺的氧化还原反应如图 2-14 所示。

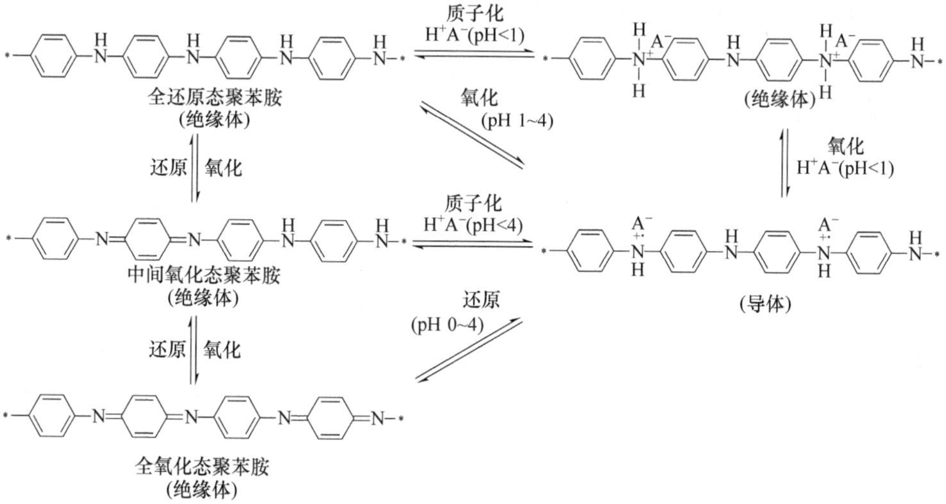

图 2-14　本征态及掺杂态聚苯胺的氧化还原反应[35,38]

2.4.1　本征态聚苯胺的氧化还原性能

从图 2-14 中可以看到，本征态聚苯胺的三种氧化态形式之间能进行可逆变换。

不过绝大部分与全还原态聚苯胺和全氧化态聚苯胺相关的研究工作都是通过先合成出中间氧化态聚苯胺，再对其进行化学或者电化学氧化还原而得到目标产物。由于三种本征态聚苯胺均不具备良好的导电性能，因此对三者之间氧化还原转变的研究报道相对较少。

1993 年，Moon 等[61]借助紫外光谱研究了全还原态聚苯胺经氧气或双氧水氧化转变为中间氧化态聚苯胺的反应动力学，通过测量不同浓度下全还原态和中间氧化态聚苯胺的 N-甲基吡咯烷酮溶液在特定波长下的紫外吸收强度，确定了二者的摩尔吸光系数，又分别对氧气和双氧水注入全还原态聚苯胺溶液后的紫外吸收光谱进行了原位实时观测。他们指出，在 30℃下氧气对全还原态聚苯胺的氧化反应遵循一级动力学方程，速率常数为 $6.8×10^{-5}$ s^{-1}，活化能为 50.4 kJ/mol。而在催化剂如 $FeCl_3$ 存在下，双氧水对全还原态聚苯胺的氧化反应存在一个明显的等吸光点，该氧化反应的最初反应速率正比于 $FeCl_3$ 的浓度，且随双氧水的浓度上升而增大，但当双氧水的浓度高于 40 mmol/L 之后，这一趋势便不再延续。在上述反应条件下，生成的中间氧化态聚苯胺不会被进一步氧化为全氧化态聚苯胺。当 $FeCl_3$ 被换成 $CuCl_2$ 后，双氧水氧化全还原态聚苯胺的反应依然能够顺利进行，但反应速率随双氧水浓度上升而增大的区间扩大至 490 mmol/L。如果在体系中加入少量过氧化苯甲酰，则能加速中间氧化态聚苯胺的生成，不过同时也会出现产物被进一步氧化为高氧化态聚苯胺，甚至出现聚苯胺的氧化分解等复杂的副反应。

2.4.2 掺杂态聚苯胺的氧化还原性能

与本征态聚苯胺相比，研究掺杂态聚苯胺氧化还原行为的工作较多，其中最有代表性的是 Huang 等[62]在 1986 年报道的工作。他们借助电化学循环伏安技术详细考察了盐酸掺杂聚苯胺在不同 pH 值下的氧化还原性能及由此带来的颜色变化，其循环伏安曲线及相关的颜色变化如图 2-15 所示，其中扫描速率为 50 mV/s，体系 pH 值为-0.20。

当体系的 pH 值为 1~4 时，氧化峰 1 的初始氧化电势与体系的 pH 值无关，说明在该氧化过程中没有质子参与，应当包含了由浅黄色全还原态聚苯胺向浅绿色质子化单醌结构的转变[图 2-16(a)]。而氧化峰 1 后半程的第

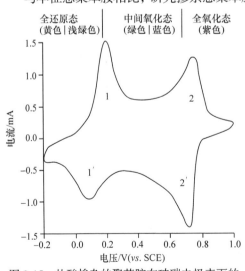

图 2-15　盐酸掺杂的聚苯胺在玻碳电极表面的循环伏安曲线(pH = −0.20)[62]

二氧化反应对应的是生成了深绿色质子化的中间氧化态聚苯胺[图 2-16(b)]。当体系的 pH 值为–2.12～–0.20 时，氧化峰 1 和与之相对应的还原峰 1′ 随着 pH 值的增大向低电势方向移动，速率为 58 mV/pH，说明在该氧化过程中有等摩尔量的质子与电子同时失去，而此时全还原态聚苯胺链段中的氮原子全部或者部分质子化[结构式如图 2-16(c)所示]。当体系的 pH 值为–0.2～1 时，氧化峰与还原峰的变化趋势介于前述两种情况之间。对于氧化峰 2 及与之对应的还原峰 2′ 而言，当体系的 pH 值为–0.2～4 时，二者随着 pH 值的增大向低电势方向移动，速率为 120 mV/pH，此时氧化峰 2 的初始氧化反应对应于图 2-16(d)所示的质子化的中间氧化态聚苯胺向部分质子化的三醌结构的转变，而其后半程的第二氧化反应则对应于部分质子化的三醌结构向最终氧化态产物的转变[图 2-16(e)]，当体系的 pH 值为–2.12～–0.20 时，氧化峰 2 所对应的反应是质子化的全氧化态聚苯胺的生成[图 2-16(f)]。

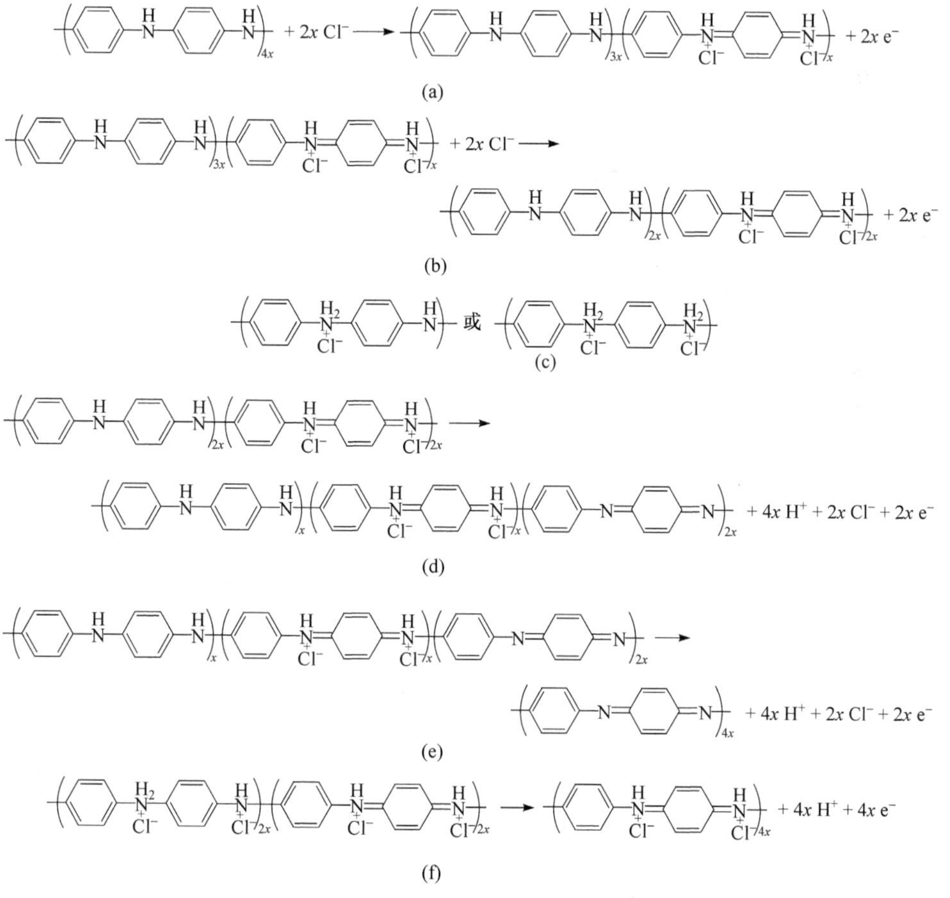

图 2-16　不同 pH 值范围内盐酸掺杂聚苯胺的氧化反应分步方程式[62]

2.5　展望

　　本章从苯胺齐聚物的结构分析出发，全面介绍了本征态和掺杂态聚苯胺的分子结构，明确了聚苯胺分子结构与导电性、氧化还原性能的相互关系。但是目前聚苯胺的电导率与根据其金属岛导电模型所预测的最高电导率还有 2 个数量级的差距，因此其电导率的改进空间还很大，发展超高分子量、规整 1,4-偶联结构聚苯胺的合成方法是一个重要研究方向，同时聚苯胺的取向与结晶结构的控制方法也是值得重点关注的。另外，聚苯胺的氧化还原性能是聚苯胺在金属防腐、蓄电池和超级电容器电极材料等方面应用的理论基础，本章仅做了简要介绍，鉴于其对于聚苯胺研究和应用的重要性，我们将在本书的后续章节中进行详细介绍。

参 考 文 献

[1] Green A G, Woodhead A E. Aniline-black and allied compounds. Part Ⅰ. Journal of the Chemical Society, Transactions, 1910, 97: 2388~2403.

[2] Green A G, Woodhead A E. Aniline-black and allied compounds. Part Ⅱ. Journal of the Chemical Society, Transactions, 1912, 101: 1117~1123.

[3] Potevéva Z P, Chetkina L A, Kopilov V V. Crystal and molecular structure of N, N'-diphenyl-p-phenylendiamine. Kristallografiya, 1976, 21: 312.

[4] Corraze B, Quillard S, Morvan H, et al. Structural and spectroscopic characterizations of oligoaniline thin films. Thin Solid Films, 2000, 372: 54~59.

[5] Quillard S, Corraze B, Boyer M I, et al. Vibrational characterisation of a crystallised oligoaniline: A model compound of polyaniline. Journal of Molecular Structure, 2001, 596: 33~40.

[6] Khalki A E, Colomban P, Hennion B. Nature of protons, phase transitions, and dynamic disorder in poly- and oligoaniline bases and salts: An inelastic neutron scattering study. Macromolecules, 2002, 35: 5203~5211.

[7] Poncet M, Corraze B, Quillard S, et al. Elaboration and characterizations of oligoaniline thin films. Thin Solid Films, 2004, 458: 32~36.

[8] Santos M C, Brédas J L. Nonlinear excitations in pernigraniline, the oxidized form of polyaniline. Physical Review Letters, 1989, 62: 2499~2502.

[9] Sun Y, MacDiarmid A G, Epstein A J. Polyaniline: Synthesis and characterization of pernigraniline base. Journal of the Chemical Society, Chemical Communications, 1990: 529~531.

[10] MacDiarmid A G, Manohar S K, Masters J G, et al. Polyaniline: Synthesis and properties of pernigraniline base. Research Synthesis Methods, 1991, 41~43: 621~626.

[11] Mishra A K, Tandon P, Gupta V D. Vibrational dynamics of polyaniline pernigraniline base form: A conducting polymer. Macromolecular Symposia, 2008, 265: 111~123.

[12] Pouget J P, Józefowicz M E, Epstein A J, et al. X-ray structure of polyaniline. Macromolecules, 1991, 24: 779~789.

[13] Quillard S, Louarn G, Lefrant S, et al. Vibrational analysis of polyaniline: A comparative study of leucoemeraldine, emeraldine, and pernigraniline bases. Physical Review B, 1994, 50: 12496~12508.

[14] Selvan S T, Mani A, Athinarayanasamy K, et al. Synthesis of crystalline polyaniline. Materials Research Bulletin, 1995, 30: 699~705.

[15] Ou R, Samuels R J. Investigation of fundamental molecular parameters of polyaniline films. Journal of Polymer Science Part B: Polymer Physics, 1999, 37: 3473~3487.

[16] Ohira M, Sakai T, Takeuchi M, et al. Raman and infrared spectra of polyaniline. Research Synthesis Methods, 1987, 18: 347~352.

[17] Kostić R, Raković D, Davidova I E, et al. Vibrational spectroscopy of the leucoemeraldine form of polyaniline: Theoretical study. Physical Review B, 1992, 45: 728~733.

[18] Ram M K, Mascetti G, Paddeu S, et al. Optical, structural and fluorescence microscopic studies on reduced form of polyaniline: The leucoemeraldine base. Synthetic Metals, 1997, 89: 63~69.

[19] Mishra A K, Tandon P. A comparative *ab initio* and DFT study of polyaniline leucoemeraldine base and its oligomers. Journal of Physical Chemistry B, 2009, 113: 14629~14639.

[20] D'Aprano G, Leclerc M, Zotti G. Stabilization and characterization of pernigraniline salt: The "acid-doped" form of fully oxidized polyanilines. Macromolecules, 1992, 25: 2145~2150.

[21] Bazito F F C, Silveira L T, Torresi R M, et al. On the stabilization of conducting pernigraniline salt by the synthesis and oxidation of polyaniline in hydrophobic ionic liquids. Physical Chemistry Chemical Physics, 2008, 10: 1457~1462.

[22] Neoh K G, Kang E T, Tan K L. A comparative study on the structural changes in leucoemeraldine and emeraldine base upon doping by perchlorate. Journal of Polymer Science Part A: Polymer Chemistry, 1991, 29: 759~766.

[23] Libert J, Bredas J L, Epstein A J. Theoretical study of p- and n-type doping of the leucoemeraldine base form of polyaniline: Evolution of the geometric and electronic structure. Physical Review B, 1995, 51: 5711~5724.

[24] Cao Y, Smith P, Heeger A J. Counter-ion induced processibility of conducting polyaniline and of conducting polyblends of polyaniline in bulk polymers. Synthetic Metals, 1992, 48: 91~97.

[25] Dufour B, Rannou P, Fedorko P, et al. Effect of plasticizing dopants on spectroscopic properties, supramolecular structure, and electrical transport in metallic polyaniline. Chemistry of Materials, 2001, 13: 4032~4040.

[26] Luzny W, Banka E. Relations between the structure and electric conductivity of polyaniline protonated with camphorsulfonic acid. Macromolecules, 2000, 33: 425~429.

[27] Minto C D G, Vaughan A S. Orientation and conductivity in polyaniline. Polymer, 1997, 38: 2683~2688.

[28] Majidi M R, Kane-Maguire L A P, Wallace G G. Chemical generation of optically active polyaniline via the doping of emeraldine base with (+)- or (−)-camphorsulfonic acid. Polymer, 1995, 36: 3597~3599.

[29] Zhu C, Wang C, Yang L, et al. Dopant dimension influence on polyaniline film structure. Applied Physics A: Materials Science & Processing, 1999, 68: 435~438.

[30] MacDiarmid A G, Epstein A J. The concept of secondary doping as applied to polyaniline. Synthetic Metals, 1994, 65: 103~116.

[31] Rossi G. Effect of topological defects and site impurities in conjugated polymer chains. Synthetic Metals, 1997, 49: 221~225.

[32] Yue J, Epstein A J. Synthesis of self-doped conducting polyaniline. Journal of the American Chemical Society, 1990, 112(7): 2800~2801.

[33] Chan H S O, Neuendorf A J, Ng S C, et al. Synthesis of fully sulfonated polyaniline: A novel approach using oxidative polymerisation under high pressure in the liquid phase. Chemical Communications, 1998: 1327~1338.

[34] Shimizu S, Saitoh T, Uzawa M, et al. Synthesis and applications of sulfonated polyaniline. Synthetic Metals, 1997, 85: 1337~1338.

[35] 王献红, 殷敬华, 莫志深. 现代高分子物理学. 北京: 科学出版社, 2001: 298.

[36] Watanabe A, Mori K, Mikuni M, et al. Comparative study of redox reactions of polyaniline films in aqueous and nonaqueous solutions. Macromolecules, 1989, 22: 3323~3327.

[37] Bonnell D A, Angelopoulos M. Spatially localized electronic structure in polyaniline by scanning tunneling spectroscopy. Synthetic Metals, 1989, 33: 301~310.

[38] 王献红, 朱道本, 王佛松. 有机固体. 上海: 上海科学技术出版社, 1999: 5.

[39] Sanjai B, Raghunathan A, Natarajan T S, et al. Charge transport and magnetic properties in polyaniline doped with methane sulphonic acid and polyaniline-polyurethane blend. Physical Review B, 1997, 55: 10734~10744.

[40] Krinichnyi V I, Tokarev S V, Roth H K, et al. Multifrequency EPR study of metal-like domains in polyaniline. Synthetic Metals, 2005, 152: 165~168.

[41] Novak M, Kokanović I, Babić D, et al. Variable-range-hopping exponents 1/2, 2/5 and 1/4 in HCl-doped polyaniline pelles. Synthetic Metals, 2009, 159: 649~653.

[42] Gupta S K, Luthra V, Singh R. Electrical transport and EPR investigations: A comparative study for d.c. conduction mechanism in monovalent and multivalent ions doped polyaniline. Bulletin of Materials Science, 2012, 35: 787~794.

[43] Bhattacharya S, Rana U, Malik S. Relaxation dynamics and morphology-dependent charge transport in benzene-tetracarboxylic-acid-doped polyaniline nanostructures. Journal of Physical Chemistry C, 2013, 117: 22029~22040.

[44] Monkman A P, Bloor D, Stevens G C, et al. Electronic structure and charge transport mechanisms in polyaniline. Synthetic Metals, 1989, 29: E277~E284.

[45] Singh R, Arora V, Tandon R P, et al. Transport and structural properties of polyaniline doped with monovalent and multivalent ions. Polymer, 1997, 38: 4897~4902.

[46] Chutia P, Nath C, Kumar A. Dopant size dependent variable range hopping conduction in polyaniline nanorods. Applied Physics A, 2014, 115: 943~951.

[47] Chaudhuri D, Kumar A, Nirmala R, et al. Transport and magnetic properties of conducting polyaniline doped with BX_3 (X=F, Cl, and Br). Physical Review B, 2006, 73: 075205.

[48] Lin Y F, Chen C H, Xie W J, et al. Nano approach investigation of the conduction mechanism in polyaniline nanofibers. ACS Nano, 2011, 5: 1541~1548.

[49] Luthra V, Singh R, Gupta S K, et al. Mechanism of dc conduction in polyaniline doped with sulfuric acid. Current Applied Physics, 2003, 3: 219~222.

[50] Krinichnyi V I. Dynamics of spin charge carriers in polyaniline. Applied Physics Reviews, 2014, 1: 021305.

[51] Bohli N, Gmati F, Mohamed A B, et al. Conductivity mechanism of polyaniline organic films: The effects of solvent type and casting temperature. Journal of Physics D: Applied Physics, 2009, 42: 205404.

[52] Nazeer K P, Thamilselvan M, Mangalaraj D, et al. Direct and high frequency alternating current conduction mechanisms in solution cast polyaniline films. Journal of Polymer Research, 2006, 13: 17~23.

[53] Joo J, Chung Y C, Song H G, et al. Charge transport studies of doped polyanilines with various dopants and their mixtures. Synthetic Metals, 1997, 84: 739~740.

[54] Lu Q, Zhao Q, Zhang H, et al. Water dispersed conducting polyaniline nanofibers for high-capacity rechargeable lithium-oxygen battery. ACS Macro Letters, 2013, 2: 92~95.

[55] Holland E R, Pomfret S J, Adams P N, et al. Conductivity studies of polyaniline doped with CSA. Journal of Physics: Condensed Matter, 1996, 8: 2991~3002.

[56] Skotheim T A, Elsenbaumer R L, Reynolds J R. Handbook of Conducting Polymers. Bosa Roca: Taylor & Francis Inc., 1998: 52~53.

[57] Cao Y, Smith P, Heeger A J. Counter-ion induced processibility of conducting polyaniline. Synthetic Metals, 1993, 57: 3514~3519.

[58] Lee S H, Lee D H, Lee K, et al. High-performance polyaniline prepared via polymerization in a self-stabilized dispersion. Advanced Functional Materials, 2005, 15: 1495~1500.

[59] Kulhánková L, Tokarský J, Ivánek L, et al. Enhanced electrical conductivity of polyaniline films by postsynthetic DC high-voltage electrical field treatment. Synthetic Metals, 2013, 179: 116~121.

[60] Kim C, Oh W, Park J W. Solid/liquid interfacial synthesis of high conductivity polyaniline. RSC Advances, 2016, 6: 82721~82725.

[61] Moon D K, Ezuka M, Maruyama T, et al. Kinetic study on chemical oxidation of leucoemeraldine base polyaniline to emeraldine base. Macromolecules, 1993, 26: 364~369.

[62] Huang W S, Humphrey B D, MacDiarmid A G. Polyaniline, a novel conducting polymer. Journal of the Chemical Society, Faraday Transactions, 1986, 82: 2385~2400.

第 **3** 章

聚苯胺的成型加工

本征态聚苯胺的主链由苯基、胺基、醌基、亚胺基等基团组成，分子链刚性较强，同时存在很强的分子间氢键，使聚苯胺在传统的溶剂中难以溶解，仅溶于浓硫酸、二甲基甲酰胺、N-甲基吡咯烷酮和有机胺等少数强极性溶剂中，并且在溶解时极易形成凝胶。另外，尽管加热是克服氢键相互作用、增加主链或侧链分子运动的一个重要途径，但聚苯胺在温度达到其熔点之前就已经发生分解反应，因此本征态聚苯胺难以实现熔融加工。从溶液加工和熔融加工的难易程度分析，改善聚苯胺的溶解性或溶液加工性是该领域的共识。早期人们采用现场聚合方法解决聚苯胺成型难题，即将苯胺单体或苯胺盐分散在基体聚合物内再进行苯胺的聚合反应，直接制备导电聚苯胺复合膜。20 世纪 80 年代末，Armes 等[1,2]合成了导电态聚苯胺水乳液，为聚苯胺的加工提供了一个重要思路。曹镛和 Heeger 等在 1992 年对有机酸掺杂聚苯胺的研究成为一个里程碑式的工作，结束了掺杂态聚苯胺难以加工的认知，为掺杂态聚苯胺的直接加工提供了重要基础。随后通过近 20 年的努力，导电聚苯胺在普通有机溶剂甚至水中的分散稳定性和溶解性研究取得了很大进展。总而言之，聚苯胺加工性的改善经历了一个由浅入深、最后从根本上解决的历程，"掺杂态聚苯胺无法加工"的概念也已经成为历史。

3.1 本征态聚苯胺的溶液行为

早在 1990 年，曹镛和 Heeger 等[3]指出同时具有强极性和弱碱性的非质子溶剂，如 N-甲基吡咯烷酮(NMP)，是本征态聚苯胺的优良溶剂。通常化学聚合方法合成的本征态聚苯胺可以完全溶于 NMP 中，其分子量及其分布可由凝胶渗透色谱(GPC)法得到。但实验中经常出现不对称的 GPC 双峰或多峰，这是因为聚苯胺在 NMP 中存在大分子凝聚现象而引起的。加入适量的 LiCl 可解决多峰现象，获得单一对称的 GPC 谱峰，所得的分子量及其分布能准确反映聚苯胺在溶液中的真实存在形式。借此本征态聚苯胺可以进行溶液加工，如浇注成膜、溶液纺丝等。由于 NMP 难以挥发，薄膜或纤维中残余的 NMP 也可作为刚性聚苯胺的增塑剂，如 Monkman 等[4,5]报道，可以通过拉伸制备高取向的各向异性膜，纵向的电导率高达 $\sigma_{//}=320$ S/cm，纵向与横向的电导率比值 $\sigma_{//}/\sigma_{\perp}$ 达到 24。

　　一般地，将聚苯胺和普通绝缘高聚物溶解在同一溶剂中成膜可进行聚苯胺的溶液加工。Angelopoulos 等[6]将聚酰胺酸 (polyamic acid, PAA) 和聚苯胺 (polyaniline, PANI) 溶解在 NMP 中，PAA 与 PANI 发生中和反应，形成质子化的 PANI 和 PAA 反离子，成膜后电导率为 10^{-5} S/cm。通过溶液成膜制备出的导电聚苯胺复合物的导电逾渗值通常很高 (>16wt%)，这是由于在共混体系中聚苯胺以球形粒子存在。由于 NMP 与聚苯胺有很强的分子间氢键相互作用，采用 NMP 作溶剂时易形成凝胶，不利于聚苯胺在高浓度下进行加工，虽然加入一定量的 LiCl 可以缓解溶液的凝胶速度，但对纺丝等成型加工技术而言，其凝胶速度还是太快。1993 年，Gregory 等[7]采用缩二脲作为聚苯胺的良溶剂，发现聚苯胺的缩二脲溶液凝胶速度较慢，即使浓度为 10wt% 时也可保证 50 h 内不发生凝胶现象，由此解决了本征态聚苯胺的溶液加工，尤其是溶液纺丝的难题。

3.2　掺杂态聚苯胺的溶液加工

　　早期一直没能很好地解决掺杂态聚苯胺的溶解性问题，往往是将本征态聚苯胺进行溶液加工后再进行质子酸掺杂，不仅在操作步骤上比较烦琐，且难以得到高电导率的聚苯胺。Andreatta 等[8]报道，掺杂态聚苯胺可以很好地溶于浓硫酸中，后来 Zhang 等[9]也在聚苯胺与尼龙-11 的浓硫酸溶液中进行纺丝制备导电聚苯胺纤维复合物。但是，即使不考虑浓硫酸对聚苯胺造成氧化降解的因素，浓硫酸废液污染和复杂的后处理工艺也会制约聚苯胺的浓硫酸溶液加工方法的推广。

　　如何制备可溶性导电聚苯胺一直是聚苯胺溶液加工研究中的重要挑战性课题。自从 1992 年曹镛和 Heeger 等[10]提出导电聚苯胺的掺杂剂对离子诱导加工方法以来，研究人员经过多年努力，发展出三类较为有效的导电聚苯胺溶液加工方法，即：①基于掺杂剂对离子诱导制备可溶性导电聚苯胺；②接枝改性导电聚苯胺实现其可溶性；③共聚法制备可溶性导电聚苯胺。

3.2.1　基于掺杂剂对离子诱导的可溶性导电聚苯胺

　　聚苯胺 (PANI) 一般通过质子酸等掺杂剂掺杂后才具有导电性，这种质子酸掺杂过程是一个非氧化还原的"成盐"过程。当用质子酸掺杂聚苯胺时,聚苯胺分子链上亚胺的氮原子率先发生质子化反应,随后生成阳离子自由基(极化子),芳环的电子结构随之发生变化,产生大量分离的极化子,使聚苯胺显示导电性。

当以有机酸(RM-H$^+$)对 PANI 进行掺杂时,质子与聚苯胺主链上的亚胺或胺基结合使聚苯胺主链带正电,为平衡整个聚苯胺分子的电中性,对阴离子(RM$^-$)悬挂在 PANI 主链上。这种对阴离子的存在可改变聚苯胺在相应溶剂中的溶解行为。若对掺杂剂中的对阴离子 RM 进行设计,可使它与特定溶剂产生强相互作用,从而改善掺杂态 PANI 在相应溶剂中的溶解行为,这正是掺杂剂对离子诱导制备可溶性聚苯胺的基本思路。

曹镛和 Heeger 等[10,11]率先提出了对离子诱导制备可溶性聚苯胺的概念,他们采用含大尺寸对离子的质子酸如樟脑磺酸(CSA)、十二烷基苯磺酸(DBSA)等有机磺酸(简称 R-SO$_3$H)掺杂聚苯胺,掺杂剂中的氢离子与聚苯胺中的醌二亚胺或胺基反应,而大尺寸的磺酸阴离子则悬挂在聚苯胺主链上,一方面确保掺杂态聚苯胺的电中性,另一方面作为大尺寸间隔基团,降低聚苯胺主链间的相互作用,因此这类有机磺酸又起到表面活性剂的作用。例如,CSA 掺杂的聚苯胺可完全溶于间甲酚等强极性溶剂,由它制备的导电聚苯胺膜的电导率高达 400 S/cm,而 DBSA 掺杂的聚苯胺则可溶解或分散在二甲苯等弱极性溶剂中,这种溶解性的差别正是来源于掺杂剂中对离子诱导能力的不同[12]。

虽然对离子诱导掺杂可使导电聚苯胺溶解在不同的极性溶剂中,但其在不同溶剂中的溶液行为有很大差别。在强极性溶剂如间甲酚中,导电聚苯胺显示聚电解质行为,向体系中加入中性盐后可有效抑制这种聚电解质行为,而在弱或非极性溶剂中则观测不到导电聚苯胺的聚电解质行为。

基于对离子诱导可加工的原理,不同的质子酸和溶剂经过合适的组合,可以制备出相应的可溶性导电聚苯胺。例如,Athawale 等[13]以丙烯酸为掺杂剂制备可溶性导电聚苯胺,与盐酸掺杂的聚苯胺相比,丙烯酸掺杂的聚苯胺在甲酚和 NMP 中有更好的溶解性。Kinlen 等[14]则使用二壬基萘磺酸为掺杂剂制备了导电聚苯胺,在甲苯中有较好的溶解性。Dominis 等[15]研究了二壬基萘磺酸掺杂的聚苯胺在不同 pH 下的稳定性,发现随溶液 pH 值的变化,导电聚苯胺在水和甲醇溶液中能够发生可逆的去质子化和重新质子化反应。此外,Jayakannan 等[16]以偶氮苯磺酸掺杂聚苯胺,制备了在甲醇及 NMP 中可溶的导电聚苯胺,Rao 等[17]则采用带有联苯基团的二磺酸(4,4'-联苯二磺酸)为掺杂剂制备了导电聚苯胺,其中二磺酸作为间隔基团存在于聚苯胺主链之间,大幅度提高了导电聚苯胺在二甲基甲酰胺和二甲基亚砜(DMSO)中的溶解度。

表 3-1 列出了不同有机酸掺杂导电聚苯胺的溶解性。聚苯胺-掺杂剂复合物的溶解性符合相似相溶原理,含强极性基团如—COOH 或—NH$_2$ 的有机酸,可使导

电聚苯胺溶于 NMP、DMSO 等强极性溶剂中，而采用十二烷基苯磺酸(DBSA)、樟脑磺酸(CSA)等带有非极性或弱极性基因的有机酸为掺杂剂时，可制备出在弱极性或非极性溶剂中可溶的导电聚苯胺。由于聚苯胺主链中的氨基(—NH—)也可进行酸碱反应，因此可引入更多的大尺寸对离子酸，可大幅度改善导电聚苯胺的溶解性，如提高有机酸与苯胺单元的摩尔比可有效提高导电聚苯胺的溶解度，其原因就在于此。

表 3-1　不同有机酸掺杂的导电聚苯胺的溶解性[13-17]

掺杂剂	聚苯胺在不同溶剂中的溶解性			
	二甲苯	间甲酚	DMSO	NMP
己基磺酸	可溶	—	—	—
十二烷基苯磺酸	易溶	—	—	—
樟脑磺酸	—	易溶	—	—
对甲苯磺酸	—	—	可溶	可溶
磺基水杨酸	—	—	易溶	易溶
氨基磺酸	—	易溶	可溶	可溶
磷酸二丁酯	可溶	—	—	—
磷酸二乙基己基酯	易溶	—	—	—
磺化聚苯乙烯	易溶	—	易溶	易溶

注："—"表示不溶解

功能有机酸掺杂的聚苯胺不仅在有机溶剂中有良好的溶解性，其电导率也比较高，而且作为对离子依附在聚苯胺主链上的功能基团在碱性介质中也不易脱掺杂，使得有机酸掺杂导电聚苯胺的电导率有较好的环境稳定性，从而可将这类导电聚苯胺用于与其他绝缘聚合物的共混，制备出导电聚苯胺与聚苯乙烯[18]、聚乙烯基吡咯烷酮[19]、聚甲基丙烯酸甲酯[20]、尼龙[21]、聚氯乙烯[22]、聚乙烯[23]、乙酸乙烯酯[24]、苯乙烯-丁二烯-苯乙烯嵌段共聚物(SBS)[25]和聚碳酸酯[26]等的共混型导电复合材料。尽管导电聚苯胺有很强的刚性，但与填充型导电粒子(如金属粉、炭黑、石墨烯、碳纳米管等)制备的共混导电材料相比，导电聚苯胺仍然是一类有机高分子材料，因此聚苯胺与通用有机高分子的共混体系具有更好的机械性能，其电导率可以根据导电聚苯胺的含量在 $10^{-10} \sim 100$ S/cm 范围内调控。

"对离子诱导可加工性"是导电聚苯胺研究中的一个重大突破，不仅使导电聚苯胺的成型加工和规模应用成为可能，还大大加深了对导电聚苯胺的一些基本性能的认识，如导电聚苯胺分子链的取向行为、相态结构和控制等。

在聚苯胺与绝缘聚合物的共混体系中，常用的溶剂是间甲酚或二甲苯，其中在间甲酚中共混可得到具有较低逾渗值的共混导电材料，如以甲酚为溶剂制备的樟脑磺酸掺杂聚苯胺(PANI-CSA)/极性聚合物的共混物，其逾渗阈值较小(PANI-CSA 的质量分数通常低于 3%，在与聚甲基丙烯酸甲酯共混体系中甚至低于 1%)，而以二甲苯为溶剂制备的 PANI-DBSA/非极性聚合物的共混材料，其逾渗阈值则较高(PANI-DBSA 的质量分数大于 10%)。不过必须指出的是，间甲酚是一种高沸点毒性较大的溶剂，易在共混物中残留，难以彻底除去，制约了其应用范围。

此外，也可设计特殊的功能有机酸，其功能基团有助于改善导电聚苯胺与基体聚合物的相容性。例如，苯酚磺酸掺杂的聚苯胺(PANI-PSA)与聚乙酸乙烯酯(PVAc)共混时，红外光谱显示 PANI-PSA 和基体聚合物 PVAc 中的羧基之间存在强烈的分子间氢键作用，从而改善其相容性[24]。又如，将离子基团(如磺酰基)引入到基体聚合物中，由于静电相互作用的增强，可显著提高两相间的相容性。再如，当 PANI-CSA 与聚碳酸酯共混时，若基体聚合物改为磺化聚碳酸酯，共混物力学和电学性能远优于普通的聚碳酸酯基体，因为 PANI-CSA 在聚碳酸酯中以球形颗粒形式分布，存在明显的相分离，而在磺化聚碳酸酯中的分布则趋于均相结构。

聚苯胺共混材料的导电行为与其相结构和形态密切相关。当共混物中 PANI 分子链以微纤状的分离相存在时，可显示出较好的导电性。曹镛等[11]指出，在 PANI-CSA/聚甲基丙烯酸甲酯(PMMA)共混物中，即使 PANI-CSA 含量在 1wt%以下，也可在合金中形成纤维网络结构，形成连续导电通道，大幅度降低共混物的导电逾渗值，从而使共混物在保持良好电导率的同时，具有优良的机械性能。Leyva 等[25]制备了 DBSA-PANI 与苯乙烯-丁二烯-苯乙烯嵌段共聚物(SBS)的共混材料(PANI-DBSA/SBS)，导电聚苯胺粒子在共混物中呈圆筒形的微管结构，而非球形结构，因而在复合材料中以一种更伸展的形式存在，增加了形成导电网络的机会，因此在较低的 PANI-DBSA 浓度下即可得到较高的电导率。

有机酸掺杂聚苯胺在有机溶剂中具有良好的溶解性，不仅能使其浇注成膜，还可以通过静电纺丝技术来制备聚苯胺纳米纤维或聚苯胺复合纳米纤维。聚苯胺纳米纤维比表面积大，容易获得更高的导电性，在电池隔膜、传感器、电磁屏蔽材料等方面有潜在应用[27]。由于纯的聚苯胺通过静电纺丝获得状态稳定且连续的纤维较为困难，而且所制备的纳米纤维脆性较大，往往需要加入聚合物如聚氧化乙烯(polyethylene oxide, PEO)、PMMA 等进行共混纺丝来提高其可纺性并改善纤维的柔韧性。静电纺丝工艺比较简单，只需将聚苯胺与其他聚合物共同溶解在某一溶剂中，调到合适的黏度，就可以通过静电纺丝设备纺出聚苯胺复合纤维。MacDiarmid 团队[28]以樟脑磺酸掺杂聚苯胺，将其与 PEO 共同溶解在氯仿中，通过电纺技术制备了 PANI/PEO 复合纤维，其直径在 950 nm～2.1 μm 之间，所得复合纤维的组成可以通过调节 PANI 与 PEO 之间的比例进行调节。Lin 等[29]将聚苯乙烯磺酸(PSSA)掺杂的 PANI、聚乙烯醇缩丁醛(PVB)和 PEO 共溶于 DMF 中，通过静电纺丝制备了 PSSA-PANI/PVB/PEO 三元复合纳米纤维，并将其应用于湿度传感器中。当 PSSA-PANI、PEO、PVB 的比例为 20∶3∶14 时，复合纳米纤维平均直径约为 380 nm。

PMMA 具有优良的光学特性和较好的抗冲击特性，与 PANI 混合纺丝，可提高复合纳米纤维的光学和机械性能。Zhang 等[30]将樟脑磺酸掺杂的聚苯胺与 PMMA 溶于 DMF 中，通过同轴静电纺丝技术制备了以 PMMA 为壳、PANI 为核的核-壳结构纳米纤维，进一步用异丙醇除去壳组分，可以得到纯聚苯胺纳米纤维，电导率约 130 S/cm。Panthi 等[31]将 PANI/DMF 溶液和聚乙酸乙烯酯/四氢呋喃(PVAc/THF)溶液按不同比例混合，采用静电纺丝技术制得了 PANI/PVAc 复合纳米纤维，呈现半导体性质，可用于制作二极管。Fryczkowski 等[32]采用 2,2,2-三氟乙醇(TFE)为溶剂制备了 PANI 和聚(3-羟基丁酸酯)(PHB)混合溶液，研制出 PANI/PHB 静电纺丝纳米复合纤维，表现出特殊的电性能和亲水性能。此外，聚苯乙烯[33]和尼龙[34]也被用于与聚苯胺进行共纺来制备纳米复合纤维。

聚苯胺与聚乳酸、胶原蛋白生物降解高分子[35-37]或生物相容性高分子如醋酸纤维素[38]复合所制备的电活性纳米复合纤维在生物医用材料领域具有潜在的应用。例如，Picciani 等[35] 同时将甲苯磺酸(TSA)掺杂的 PANI 与聚乳酸(PLA)溶于 1,1,1,3,3,3-六氟-2-丙醇(HFP)中，采用静电纺丝技术制备了 PANI/PLA 复合纳米纤维，其直径在 100～1000 nm，PANI 含量在 2wt%～4wt%范围内时纤维直径最小。

尽管小分子功能有机酸掺杂剂解决了导电聚苯胺的可溶性，且可获得电导率较高的聚苯胺，但是仍存在小分子酸在碱性或高温环境下稳定性较差的问题。大分子酸带有多个掺杂基团，且掺杂后不易因碱处理等原因而损失。实际上在苯胺电化学聚合过程中，以不同大分子酸如聚苯乙烯磺酸、聚丙烯酸等为掺杂剂或支持电解质，可有效控制聚苯胺的形态[39]，因此可通过大分子酸掺杂作用来控制聚苯胺的形态变化。尽管在酸浓度较高的介质中，聚苯胺的氧化还原特性和小分子无机酸掺杂的聚苯胺没有太大差别，但在酸浓度较低的介质中，大分子酸可以有效提高聚苯胺的氧化还原可逆性[40]。另外，在苯胺的化学聚合中，大分子有机酸也可以通过氢键等作用与聚苯胺复合，形成稳定的水乳液，并可控制胶粒形态，如利用磺化聚苯乙烯在水中对聚苯胺进行掺杂，能得到可拉伸的弹性体，电导率为 10^{-3} S/cm，当 PANI 含量达 12wt%时，有一明显的阈值出现，显现出导电粒子粉末共混的特征[41]。磺化聚苯乙烯的磺化度对导电聚苯胺的性能有很大影响，当采用磺化度低于 15%(摩尔分数)的磺化聚苯乙烯时，可制得能溶于普通溶剂的导电聚苯胺/磺化聚苯乙烯复合物，聚苯胺在其中不是简单分散，而是和磺化聚苯乙烯具有明确的相互作用。一旦磺化聚苯乙烯的磺化度高于 15%（摩尔分数）时，则只能获得不溶于任何有机溶剂的导电粉末。

除了常见的聚丙烯酸和聚苯乙烯磺酸等大分子酸，Moon 等[42]采用自由基共聚法将苯乙烯磺酸（StSA）、2-丙烯酰胺-2-甲基-1-丙磺酸（AMPS）与其他单体共聚合成了一系列大分子酸，包括聚甲基丙烯酸甲酯/p-苯乙烯磺酸 [P(MMA-co-StSA)]、聚苯乙烯/p-苯乙烯磺酸 [P(St-co-StSA)]、聚甲基丙烯酸甲酯/2-丙烯酰胺-2-甲基-1-丙磺酸 [P(MMA-co-AMPS)]等（结构式如图 3-1 所示），并用于掺杂聚苯胺。所得聚苯胺的电导率随大分子酸中酸单元比例的下降而减小，原因是大分子酸中非酸性单元（如 MMA、St）会阻碍其相邻酸性单元（如 StSA、AMPS）对聚苯胺链的掺杂效果。

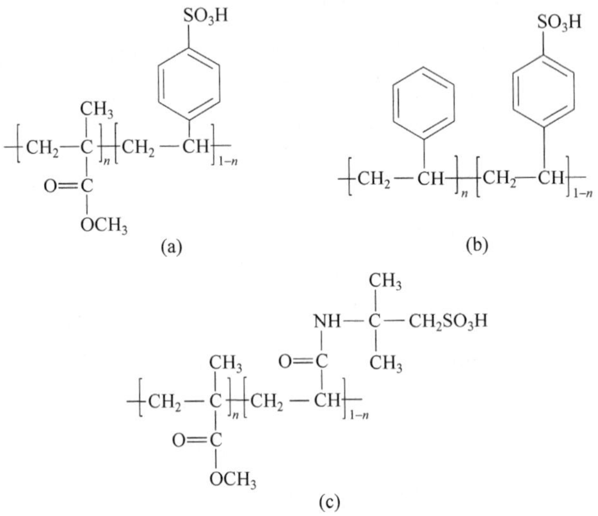

图 3-1　大分子酸掺杂剂结构式[42]

(a)聚甲基丙烯酸甲酯/p-苯乙烯磺酸；(b)聚苯乙烯/p-苯乙烯磺酸；(c)聚甲基丙烯酸甲酯/2-丙烯酰胺-2-甲基-1-丙磺酸

相对于小分子酸而言，大分子酸的反离子尺寸较大，且链柔顺，因而易形成对 PANI 链的包埋、缠绕，尽管可获得稳定的导电共混物，但其电导率比小分子有机酸掺杂的导电聚苯胺低几个数量级，一般在 10^{-3} S/cm 以下。

3.2.2　接枝改性聚苯胺

除了掺杂剂对离子诱导方法实现导电聚苯胺的可溶性，也可通过改变聚苯胺的主链或侧链结构来提高其溶解度。例如，通过接枝改性的方式在聚苯胺侧链引入一些长的烷基链，这些烷基链的引入可降低聚苯胺分子间的相互作用力，提高其在有机溶剂甚至水中的溶解度。

　　Lee 等[43]通过 N 取代反应，将二叔丁基二碳酸酯（DTBDC）与聚苯胺在吡啶（P_y）和 N-甲基吡咯烷酮(NMP)中进行反应，合成了叔丁氧羰基（t-BOC）修饰的聚苯胺，如图 3-2 所示，t-BOC 的修饰大幅度降低了聚苯胺分子间的作用力，使其在低沸点溶剂(如四氢呋喃、二氧六环、氯仿等)中具有较高的溶解度。

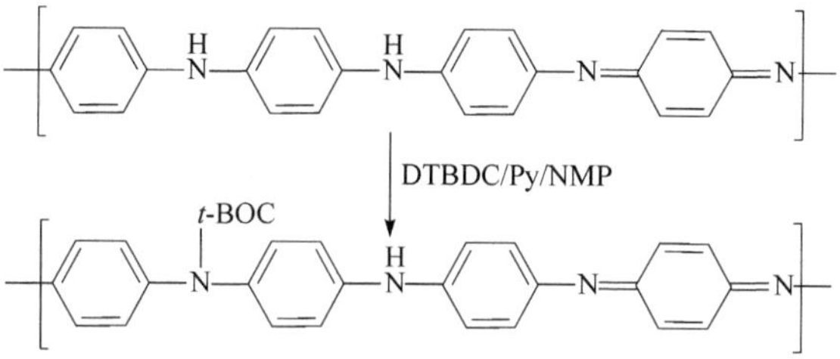

图 3-2　t-BOC 修饰聚苯胺的合成方法[43]

　　Wang 等[44]将中间氧化态聚苯胺还原，再用氯封端的甲氧基聚乙二醇与还原态聚苯胺上的 N 进行取代反应，成功将聚乙二醇链段引入到聚苯胺侧链，聚乙二醇接枝的聚苯胺在常见有机溶剂中，甚至在水中均具有较好的溶解性。Massoumi 等[45,46]则通过溴代十八烷或溴代十六烷与还原态聚苯胺（PANI-LB）之间的接枝反应，将十八烷基链段或十六烷基链段引入到聚苯胺侧链(图 3-3)，长链烷基能有效降低聚苯胺的分子间作用力，因此两个长链烷基接枝的聚苯胺不仅在二甲苯类弱极性溶剂中有很好的溶解性，甚至在己烷等非极性溶剂中也具有很好的溶解性。他们进一步采用溴封端的聚丙烯酸乙酯与聚苯胺之间的接枝反应，将聚丙烯酸乙酯链段接入到聚苯胺的侧链，该接枝共聚物的溶解性随着聚丙烯酸乙酯接枝率的增加而大幅度提升[47]。

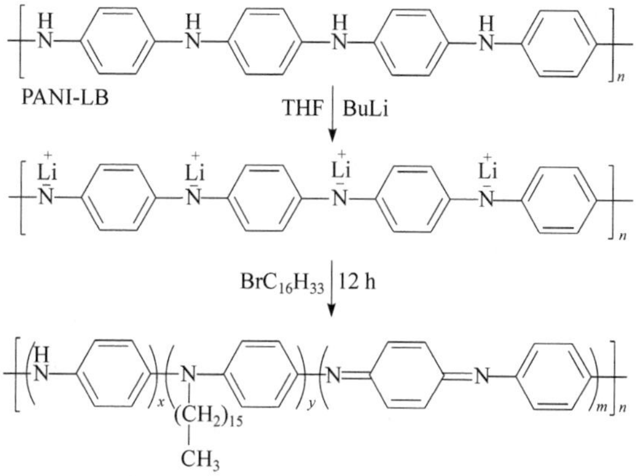

图 3-3　N 取代十六烷基修饰聚苯胺的合成[46]

　　除了通过取代反应将长链侧基接枝到聚苯胺侧链，还能以聚苯胺为大分子引发剂，通过后聚合方式实现聚苯胺的接枝。Gheybi 等[48]和 Ghorbani 等[49]通过自由基共聚的方式，分别将聚苯乙烯以及聚(N-异丙基丙烯酰胺)链段成功接枝到聚苯胺侧链上，大幅度改善了聚苯胺在有机溶剂中的加工性能。以聚(N-异丙基丙烯酰胺)接枝聚苯胺共聚物(polyaniline-g-poly(N-isopropylacrylamide)copolymer)为例[49]，他们首先采用氯乙酰氯或氯丙酰氯与还原态聚苯胺上的氨基反应合成了氯乙(丙)基化聚苯胺，将其作为大分子引发剂，以五甲基二乙烯三胺(PMDETA)和氯化亚铜(CuCl)为催化剂，在二甲基亚砜(DMSO)中引发 N-异丙基丙烯酰胺单体(NIPAAm)的原子转移自由基聚合(ATRP)，制备了聚(N-异丙基丙烯酰胺)接枝聚苯胺(图 3-4)，在 N-甲基吡咯烷酮、二甲基亚砜、二甲基甲酰胺中均有较好的溶解性，还可在甲醇或乙醇中溶解，甚至在水中也能部分溶解。

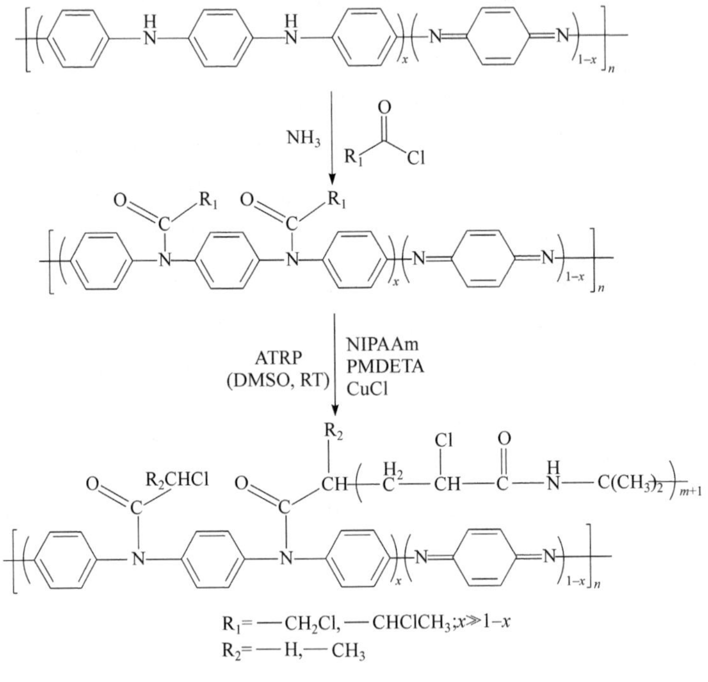

图 3-4　聚(N-异丙基丙烯酰胺)接枝聚苯胺共聚物的合成[49]

　　除了自由基聚合方法，也可采用开环聚合方法实现聚苯胺的接枝改性。Teh 等[50]通过开环聚合方法将双酚 A 二缩水甘油醚(DGEBA)与聚苯胺进行接枝共聚，如图 3-5 所示，首先通过氢化钠将聚苯胺上的氨基进行脱氢，随后与双酚 A 二缩水甘油醚进行开环聚合，获得聚双酚 A 二缩水甘油醚接枝聚苯胺(PDGEBA-g-PANI)。

　　表 3-2 列出了几类聚合物的电学和热学性能，通常接枝共聚物的电导率仍然

比纯聚苯胺要低 6 个数量级，却比相同聚苯胺含量的共混物高一个数量级，不过接枝共聚物与共混物在比热容、热导率方面的差距并不大。

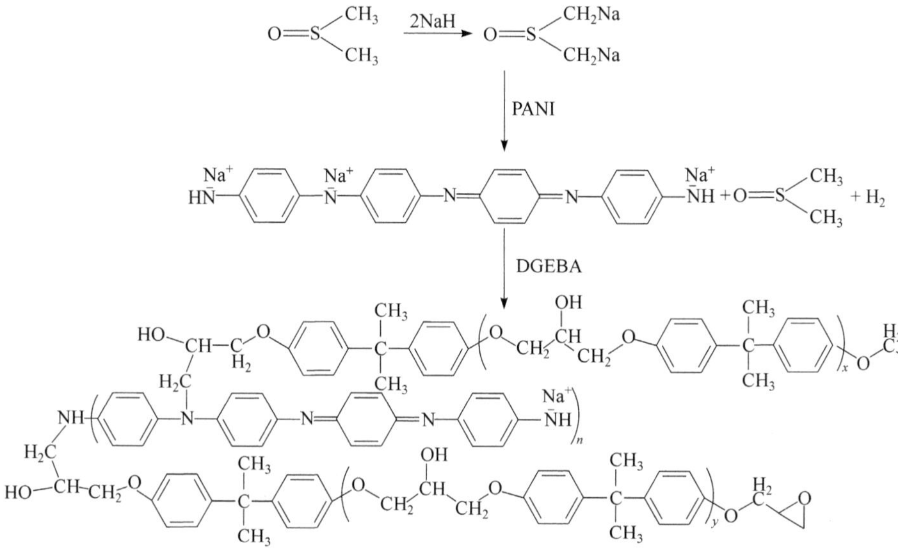

图 3-5　开环聚合方法制备聚双酚 A 二缩水甘油醚接枝聚苯胺[50]

表 3-2　几类聚合物的电学和热学性能[50]

参数	PANI-EB 盐	DGEBA	PANI-EB-*g*-DGEBA 共聚物	PANI-EB/DGEBA 共混物
$\sigma/(S/cm)$	2.95	3.53×10^{-9}	3.31×10^{-6}	2.82×10^{-7}
$\rho/(g/cm^3)$	1.12	1.00	1.12	0.83
A/mm^2	0.69	0.13	0.11	0.13
$C_p/[J/(g \cdot K)]$	1.04	1.52	1.69	1.46
$k/[W/(m \cdot K)]$	0.81	0.20	0.21	0.15

注：测试温度为 303 K，σ 为电导率，ρ 为密度，A 为比表面积，C_p 为比热容，k 为热导率；PANI-EB 盐为导电聚苯胺，DGEBA 为双酚 A 二缩水甘油醚，PANI-EB-*g*-DGEBA 共聚物为聚双酚 A 二缩水甘油醚接枝聚苯胺共聚物 (聚苯胺单元含量为 5wt%)，PANI-EB/DGEBA 共混物为聚双酚 A 二缩水甘油醚与导电聚苯胺的共混物(导电聚苯胺含量为 5wt%)

Hatamzadeh 等[51]采用如图 3-6 所示的基于稳定氮氧自由基的可控自由基聚合制备了苯乙烯-甲基苯乙烯共聚物，随后进行溴代反应，再与去质子化的还原态聚苯胺上的 N 发生取代反应，从而将聚苯乙烯-甲基苯乙烯共聚物链段接枝到聚苯胺侧链。表 3-3 列出了聚苯乙烯-甲基苯乙烯接枝聚苯胺[(PSt-*co*-PMSt)-*g*-PANI]在几类有机溶剂中的溶解性，相比于未改性的聚苯胺，接枝后的聚苯胺在常见有机溶剂中的溶解性大幅度提升，在氯仿、四氢呋喃显示出较好的溶解性，即使在二甲苯中也具有一定的溶解度。该接枝共聚物的电化学活性与未取代的聚苯胺基本相当，因此聚苯乙烯-甲基苯乙烯的接枝并未对聚苯胺的电化学性能显著影响，而且(PSt-*co*-PMSt)-*g*-PANI接枝共聚物的电导率也达到0.17 S/cm，尽管比聚苯胺的电导率(1.29 S/cm)低一些，但在聚苯胺接枝共聚物中已经处于比较高的水平。

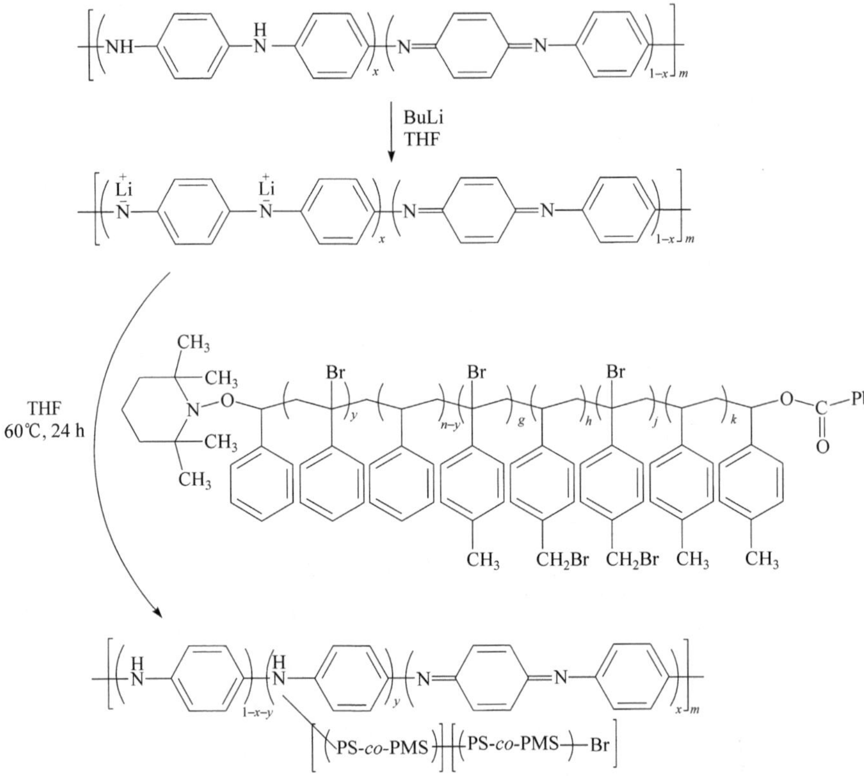

图3-6　聚苯乙烯-甲基苯乙烯接枝聚苯胺(PSt-*co*-PMSt)-*g*-PANI 的制备[51]

表3-3　聚苯胺(PANI)和接枝共聚物[(PSt-*co*-PMSt)-*g*-PANI]的溶解性[51]

聚合物	二甲基亚砜	*N*-甲基吡咯烷酮	四氢呋喃	氯仿	二甲苯	二甲基甲酰胺
PANI	+++	+++	+	+	−	++
(PSt-*co*-PMSt)-*g*-PANI	++	++	+++	++	+	+++

注：+++表示可溶；++表示大致可溶；+表示部分可溶；−表示不溶。聚合物在溶剂中的浓度为10 mg/mL。注意，高分子量聚苯胺在氯仿或四氢呋喃中的溶解性很差，仅为微溶或为部分可溶

3.2.3　共聚法制备可溶性聚苯胺

如上小节所述，通过接枝改性方法可改变聚苯胺的侧链结构而提升其溶解性。除此之外，将苯胺与官能化的苯胺衍生物进行共聚，也能在聚苯胺中引入官能团

以提升聚苯胺的溶解性。Cataldo 等[52]采用过硫酸铵为引发剂，以 *N*-甲基苯胺、*N*-乙基苯胺、邻乙基苯胺、3-乙基苯胺以及 2,6-二甲基苯胺、3,5-二甲基苯胺为单体，通过自由基聚合制备了一系列聚苯胺衍生物。相对于没有取代的聚苯胺，侧链取代聚苯胺在常见有机溶剂中显示出更好的溶解性，而且氮取代聚苯胺的溶解性要比芳环取代聚苯胺更好，不过改善溶解性的代价是在数量级水平上牺牲电导率。马利等[53]采用苯胺与邻氨基苯甲酸、邻甲氧基苯胺、邻甲基苯胺进行共聚，所得苯胺共聚物在有机溶剂中的溶解性大大改善，同时共聚物的溶解性与苯胺衍生物的含量有关，后者含量越高，溶解性越好。

　　Goto 等[54]采用过硫酸铵或高氯酸为催化剂，以苯环上带有液晶链段的苯胺为单体，通过界面聚合制备了带有侧链液晶的聚苯胺。如图 3-7 所示，该聚苯胺衍生物在四氢呋喃、氯仿等有机溶剂中均有较好的溶解性。当液晶侧链中柔性甲基的数量为 10 时，聚苯胺衍生物显示出明显的热致液晶性能。

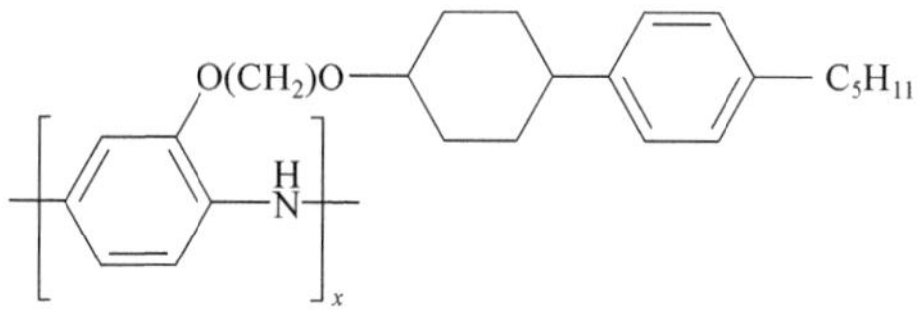

图 3-7　带有液晶侧链的聚苯胺衍生物[54]

　　Swaruparani 等[55]在硫酸介质中合成了苯胺、甲基苯胺的均聚物及苯胺-甲苯胺共聚物，该共聚物在普通有机溶剂中的溶解性明显好于苯胺均聚物，但是共聚物的电导率比普通聚苯胺低 1~2 个数量级。Baek 等[56]在酸性水溶液中将对氨基苯乙醇(aminophenethyl alcohol)与苯胺进行化学氧化共聚合，所得到的苯胺共聚物在 NMP、DMSO 和间甲酚中均显示出较好的溶解性，溶解性改善的原因仍然在于侧链极性基团的引入，当然共聚物的分子量相对较低也可能是原因之一。值得指出的是，当共聚物中对氨基苯乙醇含量在 20mol%~40mol%(mol%表示摩尔分数)时，不仅溶解性较好，也保持了良好的导电性。

　　Shadi 等[57]采用图 3-8 的路线合成了十八烷基取代聚苯胺。首先 *N*-羟乙基苯胺与苯胺在酸性溶液中进行共聚反应合成出侧链含羟乙基的聚苯胺，随后通过氢化钠去质子化，再与十八烷基溴反应得到十八烷基取代的聚苯胺。羟乙基化的聚苯胺较易溶解在 *N*-甲基吡咯烷酮和二甲基甲酰胺等极性溶剂中，而十八烷基化的聚苯胺则在四氢呋喃、氯仿和己烷等弱极性或非极性溶剂中有很好的溶解性。扫描电子显微镜(scanning electron microscope, SEM)分析表明羟乙基化的聚苯胺呈多孔状，可能是由于该聚苯胺衍生物的侧链上存在羟基，使其吸附一定量的水，而测定 SEM 时的真空环境会使水分子挥发从而产生多孔形貌。而对于十八烷基取代的聚苯胺，其微观形态与羟乙基化聚苯胺完全不一样，多孔形貌完全消失，原因在于聚苯胺上亲水性的羟基转化为疏水的十八烷基了。

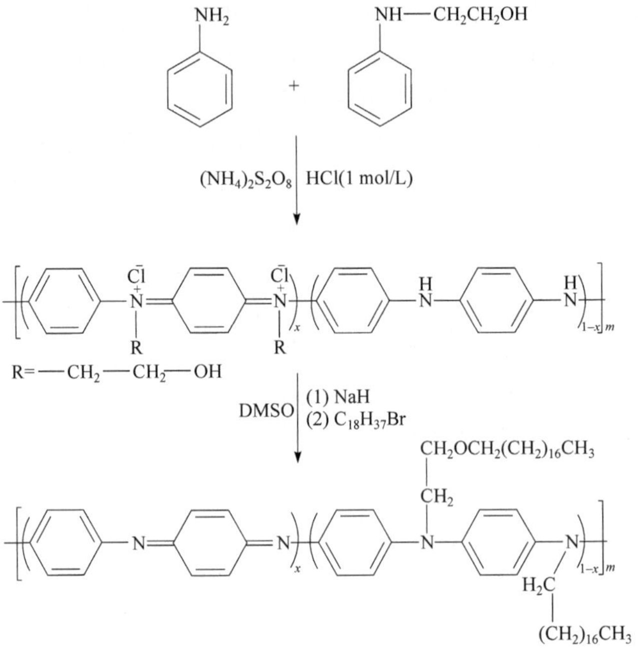

图 3-8　苯胺/N-羟乙基苯胺共聚物及十八烷基取代聚苯胺[57]

Kim 等[58]合成了一种苯环上含亲水性乙氧基的苯胺衍生物，在氯仿/水混合溶剂中将其与苯胺进行共聚，苯胺衍生物中亲水性的乙氧基团在共聚过程中起到了自稳定效果(图 3-9)，用樟脑磺酸在间甲酚中掺杂苯胺共聚物，其电导率能达到48.5 S/cm。而用十二烷基苯磺酸在乙二醇二甲醚中进行掺杂，可得到聚苯胺分散液，粒径小于 10 nm，电导率也达 13 S/cm，而未取代的聚苯胺在同样的溶剂中掺杂后电导率最高仅为 1 S/cm。

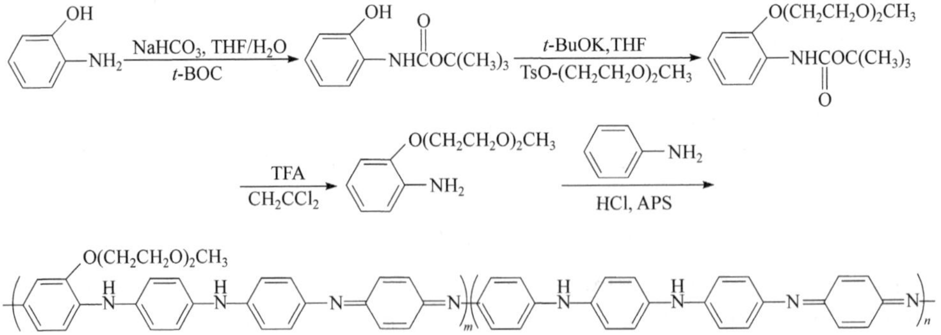

图 3-9　侧链含亲水性乙氧基的苯胺衍生物的合成及其与苯胺的共聚反应[58]

t-BOC 为二叔丁基二碳酸酯；t-BuOK 为叔丁氧基钾；TFA 为三氟乙酸

全磺化聚苯胺很难采用普通的氧化剂通过化学氧化法进行制备。Román 等[59]以氯过氧化物酶(CPO)、辣根过氧化物酶(horseradish peroxidase，HRP)代替常用的过硫酸铵催化剂进行 2-胺基苯磺酸聚合，成功制备了 100%磺化聚苯胺。氯过氧化物酶、辣根过氧化物酶在催化 2-胺基苯磺酸的聚合反应中并没有表现出明显差异，只是氯过氧化物酶的催化活性略高于辣根过氧化物酶。酶法合成完全磺化聚苯胺的溶解性较好，不过其电导率比较低，以氯过氧化物酶和辣根过氧化物酶为催化剂所得磺化聚苯胺的电导率分别为 1.8×10^{-6} S/cm 和 1.3×10^{-6} S/cm，比普通的半磺化聚苯胺的电导率低 3~4 个数量级。

总体而言，苯胺与苯胺衍生物可以进行共聚，通过调节苯胺衍生物的含量可以改变所得苯胺共聚物的溶解性和导电性。通常苯胺衍生物含量低，导电性较高，而苯胺衍生物含量高，共聚物的溶解性较好，但电导率相对较低，因此苯胺与其衍生物的共聚物存在一个溶解性与电导率的平衡问题。不过比较遗憾的是，目前所报道的这类共聚物均没有探讨相关的序列结构，而且对其中可能存在的均聚物也未能很好地分离，因此实际上是共聚物与均聚物的共混物。这是该领域长期以来的共性问题，只追求材料的导电性或溶解性，却忽视了共聚物的结构分析。

3.3 掺杂态聚苯胺的熔融加工

熔融加工是高分子材料加工的最主要手段，也是高分子材料得以大规模应用的保障。如果能解决掺杂态聚苯胺的熔融加工，就可实现与通用高分子材料的熔融共混，进而解决导电高分子的规模应用问题。聚苯胺是通过质子酸掺杂才具有导电能力的，这种掺杂实际上是一个 Lewis 酸碱反应，具有一定的可逆性，尤其在温度达到某个临界值后会出现逆反应或反掺杂，导致电导率急剧下降。这个温度的临界值通常低于其熔融温度，因此如何在确保聚苯胺电导率的前提下实现其熔融加工是该领域最大的难题。

3.3.1 对离子诱导聚苯胺的熔融行为

如前所述，导电聚合物在其电导率稳定的温度范围内通常是不能熔化的，也没有软化点。实际上导电聚合物环境稳定性较差的问题一直是制约其应用的难题，如聚乙炔在空气中放置几小时电导率迅速下降几个数量级，几天后就会失去导电性能。聚吡咯的热稳定温度也比较低，其电导率在 80℃以上就会急剧下降。尽管导电聚苯胺在空气中放置时电导率稳定性很好，可以稳定数年，几乎不随时间变化。但是这种质子酸掺杂的聚苯胺在高温下也会迅速失去导电性能，原因一方面是质子酸掺杂是一个可逆的酸碱平衡反应，逆向反掺杂反应在高温下是有利的。

另一方面是高温下(200℃以上)聚苯胺会发生不可逆的氧化交联反应,而且由此造成的电导率降低是不可恢复的。

由于导电聚苯胺实质上是质子酸与聚苯胺反应得到的大分子盐,升高温度有利于反掺杂反应,因此其电导率的热稳定性与掺杂剂密切相关。例如,DBSA 掺杂的聚苯胺(PANI-DBSA)在 200℃时电导率变化不大,220℃以上才开始失去导电性能[60]。烷基磷酸二酯掺杂的聚苯胺,由于高温下烷基磷酸二酯易从聚苯胺链上脱除,其加工温度不能超过 160℃,但是采用热稳定性更高的芳基磷酸二酯掺杂的聚苯胺,则在 200℃时还具有较好的导电性[61]。这是因为烷基磷酸二酯的热分解温度较低,而芳基磷酸二酯的热分解温度较高,它所掺杂的聚苯胺有更好的热稳定性。Saini 等[62]采用 5-磺酸钠间苯二甲酸(NaSIPA)掺杂聚苯胺(PANI-NASIPA),与 HCl 或 H_2SO_4 等传统无机酸掺杂的聚苯胺相比,PANI-NASIPA 在 290℃下能够保持良好的热稳定性,电导率保持在 5 S/cm 以上,为导电聚苯胺熔融加工提供了可能性。

3.3.2 导电聚苯胺与聚烯烃的熔融加工

将导电聚苯胺与基体树脂共混进行熔融加工是制备共混型导电材料的主要方法,导电聚苯胺的热稳定性及其在基体树脂中的可分散性,是决定聚苯胺实现熔融加工的两个关键。

曹镛和 Heeger 等[63,64]指出,过量的 DBSA 不仅可掺杂聚苯胺,还赋予了聚苯胺一定的高温流动性,从而实现导电聚苯胺与通用高聚物的熔融共混,得到导电逾值较低的导电材料。以聚乙烯为基材,当共混物中 PANI-DBSA 含量为 5wt%时,电导率可达 10^{-1} S/cm。但是过多的 DBSA 使得共混物表面产生较强的酸性,且共混物也容易吸湿,降低 DBSA 用量或加入具有吸湿性助剂是该共混材料实现工业化应用的关键。

Barra 等[65]用双辊开炼机和 HAAKE 密炼机分别在 50℃与 150℃将 PANI-DBSA 与乙烯-乙酸乙酯共聚物(EVA)进行共混制备了导电复合材料。在双辊开炼机上在 50℃下制备导电材料,即使在少量 PANI-DBSA 存在时其电导率也能达到 1 S/cm,他们认为在混合过程中发生了热掺杂反应。而在 150℃下在 HAAKE 密炼机中共混,尽管可使 PANI 粒子以分子水平在 EVA 中分散,共混材料的电导率反而比在双辊开炼机上得到的更低,可能是由于导电聚苯胺很容易被 EVA 基体包覆,加之高温引起的部分降解和脱掺杂反应,导致共混材料的电导率较低。Kaiser 等[66]利用机械共混法分别制备了聚苯胺与聚氯乙烯、聚甲基丙烯酸甲酯和聚对苯二甲酸乙二酯复合材料,它们的电导率逾渗域值均在 5%左右。不过这些导电复合材料的最高电导率仅为 10^{-2} S/cm。

Wessling 等[67,68]在聚苯胺的熔融加工方面做出了重要贡献,他们用对甲苯磺酸作掺杂剂制成了商品名为 Versicon® 的导电聚苯胺母料，可与聚烯烃、尼龙等塑料熔融共混得到阈值较低的导电材料，用于抗静电、电磁屏蔽和金属防腐等领域。芬兰 Neste 公司以 PANI 为基础开发出可熔融加工的导电合金，可进一步与聚乙烯、聚苯乙烯、聚氯乙烯、聚丙烯、苯乙烯-丁二烯-苯乙烯嵌段共聚物(SBS)等进行熔融共混，产品可用于抗静电、电磁屏蔽、导电等领域，在电子、汽车和航空领域取得了一定的应用。此外，Epstein 等将盐酸掺杂的聚苯胺粉末与低密度聚乙烯按一定比例通过熔融共混制成黑色片材，成功用于微波焊接。

因此，尽管导电聚苯胺一开始曾因其加工困难而被认为难以实现工业化应用，但经过近 20 年的加工和应用研究，已经证明聚苯胺在合适的掺杂剂下，是可以与通用聚合物一起进行挤出、注射、压延、吹塑等熔融加工的。

3.4 导电聚苯胺的水基加工

聚苯胺可以在有机溶剂中溶解并进行溶液加工，但是有机溶剂存在 VOC 排放问题，环境友好的水基加工，即制备水溶性或水分散性导电聚苯胺，进而实现聚苯胺在水介质中的加工，是该领域的一个重要发展方向。

为实现聚苯胺的水基加工，首先必须制备水溶性或水分散性聚苯胺。总体而言有以下三种方法。

(1)取代基法：在苯环或氮原子上接枝磺酸或者磷酸等亲水基团制备水溶性导电聚苯胺。

(2)聚合法：采用带有亲水酸性基团(磺酸、羧酸、磷酸)的苯胺衍生物为单体进行均聚或与苯胺共聚。

(3)对离子诱导方法：采用亲水性的功能性质子酸为掺杂剂(如聚合物磺酸盐、聚合物酸性磷酸盐等)对聚苯胺进行掺杂。

3.4.1 取代基法制备水溶性聚苯胺

在苯环或氮原子上引入亲水性基团，是制备水溶性导电聚苯胺的常见方法。例如，在聚苯胺的芳环或氮原子上引入磺酸基或乙酸基等官能团，引入的强酸基团可与主链上的亚胺基团反应获得自掺杂聚苯胺，自掺杂导电聚苯胺的溶解性较普通质子酸掺杂有很大改善，某些情况下甚至可溶于水。由于对阴离子以共价键连接在聚苯胺的主链上，因此降低了聚苯胺的电化学活性对 pH 的敏感性，拓宽了其电活性 pH 窗口。

最早的水溶性导电聚苯胺是通过聚苯胺的磺化反应，在其芳环上引入磺酸基。

常用的磺化剂有发烟硫酸、氯磺酸以及三氧化硫/三乙基磷酸酯复合物等。芳环取代制备的磺化聚苯胺(SPAN)是最典型的自掺杂聚苯胺(即掺杂剂对离子不是游离在聚苯胺分子主链之间,而是直接连接在聚苯胺的主链芳环或氮原子上,形成分子内掺杂),可通过全还原态聚苯胺(leucoemeraldine,LEB)或中间氧化态聚苯胺(EB)与发烟硫酸反应制得。Epstein 等[69]将中间氧化态聚苯胺与发烟硫酸在室温下反应制备磺化度(硫与氮元素的摩尔比)为 50%的 SPAN,磺酸基团对聚苯胺链上的亚氨基进行掺杂,形成自掺杂结构(图 3-10),但是其电导率比纯聚苯胺的电导率低,约为 0.1 S/cm。自掺杂 SPAN 由于磺酸基团上的质子氢被束缚在聚苯胺骨架的氨基氮原子上而形成分子内盐,在酸性环境或纯水中溶解度较小,仅溶于碱性水溶液,不过在碱性溶液中 SPAN 在溶解的同时又被反掺杂而变为绝缘体。

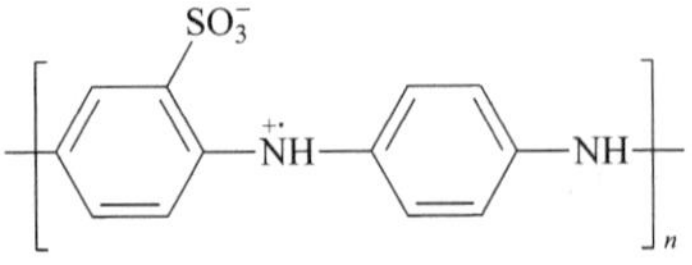

图 3-10 自掺杂聚苯胺的结构式[69]

Kitani 等[70]对盐酸掺杂的聚苯胺进行磺化,制备出非自掺杂型磺化聚苯胺,具体结构如图 3-11 所示,磺化度可在 0.65~1.3 之间可调,令人惊奇的是它在所有 pH 范围内都溶于水,溶解度随磺化度而变化,最高可达 8.8wt%。与一般 SPAN 不同的是,其大分子链上的磺酸基团没有形成自掺杂结构,而是呈现游离状态,也正是这种游离磺酸基团上的氢离子赋予其高度的水溶性。

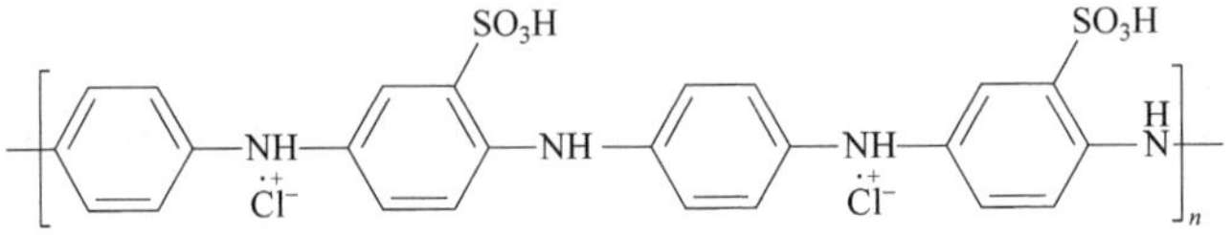

图 3-11 盐酸掺杂聚苯胺的磺化产物[70]

聚苯胺的氧化态是影响聚苯胺磺化反应的一个重要因素,直接影响 SPAN 的磺化度和导电性。Epstein 等[71]对不同氧化态的聚苯胺进行磺化,发现磺化度(S 与 N 的比例)随着聚苯胺氧化程度的增加而降低。以全还原态聚苯胺(LEB)为反应物制得的磺化聚苯胺具有较高的磺化度和电导率,磺化度最高达到 0.75。苯环的磺化是一个亲电取代反应,不同氧化态聚苯胺中的醌式结构可与磺化剂成盐,使得聚苯胺链带正电,因而苯环的电子密度将下降,导致其活性降低,因此中间氧化态聚苯胺、全氧化态聚苯胺(PNB)磺化产物的磺化度一般不超过 0.5。另外,与低磺化度的 SPAN 相比,这种高磺化度聚苯胺的电化学活性几乎不受体系 pH 的影响,而对于中间氧化态聚苯胺的磺化产物,在 pH≥3 和 pH≥7.5 时其电化学活性会急剧下降，甚至失去电化学活性。还原态聚苯胺的磺化产物在酸性环境或纯水中的溶解度也很低，但是在碱性水溶液中具有较高的溶解度，能达到 38 mg/mL，50%磺化度聚苯胺则仅为 23 mg/mL。还原态聚苯胺磺化产物的电导率也提高到 1 S/cm，而 50%磺化度聚苯胺的电导率为 0.1 S/cm。磺化聚苯胺在氨水中溶解并被反掺杂，但是所成的膜含铵离子，经过减压除去氨气后又生成导电态。

Chen 等[72]将上述磺化的聚苯胺溶解在 NaOH 水溶液中，经过半透膜渗析除去小分子化合物，再经酸型离子交换柱直接得到掺杂态 SPAN 的水溶液，这种水溶液再经浓缩，当其固含量高达 50%时，可储存一年以上。但是由此得到的自支撑膜，其电导率为 0.01 S/cm，比 Epstein 等所报道的结果(0.1 S/cm)低 1 个数量级。

除了在聚苯胺的苯环上引入亲水性基团，还可在胺基 N 上引入亲水性基团。Chen 等[73]将本征态聚苯胺溶解在二甲基亚砜中，经过 NaH 还原后再与丙基磺酸反应，制得具有自掺杂行为的水溶性 *N*-丙磺酸基聚苯胺(*N*-AMPS-PANI)。为提高其在水中的溶解度，可在反应结束后将产物用质子酸水溶液沉淀，获得粉末状的产物，将其用乙腈洗涤后，再用 NaOH 反掺杂后制成溶液，经半透膜渗析除去小分子，通过酸型离子交换柱后可得到导电聚苯胺的水溶液。此外，也可采用邻磺基苯甲酸酐直接在 N 位取代，得到磺化苯甲酰胺接枝共聚的聚苯胺[74]，其不但本身可完全溶于水，而且即使干燥后也能重新溶于水，只是电导率较低，仅为 4.7×10^{-4} S/cm。

Ruckenstein 等[75]以 *N*-苯磺酸基苯胺为单体采用氧化聚合得到了盐酸掺杂的聚 *N*-苯磺酸基苯胺[poly(sulfonic diphenyl aniline)，PSDA]，通过碱中和以及水合肼还原得到氨基封端的 PSDA。与此同时，通过甲苯酰胺化反应将聚乙二醇单甲醚的另一端封端(tosylate PEO，PEO-tos)，再将其与氨基封端的 PSDA 反应，制备出由聚苯胺和聚乙二醇组成的嵌段共聚物(PSDA-*b*-PEO)(图 3-12)。PSDA-*b*-PEO 具有自掺杂能力，再加上亲水性聚乙二醇链段的存在，使它在水中具有较好的溶解性。不过该聚合物的电导率比较低，在 $10^{-6} \sim 10^{-3}$ S/cm 之间，原因首先是磺酸基团的吸电子效应降低了聚苯胺主链上的电子云密度，其次是其 N 位上苯环侧基和聚乙二醇链段均有较大的位阻效应。值得指出的是，该嵌段聚合物的电导率随温度升高而上升，如当温度从 32℃升高到 57℃时，其电导率升高了近一个数量级。他们还通过氯磺酰化反应将聚乙二醇链段接枝到聚苯胺侧链[76]，接枝后的聚苯胺经盐酸掺杂后能够有效地减少蛋白质吸附和血小板黏附。

无论是芳环磺化还是 *N*-烷基化法制备的取代聚苯胺，尽管其分子量与原聚苯胺的相当，溶解性能却得到一定程度的改善。但是，改性过程比较烦琐，并且取代基的引入使聚苯胺主链发生扭曲，大幅度降低了其长程共轭性，导致电导率下降，如自掺杂聚苯胺的电导率与普通聚苯胺相比有数量级的差别，一般只有 10^{-2} S/cm。

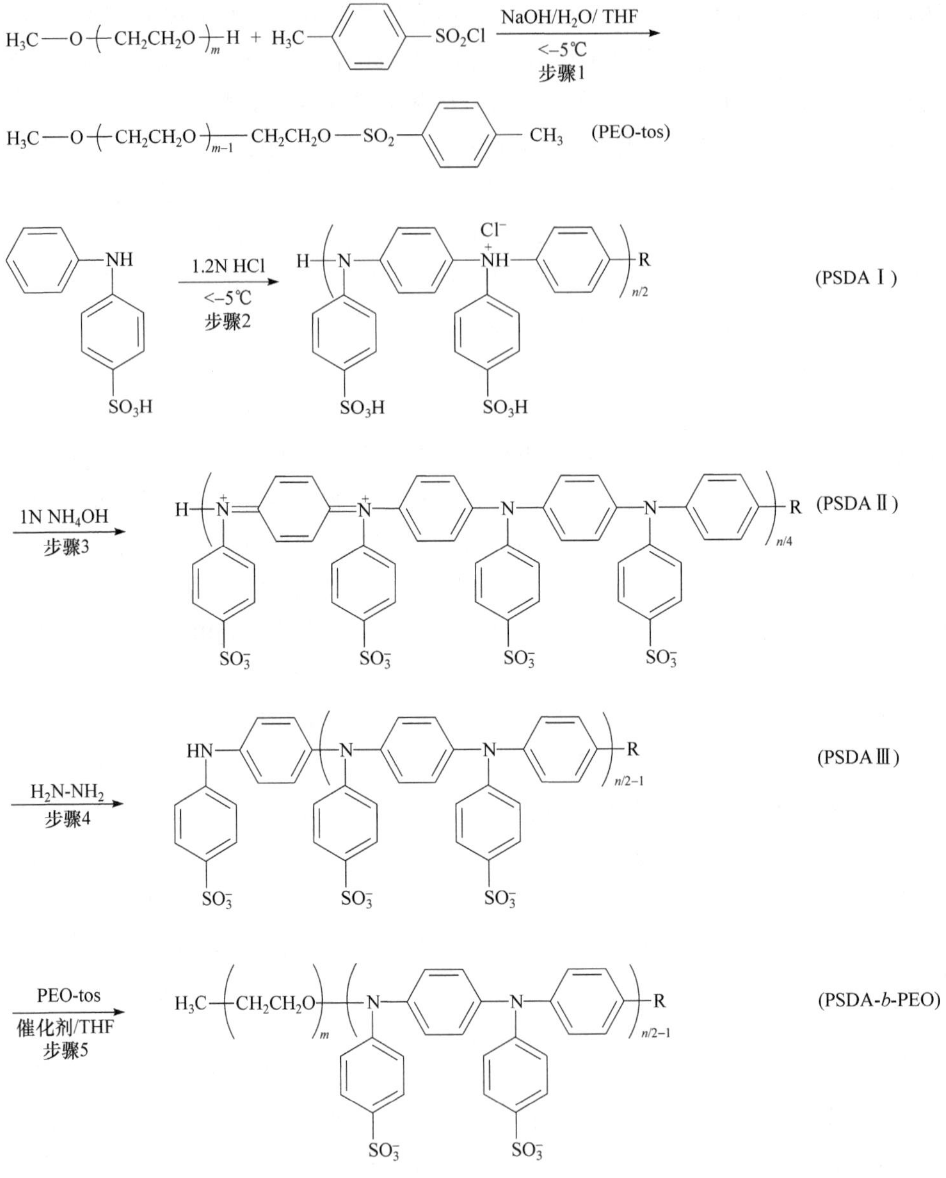

H_3C—O—$(CH_2CH_2O)_m$—H + H_3C——SO_2Cl $\xrightarrow[\substack{<-5℃\\步骤1}]{NaOH/H_2O/THF}$

H_3C—O—$(CH_2CH_2O)_{m-1}$—CH_2CH_2O—SO_2——CH_3 (PEO-tos)

$\xrightarrow[\substack{<-5℃\\步骤2}]{1.2N\ HCl}$ (PSDA I)

$\xrightarrow[步骤3]{1N\ NH_4OH}$ (PSDA II)

$\xrightarrow[步骤4]{H_2N-NH_2}$ (PSDA III)

$\xrightarrow[\substack{催化剂/THF\\步骤5}]{PEO\text{-}tos}$ (PSDA-b-PEO)

图 3-12 聚苯胺-聚乙二醇嵌段共聚物(PSDA-b-PEO)的合成[75]

3.4.2 聚合法制备水溶性聚苯胺

通过含亲水性基团的苯胺衍生物与苯胺共聚也是获得水溶性导电聚苯胺的常

见方法，借此制备的典型水溶性聚苯胺及相关性能如表 3-4 所示[77-82]。尽管采用含磺酸基的苯胺衍生物均聚的方式可制备水溶性导电聚苯胺，但由于磺酸基的强吸电子性，聚合反应活性很低，很难得到高分子量聚合物。为解决上述难题，Shimizu 和 Yano 等[82]巧妙地在苯环上引入甲氧基作为推电子基团，使得磺化苯胺的活性增加，在碱性环境中可使 2-甲氧基-5-磺酸基苯胺(碱性环境使得单体更容易溶解在水中)聚合，得到较高分子量的水溶性聚苯胺。这种聚苯胺为全取代聚苯胺(S 与 N 的比例为 1)，其水溶性较好，电导率在 0.04 S/cm 左右。也有采用含羧基或磷酸基的苯胺衍生物作为单体来制备水溶性导电聚苯胺，如 Nguyen 等[83]将邻氨基苯磺酸与苯胺进行共聚得到了苯胺共聚物，可溶于碱性水溶液中。

表 3-4　共聚法制备的自掺杂水溶性聚苯胺性能[77-81]

聚合物	合成方法	溶解性	电导率/(S/cm)(发表时间及作者)
(结构式：含 SO₃H 和 SO₃⁻)	氧化聚合单体(结构式：含 SO₃H)	溶解在稀释的氨水中，其钠盐溶解在纯水中	10^{-3}(1993, DeArmitt 等[77])
(结构式：含 CH₂OH、NH₂、SO₃H)	CH₂OH、NH₂ 与含 SO₃H 单体共聚	溶解在稀释的氨水中，其钠盐溶解在纯水中	$10^{-3} \sim 10^{-6}$(1994, Nguyen 和 Diaz[78])
(结构式：含 PO₂(OH)⁻、H₂C、NH⁺、H₂C—PO₃H₂)	氧化聚合单体(结构式：含 H₂C—PO₂(OH)⁻、NH₃⁺)	溶解在稀释的氨水中，其钠盐溶解在纯水中	10^{-3}(1995, Chan 等[79])
(结构式：含 COOH、NH)	酶催化氧化聚合单体(结构式：含 COOH、NH₂)	溶解在中性和碱性溶液中	—(1996, Alva 等[80])
(结构式：含 NH₂、SO₃H、HN、NH₂)	酶催化氧化聚合单体(结构式：含 NH₂、SO₃H、NH₂)	溶解在所有 pH 的水溶液中	pH=6, 电导率为 10^{-5}(1997, Alva 等[81])

续表

聚合物	合成方法	溶解性	电导率/(S/cm)(发表时间及作者)
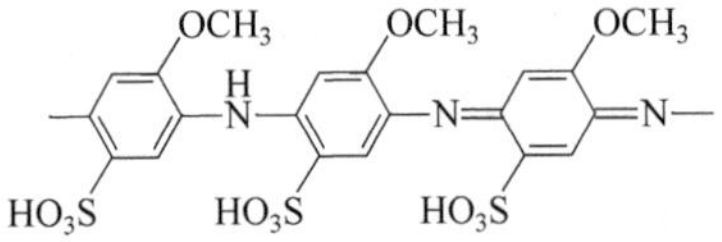	氧化聚合单体 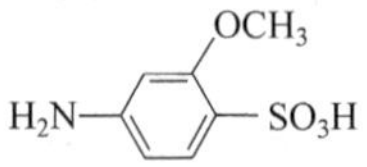	—	0.04 (1997, Shimizu 等[82])
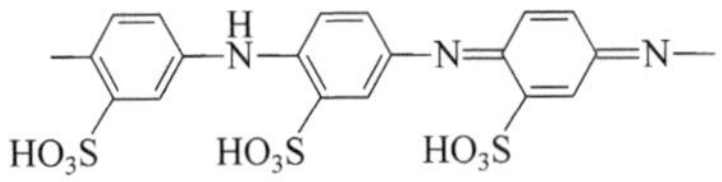	氧化聚合单体 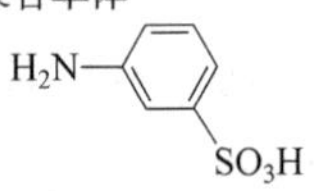	—	$<3\times10^{-6}$ (1997, Shimizu 等[82])

Yang 等[84]将苯胺与间氨基苯磺酸进行共聚制备了磺化聚苯胺(图 3-13),磺化度高达 90%,易溶于二甲基甲酰胺、二甲基亚砜和 N-甲基吡咯烷酮,其中在 N-甲基吡咯烷酮中的溶解效果最好,但较难溶于氯仿和甲苯。不过,随着聚苯胺磺化度的增加,所制备的磺化聚苯胺的电导率逐渐减小。因为磺酸基团的强吸电子效应导致电荷的定域化,降低了聚苯胺主链上的电子云密度,使磺酸基团通过氢键和邻近氮原子形成一个稳定的六元环结构,导致聚苯胺电导率下降。他们还进行了磺化聚苯胺与骨肉瘤组织细胞(HOS)的体外细胞实验,当磺化聚苯胺直接加入到 HOS 细胞液中,细胞并没有出现反常行为,且细胞能在深绿色磺化聚苯胺薄膜上生长,显示磺化聚苯胺具有较好的生物相容性,在生物学上有潜在应用。

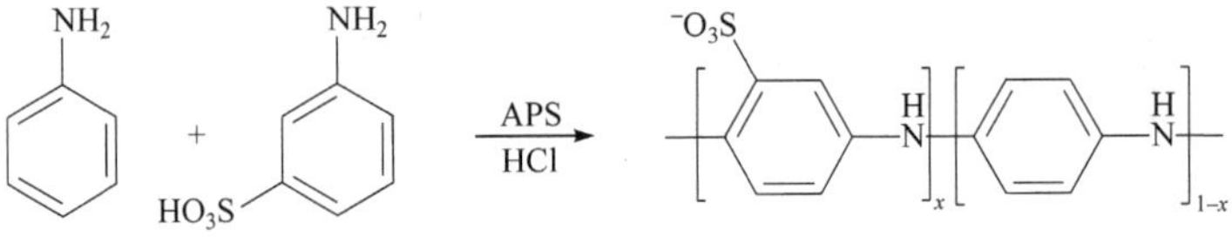

图 3-13　苯胺与间氨基苯磺酸共聚制备磺化聚苯胺[84]

采用含亲水性取代基团的苯胺在酶催化下的聚合反应也可制备出全磺化聚苯胺,如 2,5-二氨基苯磺酸的酶催化聚合[81],这是一种聚电解质,可与带有相反电荷的聚电解质通过多次交替吸附自组装成多层膜,其中聚电解质阴离子和阳离子分别带有相反电荷,所存在的库仑相互作用是形成多层膜的驱动力。上述水溶性聚苯胺在全部 pH 范围内均可以溶解,因此在利用层层沉积技术制造薄膜时,可作为一个很好的支配层(command layer),值得指出的是,该方法可用来构筑共轭高分子/生物分子/共轭高分子的夹心结构,在生物传感器方面有潜在应用。

Deore 等[85-88]在含氟化钠和果糖的水溶液中实现了 4-氨基苯硼酸的聚合反应,

合成了具有较高分子量的水溶性聚苯胺(图 3-14)。苯环上硼酸基与介质中果糖、氟离子间存在较强作用力,使氨基苯硼酸可溶解在水中,他们认为硼酸与聚苯胺链上的氨基、介质中氟离子之间有强相互作用,有可能形成"自交联"结构的聚苯胺,以改善其力学性能。他们还利用磷酸与苯硼酸之间强的络合能力,以磷酸为反应介质使 4-氨基苯硼酸发生自聚,获得了稳定的水溶性自掺杂聚苯胺,中性甚至碱性条件下仍具有稳定的电化学活性。

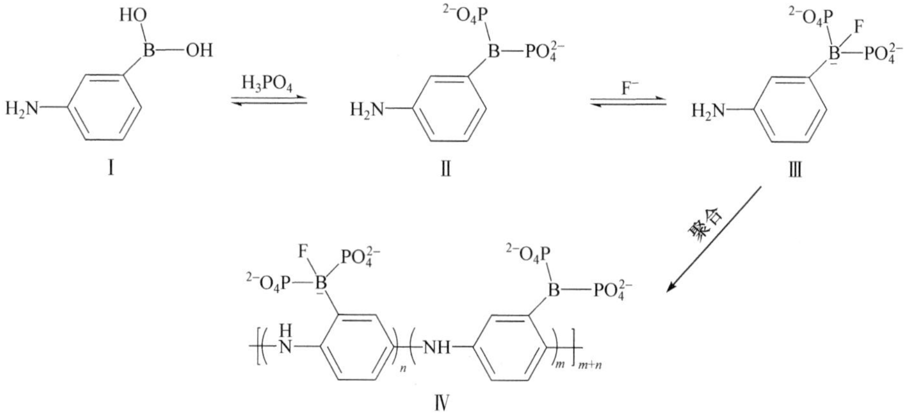

图 3-14   含硼酸聚苯胺的制备[85]

Marmisollé 等[89]以间氨基苄胺(3-aminobenzylamine,ABA)为单体来制备水溶性聚苯胺,普通的磺化聚苯胺只在碱性或中性溶液中才可溶,由于 ABA 在苯环上存在氨基,其聚合物(PABA)在酸性水溶液中也具有较好的溶解性,且在中性条件下仍具有电化学活性。PABA 荷正电,能够与荷负电的聚苯乙烯磺酸钠(PSS)、聚(4-苯乙烯磺酸-马来酸)钠盐(PSSMA)等聚电解质进行层层自组装来构筑多层膜,其中 PSS、PSSMA 除了充当聚电解质,还起到对 PABA 掺杂的作用,再加上苯环上磺酸基的自掺杂作用,所得多层复合膜在中性溶液中仍具有较好的电化学活性,对抗坏血酸的氧化表现出较好的电催化性能。

除了亲水性小分子取代基,接枝亲水性高分子链段也是改善聚苯胺水溶性的重要方法。除了亲水性链段带来的水溶性,接枝高分子链可增加聚苯胺主链的链间距,减小聚苯胺链间相互作用力,从而提高聚苯胺的溶解性能。马会茹等[90]将邻氨基甲氧基寡聚乙二醇苯基醚与苯胺进行共聚,制备了梳状共聚物 PANI-g-PEG(图 3-15)。由于聚乙二醇链段的存在,所制备的聚苯胺接枝共聚物具有良好的溶解性和成膜性,同时电导率降幅较小,进一步增加 PEG 链段的长度和数目均有利于提高接枝共聚物的水溶性能。

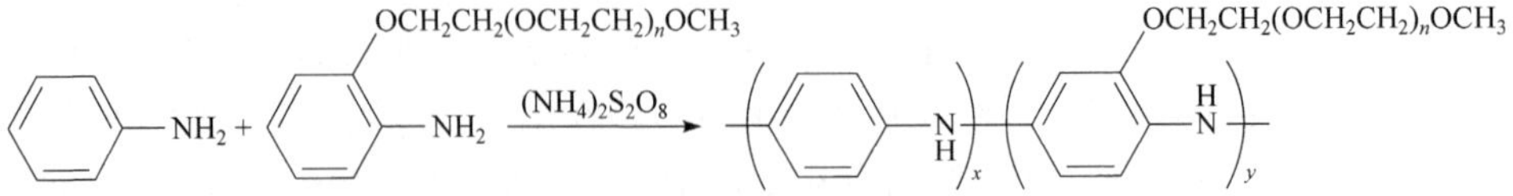

图 3-15　甲氧基聚乙二醇接枝聚苯胺梳状共聚物 PANI-g-PEG 的合成[90]

Hua 等[91]将含氨基苯乙烯单体进行自由基聚合，得到了一种侧链含苯胺基元的苯乙烯聚合物 (PVBPA)，该聚合物可作为苯胺大分子单体 (aniline macromonomer)，可与苯胺、氨基苯磺酸进行共聚，制备出高接枝率的聚苯胺共聚物 [d-poly (SAN-co-ANI)，见图 3-16]。当所加入的氨基苯磺酸与苯胺的摩尔比大于 1∶2 时，所得的接枝聚苯胺能溶解在水中，可以通过侧链磺酸基与主链上的亚胺氮之间的分子内或分子间的作用力达到自掺杂作用，且其电导率与普通的线型聚苯胺相当。

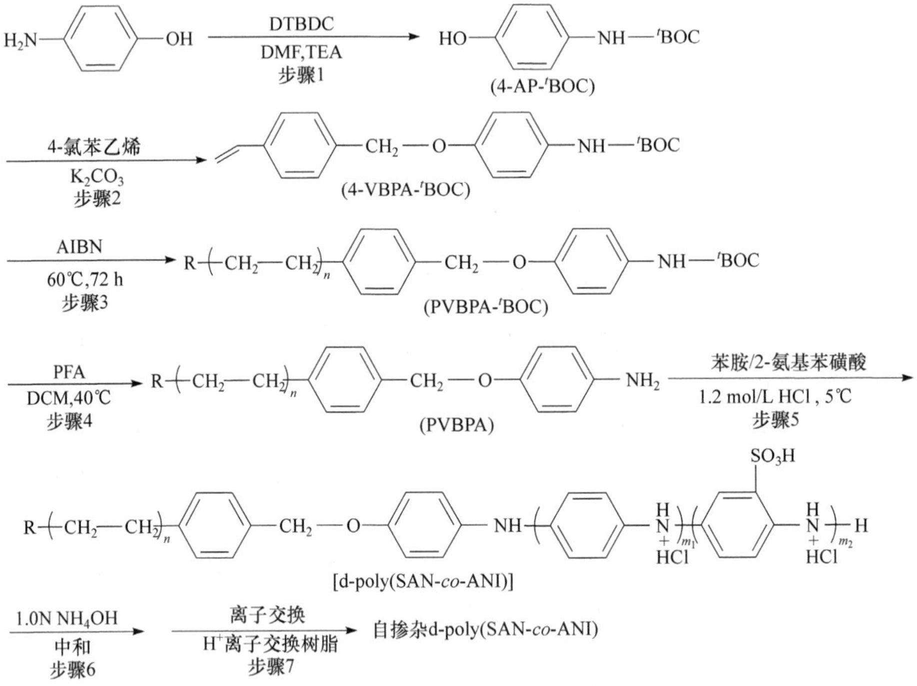

图 3-16　聚苯胺共聚物 d-poly (SAN-co-ANI) 的制备[91]

Wang 等[92]将苯胺单体通过氨基与环氧基的开环反应接枝到聚乙烯醇链上得到含苯胺的大分子单体，再通过与苯胺的聚合成功得到由聚苯胺和聚乙烯醇链段组成的接枝聚合物 (PANI-g-EPVA) (图 3-17)。由于聚乙烯醇带来的亲水性，所得到的 PANI-g-EPVA 能很好地分散在水中，与聚苯胺/聚乙烯醇共混物 (PVA/PANI) 相比，所得到的 PANI-g-EPVA 水分散液储存稳定性大大提高，室温下能够稳定保存一年。而聚苯胺/聚乙烯醇共混物在 15 天后就能观察到大量沉淀。当聚苯胺在 PANI-*g*-EPVA 中的含量达到 30wt%时，PANI-*g*-EPVA 的电导率可达 7.3 S/cm，随着接枝聚合物中聚苯胺含量进一步增加，其电导率可进一步超过 20 S/cm。PANI-*g*-EPVA 的拉伸强度在 35~64 MPa 之间，表现出较好的力学性能。该 PANI-*g*-EPVA 水分散液能直接作为导电墨水喷涂在纸上制备出力学性能优异的导电纸。

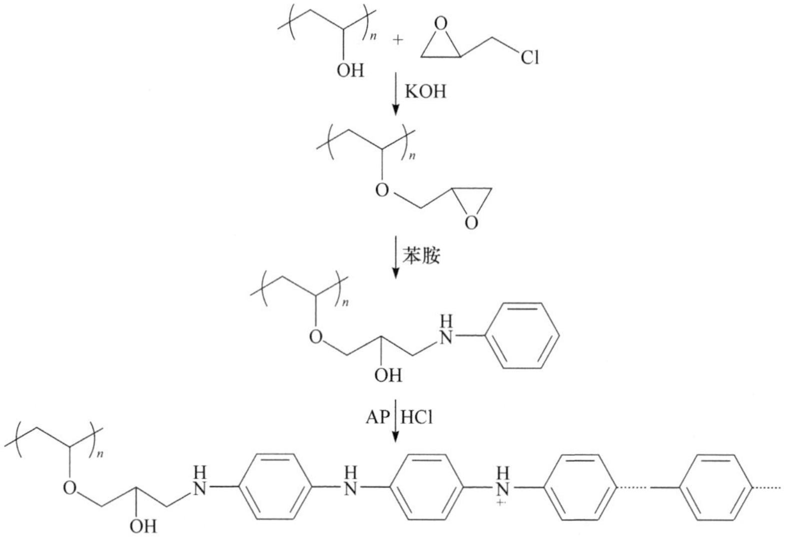

图 3-17 聚乙烯醇接枝聚苯胺(PANI-*g*-EPVA)的制备[92]

通过苯胺与苯胺衍生物共聚所制备的水溶性导电聚苯胺，其溶解性、电导率和电化学活性取决于苯胺和苯胺衍生物的含量。通常共聚物中苯胺含量越高，其电导率越大，但溶解性能改善的幅度则受限制；反之，苯胺衍生物的含量越高，共聚物的电导率越小，但溶解性能明显提升，这是因为苯胺衍生物中含有可溶性亲水基团，能够提升共聚物在水中的溶解性能。

目前水溶性自掺杂聚苯胺还存在着一些问题，导致其很少有实质性工业应用。首先，自掺杂聚苯胺的溶解性虽有所提升，但仅限于一定 pH 值范围的水溶液中，在纯水溶液中溶解度通常还比较低。其次，自掺杂聚苯胺的溶液成型加工仍然比较复杂费时，因为新合成的自掺杂聚苯胺需通过沉降析出，将其再溶解时不仅会面临溶解性降低问题，还会导致自掺杂聚苯胺的结构变化。例如，由酸式导电态转变为盐式绝缘态后，为将其变回导电态，需经过长时间的离子交换转换过程。最后，自掺杂聚苯胺主链上的取代基破坏了聚苯胺分子链上的长程共轭结构，导致其电导率偏低，一般在 10^{-2} S/cm 以下，也是影响其应用的一个重要原因。

3.4.3 对离子诱导法合成水基导电聚苯胺

功能质子酸上的烷基长链官能团具有质子化剂和表面活性剂的双重功能，因此选择不同的功能质子酸可以使聚苯胺溶于不同的有机溶剂中。受此启发，如果用具有亲水性官能团的质子酸对聚苯胺进行掺杂，则生成的导电聚苯胺有可能溶于水得到稳定的水溶液，或分散在水中形成稳定的分散液。

1. 小分子酸掺杂制备水溶性导电聚苯胺

Davey 等[93]采用[杯]-四磺酸或[杯]-六磺酸为掺杂剂，成功制备了水性导电聚苯胺，电导率约为 2.9×10^{-4} S/cm，该水性导电聚苯胺即使在 pH=14 的介质中也只是轻微脱掺杂，并可随意被水稀释，显示出很好的稳定性。

用含亲水的寡聚乙二醇的质子酸作为掺杂剂，可方便地制得水溶性导电聚苯胺，王献红等[94,95]在这方面做了系统研究。他们利用带有长链亲水性寡聚乙二醇的酸性磷酸单酯或双酯(PA350，图 3-18)为掺杂剂对聚苯胺进行掺杂，其中的磷酸基团可掺杂聚苯胺，寡聚乙二醇链则具有亲水性，从而得到水溶性或水分散性的导电聚苯胺。这种方法可以直接利用化学合成的中间氧化态聚苯胺，无需进行任何苯环或 N 位修饰，避免了原位聚合取代苯胺衍生物带来的合成条件苛刻、不易提纯等缺点，所得的导电聚苯胺水溶液成膜后其电导率达 10^{-1} S/cm。与此同时，磷酸酯本身具有优良的增塑性，可制备柔顺性较好的导电聚苯胺自支撑膜。但是，由于 PANI/PA 350 本身亲水性太强，该导电膜经水浸泡后会出现碎片化，甚至完全溶解，同时电导率急剧下降，因而需要进一步提高其耐水性。

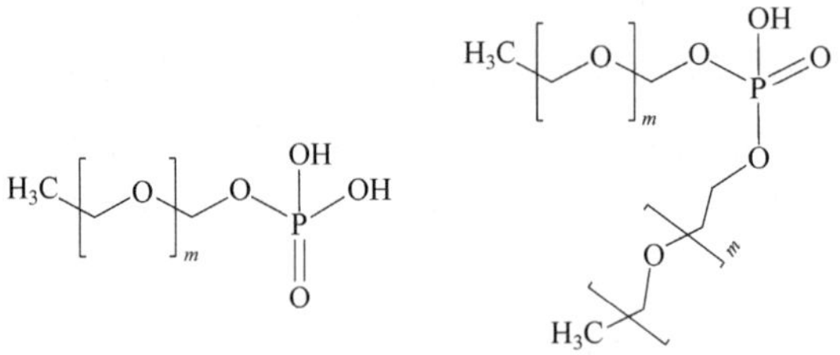

图 3-18　亲水性酸性磷酸酯 PA350 的结构($m = 7$)[94,95]

(a)磷酸单酯；(b)磷酸双酯

为了解决上述问题，王献红等[96-101]采取了"限域网络"方法将亲水性的导电聚苯胺分子固定在有机、无机或杂化网络内，制备了一系列复合材料。这些聚苯胺复合材料不仅显示出良好的耐水性，还具有较好的成膜性能。他们首先利用三聚氰胺-脲醛树脂在水溶液中的原位交联反应将导电聚苯胺链固定在嘧胺树脂三维网络结构中[96]，制备出具有一定耐水性及导电性的复合材料。该体系具有较低的导电逾渗值，透射电子显微镜（transmission electron microscope，TEM）观察表明导电聚苯胺在嘧胺树脂基体中形成了较好的导电网络，该复合材料显示出具有与纯导电聚苯胺相似的电化学活性及可逆性。此外，由于三聚氰胺-脲醛树脂的原位交联限制了导电聚苯胺链的活动能力，在一定程度上提高了水基导电聚苯胺的导电稳定性。

他们进一步利用无机前驱体（有机硅氧烷）的溶胶-凝胶过程将水性导电聚苯胺分子链限域在原位生成的无机三维网络中，制备了水性导电聚苯胺/无机杂化复合材料，有效提高了水基导电聚苯胺的耐水性[97]。但在溶胶-凝胶过程中，无机前驱体的水解缩合过程容易产生体积收缩，如以正硅酸乙酯（TEOS）为前驱体可产生高达 75%的体积收缩，并且无机网络与水溶性导电聚苯胺存在相分离，难以消除杂化材料形成过程中产生的内应力，因此很难获得完整的自支撑膜。

采用"限域"方法可将水性导电聚苯胺分子链固定在无机或有机三维网络内，从而提高其耐水性，该方法中三维网络的设计与选择是至关重要的，它本身的成膜性、力学性能以及与导电聚苯胺之间的相容性都决定了所得导电聚苯胺复合材料的导电性能、机械性能及耐水性。为此，王献红等提出通过引入氢键、共价键、静电相互作用等各类分子间相互作用，来增强有机-无机组分的相容性，提高复合材料的性能。他们利用羟基官能化的环氧丙基三乙基硅氧烷（GPTMS）和聚乙烯醇（PEG）桥联的双（2-羟乙基）脲丙基三乙氧基硅烷（BHEUPTES）的溶胶-凝胶过程，与水溶性导电聚苯胺共混制备了氢键作用型导电杂化材料[98]。所得到的 PANI/GPTMS 和 PANI/BHEUPTES 杂化膜在导电逾渗值处的电导率比 PANI/TEOS 杂化膜高出 3 个数量级，这是由于亲水性硅氧烷前驱体与聚苯胺之间强烈的氢键作用增加了两相的相容性，导致聚苯胺粒子在无机网络中的分散更趋均匀、细化，在较低聚苯胺含量下即可形成连续导电通道。虽然聚苯胺与 TEOS 水解物的羟基之间也有氢键作用，但在水解-缩聚过程中它们更多地倾向于自聚而非与导电聚苯胺形成氢键，因此其氢键作用是有限的。

考虑到导电聚苯胺的主链存在阳离子自由基而带正电荷，掺杂剂负离子则"悬挂"在主链周围，因此可在导电聚苯胺和无机网络之间引入静电作用来进一步增强有机-无机组分的相容性。为此，罗静和王献红等[99-101]采用马来酸酐（MA）与 3-氨丙基三乙基硅氧烷（APTES）的反应物作为偶联剂，甲基三乙氧基硅氧烷（MTES）作为无机前驱体来制备导电聚苯胺杂化材料。利用 MA 与 APTES 的开环反应所得到的羧基在无机相与聚苯胺间引入静电作用，得到的带羧基的无机前驱体溶胶与导电聚苯胺水溶液相混合，随着凝胶过程的进行，聚苯胺链被固定在无机网络中。由于无机前驱体上的羧基可以对聚苯胺进行二次掺杂，加上杂化材料中无机、有机两相之间强的静电作用，使导电聚苯胺能很好地分散在无机网络中。在相同的导电聚苯胺含量下，含静电作用杂化膜的电导率要远远高于无静电作用的杂化膜，差不多要高出两个数量级。该静电作用型导电聚苯胺杂化材料最显著的特点是其在碱性溶液中仍可保持电化学活性，而纯的导电聚苯胺在碱性环境中是没有电化学活性的。因此静电作用型杂化材料可以将电化学活性延伸到碱性溶液中，显著改善了其对介质 pH 值的依赖性，极大地拓宽了聚苯胺的 pH 值适用范围。

为了进一步改善该水性导电聚苯胺复合材料的成膜性能和力学性能，他们还合成了带有柔性聚氨酯链段的硅氧烷前驱体，代替小分子的烷氧基硅氧烷，所得到的有机-无机杂化网络可代替纯粹的无机网络作为导电聚苯胺的限域网络，从而制备出新型导电聚苯胺复合材料[102]。聚氨酯具有良好的成膜性和优异的力学性能，并且其分子链上氨酯键、脲键以及所带的羧基等均可与聚苯胺形成氢键、离子键等，有效增强了基体树脂与聚苯胺的作用力，使所得复合材料具有很好的成膜性。通过改变无机和有机组分的含量可制得兼具聚合物柔性与无机物刚性，并具有一定耐水性能的大面积导电自支撑膜。当导电聚苯胺含量为 10wt%时，导电复合材料的杨氏模量、拉伸强度和断裂伸长率分别约为 1451 MPa、61 MPa 和 7.2%。该复合材料还可作为涂层，当聚苯胺的质量分数为 3wt%时，涂层表面电阻可降至 $2.31 \times 10^6 \ \Omega$，具有优良的抗静电性能，同时涂层具有较好的硬度、抗冲击性能及柔韧性。

2. 水分散性导电聚苯胺

罗静和王献红等[103]发现当采用带有短链乙氧基的酸性磷酸酯(PA120，图 3-19)取代长链酸性磷酸酯(PA350)掺杂聚苯胺时，由于 PA120 中乙氧基团单元数急剧减少(从 7 减为 2)，导致 PA120 亲水性下降，使 PANI/PA120 无法像 PANI/PA350 那样溶解在水中，而是以 100 nm 左右的纳米粒子分散在水中。表 3-5 比较了分别用 PA120 与 PA350 掺杂聚苯胺所得到的水基导电聚苯胺的性能。PANI/PA120 水分散液具有很好的稳定性，放置三个月后仍然没有任何沉淀产生，而且该分散液可随意用水稀释，PANI/PA120 膜的耐水浸泡性、耐碱性均有大幅度提高。例如，PANI/PA350 膜在 pH = 6.5 的水溶液中浸泡 1 h 后电导率就下降了约一个数量级，一天后膜已破碎，而 PANI/PA120 膜在测试时间范围内始终保持绿色，且浸泡一天后电导率下降不到一个数量级，7 天后导电膜仍保持完整，其电导率仍保持在 10^{-3} S/cm 以上。在 pH = 8 的溶液中浸泡时，PANI/PA120 电导率随浸泡时间延长逐渐下降，尽管 5 天后下降了 5 个数量级，但是仍然具有一定的导电性，说明 PA120 掺杂的聚苯胺具有一定的碱性溶液耐受性。值得指出的是，由于 PA120 的分子尺寸较小，且酸值较大，与 PA350 相比掺杂效率高，而且掺杂比相同时，体系中 PANI

含量要高得多，导致 PANI/PA120 电导率比 PANI/PA350 高一个数量级，达到 4～5 S/cm。

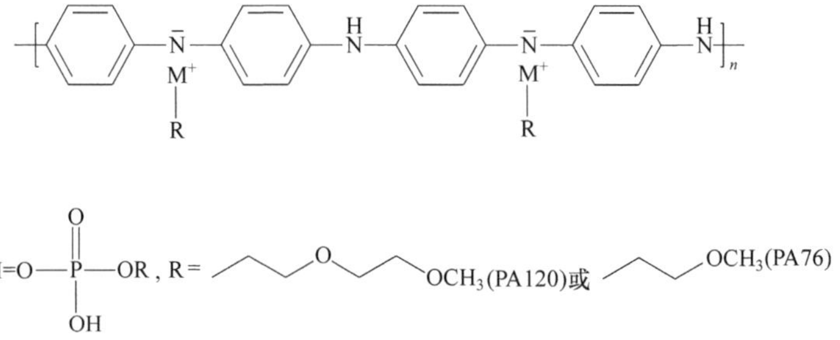

图 3-19 亲水性磷酸酯掺杂聚苯胺[103]

表 3-5 PANI/PA120 与 PANI/PA350 的主要性能对比[103]

水基导电聚苯胺	W_{PANI}/%	溶解性	颜色	稳定性	成膜性	膜的形态	电导率/(S/cm)	耐水性
PANI/PA120	41	水分散液	偏灰绿	放置期间始终保持溶液状态	裂成小碎片	较硬较脆	4.5	浸泡一周仍保持完整
PANI/PA350	13.5	水溶液	墨绿	易假性凝胶	能构成独立的自支撑膜	非常柔软	0.12	浸泡两天后，膜破碎

王献红等[104,105]随后将酸性磷酸酯中的乙氧基团单元数进一步减至 1(单乙氧基团，PA76，图 3-18)，也获得了稳定的导电聚苯胺水分散液。透射电子显微镜和动态光散射(DLS)粒径分析显示导电聚苯胺也是以纳米粒子的形式分散于水中，相比于 PANI/PA120，PANI/PA76 的粒径进一步变小，在 20～80 nm 之间，集中分布在 48 nm。值得指出的是，所得 PANI/PA76 的电导率高达 25 S/cm。XRD 结果显示所得 PANI/PA76 为部分结晶，呈现出层状有序结构，层间距为 1.2 nm，由刚性的聚苯胺链和柔软的磷酸酯链交替排列而形成(图 3-20)，这种层状有序结构导致 PANI/PA76 具有较高的电导率。PANI/PA76 层状结构的形成归功于 PA76 中乙氧基侧链的结晶促使聚苯胺链被"固定"在结晶后的磷酸酯链中，聚苯胺处于较伸展的状态，共轭程度较大，因而电导率较高。而对于含有长链乙氧基团的磷酸酯掺杂剂(如 PA350)，由于其较大的空间位阻效应和大的侧基尺寸，无法形成这种层状结构，因而 PANI/PA350 的电导率相对较低。另外，PANI/PA76 的电导率随着温度的升高而下降，在 120℃附近急剧下降，正是伴随着这种层状结构的彻底消失，表明这种独特的层状有序结构是导致 PANI/PA76 具有较高电导率的原因。

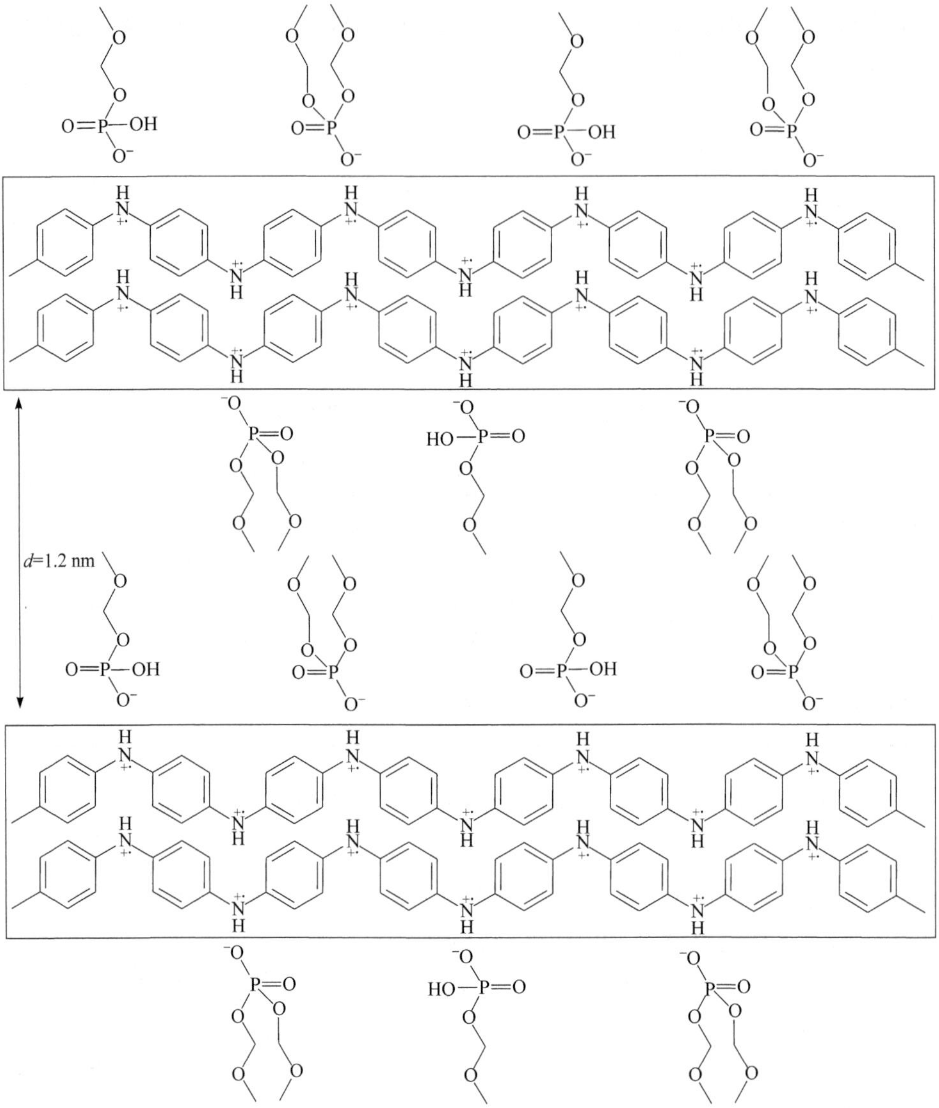

图 3-20　酸性磷酸酯 PA76 掺杂聚苯胺的层状结构[105]（见书末彩图）

基于对 PA76 的认知，王献红等[107]提出了一种"假高稀"方法，用于制备水性聚苯胺纳米线：通过高浓度的苯胺和氧化剂两种溶液的等速滴加，使合成过程中参与反应的苯胺浓度始终保持在一个极低的值，创造一个"稀溶液"的苯胺环境，从而得到高质量的聚苯胺纳米线。他们以酸性磷酸酯 PA76 为质子酸，分别以过硫酸铵、硝酸铁和氯化铁为氧化剂（其还原电位分别为 2.05 V、0.77 V 和 0.76 V），利用这种"假高稀"方法制备了直径分别为 78～90 nm、18～30 nm、16～25 nm 的聚苯胺纳米线（图 3-21）。不同的氧化剂所得到的聚苯胺纳米线直径不同，这是由氧化剂的氧化还原电位不同引起的。例如，过硫酸铵的氧化还原电位较高，氧化能力较强，因此得到直径较大的聚苯胺纳米线。这些聚苯胺纳米线能很好地分散在水中，电导率分别为 18 S/cm、32 S/cm、35 S/cm，比表面积分别为 65 m²/g、70 m²/g 和 82 m²/g。如此高的比表面积和高电导率使这几种水性聚苯胺纳米线成为一种性能优良的超级电容器材料。在非水电解质溶液中，在 0.4 A/g 的放电速率下，由这些聚苯胺纳米线组成的电极分别得到了 110 F/g、140 F/g 和 152 F/g 的比电容，充放电效率分别为 98%、99% 和 99%，显示出很好的电化学可逆性[108]。

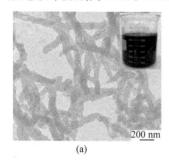 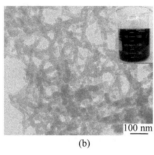 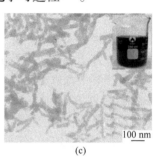

(a) (b) (c)

图 3-21　"假高稀"方法制备水性聚苯胺纳米线的 TEM 图[106]（见书末彩图）

掺杂剂为酸性磷酸酯 PA76，氧化剂分别为过硫酸铵(a)、硝酸铁(b)和氯化铁(c)，插图为相应的水性聚苯胺纳米线分散液

这种廉价易得的水性聚苯胺纳米线还能够作为锂氧电池的正极材料[109]，在首次充放电过程中，该正极材料的能量密度达到 3260 mA·h/g。尽管最初的 3 次循环中出现了一定的能量密度衰减，但是在后续的 27 次充放电循环过程中保持了理想的循环稳定性，能量密度仅衰减 4% 左右，显示这类材料具有较高的能量密度和较好的循环稳定性。

值得一提的是，按照这种"假高稀"方法不仅能够得到高质量的水分散性聚苯胺纳米线，还可以通过调节氧化剂的种类来得到聚苯胺中空微球[110]。只需要将氧化剂改为铁氰化钾，将苯胺及铁氰化钾分别溶解在含有磷酸酯掺杂剂的去离子水中，通过"假高稀"方法，将这两种溶液混合，反应完成后所得到的聚苯胺为中空微球形貌，其核直径为 540～720 nm，壳的厚度为 60～80 nm。产生中空微球形貌的原因是氧化剂铁氰化钾的氧化还原电位比较小，仅为 0.36 V，因此氧化能力较弱，只能形成具有核壳结构的中空球，难以深度氧化来形成实心的球形颗粒和纳米线。

张俐娜等[111-113]采用上述聚苯胺纳米纤维，基于氢键驱动下的纤维素低温溶解机理，通过聚苯胺上的—NH 基与纤维素上的—OH 基间的氢键作用，实现了磷酸酯掺杂聚苯胺在 NaOH/尿素-纤维素水溶液中的溶解，并利用这种聚苯胺/纤维素溶液构建了一系列功能膜、丝、微球等复合材料。核磁共振和动态光散射结果表明聚苯胺在纤维素溶液中的溶解是由于聚苯胺分子与纤维素包合物(inclusion of cellulose, IC)通过氢键形成了复合体。聚苯胺在纤维溶液中的溶解过程如图 3-22 所示：当磷酸酯掺杂的聚苯胺与纤维素水溶液共混时，磷酸酯遇到 NaOH 后从聚苯胺链上脱掉。与此同时，聚苯胺的加入会干扰尿素包围的螺虫状的纤维素包合物，使纤维素包合物的基团暴露出来。同时裸露的聚苯胺分子链和纤维素包合物立即通过氢键作用，缠结在一起形成超分子复合体。亲水的纤维素分子链载着疏水的聚苯胺分子链分散在水溶液中。所得到的聚苯胺/纤维素溶液均匀、透明，并且由于聚苯胺分子链的缠结减少了纤维素分子链的自聚集，使聚苯胺纤维素溶液比纯纤维素溶液更加稳定。在 0～25℃的范围内，聚苯胺/纤维素溶液均保持稳定，当温度进一步升高时，聚苯胺/纤维素溶液中纤维素与溶剂分子键合的包合物被破坏，纤维素上裸露的羟基通过氢键作用发生自聚集和缠结，从而导致凝胶化。聚苯胺/纤维素溶液相比纯纤维素溶液表现出更高的活化能，说明聚苯胺/纤维素复合体比纯纤维素链更具刚性。加热或冷却都会导致聚苯胺/纤维素凝胶化，但是在 0～8℃时该溶液可储存一周，该方法为通常情况下难溶的聚苯胺和纤维素的溶液加工打开了一条新通道。

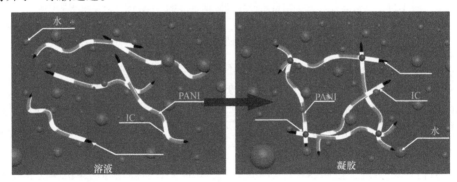

图 3-22　聚苯胺/纤维素复合溶液的溶液-凝胶转变[113](见书末彩图)

该聚苯胺/纤维素复合溶液可用于制备纤维、膜、凝胶和微球等一系列不同形状的复合材料。例如，采用小型实验纺丝机，通过 10wt% H_2SO_4 溶液凝固成功纺出深绿色的聚苯胺/纤维素复合纤维，该复合纤维具有良好的力学性能，可望用作抗静电纤维[113]。此外，该溶液还可直接浇注得到聚苯胺/纤维素复合膜，呈绿色透明，具有类似于纤维素均一的网眼结构，孔径分布均一，没有相分离，显示聚苯胺与纤维素具有很好的相容性。该复合膜比纯纤维素膜的力学性能明显增强，这是由于聚苯胺的加入，一方面起到了增塑剂的作用，提高了断裂伸长率；另一方面由于聚苯胺分子与纤维素分子链存在较强的相互作用，提高了复合膜的拉伸强度。该复合膜具有较好的电导率，对其进行再掺杂后，电导率明显提高，具有良好的电化学稳定性和使用寿命，为轻便、柔软储能元件的制备开拓了一条新途径。另外，他们还通过环氧氯丙烷偶联剂成功交联聚苯胺/纤维素溶液形成聚苯胺/纤维素凝胶，该复合凝胶具有较高的压缩强度，并且具有快速的电响应特性，它在电场作用下可运动。此外，用这种聚苯胺/纤维素溶液通过不同的处理方法还成功制备出不同表面形态的微球。

除了采用磷酸酯作为掺杂剂，王献红等还合成了抗磁性的二茂铁单磺酸用于掺杂聚苯胺[114,115]，如图 3-23 所示，所得到的掺杂态聚苯胺的电导率可达 2.34×10^{-1} S/cm。二茂铁单磺酸被 $FeCl_3$ 氧化后再掺杂聚苯胺，所得到的聚苯胺室温电导率会下降 1~2 个数量级，但其磁化率有了提高，并且随着二茂铁单磺酸氧化程度的增加而增加，其电子顺磁共振（EPR）的信号表明该材料具有宏观反铁磁性。而用 I_2 氧化二茂铁单磺酸掺杂的聚苯胺，其电导率为 4.50×10^{-2} S/cm，在低温下具有铁磁性，外斯（Weiss）温度为 15 K。

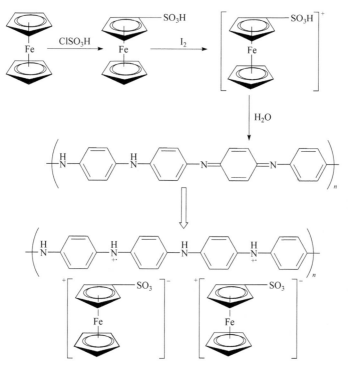

图 3-23　二茂铁单磺酸掺杂的聚苯胺[114]

3. 大分子酸掺杂制备水基导电聚苯胺

除了小分子功能质子酸，大分子酸也常常用于掺杂聚苯胺以制备水溶性聚苯胺。Shao 等[116]选择 2-丙烯酰胺基-2-甲基丙磺酸（AMPS）为单体通过自由基聚合得到具有柔性高分子链的水溶性高分子磺酸，即聚 2-丙烯酰胺基-2-甲基丙磺酸（PAMPS），并以此为掺杂剂制备了水溶性导电聚苯胺，该聚苯胺溶液具有较好的稳定性，室温下可以稳定放置两个月以上，薄膜电导率可达 $6.6×10^{-4}$ S/cm。

Masdarolomoor 等[117]以 2-甲氧基-5-磺酸基苯胺(2-methoxyaniline-5-sulfonic acid，MAS)为单体聚合得到了侧链含大量磺酸基的自掺杂聚苯胺(PMAS)，具有一定的水溶性。由于磺酸基的存在，PMAS 可以作为聚苯胺的掺杂剂(图 3-24)，PMAS 掺杂的聚苯胺(PANI/PMAS)在水中具有很好的分散性，呈纳米棒和纳米粒子形态，直径在 20～100 nm 之间，分散液在 3 天内保持稳定，远高于普通盐酸掺杂聚苯胺(PANI/HCl)的分散液。

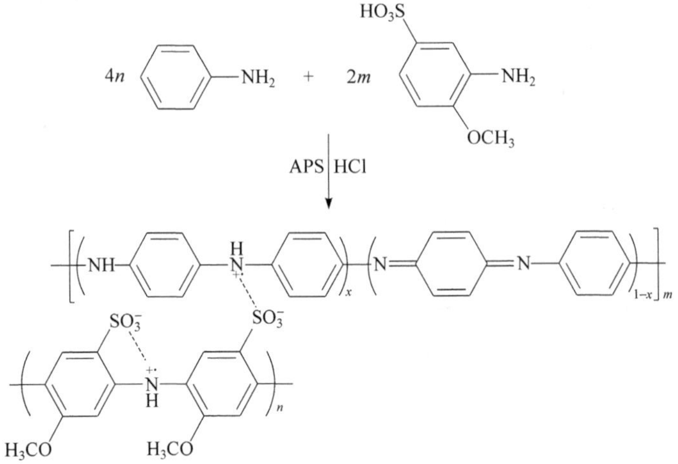

图 3-24　大分子酸 PMAS 掺杂的聚苯胺[117]

另外，在大分子酸(如聚对磺酸苯乙烯、聚丙烯酸、聚 2-丙烯酰胺基-2-甲基丙磺酸、木质素磺酸等)的水溶液中进行苯胺的原位聚合，也可得到大分子酸掺杂的导电聚苯胺水溶液[118]。在这类体系中，大分子酸不仅作为稳定剂和掺杂剂，而且在聚合过程中起到模板作用，由于苯胺可与大分子酸形成盐，从而形成如图 3-25 所示的复合物，不仅可保证复合物在水中的溶解性，还使 1,4-偶联反应优先发生，保证苯胺聚合过程中形成规整的 1,4-偶联的链结构。

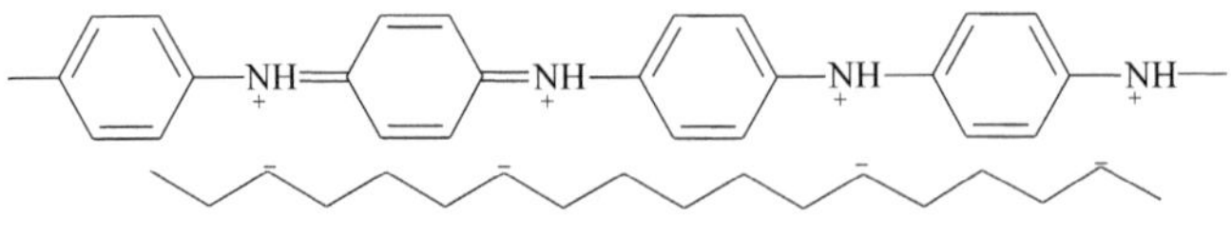

图 3-25　苯胺在大分子酸中聚合形成的复合物[118]

Syed 等[119]以聚丙烯酸(PAA)为掺杂剂，采用原位聚合的方法制备了聚丙烯酸掺杂的聚苯胺(PANI-PAA)，所得聚苯胺复合物具有较好的水基加工性和优良的电化学活性。Shao 等[120]采用木质素磺酸(LS)为掺杂剂，在氨基磺酸溶液中制备了木质素磺酸掺杂的聚苯胺，如图 3-26 所示。值得指出的是，木质素磺酸掺杂聚苯胺的电导率

为 0.1～5 S/cm，比通常的大分子酸掺杂聚苯胺的电导率高。Zheng 等[121]以过硫酸铵
(APS)为氧化剂，LS 为掺杂剂，在磁场(0.4 T)下合成了导电聚苯胺复合物 PANI-LS。
由于苯胺在磁场下发生聚合，而 PANI 存在各向异性的抗磁化性能，聚苯胺分子会优
先沿某一特定方向有序生长，即发生取向，所得的聚苯胺分子链排列更加有序、规整，
同时磁场的取向作用会加快 PANI 的生成速度(图 3-27)。相比于无外加磁场下制备的
PANI-LS，在外加恒定磁场(0.4 T)下聚合所得到聚苯胺的电导率有一定程度的提高，
产物的溶解性更好，纳米粒子排列更加有序，微观取向性更为明显。Roy 等[122]也采
用 LS 为掺杂剂，以聚乙二醇(PEG)和血色素为生物催化剂，用仿生化学方法合成了
水溶性聚苯胺 PANI-LS，在 pH=1 时，PANI-LS 的电导率为 10^{-3} S/cm。

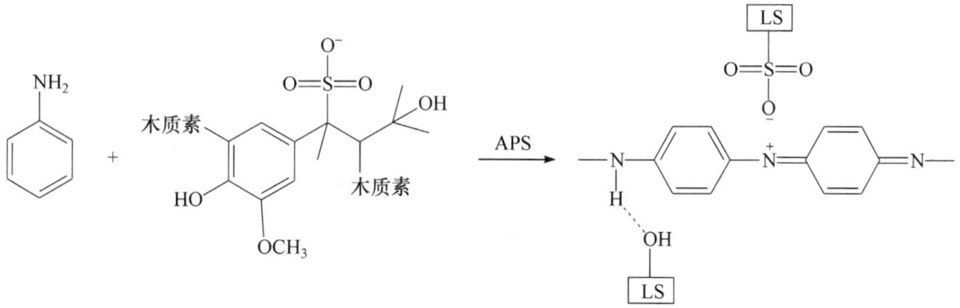

图 3-26 LS 掺杂的 PANI 的结构[120]

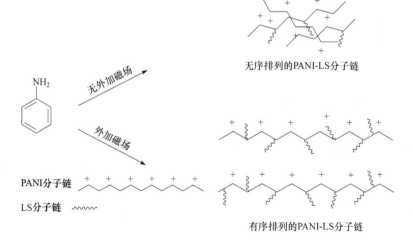

图 3-27 有磁场或无磁场下所制备的 PANI-LS 的结构[121]

Huh 等[123]以对氨基苯乙烯和苯乙烯磺酸钠为单体，通过自由基聚合制备了侧
链含苯胺单元的 P(SSNa-*co*-BOC-PMS)，在其水溶液中进行苯胺聚合时，P(SSNa-

co-BOC-PMS)除了充当大分子掺杂剂，由于其侧链上苯胺单元的存在，苯胺的聚合在其侧链上展开，从而得到聚苯乙烯磺酸接枝聚苯胺的接枝共聚物(PSS-*g*-PANI)(图 3-28)。相比于常见的水溶性导电聚合物如聚(3,4-乙烯二氧噻吩)-聚苯乙烯磺酸(PEDOT/PSS)，该苯乙烯磺酸接枝聚苯胺具有较好的溶液加工性能和成膜性。

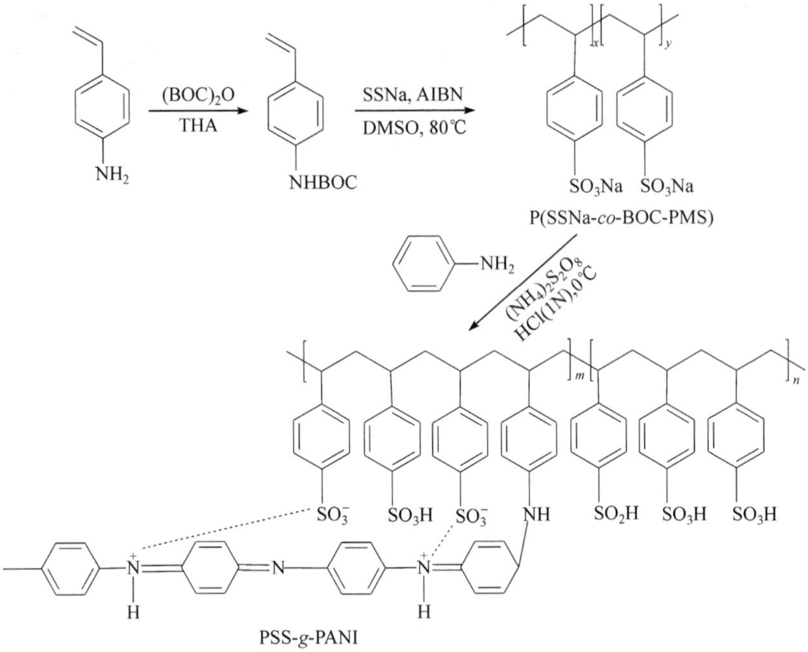

图 3-28　聚苯乙烯磺酸接枝聚苯胺(PSS-*g*-PANI)的制备[123]

(BOC)₂O 为二碳酸二叔丁酯；BOC 为叔丁氧基羰基；SSNa 为苯乙烯磺酸钠；P(SSNa-*co*-BOC-PMS)为苯乙烯磺酸钠-叔丁氧基羰基保护的对氨基苯乙烯共聚物

在众多大分子掺杂酸中，聚苯乙烯磺酸(SPS)是最常用的，因为 SPS 具有三个特殊功能：①可作为模板优先排列苯胺单体，并促进更加规律的对位反应；②掺杂后为聚苯胺提供大尺寸对离子；③具有良好的水溶性。

因此 Sun 等[124]采用化学氧化法制备了 SPS 掺杂聚苯胺的大分子复合物，由于大分子酸掺杂聚苯胺后，聚苯胺在复合物中形成网状结构，且复合物中两种大分子有很强的相互作用，无论在酸性介质还是碱性介质中，都显示出很好的稳定性。

除了常见的过硫酸铵类化学氧化聚合催化剂，酶催化剂也被用于制备水溶性导电聚苯胺，主要是采用过氧化氢酶催化过氧化氢的分解，进而使苯胺聚合。酶的选择性与单一性有利于合成结构单一的聚苯胺。Samuelson 等[125]以 SPS 为模板，在中等酸性条件下(pH=4)在辣根过氧化物酶(HRP)催化下合成了聚苯胺，再与

SPS 复合得到水溶性导电态聚苯胺。在 pH 值为 4 的溶液中反应得到的是导电聚苯胺复合物,其溶液浇膜电导率可达 10^{-1} S/cm。1999 年 Liu 等[126]以 SPS 为模板,在 pH 值为 4.3 的溶液中以 HRP 为催化剂合成了水溶性导电聚苯胺,当 PANI 与 SPS 的摩尔比从 0.6 增大到 2.2 时,电导率几乎增加了 4 个数量级,达到 5.3×10^{-3} S/cm。值得注意的是,通过盐酸后掺杂,聚苯胺的电导率可以进一步增加到 0.15 S/cm。值得指出的是,在 HRP 催化苯胺聚合反应的过程中,如不加入 SPS,容易析出沉淀,且所得产物的分子量很低,不具有导电性。

除了 HRP,其他酶也被用于制备水溶性聚苯胺,Karamyshev 等[127]以漆酶(laccase)代替 HRP 在酸性条件下催化苯胺聚合制备了水溶性导电聚苯胺。漆酶比 HRP 具有更高的活性,原因在于 HRP 在 pH 值低于 4.5 时,活性和稳定性很低,但是对苯胺聚合而言,只有在 pH 值低于 4.5 时才能形成具有导电性能的聚苯胺。漆酶催化苯胺聚合时,在 pH 值为 3.5、3.7、3.9 时均能形成导电聚苯胺,这是其突出的优点。此外,棕榈树过氧化酶活性高,且在高温和强酸强碱下高度稳定,即使在 pH 值为 3.0 时也不会失去活性,借此,Sakharov 等[128]以棕榈树过氧化酶为生物酶,在 pH 值为 3.5 的缓冲溶液中合成了导电聚苯胺。

另外,受酶催化的启发,同时考虑到 HRP 等生物酶的价格相对较贵,Nabid 等[129]研究了苯胺的仿生催化聚合,他们采用四(对位磺化苯酚)卟啉铁(Ⅲ)盐(Fe Ⅲ TPPS)为催化剂,以 SPS 为模板,制备了水溶性导电聚苯胺。该反应可在 pH 值为 1~5 的溶液中进行,最佳 pH 值为 2.0,条件相对温和。在随后的报道中,他们还进一步使用金属酞菁代替金属卟啉,在 pH 值为 2 的缓冲溶液中进行苯胺的聚合反应,得到了水溶性导电 PANI/SPS 复合物[130,131]。三种水溶性四磺酸化酞菁金属(TSPc)(铁、钴、锰酞菁)均可得到水溶性 PANI/SPS 复合物,电导率均在 10^{-3} S/cm 左右,不过 Fe-TSPc 的催化活性优于 Mn-TSPc 或 Co-TSPc。

尽管可采用天然酶或人工合成酶催化苯胺的聚合反应,制备出水溶性聚苯胺,但是所得聚苯胺的电导率普遍低于化学氧化聚合所得的水溶性聚苯胺,表明酶催化聚合工作还是处于初级阶段。

3.5 导电聚苯胺胶体分散液

尽管许多从事聚苯胺研究的科研人员认可聚苯胺是可溶性聚合物,然而动态光散射实验指出,聚苯胺在有机溶剂中具有强烈的分子链聚集趋势,聚苯胺只有在很低的浓度(10^{-4}~10^{-6} g/mL)时才表现出单分子链的行为,而通常浓度下聚苯胺分子链容易聚集,实际上是一种胶体分散(colloidal dispersion)体系。

导电聚苯胺(cPANI)分散液的概念始于 Armes 等[1]在 1989 年报道的工作。随后的研究表明，通过采用特殊的聚合工艺可制备出亚微米甚至纳米导电聚苯胺乳胶微球(submicrometer or nanosize cPANI colloidal particles)，进而获得电导率较高($10^{-3} \sim 10^2$ S/cm)的导电高分子纳米材料(nanophase conducting polymer materials, nano-CPM)，有望在电子学、光学、光电子学等纳米光电子器件上获得应用。因此该领域不仅一度成为学术研究关注的焦点，更是工业应用研发的热点，国外许多化学公司(如 DuPont、Dow、GE、Avecia、东丽、东洋化工等)及电子电器公司(如 IBM、Philips、Simens、NEC、HP、Kodak、LG、TDK、Pioneer、Toyota 等)竞相从事导电高分子纳米材料的研发，试图利用导电高分子纳米材料设计制作新一代光子及光电子信息功能器件。

导电聚苯胺乳胶分散液主要有苯胺的分散聚合和乳液聚合两种方法，下面分别进行介绍。

3.5.1 苯胺的分散聚合

分散聚合是 20 世纪 70 年代由英国 ICI 公司的科研人员提出的一种聚合方法，其典型的实施过程是：先将单体溶于介质中，在引发剂作用下聚合生成不溶于介质的聚合物并随即沉淀析出和进一步被分散，由于聚合物分散在介质中形成分散液，故称为分散聚合。分散聚合严格意义上是一种特殊类型的沉淀聚合，单体、稳定剂和引发剂都溶解在介质中，聚合物链达到临界链长后，从介质中沉析出来，因为稳定剂的存在，聚合物不形成沉淀而是稳定分散在介质中。

分散聚合反应体系的主要组分为：①单体(如苯胺)；②氧化剂；③空间分散稳定剂；④聚合反应介质(如水或某些有机溶剂)。

空间分散稳定剂在分散聚合过程中起关键作用，合适的空间分散稳定剂可有效阻止聚合产物的沉淀，使其稳定分散在体系中，即稳定剂吸附在由聚合物(如 cPANI)胶粒组成的核(core)的表面上而形成壳(shell)，这种核壳结构有效阻止了聚合物乳胶微球间的相互吸引、碰撞以至聚集，从而避免了沉淀的发生。空间分散稳定剂与聚合物乳胶微球间的作用可以是粒子表面电荷平衡机理，或是界面化学键、氢键及大分子链之间的相互作用，也可以是多种作用的协同，所形成的空间分散稳定剂表面胶束层可使分散聚合产生的乳胶微球均匀分散却不会形成聚集。

在 cPANI 乳胶微球分散聚合中，稳定剂可以是水溶性聚合物，或是可在水中均匀分散的特殊结构无机微粒(如超细硅胶，ultrafine collodial silica)[132]。但是与无机稳定剂相比，聚合物稳定剂更为常用[133-139]，典型的有聚乙烯吡咯烷酮(PVP)、聚乙烯醇(PVA)、聚环氧乙烷(PEO)、聚乙烯基甲醚(PVME)、甲基纤维素、乙基(2-羟乙基)纤维素等。Riede 等[140]指出，与 SiO$_2$ 类空间稳定剂相比，采用水溶性高分子为空间稳定剂时苯胺聚合反应速率更快，原因可能是水溶性高分子空间稳定剂会缩短苯胺聚合的诱导期。

Stejskal 等[135]系统研究了以 PVA 为稳定剂所制备的聚苯胺胶体粒子的稳定性，他们指出稳定剂用量影响聚苯胺胶体粒子的尺寸和分散稳定性，只有当稳定剂用量达到一定值后才能得到稳定的分散液，在此基础上再增加稳定剂浓度，对生成的乳胶粒子尺寸没有影响。当空间稳定剂 PVA 浓度低于 1.0wt%时，很难得到稳定的分散液，因为此时聚苯胺胶粒尺寸较大而易沉降，而当稳定剂浓度大于 2.0wt%时，由于在反应体系中有大量的无机盐[$(NH_4)_2SO_4$ 和 $(NH_4)_2S_2O_8$]等，也会使稳定剂絮凝而影响稳定效果。

除了稳定作用，空间稳定剂还对所制备聚苯胺胶体粒子的大小和形状有直接影响。Nagaoka 等[141,142]指出，采用 PVA 为稳定剂所得的聚苯胺胶体粒子呈针状，而以聚苯乙烯磺酸钠为稳定剂则得到球形胶体粒子。除了稳定剂，所得聚苯胺胶体粒子的大小和形状取决于氧化剂的种类及用量[143]。此外，聚苯胺胶体粒子的大小和形状也受合成体系介质酸度、反应温度等因素的影响，如以 PVP 为稳定剂时，选择 $(NH_4)_2S_2O_8$ 为氧化剂，聚苯胺胶体粒子为均匀球形结构，粒径在 300~400 nm 之间；而选择 KIO_3 为氧化剂，则得到尺寸不一的米粒形聚苯胺胶体粒子，其长度为 100~200 nm，粒径为 50~70 nm。另外，搅拌速度也对聚苯胺粒径和形态有一定的影响，强烈快速机械搅拌容易得到球形且粒径较小的聚苯胺颗粒，而速度较慢且剪切力小的电磁搅拌则不易得到球形颗粒，往往得到针状或纤维状的聚苯胺。总而言之，聚苯胺胶体的粒径和形貌是稳定剂的稳定作用、聚苯胺胶粒间的聚集趋势、反应体系所受剪切作用的大小等多个因素协同作用的结果。

上面所述的 PVP、PVA、PVME 之类的聚合物稳定剂与聚苯胺的相互作用主要是物理吸附，其作用力较弱。一旦改变介质环境则易使这种吸附作用遭到破坏，如大幅度稀释分散液即可使部分稳定剂从 PANI 胶粒表面脱离，造成 PANI 胶粒的聚集。另外，加入其他有机溶剂，也可减弱 PANI 与稳定剂间的作用力，使 PANI 胶粒发生一定程度的聚集。为此，Armes 等[144]在聚合物稳定剂中接入一定量的苯胺基团，使其在聚合过程中发生接枝，制备了掺杂态聚苯胺乳胶液。例如，他们设计合成了聚(乙烯基吡咯烷酮-*co*-对胺基苯乙烯)稳定剂，其中对胺基苯乙烯含量为 2.4mol%(mol/%表示摩尔分数)。当稳定剂浓度不低于 10 g/L 时，可形成聚苯胺浓度高于 1wt%的掺杂态聚苯胺乳液。由于稳定剂接枝在胶粒表面，不容易被洗掉，因此可在酸碱溶液中可逆分散，进而可进行分离提纯。Mumtaz 等[145]在 PEO 或 PVA 链中接入一定量的苯胺基团，制备了 PVA-*f*-An 或 α,ω-An-PEO 类反应性稳定剂，如图 3-29 所示，以此为稳定剂制备了一系列形态各异的聚苯胺胶体粒子(球形、花生状、米粒状、珊瑚状或纤维状)，稳定剂的结构影响了所得聚苯胺胶体粒子的形态、大小及导电性能，所得聚苯胺的电导率可达 0.5 S/cm。

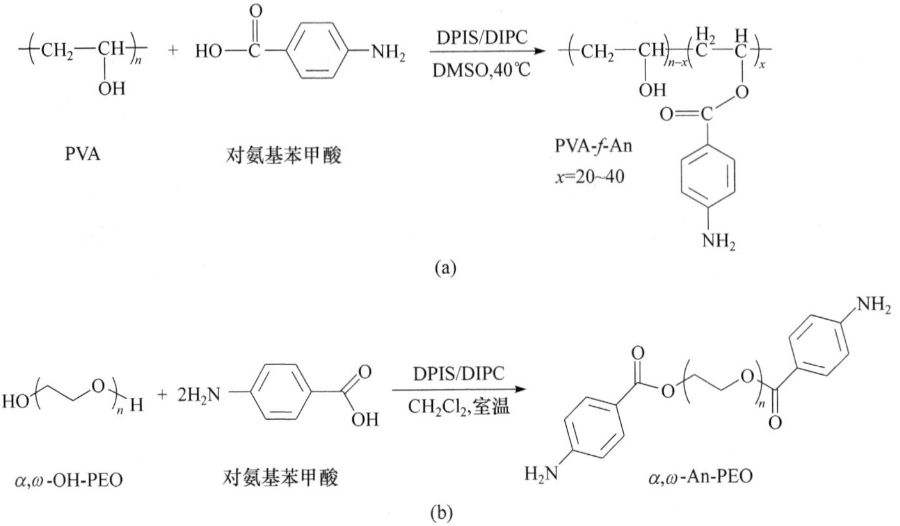

(a)

(b)

图 3-29　侧链含苯胺基团的 PEO 或 PVA(PVA-f-An 或 α,ω-An-PEO)的合成[145]

　　采用侧链含氨基的共聚物为稳定剂,可增加稳定剂对苯胺聚合过程中生成的初级粒子的吸附性,形成与稳定剂有化学键连接的圆球状聚苯胺纳米乳胶粒子,该聚苯胺分散液可任意稀释,即使沉淀后仍可再分散。不过由于绝缘态的稳定剂分子通过化学键连接在聚苯胺颗粒上,包裹紧密,使其电导率大大降低,而且分散液越稳定,所得复合物的电导率也越低,通常电导率在 $10^{-2}\sim100\,S/cm$ 之间,电导率的大小取决于聚苯胺含量、稳定剂种类及接枝程度。一般接枝程度越大,聚苯胺接枝率越大,聚苯胺胶粒被绝缘态的稳定剂包裹越严重,电导率就越低。而在普通稳定剂分散的 PANI/PVA 体系中,由于相互间主要是较弱的物理作用,在成膜过程中聚苯胺颗粒反而容易形成导电网络,从而使复合膜具有很低的逾渗阈值和较高的电导率。

　　Chen 等[146]利用部分磷酸化的聚乙烯醇(p-PVA,图 3-30)为稳定剂和掺杂剂制备了聚苯胺胶体粒子,与纯聚乙烯醇稳定剂相比,p-PVA 稳定剂对苯胺聚合过程有更好的稳定性,所得的 p-PVA/PANI 具有很好的水分散性能,可与水性环氧树脂共混制备出不同聚苯胺含量的涂层。值得指出的是,由于磷酸基团的存在,该涂层具有较好的防腐性能。

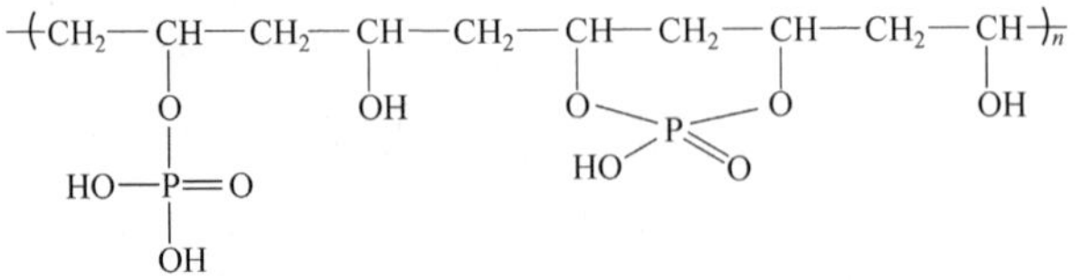

图 3-30　磷酸化聚乙烯醇(p-PVA)的结构[146]

3.5.2　苯胺的乳液聚合

除了分散聚合，苯胺的乳液聚合也是制备聚苯胺胶体粒子分散液的重要途径[147]。乳液聚合法得到的聚苯胺分子量相对较高，且粒径小、分布窄，分散性较好。若用有机磺酸［如 2,4-二硝基萘酚-7-磺酸（NONSA）、十二烷基苯磺酸（DBSA）或 β-萘磺酸（β-NSA）］为表面活性剂，可在聚合的同时完成质子酸掺杂，形成掺杂态聚苯胺的水分散液[148,149]。上述有机酸由于同时拥有亲水基团—SO_3H 和亲油基团（烷基链），因此是一类典型的两亲性表面活性剂，一方面其酸性基团可掺杂聚苯胺，而长链烷基或大尺寸芳香基团具有一定的亲油性，可起到模板和稳定剂的作用。

通常苯胺的乳液聚合是在反应器中加入 DBSA（乳化剂）、苯胺（单体）、二甲苯（非极性溶剂或弱极性溶剂）和水（分散介质、连续相），剧烈搅拌使其形成水包油型乳液（反应场所），并将其温度控制在 0℃ 左右，反应过程中逐渐滴加氧化剂（过硫酸铵，APS）水溶液，聚合一定时间后获得聚苯胺乳液，再加入丙酮（破乳剂，可溶解有机物）破乳后，洗涤、干燥后得到导电聚苯胺粉末。乳液聚合时，苯胺的低聚物易溶于溶剂中继续参加反应，因而具有较高的分子量，而在水溶液中进行沉淀聚合时，苯胺低聚体易从水溶液中沉淀出来，从而终止链的增长。乳液聚合法得到的导电聚苯胺不仅具有较高的分子量，还具有很好的溶解性。

郑裕东等[150]比较了溶液法与乳液法合成的聚苯胺的结构与性能，溶液法合成的聚苯胺（S-PANI）粉末的相对密度为 1.61 g/cm³，而乳液聚合法合成的聚苯胺（E-PANI）粉末的相对密度在 1.76 g/cm³ 左右。本征态 E-PANI 的特性黏度普遍高于 S-PANI，表明 E-PANI 的分子量比 S-PANI 的高。不过采用十二烷基苯磺酸（DBSA）掺杂 E-PANI 和 S-PANI 后，两者的电导率基本相同。

尽管在 DBSA 或大分子酸中进行苯胺原位聚合也可实现聚苯胺的水系加工，但这种原位聚合方法得到的产物很难提纯，而且在 DBSA-PANI 体系中，必须加入大大过量的 DBSA 才能实现导电聚苯胺在水中的分散性。为解决上述难题，Zou 等[151]采用辣根过氧化物酶/H_2O_2 为引发剂，在双 (2-乙己基)磺基丁二酸钠（AOT）溶液中合成聚苯胺，AOT 的临界胶束浓度较低，可起到分散和掺杂的双重作用，因而制备出可溶性导电聚苯胺。Paul 等[152]采用 3-十五烷基苯基磷酸（PDPPA）为质子酸，通过乳液聚合方法合成了易加工的导电聚苯胺。因为 3-十五烷基苯基磷酸拥有一个带有疏水的长侧链，并且带有极性的磷酸基团，因此所制备的聚苯胺很容易溶于弱极性溶剂，如二甲苯、四氢呋喃、氯仿等，所得 PANI-PDPPA 膜的电导率可达 18 S/cm。当同时采用 3-十五烷基苯酚磺酸（SPDP）和 3-十五烷基苯磺酸基磷酸（SPDPPA）为掺杂剂和乳化剂来合成聚苯胺时，可制备电导率达 65 S/cm 的导电聚苯胺薄膜[153]。

乳液聚合法也用于制备苯胺共聚物。Shreepathi 等[154]以十二烷基苯磺酸为表面活性剂、过氧化苯甲酰为氧化剂,在水/甲苯/丙酮三相体系中进行乳液聚合制备了聚苯胺(PANI)、聚邻甲基苯胺(POT)及苯胺-邻甲基苯胺共聚物,它们在氯仿中均有较好的溶解性,掺杂程度在 40%左右,其中聚苯胺的电导率为 $2.05×10^{-2}$ S/cm,聚邻甲基苯胺的电导率为 $6.72×10^{-3}$ S/cm,共聚物的电导率则在 $1.54×10^{-3}$~$2.33×10^{-4}$ S/cm之间。

通过调控苯胺的乳液聚合条件可控制聚苯胺的微观结构。万梅香等[155]采用萘磺酸(NSA)为掺杂剂和乳化剂、过硫酸铵为引发剂,在−10℃下进行苯胺的乳液聚合,反应 48 h 后制备出空心微球状结构的聚苯胺。萘磺酸与苯胺在乳液中形成两种粒子:胶束和苯胺液滴,其中胶束是苯胺的萘磺酸盐,苯胺液滴则为核壳结构,核是游离苯胺,壳是苯胺的萘磺酸盐。当在−10℃下进行苯胺的聚合反应时,胶束和苯胺液滴在冰中受到制约,整个反应在苯胺液滴和胶束表面进行,最终导致产物形成空心微球状结构和纳米管状结构。他们还以乙酸(CH_3COOH,AA)、己酸[$CH_3(CH_2)_4COOH$,HA]、月桂酸[$CH_3(CH_2)_{10}COOH$,LA]和硬脂酸[$CH_3(CH_2)_{16}COOH$,SA]等饱和脂肪酸为掺杂剂,通过控制掺杂剂与苯胺的摩尔比,用无模板法制备了聚苯胺微纳米纤维[156],直径在 190~450 nm。脂肪酸中烷基链的长度对聚苯胺纳米纤维的晶形、形态和室温电导率有较大影响,随着烷基链的增长,聚苯胺纳米纤维的直径增长。Crespy等[157,158]通过乳液聚合法,以十二烷基苯磺酸为乳化剂和掺杂剂,通过控制合成条件获得了聚苯胺空心胶囊,并将其用于负载缓蚀剂等功能性分子,实现了不同条件下的响应性释放,成功用于涂层的自修复。

除了小分子有机酸表面活性剂,两亲性的大分子有机酸也可同时作为乳化剂和掺杂剂,实现苯胺的乳液聚合。相比于小分子表面活性剂,两亲性的大分子有机酸在苯胺的聚合过程中能起到更好的尺寸和形貌调控功能,通过改变两亲大分子有机酸的亲水及亲油链段的长度或分子量及分布,可有效调节聚苯胺的溶解性和聚苯胺胶体粒子的微观形态。Bucholz 等[159]以丙烯酸甲酯(MA)为疏水单体,以 2-丙烯酰氨基-2-甲基-1-丙烷磺酸(AAMPS)为亲水单体,采用原子转移自由基聚合(atom transfer radical polymerization,ATRP)方法合成了两亲嵌段共聚物 PMA/PAAMPS,该共聚物在水溶液中能自组装形成以 PMA 为核、以 PAAMPS 为壳的胶束,以该聚合物胶束为模板诱导苯胺乳液聚合。因为 PMA/PAAMPS 共聚物同时起到掺杂剂的作用,整个聚合过程不需要加小分子酸,因而苯胺的聚合基本上都是在 PAAMPS 壳中进行,所得聚苯胺胶体粒子粒径分布均匀,保持了胶束模板的单分散性,且其粒径与共聚物胶束的粒径之间有直接关系,大小基本上是胶束模板的 7 倍。

通过调节两亲嵌段共聚物的链结构也能调控目标聚苯胺胶体粒子的形态和尺寸。以不含有酸性基团的两亲聚合物如聚己内酯-聚氧化乙烯-聚己内酯(PCL-PEO-PCL)三嵌段共聚物胶束[160]为模板进行苯胺乳液聚合,尽管需在聚合过程中加入小分子酸,此时苯胺聚合既可在 PCL-PEO-PCL 亲水性 PEO 壳层进行,也可在溶液中进行,导致聚苯胺胶体粒子尺寸分布比较宽,模板作用相对减弱。McCullough 等[161]进一步以聚丙烯酸乙酯和聚丙烯酸丁酯为嵌段聚合物的疏水单元,采用同样的方法制备了聚苯胺胶体粒子,并将破乳后的聚苯胺溶解在二氯乙酸中,通过溶液浇注方法得到了力学性能较好的导电膜,断裂伸长率为 20%~50%。

除了采用嵌段共聚物,罗静等[162,163]选择更容易制备的共聚物为模板。他们以乙烯基香豆素(VM)与亲水单体 2-丙烯酰胺基-2-甲基-1-丙磺酸(AMPS)共聚制备两亲无规光敏共聚物 P(AMPS-co-VM),以其自组装胶束为模板制备了聚苯胺胶体粒子(图 3-31),胶体粒子的大小可由胶束模板的粒径来控制,胶体粒子有很好的水分散性,粒径分布比较均匀,平均粒径在 200~250 nm 之间。由于乙烯基香豆素是光敏单体,因此与香豆素类似,所制备的聚苯胺胶体粒子具有可逆的光二聚/解二聚行为。不过与 P(AMPS-co-VM)胶束模板的简单光二聚略有差别的是,PANI/P(AMPS-co-VM)纳米粒子在经 365 nm 紫外光照交联后粒径减小的程度比胶束模板小,可能是由于聚苯胺刚性链的存在阻碍了香豆素基元相互靠近发生光二聚反应,从而降低了交联程度,直观地表现为粒径变化程度降低。该聚苯胺胶体粒子具有良好的水分散性和光敏性,因此可作为乳化剂来制备 Pickering 乳液[164],进而将其用于分子印迹母体来制备分子印迹导电聚苯胺纳米粒子[165],有望构筑高选择性和高灵敏性的电化学传感器。

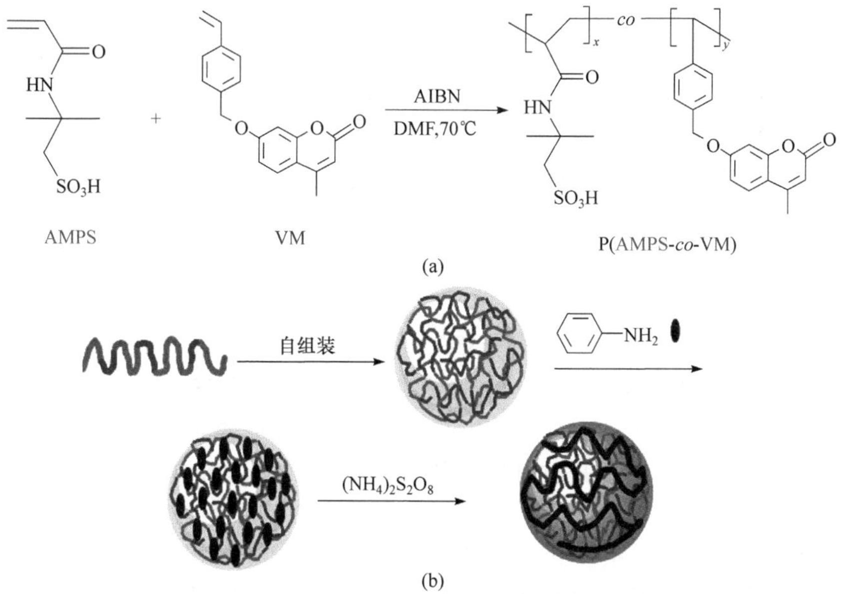

图 3-31 两亲无规光敏共聚物 P(AMPS-co-VM)的合成图(a)以及以其自组装胶束为模板制备聚苯胺胶体粒子合成示意图(b)[164](见书末彩图)

　　乳液聚合虽然有水分散、粒径可控等优点，但是聚苯胺与其他副产物共存于乳液中，反应产物不易直接分离，需经破乳和反复洗涤等后处理过程才能实现聚苯胺的纯化，限制了其进一步应用。

3.5.3　反相微乳液法合成导电聚苯胺纳米胶粒

　　反相微乳液聚合是乳液聚合派生出来的聚合方法，即以非极性介质为连续相，以反应物的水溶液为分散相，在相互隔离的微小水池中形成单一的粒子。除了在成核机理和聚合动力学方面与常规乳液聚合不同之外，反相乳液聚合还有一些优于常规乳液聚合法的特点，如聚合速率快、产物固含量高、分子量大且分布窄、反应条件温和容易控制等，而且通过反相微乳液法制备的胶体粒子的粒径小且均匀。

　　在苯胺的聚合体系中，加入适量的乳化剂和助乳化剂，可得到以苯胺盐酸盐为水相，正己烷为分散介质的反相微乳液(W/O)，乳化剂在有机溶剂中自发形成有序聚集体，是单相、透明或半透明、各向同性的热力学稳定体系，由乳化剂分子的极性端基聚集而成的极性核中能溶解一定量的水，形成微型"水池"，利用"水池"的微环境作用，使苯胺溶解于酸性"水池"中，这个水滴中的苯胺含量决定了最终形成的聚苯胺粒子的尺寸，由于每个水滴中所含苯胺的量是有限的，因此最终形成的聚苯胺胶体粒子可以很小。当加入氧化剂过硫酸铵水溶液时，过硫酸铵分子扩散进含有苯胺的水相而发生氧化聚合反应生成聚苯胺。在每一个微小水滴中，所发生的过程与溶液法合成聚苯胺的情况类似。一般在滴加完过硫酸铵溶液60 min 后，聚苯胺的产率趋于恒定，即反应基本完成。由于体系在整个聚合过程中一直处于微乳液区，因此聚苯胺并不会沉淀析出，可得到长期稳定的聚苯胺乳液，聚苯胺粒子细小，且呈均匀的球形。不过随水相与乳化剂质量比增大，体系中胶束体积变大，其中所包含的反应物苯胺的量增加，所得的聚苯胺胶体的粒径也增大。Rao 等[165]在以聚氧乙烯烷基苯基醚(Triton-X100)/ 正己醇为乳化剂的苯胺反相微乳液聚合中，水相与乳化剂质量比为 0.335 和 1.09 时，所得聚苯胺胶体粒子的平均粒径分别为 10 nm 和 20 nm。

　　Rao 等[166]选择过氧化苯甲酰为氧化剂，十二烷基硫酸钠(SLS)为乳化剂，磺基水杨酸(SSA)为掺杂剂，采用反相微乳液聚合法制备了 SSA 掺杂的聚苯胺胶体粒子，电导率达到 2.53 S/cm。而采用 APS 为氧化剂合成的 PANI-SSA 的电导率仅为 2×10^{-2} S/cm，原因可能是过氧化苯甲酰为氧化剂所合成的 PANI-SSA 的结晶性更好。他们进一步采用硫酸、樟脑磺酸(CSA)、对甲苯磺酸(PTSA)作为掺杂剂，利用反相乳液聚合法也制备出 PANI-H$_2$SO$_4$、PANI-CSA、PANI-PTSA 胶体粒子，但是电导率只在 0.3~0.9 S/cm 之间。此外，利用反相乳液共聚法还合成了苯胺-间氨基苯磺酸共聚物、邻甲氧基苯胺-邻氨基苯磺酸共聚物(POT-AA)、邻甲氧基苯胺-间氨基苯磺酸共聚物(POT-MAB)、间甲氧基苯胺-邻氨基苯磺酸共聚物(PMT-AA)、间甲基苯胺-间氨基苯磺酸共聚物(PMT-MAB)等[167-169]，这些共聚物均具有很好的溶解性，电导率也比较高。

文献上有很多采用反相微乳液法合成聚苯胺胶粒的报道。例如，Shreepathi 等[170]以十二烷基苯磺酸(DBSA)为掺杂剂，以过氧化甲酰胺为氧化剂，以甲苯-丙醇-水作为溶剂通过反相乳液聚合制备了聚苯胺，可在氯仿中完全溶解。Palaniappan 等[171]以马来酸和十二烷基苯磺酸为共掺杂剂，以过氧化甲酰胺为氧化剂，以氯仿-水为溶剂采用反相乳液聚合制备出聚苯胺胶体粒子，直径在 200 nm 左右，聚苯胺粉末即使干燥后也可溶解于 DMSO、DMF、NMP 等极性有机溶剂中，最大溶解度可达 6wt%，电导率为 0.1 S/cm。Ahmed 等[172]以非极性的正己烷为连续相，以十二烷基硫酸钠为表面活性剂、正丁醇为助表面活性剂，通过反相微乳液聚合制备了聚苯胺纳米胶粒，粒径在 20～50 nm 之间，电导率在 0.6 S/cm 左右。

3.5.4　自组装法制备聚苯胺胶体粒子

除了传统的分散聚合和乳液聚合，也可采用自组装方法制备聚苯胺胶体粒子。自组装方法是通过分子间非共价键的弱相互作用构筑微米级或纳米级材料，该方法通常采用大分子自组装得到不同形貌的微纳结构，其中的大分子包括嵌段共聚物、两亲无规共聚物、生物大分子等。不过，与传统的柔性结构聚合物不同，聚苯胺是主链刚性的聚合物，较难通过自组装方法形成微纳结构，因此相应的报道比较少。

这方面的一个例子是采用聚苯胺链段与其他链段共聚方法得到两亲的聚苯胺共聚物，共聚物的亲疏水性使其在水中能自组装形成不同形态的聚苯胺纳米结构。Ma 等[173]制备了 PANI-PEG-PANI 三嵌段共聚物，其链上既有聚苯胺(PANI)刚性基团，又有聚乙二醇(PEG)柔性亲水基团，因此能够在水中自组装成不同形态的纳米结构，根据共聚物中聚苯胺含量的不同，在聚苯胺含量很低时主要形成粒径约为 90 nm 的球形核壳胶束，随着聚苯胺含量的增加，逐步成为长 400～800 nm、直径约为 30 nm 的棒状结构，棒状结构聚集形成网状结构，最后变成球形胶束。

更简单直接的方法是采用聚苯胺与两亲大分子共组装的形式来获得聚苯胺胶体粒子，该方法不需要花费大量时间和精力去合成两亲的聚苯胺共聚物。Palanisamy 等[174]研究了刚性聚苯胺在溶液中与聚甲基丙烯酸甲酯-聚丙烯酸嵌段共聚物(PMMA-*b*-PAA)的自组装行为，如图 3-32 所示，PMMA-*b*-PAA 在亲水和疏水作用力下很容易在水中自组装形成胶束，由于 PMMA-*b*-PAA 中羧酸可与聚苯胺的亚胺或氨基发生作用，在聚苯胺链上形成自由基阳离子，而 PMMA-*b*-PAA 则以阴离子形式存在，阴阳离子的静电作用使聚苯胺链段参与到 PMMA-*b*-PAA 的自组装行为中，形成多种形态的水分散胶体粒子。随着苯胺单元与羧酸单元的比例([ANI]/[AA])从 0.1 增加到 0.7，PANI/PMMA-*b*-PAA 分别形成薄壁囊泡、多胶束囊泡和不规则囊泡等形态。他们还采用聚苯乙烯-聚丙烯酸嵌段共聚物(PS-*b*-PAA)与 PANI 在溶液中进行自组装[175]。值得指出的是，不含羧基的聚苯乙烯-聚氧化乙烯嵌段共聚物(PS-*b*-PEO)因未能形成阴阳离子，不产生静电作用，因此很难与PANI进行自组装。

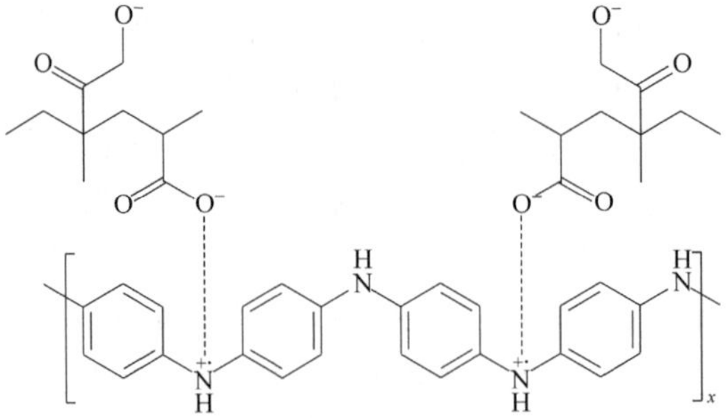

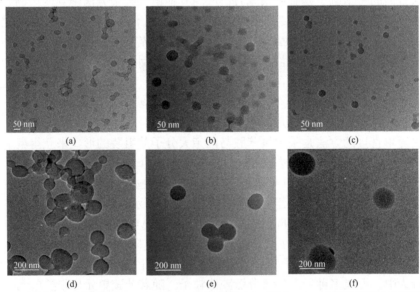

图 3-32　PMMA-*b*-PAA 嵌段共聚物与 PANI 的静电作用[174]

　　两亲嵌段共聚物通常采用原子转移自由基聚合(ATRP)、可逆加成-断裂链转移聚合(RAFT)等活性聚合方法进行制备，制备和分离过程比较复杂。与嵌段共聚物相比，无规共聚物的合成更为简单。罗静等[176]以丙烯酸(AA)、*N*-乙烯基吡咯烷酮(VP)和苯乙烯(St)为单体，通过简单的自由基共聚法合成了两亲无规共聚物P(AA-*co*-VP-*co*-St)，研究了其与 PANI 在水溶液中的共组装行为。向含有 P(AA-*co*-VP -*co*-St)与 PANI 的 *N,N*-二甲基乙酰胺(DMAc)溶液中滴加不良溶剂(水)，诱导P(AA-*co*-VP-*co*-St)与 PANI 一起组装形成 PANI 胶体粒子，该胶体粒子在水中具有较好的分散性。所制备的聚苯胺胶体粒子为球形，粒径在 100～250 nm 之间(图 3-33)。

图 3-33　不同 AA 含量的 P(AA-*co*-VP-*co*-St)胶束的 TEM 图(a、b、c)以及相应共组装聚苯胺
胶体粒子的 TEM 图(d、e、f)[176]

(a)22%；(b)30%；(c)47%；(d)22%；(e)30%；(f)47%

尽管亲水单体 AA 的含量对 P（AA-*co*-VP-*co*-St）胶束粒径影响较小，但改变 AA 含量可以对 PANI 胶体粒子的粒径进行调控。

3.6 展望

本章详细介绍了通过改善聚苯胺的溶解性或分散性以实现其溶液或熔融加工的方法。对本征态聚苯胺而言，尽管已经在多种溶剂中实现了溶液加工，但溶液加工的工业化机会并不多，主要是因为无论是聚苯胺还是其可溶性衍生物，在几类溶剂中的溶解度还是较低，只能停留在实验室阶段，还不足以进行大规模的工业化应用。对导电态聚苯胺而言，目前已经发展出多种方法实现其溶液加工和熔融加工，如掺杂剂对离子诱导加工、共聚改性、乳液/反相乳液聚合方法等，均能显著改善聚苯胺的溶解性、可分散性，进而实现聚苯胺的溶液或熔融加工。但是化学改性后聚苯胺的长链共轭程度急剧下降，导电性能和电化学活性均大幅低于未改性的聚苯胺。聚苯胺的乳液加工是一个重要的研究方向，不管是乳液聚合还是反相乳液聚合，都为制备高分子量、结构规整的聚苯胺提供了可行性，自组装方法则还是处于基础研究阶段，未来的趋势是进一步简化合成和纯化方法，提高乳液中导电聚苯胺的含量，进一步改善乳液的稳定性，提高其导电性能。

目前聚苯胺已经被认为是可以进行溶液加工或熔融加工的导电高分子。但是综合各方面因素，基于掺杂剂对离子诱导致可溶或可分散方法最具应用价值，因为该方法不需要对聚苯胺进行修饰，只是集中在掺杂剂的设计上就能保持，甚至提高聚苯胺的电导率。更为重要的是，可溶性导电聚苯胺只是为聚苯胺的结构和性能的基础研究提供了巨大便利，因为"溶解体系"通常用于相关的基础研究，为了实现工业应用，必须改善溶液加工的效率，因此需要提高体系中聚苯胺含量，而这个要求只有"分散体系"才能实现。

参 考 文 献

[1] Armes S P, Aldissi M. Novel colloidal dispersons of polyaniline. Journal of the Chemical Society, Chemical Communications, 1989, （2）: 88～89.

[2] Armes S P, Aldissi M, Agnew S, et al. Aqueous colloidal dispersions of polyaniline formed by using poly（vinylpyridine）-based steric stabilizers. Langmuir, 1990, 6 （12）: 1745～1749.

[3] Cao Y, Smith P, Heeger A J. Conjugated polymeric materials: Opportunities in electronics//Brédas J L, Chance R R. Optoelectronics and Molecular Electronics. Dordrecht: Kluwer Academic Publishers, 1990: 182.

[4] Monkman A P, Adams P. Stretch aligned polyaniline films. Solid State Communications, 1991, 78（1）: 29～31.

[5] Monkman A P, Adams P. Optical and electronic properties of stretch-oriented solution-cast

polyaniline films. Synthetic Metals, 1991, 40 (1): 87~96.

[6] Angelopoulos M, Patel N, Saraf R. Amic acid doping of polyaniline: Characterization and resulting blends. Synthetic Metals, 1993, 55 (2): 1552~1557.

[7] Tzou K T, Gregory R V. Improved solution stability and spinnability of concentrated polyaniline solutions using *N,N'*-dimethyl propylene urea as the spin bath solvent. Synthetic Metals, 1995, 69 (1): 109~112.

[8] Andreatta A, Cao Y, Chiang J C, et al. Electrically-conductive fibers of polyaniline spun from solutions in concentrated sulfuric acid. Synthetic Metals, 1988, 26 (4): 383~389.

[9] Zhang Q, Jin H, Wang X, et al. Morphology of conductive blend fibers of polyaniline and polyamide-11. Synthetic Metals, 2001, 123 (3): 481~485.

[10] Cao Y, Smith P, Heeger A J. Counter-ion induced processibility of conducting polyaniline and of conducting polyblends of polyaniline in bulk polymers. Synthetic Metals, 1992, 48 (1): 91~97.

[11] Cao Y, Smith P, Heeger A J. Counter-ion induced processibility of conducting polyaniline. Synthetic Metals, 1993, 57 (1): 3514~3519.

[12] Ikkala O T, Lindholm T M, Ruohonen H, et al. Phase behavior of polyaniline/dodecyl benzene sulphonic acid mixture. Synthetic Metals, 1995, 69 (1): 135~136.

[13] Athawale A A, Kulkarni M V, Chabukswar V V. Studies on chemically synthesized soluble acrylic acid doped polyaniline. Materials Chemistry and Physics, 2002, 73 (1): 106~110.

[14] Kinlen P J, Liu J, Ding Y, et al. Emulsion polymerization process for organically soluble and electrically conducting polyaniline. Macromolecules, 1998, 31 (6): 1735~1744.

[15] Dominis A J, Spinks G M, Kane-Maguire L A P, et al. A de-doping/re-doping study of organic soluble polyaniline. Synthetic Metals, 2002, 129 (2): 165~172.

[16] Jayakannan M, Anilkumar P, Sanju A. Synthesis and characterization of new azobenzenesulfonic acids doped conducting polyaniline. European Polymer Journal, 2006, 42 (10): 2623~2631.

[17] Rao C R K, Muthukannan R, Vijayan M. Studies on biphenyl disulphonic acid doped polyanilines: Synthesis, characterization and electrochemistry. Bulletin of Materials Science, 2012, 35 (3): 405~414.

[18] Jousseaume V, Morsli M, Bonnet A, et al. X-ray photoelectron spectroscopy of conducting polyaniline and polyaniline-polystyrene blends. Journal of Applied Polymer Science, 1998, 67 (7): 1209~1214.

[19] Cao Y, Treacy G M, Smith P, et al. Optical-quality transparent conductive polyaniline films. Synthetic Metals, 1993, 57 (1): 3526~3531.

[20] Yang C, Cao Y, Smith P, et al. Morphology of conductive, solution-processed blends of polyaniline and poly (methyl methacrylate). Synthetic Metals, 1993, 53 (3): 293~301.

[21] Basheer R A, Hopkins A R, Rasmussen P G. Dependence of transition temperatures and enthalpies of fusion and crystallization on composition in polyaniline/nylon blends. Macromolecules, 1999, 32 (14): 4706~4712.

[22] Saad A L G, Hussien L I, Ahmed M G M, et al. Studies of electrical and mechanical properties of semiconductive poly (vinyl chloride) compositions. Journal of Applied Polymer Science, 1998, 69 (4): 685~693.

[23] Elyashevich G K, Kozlov A G, Gospodinova N, et al. Combined polyethylene-polyaniline membranes. Journal of Applied Polymer Science, 1997, 64 (13): 2665~2666.

[24] Goh S H, Chan H S O, Ong C H. Miscibility of polyaniline/poly (vinyl acetate) blends. Polymer, 1996, 37 (13): 2675~2679.

[25] Leyva M E, Barra G M O, Soares B G. Conductive polyaniline-SBS blends prepared in solution. Synthetic Metals, 2001, 123 (3): 443~449.

[26] Lee W J, Kim Y J, Kaang S. Electrical properties of polyaniline/sulfonated polycarbonate blends. Synthetic Metals, 2000, 113 (3): 237~243.

[27] 许菲菲, 蔡志江. 静电纺丝制备聚苯胺及其复合导电纳米纤维的研究进展. 高分子通报, 2013, 10: 21~27.

[28] Norris I D, Shaker M M, Ko F K, et al. Electrostatic fabrication of ultrafine conducting fibers: Polyaniline-polyethylene oxide blends. Synthetic Metals, 2000, 114 (2): 109~114.

[29] Lin Q Q, Li Y, Yang M J. Polyaniline nanofiber humidity sensor prepared by electrospinning. Sensor Actuators B: Chemical, 2012, 161 (1): 967~972.

[30] Zhang Y, Rutledge G C. Electrical conductivity of electrospun polyaniline and polyaniline-blend fibers and mats. Macromolecules, 2012, 45 (10): 4238~4246.

[31] Panthi G, Barakat N A M, Hamza A M, et al. Polyaniline-poly (vinyl acetate) electrospun nanofiber mats as novel organic semiconductor material. Science of Advanced Materials, 2012, 4 (11): 1118~1126.

[32] Fryczkowski R, Gorczowska M, Fryczkowska B, et al. The effect of solvent on the properties of nanofibres obtained by electrospinning from a mixture of poly (3-hydroxybutyrate) and polyaniline. Synthetic Metals, 2013, 166 (1): 14~21.

[33] Zhu Y, Zhang J, Zheng Y, et al. Stable, superhydrophobic, and conductive polyaniline/polystyrene films for corrosive environments. Advanced Functional Materials, 2006, 16: 568~574.

[34] Hong K H, Kang T J. Polyaniline-nylon 6 composite nanowires prepared by emulsion polymerization and electrospinning process. Applied Polymer Science, 2010, 99 (3): 1277~1286.

[35] Picciani P H S, Medeiros E S, Pan Z, et al. Development of conducting polyaniline/poly (lactic acid) nanofibers by electrospinning. Journal of Applied Polymer Science, 2010, 112 (2): 744~753.

[36] Bhang S H, Jeong S I, Lee T J, et al. Electroactive electrospun polyaniline/poly[(L-lactide)-*co*-(ε-caprolactone)] fibers for control of neural cell function. Macromolecular Bioscience, 2012, 12 (3): 402~411.

[37] Li M, Guo Y, Wei Y, et al. Electrospinning polyaniline-contained gelatin nanofibers for tissue engineering applications. Biomaterials, 2006, 27 (13): 2705~2715.

[38] Hong C H, Ki S J, Jeon J H, et al. Electroactive bio-composite actuators based on cellulose acetate nanofibers with specially chopped polyaniline nanoparticles through electrospinning. Composites Science Technology, 2013, 87 (9): 135~141.

[39] Hwang J H, Yang S C. Morphological modification of polyaniline using polyelectrolyte template molecules. Synthetic Metals, 1989, 29 (1): 271~276.

[40] Kang Y, Lee M H, Rhee S B. Electrochemical properties of polyaniline doped with

poly (styrenesulfonic acid). Synthetic Metals, 1992, 52 (3): 319~328.

[41] Malhotra B D, Ghosh S, Chandra R. Polyaniline/polymeric acid composite, a novel conducting rubber. Journal of Applied Polymer Science, 1990, 40 (5~6): 1049~1052.

[42] Moon H S, Park J K. Structural effect of polymeric acid dopants on the characteristics of doped polyaniline composites: Effect of hydrogen bonding. Journal of Polymer Science Part A: Polymer Chemistry, 1998, 36 (9): 1431~1439.

[43] Lee C W, Seo Y H, Lee S H. A soluble polyaniline substituted with *t*-BOC: Conducting patterns and doping. Macromolecules, 2004, 37 (11): 4070~4074.

[44] Wang P, Tan K L, Zhang F, et al. Synthesis and characterization of poly (ethylene glycol)-grafted polyaniline. Chemistry of Materials, 2001, 13 (2): 581~587.

[45] Massoumi B, Badalkhani O, Gheybi H, et al. Poly (*N*-octadecylaniline) synthesis and its electrochemical parametric characterizations. Iranian Polymer Journal, 2011, 20: 779~793.

[46] Massoumi B, Badalkhani O, Gheybi H, et al. Chemical modification of nano-structured polyaniline by *N*-grafting of hexadecylbromide. Designed Monomers and Polymers, 2012, 15 (4): 357~368.

[47] Massoumi B, Abdollahi M, Shabestari S J, et al. Preparation and characterization of polyaniline *N*-grafted with poly (ethyl acrylate) synthesized via atom transfer radical polymerization. Journal of Applied Polymer Science, 2013, 128 (1): 47~53.

[48] Gheybi H, Abbasian M, Moghaddam P N, et al. Chemical modification of polyaniline by *N*-grafting of polystyrene synthesized via ATRP. Journal of Applied Polymer Science, 2007, 106 (5): 3495~3501.

[49] Ghorbani M, Gheybi H, Entezami A A. Synthesis of water-soluble and conducting polyaniline by growing of poly (*N*-isopropylacrylamide) brushes via atom transfer radical polymerization method. Journal of Applied Polymer Science, 2012, 123 (4): 2299~2308.

[50] Teh C H, Rasid R, Daik R, et al. DGEBA-grafted polyaniline: Synthesis, characterization and thermal properties. Journal of Applied Polymer Science, 2011, 121 (1): 49~58.

[51] Hatamzadeh M, Mahyar A, Jaymand M. Chemical modification of polyaniline by *N*-grafting of polystyrenic chains synthesized via nitroxide-mediated polymerization. Journal of the Brazilian Chemical Society, 2012, 23 (6): 1008~1017.

[52] Cataldo F, Maltese P. Synthesis of alkyl and *N*-alkyl-substituted polyanilines: A study on their spectral properties and thermal stability. European Polymer Journal, 2002, 38 (9): 1791~1803.

[53] 马利, 汤琪. 共聚态聚苯胺的合成及性能. 高分子材料科学与工程, 2003, 19 (6): 76~79.

[54] Goto H, Akagi K. Synthesis and properties of polyaniline derivatives with liquid crystallinity. Macromolecules, 2002, 35 (7): 2545~2551.

[55] Swaruparani H, Basavaraja S, Basavaraja C, et al. A new approach to soluble polyaniline and its copolymers with toluidines. Journal of Applied Polymer Science, 2010, 117 (3): 1350~1360.

[56] Baek S, Ree J J, Ree M. Synthesis and characterization of conducting poly (aniline-*co*-*o*-aminophenethyl alcohol). Journal of Polymer Science Part A: Polymer Chemistry, 2002, 40 (8): 983~994.

[57] Shadi L, Gheybi H, Entezami A A, et al. Synthesis and characterization of *N*- and *O*-alkylated poly[aniline-*co*-*N*-(2-hydroxyethyl) aniline]. Journal of Applied Polymer Science, 2012, 124 (3):

2118~2126.

[58] Kim E M, Jung C K, Choi E Y, et al. Highly conductive polyaniline copolymers with dual-functional hydrophilic dioxyethylene side chains. Polymer, 2011, 52(20): 4451~4455.

[59] Román P, Cruz-Silva R, Vazquez-Duhalt R. Peroxidase-mediated synthesis of water-soluble fully sulfonated polyaniline. Synthetic Metals, 2012, 162(9): 794~799.

[60] Ahlskog M, Isotalo H, Ikkala O, et al. Heat-induced transition to the conducting state in polyaniline/dodecylbenzenesulfonic acid complex. Synthetic Metals, 1995, 69(1): 213~214.

[61] Laska J, Proń A, Zagorska M, et al. Thermally processable conducting polyaniline. Synthetic Metals, 1995, 69(1): 113~115.

[62] Saini P, Jalan R, Dhawan S K. Synthesis and characterization of processable polyaniline doped with novel dopant NaSIPA. Journal of Applied Polymer Science, 2008, 108(3): 1437~1446.

[63] Yoon C O, Reghu M, Moses D, et al. Electrical transport in conductive blends of polyaniline in poly(methyl methacrylate). Synthetic Metals, 1994, 63(1): 47~52.

[64] Ikkala O T, Laakso J, Väkiparta K, et al. Counter-ion induced processibility of polyaniline: Conducting melt processible polymer blends. Synthetic Metals, 1995, 69(1): 97~100.

[65] Barra G M O, Leyva M E, Soares B G, et al. Solution-cast blends of polyaniline-DBSA with EVA copolymers. Synthetic Metals, 2002, 130(3): 239~245.

[66] Kaiser A B, Liu C J, Gilberd P W, et al. Comparison of electronic transport in polyaniline blends, polyaniline and polypyrrole. Synthetic Metals, 1997, 84(1~3): 699~702.

[67] Kaiser A B, Subramaniam C K, Gilberd P W, et al. Electronic transport properties of conducting polymers and polymer blends. Synthetic Metals, 1995, 69(1): 197~200.

[68] Subramaniam C K, Kaiser A B, Gilberd P W, et al. Conductivity and thermopower of blends of polyaniline with insulating polymers (PETG and PMMA). Solid State Communications, 1996, 97(3): 235~238.

[69] Yue J, Epstein A J. Synthesis of self-doped conducting polyaniline. Journal of the American Chemical Society, 1990, 112(7): 2800~2801.

[70] Kitani A, Satoguchi K, Tang H Q, et al. Eletrosynthesis and properties of self-doped polyaniline. Synthetic Metals, 1995, 69(1): 129~130.

[71] Wei X L, Wang Y Z, Long S M, et al. Synthesis and physical properties of highly sulfonated polyaniline. Journal of the American Chemical Society, 1996, 118(11): 2545~2555.

[72] Chen S A, Hwang G W. Structure characterization of self-acid-doped sulfonic acid ring-substituted polyaniline in its aqueous solutions and as solid film. Macromolecules, 1996, 29(11): 3950~3955.

[73] Chen S A, Hwang G W. Water-soluble self-acid-doped conducting polyaniline: Structure and properties. Journal of the American Chemical Society, 1995, 117(40): 10055~10062.

[74] Hua M Y, Su Y N, Chen S A. Water-soluble self-acid-doped conducting polyaniline: Poly(aniline-*co*-*N*-propylbenzenesulfonic acid-aniline). Polymer, 2000, 41(2): 813~815.

[75] Hua F, Ruckenstein E. Synthesis of a water-soluble diblock copolymer of polysulfonic diphenyl aniline and poly(ethylene oxide). Journal of Polymer Science Part A: Polymer Chemistry, 2004, 42(9): 2179~2191.

[76] Li Z F, Ruckenstein E. Grafting of poly(ethylene oxide) to the surface of polyaniline films through

a chlorosulfonation method and the biocompatibility of the modified films. Journal of Colloid and Interface Science, 2004, 269(1): 62~71.

[77] DeArmitt C, Armes S P, Winter J, et al. A novel *N*-substituted polyaniline derivative. Polymer, 1993, 34(1): 158~162.

[78] Nguyen M T, Diaz A F. Water-soluble conducting copolymers of *o*-aminobenzyl alcohol and diphenylamine-4-sulfonic acid. Macromolecules, 1994, 27(23): 7003~7005.

[79] Chan H S O, Ho P K H, Ng S C, et al. A new water-soluble, self-doping conducting polyaniline from poly(*o*-aminobenzylphosphonic acid) and its sodium salts: Synthesis and characterization. Journal of the American Chemical Society, 1995, 117(33): 8517~8523.

[80] Alva K S, Marx K A, Kumar J, et al. Biochemical synthesis of water soluble polyanilines: Poly(*p*-aminobenzoic acid). Macromolecular Rapid Communications, 1996, 17(12): 859~863.

[81] Alva K S, Kumar J, Marx K A, et al. Enzymatic synthesis and characterization of a novel water-soluble polyaniline: Poly(2,5-diaminobenzenesulfonate). Macromolecules, 1997, 30(14): 4024~4029.

[82] Shimizu S, Saitoh T, Uzawa M, et al. Synthesis and applications of sulfonated polyaniline. Synthetic Metals, 1997, 85(1): 1337~1338.

[83] Nguyen M T, Diaz A F. Water-soluble poly(aniline-*co*-*o*-anthranilic acid) copolymers. Macromolecules, 1995, 28(9): 3411~3415.

[84] Yang Y, Min Y, Wu J C, et al. Synthesis and characterization of cytocompatible sulfonated polyanilines. Macromolecular Rapid Communications, 2011, 32(12): 887~892.

[85] Deore B A, Yu I, Freund M S. A switchable self-doped polyaniline: Interconversion between self-doped and non-self-doped forms. Journal of the American Chemical Society, 2004, 126(1): 52~53.

[86] Deore B A, Yu I, Aguiar P M, et al. Highly cross-linked, self-doped polyaniline exhibiting unprecedented hardness. Chemistry of Materials, 2005, 17(15): 3803~3805.

[87] Deore B A, Yu I, Woodmass J, et al. Conducting poly(anilineboronic acid) nanostructures: Controlled synthesis and characterization. Macromolecular Chemistry and Physics, 2008, 209(11): 1094~1105.

[88] Deore B A, Freund M S. Self-doped polyaniline nanoparticle dispersions based on boronic acid-phosphate complexation. Macromolecules, 2008, 42(1): 164~168.

[89] Marmisollé W A, Maza E, Moya S, et al. Amine-appended polyaniline as a water dispersible electroactive polyelectrolyte and its integration into functional self-assembled multilayers. Electrochimica Acta, 2016, 210: 435~444.

[90] 马会茹, 官建国, 柳娜, 等. PEG 链段对聚乙二醇接枝聚苯胺结构与性能的影响. 高分子学报, 2006, 1(1): 92~96.

[91] Hua F, Ruckenstein E. Preparation of densely grafted poly(aniline-2-sulfonic acid-*co*-aniline)s as novel water-soluble conducting copolymers. Journal of Polymer Science Part A: Polymer Chemistry, 2005, 43(5): 1090~1099.

[92] Wang H, Wen H, Hu B, et al. Facile approach to fabricate waterborne polyaniline nanocomposites with environmental benignity and high physical properties. Scientific Reports, 2017, 7: 43694.

[93] Davey J M, Too C O, Ralph S F, et al. Conducting polyaniline/calixarene salts: Synthesis and

properties. Macromolecules, 2000, 33(19): 7044~7050.

[94] Geng Y H, Sun Z C, Li J, et al. Water soluble polyaniline and its blend films prepared by aqueous solution casting. Polymer, 1999, 40(20): 5723~5727.

[95] Sun Z C, Wang X H, Li J, et al. Preparation and properties of water-based conducting polyaniline. Synthetic Metals, 1999, 102(1): 1224~1225.

[96] Wang Y J, Wang X H, Zhao X J, et al. Conducting polyaniline confined in semi-interpenetrating networks. Macromolecular Rapid Communications, 2002, 23(2): 118~121.

[97] Wang Y J, Wang X H, Li J, et al. Conductive polyaniline/silica hybrids from sol-gel process. Advanced Materials, 2001, 13(20): 1582~1585.

[98] Wang Q G, Liu N J, Wang X S, et al. Conductive hybrids from water-borne conductive polyaniline and (3-glycidoxypropyl)trimethoxysilane. Macromolecules, 2003, 36(15): 5760~5764.

[99] Luo J, Wang X H, Li J, et al. Electrostatic interaction hybrids from water-borne conductive polyaniline and inorganic precursor containing carboxyl group. Chinese Journal of Polymer Sciences, 2007, 2: 181~186.

[100] Luo J, Wang X H, Li J, et al. Water resistant conducting hybrids from elelctrostatic interaction. Journal of Polymer Sciences, Polymer Chemistry, 2007, 45: 1424~1431.

[101] Luo J, Wang X H, Li J, et al. Extending electrochemical activity of polyaniline to alkaline media via electrostatic interaction and sol-gel route. Electrochemistry Communications, 2007, 9 (5): 1175~1179.

[102] Luo J, Wang X H, Li J, et al. Conductive hybrid film from polyaniline and polyurethane-silica. Polymer, 2007, 48(15): 4368~4374.

[103] Luo J, Zhang H M, Wang X H, et al. Stable aqueous dispersion of conducting polyaniline with high electrical conductivity. Macromolecules, 2007, 40(23): 8132~8135.

[104] Zhang H M, Wang X H, Li J, et al. Conducting polyaniline film from aqueous dispersion: Crystallizable side chain forced lamellar structure for high conductivity. Polymer, 2009, 50(12): 2674~2679.

[105] Zhang H M, Lu J, Wang X H. From amorphous to crystalline: Practical way to improve electrical conductivity of water-borne conducting polyaniline. Polymer, 2011, 52(14): 3059~3064.

[106] Zhang H M, Wang X, Li J, et al. Facile synthesis of polyaniline nanofibers using pseudo-high dilution technique. Synthetic Metals, 2009, 159: 1508~1511.

[107] Zhang H M, Chen Y, Wang X H, et al. Aqueous dispersed polyaniline nano wires for electrode material of supercapacitor. ACTA Polymerica Sinica, 2012, 5: 498~502.

[108] Zhang H M, Zhao Q, Zhou S P, et al. Aqueous dispersed conducting polyaniline nanofibers: Promising high specific capacity electrode materials for supercapacitor. Journal of Power Sources, 2011, 196(23): 10484~10489.

[109] Lu Q, Zhao Q, Zhang H M, et al. Water dispersed conducting polyaniline nanofibers for high-capacity rechargeable lithium-oxygen battery. ACS Macro Letters, 2013, 2(2): 92~95.

[110] Zhang H M, Li Y P, Wang X H, et al. A facile route to hollow microspherical polyaniline. Polymer, 2011, 52(19): 4246~4252.

[111] Shi X, Lu A, Cai J, et al. Rheological behaviors and miscibility of mixture solution of polyaniline

and cellulose dissolved in an aqueous system. Biomacromolecules, 2012, 13(8): 2370~2378.

[112] Shi X, Hu Y, Tu K, et al. Electromechanical polyaniline-cellulose hydrogels with high compressive strength. Soft Matter, 2013, 9(42): 10129~10134.

[113] Shi X, Hu Y, Fu F, et al. Construction of PANI-cellulose composite fibers with good antistatic properties. Journal of Materials Chemistry A, 2014, 2(21): 7660~7673.

[114] Wu X M, Wang X H, Ji L, et al. Preparation and electrical-magnetic properties of polyaniline doped with ionic ferrocenesulfonic acid. Synthetic Metals, 2007, 157(4): 176~181.

[115] Wu X M, Wang X H, Ji L, et al. Magnetic behavior of polyaniline doped with oxidized ferrocenesulfonic acid. Synthetic Metals, 2007, 157(4): 182~185.

[116] Shao L, Qiu J, Liu M, et al. Synthesis and characterization of water-soluble polyaniline films. Synthetic Metals, 2011, 161(9): 806~811.

[117] Masdarolomoor F, Innis P C, Ashraf S, et al. Nanocomposites of polyaniline/poly(2-methoxyaniline-5-sulfonic acid). Macromolecular Rapid Communications, 2006, 27(23): 1995~2000.

[118] Boeva Z A, Pyshkina O A, Lezov A A, et al. Matrix synthesis of water-soluble polyaniline in the presence of polyelectrolytes. Polymer Science Series C, 2010, 52(1): 35~43.

[119] Syed J A, Tang S, Lu H, et al. Water-soluble polyaniline-polyacrylic acid composites as efficient corrosion inhibitors for 316SS. Industrial & Engineering Chemistry Research, 2015, 54(11): 2950~2959.

[120] Shao L, Qiu J H, Feng H X, et al. Structural investigation of lignosulfonate doped polyaniline. Synthetic Metals, 2009, 159(17): 1761~1766.

[121] Zheng J, Ma L, Gan M, et al. Facile preparation of soluble and conductive polyaniline in the presence of lignosulfonate and a constant magnetic field (0.4 T). Journal of Applied Polymer Science, 2014, 131(13): 40467~40473.

[122] Roy S, Fortier J M, Nagarajan R, et al. Biomimetic synthesis of a water soluble conducting molecular complex of polyaniline and lignosulfonate. Biomacromolecules, 2002, 3(5): 937~941.

[123] Huh D H, Chae M, Bae W J, et al. A soluble self-doped conducting polyaniline graft copolymer as a hole injection layer in polymer light-emitting diodes. Polymer, 2007, 48(25): 7236~7240.

[124] Sun L F, Liu H B, Clark R, et al. Doublestrand polyaniline. Synthetic Metals, 1997, 84(1~3): 67~68.

[125] Samuelson L A, Anagnostopoulos A, Alva K S, et al. Biologically derived conducting and water soluble polyaniline. Macromolecules, 1998, 31(13): 4376~4378.

[126] Liu W, Kumar J, Tripathy S, et al. Enzymatically synthesized conducting polyaniline. Journal of the American Chemical Society, 1999, 121(1): 71~78.

[127] Karamyshev A V, Shleev S V, Koroleva O V, et al. Laccase-catalyzed synthesis of conducting polyaniline. Enzyme and Microbial Technology, 2003, 33(5): 556~564.

[128] Sakharov I Y, Vorobiev A C, Leon J J C. Synthesis of polyelectrolyte complexes of polyaniline and sulfonated polystyrene by palm tree peroxidase. Enzyme and Microbial Technology, 2003, 33(5): 661~667.

[129] Nabid M R, Sedghi R, Jamaat P R, et al. Synthesis of conducting water-soluble polyaniline with iron(Ⅲ) porphyrin. Journal of Applied Polymer Science, 2006, 102(3): 2929~2934.

[130] Nabid M R, Sedghi R, Jamaat P R, et al. Catalytic oxidative polymerization of aniline by using transition-metal tetrasulfonated phthalocyanine. Applied Catalysis A: General, 2007, 328(1): 52~57.

[131] Nabid M R, Zamiraei Z, Sedghi R, et al. Cationic metalloporphyrins for synthesis of conducting, water-soluble polyaniline. Reactive and Functional Polymers, 2009, 69(5): 319~324.

[132] Stejskal J, Kratochvíl P, Armes S P, et al. Polyaniline dispersions. 6. Stabilization by colloidal silica particles. Macromolecules, 1996, 29(21): 6814~6819.

[133] Riede A, Helmstedt M, Riede V, et al. Polyaniline dispersions. 7. Dynamic light scattering study of particle formation. Colloid and Polymer Science, 1997, 275(9): 814~820.

[134] Sulimenko T, Stejskal J, Křivka I, et al. Conductivity of colloidal polyaniline dispersions. European Polymer Journal, 2001, 37(2): 219~226.

[135] Stejskal J, Kratochvíl P, Helmstedt M. Polyaniline dispersions. 5. Poly(vinyl alcohol) and poly(N-vinylpyrrolidone) as steric stabilizers. Langmuir, 1996, 12(14): 3389~3392.

[136] Eisazadeh H, Gilmore K J, Hodgson A J, et al. Electrochemical production of conducting polymer colloids. Colloids and Surfaces A: Physicochemical and Engineering Aspects, 1995, 103(3): 281~288.

[137] Banerjee P, Bhattacharyya S N, Mandal B M. Poly(vinyl methyl ether) stabilized colloidal polyaniline dispersions. Langmuir, 1995, 11(7): 2414~2418.

[138] Chattopadhyay D, Mandal B M. Methyl cellulose stabilized polyaniline dispersions. Langmuir, 1996, 12(6): 1585~1588.

[139] Chattopadhyay D, Banerjee S, Chakravorty D, et al. Ethyl(hydroxyethyl)cellulose stabilized polyaniline dispersions and destabilized nanoparticles therefrom. Langmuir, 1998, 14(7): 1544~1547.

[140] Riede A, Helmstedt M, Riede V, et al. Polyaniline dispersions. 9. Dynamic light scattering study of particle formation using different stabilizers. Langmuir, 1998, 14(23): 6767~6771.

[141] Nagaoka T, Nakao H, Suyama T, et al. Electrochemical characterization of soluble conducting polymers as ion exchangers. Analytical Chemistry, 1997, 69(6): 1030~1037.

[142] Nakao H, Nagaoka T, Ogura K. Ion-exchange ability of polyaniline-polyvinyl alcohol colloids with various anions. Analytical Sciences, 1997, 13(3): 327~331.

[143] Stejskal J, Spirkova M, Riede A, et al. Polyaniline dispersions. 8. The control of particle morphology. Polymer, 1999, 40(10): 2487~2492.

[144] Armitt D C, Armes S P. Colloidal dispersions of surfactant-stabilized polypyrrole particles. Langmuir, 1993, 9(3): 652~654.

[145] Mumtaz M, Labrugère C, Cloutet E, et al. Synthesis of polyaniline nano-objects using poly(vinyl alcohol)-, poly(ethylene oxide)-, and poly[(N-vinyl pyrrolidone)-co-(vinyl alcohol)]-based reactive stabilizers. Langmuir, 2009, 25(23): 13569~13580.

[146] Chen F, Liu P. Conducting polyaniline nanoparticles and their dispersion for waterborne corrosion protection coatings. ACS Applied Materials & Interfaces, 2011, 3(7): 2694~2702.

[147] Österholm J E, Cao Y, Klavetter F, et al. Emulsion polymerization of aniline. Synthetic Metals, 1993, 55(2~3): 1034~1039.

[148] Huang J, Wan M. Polyaniline doped with different sulfonic acids by *in situ* doping polymerization. Journal of Polymer Science Part A: Polymer Chemistry, 1999, 37(9): 1277~1284.

[149] Kim S G, Kim J W, Choi H J, et al. Synthesis and electrorheological characterization of emulsion-polymerized dodecylbenzenesulfonic acid doped polyaniline-based suspensions. Colloid and Polymer Science, 2000, 278(9): 894~898.

[150] 郑裕东, 李吉波. 乳液聚合法合成聚苯胺的结构与性能研究. 高分子材料科学与工程, 1996, 12(6): 29~33.

[151] Zou F, Xue L, Yu X, et al. One step biosynthesis of chiral, conducting and water soluble polyaniline in AOT micellar solution. Colloids and Surfaces A: Physicochemical and Engineering Aspects, 2013, 429: 38~43.

[152] Paul R K, Vijayanathan V, Pillai C K S. Melt/solution processable conducting polyaniline: Doping studies with a novel phosphoric acid ester. Synthetic Metals, 1999, 104(3): 189~195.

[153] Paul R K, Pillai C K S. Thermal properties of processable polyaniline with novel sulfonic acid dopants. Polymer International, 2001, 50(4): 381~386.

[154] Shreepathi S, Holze R. Benzoyl-peroxide-initiated inverse emulsion copolymerization of aniline and *o*-toluidine: Effect of dodecylbenzenesulfonic acid on the physicochemical properties of the copolymers. Macromolecular Chemistry and Physics, 2007, 208(6): 609~621.

[155] Wei Z, Wan M. Hollow microspheres of polyaniline synthesized with an aniline emulsion template. Advanced Materials, 2002, 14(18): 1314~1317.

[156] Zhang L, Zhang L, Wan M, et al. Polyaniline micro/nanofibers doped with saturation fatty acids. Synthetic Metals, 2006, 156(5): 454~458.

[157] Lv L P, Zhao Y, Vilbrandt N, et al. Redox responsive release of hydrophobic self-healing agents from polyaniline capsules. Journal of the American Chemical Society, 2013, 135: 14198~14205.

[158] Lv L P, Landfester K, Crespy D. Stimuli-selective delivery of two payloads from dual responsive nanocontainers. Chemistry of Materials, 2014, 26: 3351~3353.

[159] Bucholz T, Sun Y, Loo Y L. Near-monodispersed polyaniline particles through template synthesis and simultaneous doping with diblock copolymers of PMA and PAAMPSA. Journal of Materials Chemistry, 2008, 18(47): 5835~5842.

[160] Cheng D, Ng S C, Chan H S O. Morphology of polyaniline nanoparticles synthesized in triblock copolymers micelles. Thin Solid Films, 2005, 477(1): 19~23.

[161] McCullough L A, Dufour B, Matyjaszewski K. Polyaniline and polypyrrole templated on self-assembled acidic block copolymers. Macromolecules, 2009, 42(21): 8129~8137.

[162] Luo J, Zhou Q, Sun J, et al. Photoresponsive water-dispersible polyaniline nanoparticles through template synthesis with copolymer micelle containing coumarin groups. Journal of Polymer Science Part A: Polymer Chemistry, 2012, 50(19): 4037~4045.

[163] Luo J, Zhou Q, Sun J, et al. Micelle-assisted synthesis of PANI nanoparticles and application as particulate emulsifier. Colloid and Polymer Science, 2014, 292(3): 653~660.

[164] Luo J, Sun J, Huang J, et al. Preparation of water-compatible molecular imprinted conductive

polyaniline nanoparticles using polymeric micelle as nanoreactor for enhanced paracetamol detection. Chemical Engineering Journal, 2016, 283: 1118~1126.

[165] Rao P S, Sathyanarayana D N, Palaniappan S. Polymerization of aniline in an organic peroxide system by the inverted emulsion process. Macromolecules, 2002, 35(13): 4988~4996.

[166] Rao P S, Subrahmanya S, Sathyanarayana D N. Inverse emulsion polymerization: A new route for the synthesis of conducting polyaniline. Synthetic Metals, 2002, 128(3): 311~316.

[167] Rao P S, Sathyanarayana D N. Effect of the sulfonic acid group on copolymers of aniline and toluidine with *m*-aminobenzene sulfonic acid. Journal of Polymer Science Part A: Polymer Chemistry, 2002, 40(22): 4065~4076.

[168] Rao P S, Sathyanarayana D N. Synthesis of electrically conducting copolymers of aniline with *o/m*-amino benzoic acid by an inverse emulsion pathway. Polymer, 2002, 43(18): 5051~5058.

[169] Rao P S, Sathyanarayana D N. Synthesis of electrically conducting copolymers of *o*-/*m*-toluidines and *o*-/*m*-amino benzoic acid in an organic peroxide system and their characterization. Synthetic Metals, 2003, 138(3): 519~527.

[170] Shreepathi S, Holze R. Spectroelectrochemical investigations of soluble polyaniline synthesized via new inverse emulsion pathway. Chemistry of Materials, 2005, 17(16): 4078~4085.

[171] Palaniappan S, Amarnath C A. A novel polyaniline-maleicacid-dodecylhydrogensulfate salt: Soluble polyaniline powder. Reactive and Functional Polymers, 2006, 66(12): 1741~1748.

[172] Ahmed N, Upadhyaya M, Kakati D K. Polyaniline nanoparticles in sodium dodecyl sulfate based inverse microemulsion. Journal of Polymer Materials, 2011, 28(4): 561-575.

[173] Ma H R, Guan J G, Lu G J, et al. The preparation and characterization of PAn-PEG-PAn rod-coil triblock copolymers. ACTA Physicochimica Sinica, 2005, 21(6): 627.

[174] Palanisamy A, Guo Q. Self-assembled multimicellar vesicles via complexation of a rigid conjugated polymer with an amphiphilic block copolymer. RSC Advances, 2014, 4(97): 54752~54759.

[175] Palanisamy A, Guo Q. Large compound vesicles from amphiphilic block copolymer/rigid-rod conjugated polymer complexes. The Journal of Physical Chemistry B, 2014, 118(44): 12796~12803.

[176] 黄婧, 孙军, 罗静, 等. 基于大分子共组装法制备聚苯胺纳米粒子. 功能高分子学报, 2016, 29(1): 43~50.

第**4**章

聚苯胺在新能源材料领域的应用

聚苯胺具有可逆的氧化/还原特性，这是其具有电化学活性的基础。这种电化学活性在很宽的范围内可调，因此聚苯胺在蓄电池、超级电容器等新能源的电极材料方面具有潜在应用价值。本章以基于聚苯胺的电极材料的设计与制备为中心，重点介绍其在锂离子电池、锂空气电池、锂硫电池、超级电容器等领域的应用研究，并探讨其在太阳能电池方面的应用可能性。

4.1 基于聚苯胺的锂离子电池正极材料

4.1.1 锂离子电池简介

化学电源是一类有效的能量存储与转化设备，锂离子电池作为蓄电池，也是典型的化学电源，具有能量密度大、循环寿命长、放电平稳等特点，不仅成为可移动装备(如手机、计算机、电动工具等)的电源，近年来更是成为大功率电动汽车电源的最主要选择。

锂离子电池又被称为"摇椅电池"，因为在充放电过程中锂离子在两个电极之间往返嵌入和脱嵌。充电时锂离子从正极脱嵌，经过电解质嵌入负极，负极处于富锂状态，放电时则发生相反的过程。锂离子电池由正极、负极、隔膜和电解液四个部分组成，其中正极材料的主要成分是锂过渡金属氧化物，如层状结构的钴酸锂($LiCoO_2$)[1]、镍酸锂($LiNiO_2$)[2]和锰酸锂($LiMnO_2$)[3]等，以及橄榄石结构的磷酸铁锂($LiFePO_4$)[4]、尖晶石结构的锰酸锂($LiMn_2O_4$)[5]等，通常正极材料提供锂离子电池的锂离子[6]。负极材料以碳材料为主，其能量密度、可逆充放电性能等参数均已经发展到很高的水平。锂离子电池的隔膜通常为聚乙烯或聚丙烯多孔膜，其主要作用是将电池的正、负极分隔开来，防止两极接触而短路，同时在电化学反应中能提供离子输运的通道，此外隔膜还应该具有自动关断性能，即当电池发生异常而温度快速升高时，隔膜在 120～140℃下发生熔融而关闭微孔，隔膜成为绝缘体以防止电解质通过，使电池终止工作，确保电池的安全性。锂离子电池的电解液由非质子有机溶剂和电解质盐组成，常用溶剂主要包括碳酸乙烯酯（EC）、碳酸二甲酯（DMC）和碳酸二乙酯（DEC）等，电解质盐主要有六氟磷酸锂（$LiPF_6$）、四氟硼酸锂（$LiBF_4$）、高氯酸锂（$LiClO_4$）等[7-9]。

4.1.2　导电聚苯胺作为电极活性材料的基本原理

导电聚苯胺具有良好的导电性，库仑效率较高，理论上循环性能也很好，用作正极材料不仅能改善正极的导电性，降低极化现象，还能促进电解液渗透，因此已有很多报道探索其与无机材料复合制备锂离子电池正极材料[10-12]。

如图 4-1 所示，本征态聚苯胺具有不同的氧化态，如全氧化态、中间氧化态和全还原态等，掺杂态聚苯胺也相应地具有不同的氧化态，并能以聚苯胺盐的形式稳定存在[13]。不同氧化态聚苯胺之间可通过化学或电化学的方法进行可逆转变，这正是聚苯胺能作为电极活性材料的原因。不过在较高电势下，由于本征态聚苯胺被氧化成完全氧化态聚苯胺，且这一过程不可逆，导致循环稳定性被破坏，影响了基于导电聚苯胺的电极材料的循环稳定性。

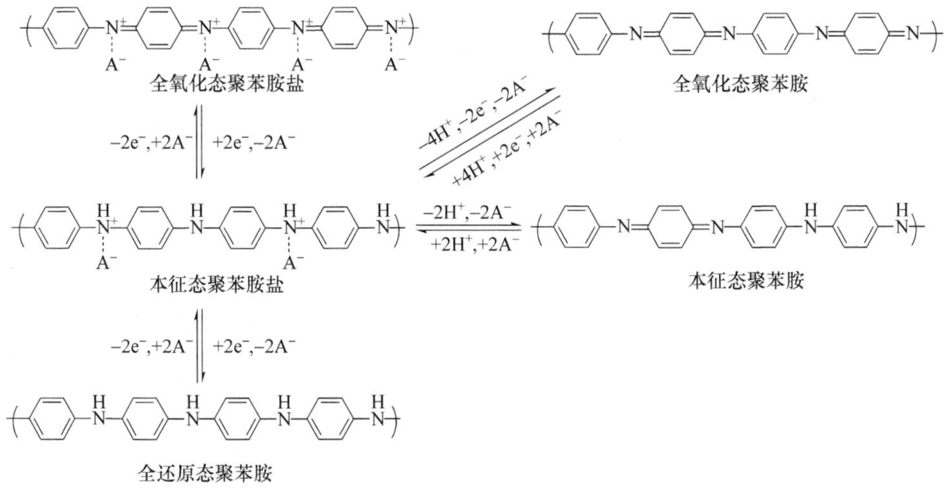

图 4-1　不同氧化态聚苯胺及其相互转变[13]

4.1.3　聚苯胺/无机物复合物正极材料

1. 聚苯胺/$LiFeO_4$复合材料

自从 Padhi 和 Goodenough 等[14]首次报道 $LiFeO_4$ 可作为锂离子电极正极材料

以来，LiFeO₄ 成为目前电动汽车电源等大功率锂离子电池的首选正极材料。原因在于其价格较低且容量较大(理论值 $170\ mA\cdot h/g$)，同时电压处于固态聚合物电解质的电势窗内[$3.45\ V(vs.\ Li)$]。不过 Chen 等[12]指出橄榄石型的 LiFeO₄ 存在导电性较差、锂离子扩散系数较小等缺点，导致以 LiFeO₄ 为正极材料的锂离子电池倍率性能较差。Huang 和 Goodenough[4]则用导电且具有电化学活性的导电高聚物来部分或完全取代正极材料中的碳材料或黏结剂，制备了复合正极材料，其中导电高聚物能作为主体材料供锂离子嵌入/脱嵌，从而改善正极的容量与倍率性能。

针对 LiFeO₄ 导电性较差、锂离子扩散系数较小等问题，Chen 等[12]在碳-磷酸铁锂复合物(C-LEP)表面采用原位化学氧化法合成聚苯胺，制备了碳-磷酸铁锂-聚苯胺(C-LEP/PANI)复合正极材料。在苯胺聚合过程中过量的过硫酸铵(APS)能将 LiFeO₄ 氧化生成 FeO₄，但由于 FeO₄ 在放电过程中又能生成 LiFeO₄，因此 C-LEP/PANI 的整体性能不会受 APS 氧化 LiFeO₄ 的影响。聚苯胺引入到正极材料中能有效降低电荷转移内阻，此外 PANI 能够有效黏结 LiFePO₄ 颗粒，促进锂离子的嵌入/脱出反应，有助于改善电极材料对循环过程中所产生应力的稳定性。当 C-LEP/PANI 正极材料中 PANI 含量为 7.0wt%时，在 0.2 C 下容量达 $165\ mA\cdot h/g$，7 C 下容量为 $133\ mA\cdot h/g$，10 C 下容量为 $123\ mA\cdot h/g$。当倍率高于 7 C 时，不含 PANI 的 C-LEP 正极材料性能下降很快，而 C-LEP/PANI 在 7 C、10 C 下性能依然保持，因此 PANI 能显著提升倍率性能与容量保持率。此外，PANI 本身能作为锂离子嵌入/脱出的主体，可贡献一部分容量。Chen 等[15]随后的研究表明，不同酸掺杂的 PANI 由于导电性不同，也将影响 C-LEP/PANI 复合物的性能，其中盐酸掺杂聚苯胺(HCl-PANI)的导电性最佳(电导率为 $6.7\times10^{-3}\ S/cm$)，在 0.2 C 下 C-LEP/HCl-PANI 正极材料的容量比 C-LEP 正极材料提升 15%，在 5 C 下容量能进一步提升 40%。

锂盐掺杂的聚苯胺可单独用作锂离子正极材料，也可与 LiFeO₄ 复合后制备相应的正极材料。Posudievsky 等[16]制备了锂盐掺杂的聚苯胺正极材料，在 0.1 C 充放电下容量达到 $145\ mA\cdot h/g$，且容量与倍率性能均比质子酸掺杂聚苯胺有显著提升。他们还制备了锂盐掺杂的 PANI/LiFeO₄ 正极材料[17]，显示出比 LiFeO₄ 单独作为正极材料更为优异的电池性能，因为在 LiFeO₄ 表面的聚苯胺能显著减少极化现象，消除表面的各向异性，使锂离子从所有(010)面插入 LiFeO₄ 内部，从而提升了电池性能。

2. 聚苯胺/五氧化二钒复合材料

五氧化二钒(V_2O_5)是一种过渡金属氧化物，也可作为锂离子电池正极材料。不过锂离子在 V_2O_5 中的扩散系数较低[18,19](D 约为 $10^{-12}\ cm^2/s$)，在深度充放电过程中所产生的应力也会导致 V_2O_5 的结构变化,使电池的能量密度与容量下降,降低正极材料的循环性能,通过控制 V_2O_5 尺寸、形貌有望提升其高倍率充放电性能。

Murugan[20] 将聚(3,4-乙二氧基噻吩)[poly(3,4-ethylenedioxythiophene),PEDOT]与 V_2O_5 复合制备电极材料,利用 PEDOT 的导电性能可大幅度增加锂离子在电极材料中的反应速率,同时 PEDOT 还能作为导电黏结剂,提升正极材料的循环性能。Ponzio 等[21]通过反相胶束法制备 V_2O_5/PANI 纳米纤维(NF-V_2O_5/PANI),五氧化二钒纳米纤维(NF-V_2O_5)在循环过程中的容量衰减较快,循环 10 圈后 NF-V_2O_5 的形貌就发生很大的变化,而含 30mol% PANI 的 NF-V_2O_5/PANI 能保持约 300 mA·h/g 的容量,原因在于 PANI 能有效抑制纳米纤维的聚集,在循环过程中能保持形貌不变。Gittleson 等[22]以两步溶液法制备了核壳结构的 PANI 涂覆的 V_2O_5 纳米线,他们首先用水热法合成一维 V_2O_5 纳米线,随后其表面原位聚合聚苯胺,制备出不同聚苯胺含量(21wt%～51wt%)的 V_2O_5/PANI 复合物,由于锂离子的嵌入与脱出过程会产生应力而破坏五氧化二钒的形貌,PANI 涂层改善了电极材料的稳定性,V_2O_5/PANI 电极材料(PANI 含量 51wt%)在较高倍率与较多循环后仍然能保持较好的电化学性能。PANI 涂层还能提高电极材料的容量,在 1 C(电流密度 440 mA/g)下相较于没有涂覆 PANI 的 V_2O_5,PANI 含量 51wt%的电极材料其容量提高了 57%。

Shao 等[23]通过层层组装(LBL)技术将 PANI 与 V_2O_5 复合制备正极材料,通过调节介质的 pH 值、PANI 浓度及分子量等参数可优化 PANI/V_2O_5 电极性能,其容量与充放电行为受复合材料层数控制。在层数为 16 层时电化学性能最佳,在 1 μA/cm² 的充放电电流密度下,容量达 264 mA·h/cm³,即使在 20 μA/cm² 的充放电电流密度下循环 500 圈后电极仍然保持 80%的容量。他们还采用纳米 PANI 纤维与 V_2O_5 复合制备了正极材料[24],当正极中 V_2O_5 含量为 59wt%时,每摩尔 V_2O_5 可容纳 0.8 mol Li^+,在膜厚度为 1.2 μm 时其放电容量为 320 mA·h/g,功率密度为 4000 mW/g,能量密度为 886 mW·h/g,100 次循环后电极能保持初始容量的 75%,并且循环后体积没有明显变化。他们进一步采用快速喷涂技术制备出大面积正极材料,在 5 μA/cm² 的电流密度下,比能量达到 650 mW·h/g,在 25 μA/cm² 的放电电流密度下,功率密度达到 3395 mW/g[25]。

3. 聚苯胺/锰酸锂复合材料

层状结构的锰酸锂($LiMn_2O_4$)价格低廉,其输出电压高于锂钴氧化物,是一类很受关注的锂离子电池正极材料,其主要问题是比容量较低,且一定浓度(临界浓度)下 Mn³⁺能导致 Jahn-Teller 效应，使 LiMn₂O₄复合物的结构在循环过程中遭到破坏，导致循环性能也较差[26-28]。由于 Mn³⁺能与导电高分子发生氧化还原反应，因此两者的复合物有可能会提升电极容量，改善循环性能。

Fonseca 等[29]制备了 LiMn₂O₄/PANI/PVDF(聚偏氟乙烯)复合物正极材料，以锂片为负极，在 10 μm/cm² 的充放电电流密度下，该正极材料的初始容量为 153 mA·h/g，30 圈后容量稳定在 138 mA·h/g。作为对比，LiMn₂O₄电极初始容量仅为 121 mA·h/g，30 圈后容量则降为 52 mA·h/g。原因在于 LiMn₂O₄/PANI/PVDF 中的 PANI 具有导电性，如 LiMn₂O₄电导率为 3.1×10^{-6} S/cm，LiMn₂O₄/PANI 的电导率提高两个数量级到 1×10^{-4} S/cm，且聚苯胺本身也能作为电活性材料，优化锂离子在电极材料中的嵌入与脱嵌过程。

Wang 等[30] 将苯胺溶于 CCl₄，再将高锰酸钾溶于中性水溶液中，从而使苯胺在水/有机体系界面上发生化学氧化聚合，与此同时高锰酸根 MnO_4^- 被还原成氧化锰沉淀，苯胺持续从有机相迁移至水溶液，从而制备了 PANI 插入层状氧化锰的插层复合物，不仅具有膨胀的层状结构，还具有均匀的介孔结构和大比表面积。在充放电电流密度为 12.5 mA/g 时(0.05 C)，放电容量达 261 mA·h/g；当电流密度为 1500 mA/g 时(6 C)，容量为 210 mA·h/g。其突出的电化学性能得益于其独特结构，膨胀的层状结构能提升锂离子在材料内部的扩散速率，纳米尺寸(5～10 nm)能大大减少扩散距离，而 4 nm 均匀的介孔结构能与电解液充分浸润，为整个材料提供电解液和锂离子的扩散路径，同时无定形的聚合物涂覆在插层复合物的外表面能为复合材料在高电流密度下提供缓冲层。

4. 聚苯胺/二硫化钼复合材料

Yang 等[31]制备了层状二硫化钼(MoS₂)与 PANI 纳米线的复合电极材料，对 PANI 含量为 33.1wt%和 MoS₂ 含量为 66.7wt%的复合正极材料，在充放电电流密度为 100 mA·h/g 下，容量为 1063.9 mA·h/g，循环 50 圈后容量保持率为 90.2%，显示出较好的电化学性能。

4.1.4 聚苯胺正极材料

聚苯胺正极材料是基于聚苯胺在电化学充放电过程中具有可逆氧化还原性能的特点，由纯聚苯胺或聚苯胺复合物构成的蓄电池正极材料。聚苯胺的掺杂与脱掺杂过程是可逆的，并能通过电化学方法实现。充电过程中，电解液中的阴离子向正极扩散，对聚苯胺进行氧化掺杂反应，而放电过程则是对聚苯胺进行还原反掺杂反应，这是构筑锂/聚苯胺蓄电池的基础。

聚苯胺无论在水系还是非水电解液中，均不需要质子化或去质子化就能发生电化学氧化反应。MacDiarmid 等[32]研究了本征态聚苯胺为正极材料的可行性，聚苯胺的充放电电压在 2.0～3.8 V 之间，在 0.2 mA/cm² 电流密度下，其容量为 147.7 mA · h/g，相应能量密度为 539.2 mA · h/g，平均放电电压为 3.65 V，库仑效率超过 98%。实际上，按图 4-2 计算的聚苯胺理论容量为 148.1 mA · h/g，因此 MacDiarmid 等所获得的聚苯胺锂电池的容量已经接近理论值。但由于聚苯胺作为正极材料循环性能较差，自放电的问题也比较严重，并且聚苯胺电极材料制作较为困难，限制了其进一步的实际应用。

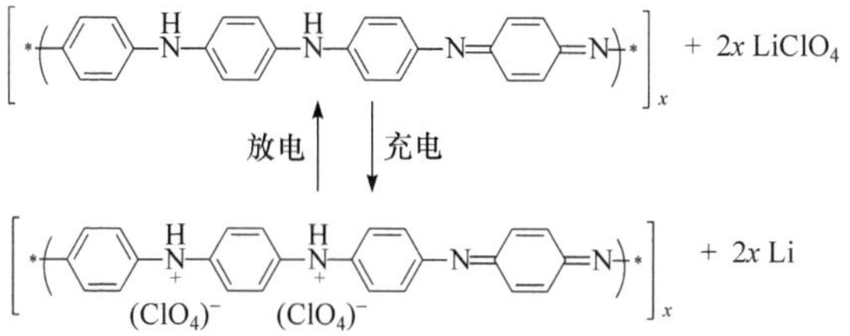

图 4-2　PANI 在电解液中发生的电化学氧化还原反应[32]

Goto 等[33]将电化学聚合的聚苯胺作为锂电池的正极材料，比容量达 120 mA · h/g，在 LiClO₄ 的碳酸丙烯酯电解液中显示出良好的可逆性。Ryu 等[34]用 LiBF₄ 掺杂的 PANI(电导率约为 0.082 S/cm)作为锂电池正极材料，由 1 mol/L LiBF₄ 掺杂的 PANI 容量约为 40 mA · h/g，仅为理论值的 28%。Manuel 等[35]用 LiPF₆ 与 LiClO₄ 掺杂 PANI 的作为锂电池正极材料，LiPF₆ 掺杂的 PANI 初始容量为 125 mA · h/g，LiClO₄ 掺杂的 PANI 初始容量为 112 mA · h/g，而且 LiPF₆ 掺杂的 PANI 循环性能、稳定性方面比 LiClO₄ 掺杂的 PANI 更佳。

相较于被广泛研究的 p 型掺杂聚苯胺，n 型掺杂聚苯胺的电化学性能相关的工作很少见诸文献。如果每一个苯胺单元贡献一个电子，从全还原态聚苯胺(LE)到全氧化态聚苯胺(PNS)的理论比容量为 294 mA · h/g。但在非质子溶剂的介质中，由于 p 型掺杂的中间氧化态聚苯胺(ES)到全氧化态聚苯胺的氧化转变是不可逆的，并且 PNS 通常难以稳定，易与电解液发生反应，导致聚苯胺的实际放电容量仅为理论值的一半。Jiménez 等[36]提出采用 n 型掺杂的聚苯胺锂盐(LiEB)作为锂离子电池的正极活性材料，他们将本征态聚苯胺(EB)浸入含锂盐的电解液中获得 LiEB，再将 LiEB 去质子化得到 ELi。如图 4-3 所示，ELi 具有类似于 ES 的结构，将 ES 的 N 原子上的 H 替换为 Li，即为 ELi，其电导率为 0.5 S/cm，与 ES 的电导率 3 S/cm 相近。紫外-可见近红外光谱分析证实 ELi 中分子链骨架上存在电子离域，属于一类掺杂态聚苯胺，循环伏安分析也表明 ELi 具有类似于 ES 的氧化还原过程。将 ELi 与 5wt%的导电助剂和 5wt%的黏结剂(PVDF)一起共混制备电极材料，在 2.5～4.25 V (vs. Li⁺/Li)之间充放电，其容量高达 230 mA · h/g，能量密度为

460 W·h/kg。值得指出的是，该材料具有良好的循环稳定性，400 次充放电循环后容量无明显损失，库仑效率在 99% 以上。

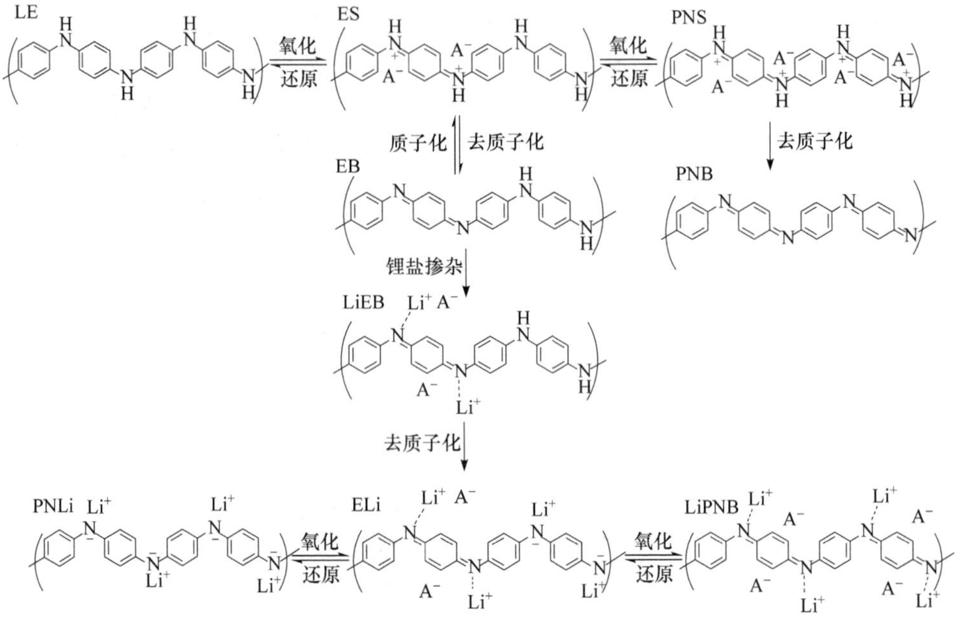

图 4-3　不同氧化态/掺杂类型的聚苯胺之间的相互转化[36]

4.2　基于聚苯胺的锂空电池正极材料

4.2.1　锂空电池简介

　　锂空电池由 Littauer 和 Tsai 在 1976 年第一次提出[37]。该电池是以金属锂为负极，氧气为正极活性物质，理论能量密度高达 11.140 kW·h/kg，接近液态汽油。20 年后 Abraham 和 Jiang 提出一种基于非水体系聚合物电解质的锂氧电池[38]，Read[39]则提出以乙醚类电解液解决 O₂ 的溶解和扩散问题，Ogasawara 等[40]采用有机电解液与 MnO₂ 催化剂，在锂氧电池的可充性上做了大量工作。

　　基于不同电解液体系，锂空电池可分为 4 类，即非水体系、水体系、混合体系(水体系与非水体系)及固态电解液。基于非水体系电解液的锂空电池由于具有相对高的可逆容量，成为近年来的研究重点。非水体系锂空气电池主要由锂金属负极、多孔材料正极及电解液(锂盐溶解在非质子溶剂中)等三部分组成，其基本工作原理是在正极表面发生氧的还原反应，并生成过氧化物或氧化物。

　　在质子惰性的锂氧电池体系中，锂氧气电池反应历程如下[41]：

阳极

$$2Li_{(s)} \rightleftharpoons 2Li_{(l)}^+ + 2e^- \tag{4-1}$$

阴极

$$2Li_{(l)}^+ + O_{2(g)} + 2e^- \rightleftharpoons Li_2O_{2(s)}, \; E^\ominus = 2.96\,V\,(vs.\,Li/Li^+) \tag{4-2}$$

对质子惰性的锂空电池而言，放电过程又称氧还原反应（ORR），负极锂被氧化生成 Li^+ 并扩散至电解液中，电解液中溶解的 O_2 与 Li^+ 反应后在多孔空气正极中生成不溶性产物 Li_2O_2。充电过程又称（析氧反应 OER），Li_2O_2 分解生成氧气。充放电过程中，锂氧电池的输出电压可达 2.96 V。

Feng 等[42]认为锂空电池的性能取决于不溶性产物 Li_2O_2 的可逆形成与分解过程。在锂空电池反应历程中，空气电极材料并不能作为活性物质参与电化学反应，锂空电池的电化学反应发生在"多孔电极材料/电解液/催化剂"三相界面处，生成不溶性产物 Li_2O_2。由于 Li_2O_2 是不导电的，且会沉积在正极材料表面或者内部空隙中，覆盖正极材料的氧还原活性位，导致电极内部氧扩散通道堵塞，甚至会终止氧还原反应，导致锂空气电池实际容量比理论值低得多。通常采用改性电极材料、优化电解液等方法来解决这一问题。同时针对电池充放电极化严重的难题，寻找合适的催化剂来降低电极极化现象，提高电池的循环性能[38]。

锂空电池的正极材料不仅能为放电过程形成的产物提供充足的空间，还能加速 O_2 在电池体系中的扩散，因此正极材料对锂空电池性能具有至关重要的作用。由于锂空电池的电化学反应在动力学上比较缓慢，导致锂空电池充、放电的电压差值较大，降低了其循环性能。理想的锂空电池正极材料既能加速锂空电池充、放电反应，又能提高放电电压并降低充电电压。一般通过在锂空电池正极材料中引入更多的缺陷与空位来实现上述目的。

4.2.2　基于导电高聚物的锂空电池正极材料

导电共聚物如聚吡咯（PPY）、聚噻吩（PEDOT）及聚苯胺（PANI）具有特殊电化学氧化还原行为，可作为锂空气电池的正极材料。Cui 等[43]合成管状的聚吡咯纳米管用作锂空电池正极材料，显示出良好的倍率性能及循环性能。Zhang 等[44]指出聚吡咯对锂空电池的充放电过程具有较高的催化活性。Nasybulin 等[45]以碳材料为基底，将 3,4-乙烯二氧噻吩（EDOT）通过原位化学聚合法合成 PEDOT，PEDOT 不仅能显著提升放电容量，还能使锂空电池充电过程中的过电势降低 0.7～0.8 V，原因在于 PEDOT 具有可逆的氧化还原性能，并能作为中间体在充放电过程中起到传递电荷的作用，从而改善锂空电池的性能。

4.2.3 聚苯胺直接作为锂空电池正极材料

王献红等[46]以铁氰化钾为氧化剂，在水溶液中引发苯胺聚合生成空心微球结构的聚苯胺，其直径在 200～700 nm 范围内，球壳厚度在 10～50 nm 之间。空心球状结构能够为氧气与锂离子的反应提供更多催化位点，并能为反应生成的氧化锂或者过氧化锂提供充足的储存空间。在首次充放电过程中，该正极材料的能量密度达到 2631 mA·h/g PANI，是常规非空心聚苯胺材料的 2 倍左右。尽管在最初的 5 次循环过程中发生了较明显的能量密度衰减，在后续的 25 次充放电循环过程中保持了较为理想的循环稳定性，能量密度仅衰减了 5%左右。

除了空心微球结构聚苯胺，王献红等[47]还研究了聚苯胺纳米纤维正极材料的性能。他们采用图 4-4 所示的路线合成了水分散聚苯胺纳米纤维，首先将苯胺溶于硝酸溶液中，以硝酸铁[Fe(NO₃)₃]为引发剂，引发苯胺聚合生成硝酸掺杂的聚苯胺纳米纤维，随后用氨水进行去掺杂，并用磷酸酯进行掺杂，制备出水分散聚苯胺纳米纤维。

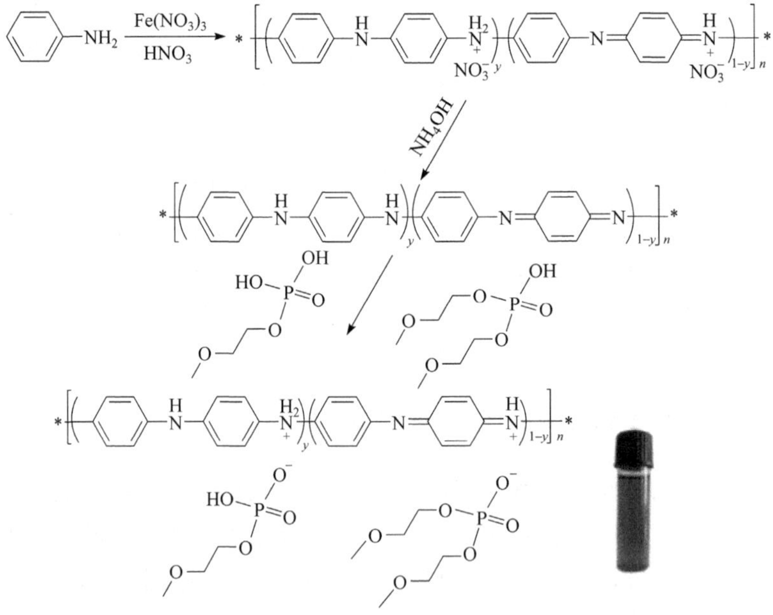

图 4-4　水分散聚苯胺纳米纤维的合成[47](见书末彩图)

水分散聚苯胺纳米纤维平均直径 150 nm，一定数量的一维聚苯胺纳米纤维堆积后可形成三维多孔结构，比表面积达 70 m²/g，而非纳米纤维结构的聚苯胺比表面积仅为 15 m²/g。由此制备的聚苯胺纳米纤维正极材料其电势窗为 1.75～4.2 V，在充放电电流密度为 0.05 mA/cm² 时，初始容量高达 3280 mA·h/g，即使当电流密度提升至

$0.5\,mA/cm^2$ 时初始容量也能达到 $1000\,mA \cdot h/g$。与此相对照，非纳米结构聚苯胺电极材料在充放电电流密度为 $0.05\,mA/cm^2$ 时，初始容量仅为 $1380\,mA \cdot h/g$，当电流密度增加至 $0.5\,mA/cm^2$，容量迅速减至不足 $100\,mA \cdot h/g$。造成上述差别的原因在于非纤维状聚苯胺由于表面活性位点不足，在大电流密度下容量较低。总之，纳米纤维状聚苯胺作为锂空电池正极材料时，具有较高的放电容量，且经历初始衰减后，该正极材料可保持良好的循环稳定性，即使不加任何助剂，也能有效催化锂空电池放电反应。

4.3 基于聚苯胺的锂硫电池正极材料

4.3.1 锂硫电池简介

锂硫电池以硫为正极，金属锂为负极，有机锂盐溶液作为电解液，具有很高的理论比容量($1672\,mA \cdot h/g$)和理论比能量密度($2600\,W \cdot h/kg$)，是传统锂离子电池的 $3\sim5$ 倍[48,49]，而且硫储量丰富，价格低廉[50]，因此锂硫电池受到学术界和产业界的广泛关注。

目前锂硫电池主要面临两大挑战，首先是锂硫电池倍率性能较差，其原因一方面是正极材料导电性较低，因为单质硫绝缘，电导率为 $5\times10^{-30}\,S/cm(25℃)$，且其还原产物 Li_2S_2 与 Li_2S(电导率约为 $10^{-30}\,S/cm$)同样不导电，因此需要与导电材料进行复合，限制了锂硫电池正极材料中活性材料的负载量，导致其倍率性能较差。另外，单质硫($\rho = 2.03\,g/cm^3$)与还原产物 Li_2S 的密度($\rho = 1.66\,g/cm^3$)差距过大，导致正极材料在循环过程中出现明显的体积膨胀和收缩现象，这种体积变化导致正极材料结构的破坏与瓦解，通常采用引入导电网络骨架与硫复合制备正极材料来解决上述难题。

锂硫电池面临的第二个挑战是其循环性能差的问题。因为锂硫电池在充放电过程中会产生中间产物多硫化锂(Li_2S_x)($3 \leqslant x \leqslant 8$)，可溶于有机电解液体系，即所谓的多硫化锂的"穿梭效应"。"穿梭效应"不仅导致电活性物质的损失，改变正极材料的形貌，还能够在电池体系中发生副反应，腐蚀金属锂负极，并造成电解液中有机溶剂的损耗。

锂硫电池在放电过程中将硫还原成硫化锂，在充电过程中则将硫化锂氧化成硫。锂硫电池的电化学反应十分复杂，其原因在于硫还原成硫化锂的过程不是简单的一步反应。通常硫的电化学还原过程可分成两个或三个阶段，取决于电解液的种类及反应温度。循环伏安曲线中位于 $2.4\,V$ 的峰，或充放电曲线中 $2.4\,V$ 附近的平台，是单质硫还原生成长链多硫化锂(Li_2S_x，$x \geqslant 4$)的特征峰，长链多硫化锂在非质子溶剂中具有良好的溶解性，这个阶段会贡献 $419\,mA \cdot h/g$ 的容量。

这个阶段的电化学反应可由式(4-3)、式(4-4)和式(4-5)表示[51]：

$$S_8 + 2Li \rightleftharpoons Li_2S_8 \qquad 2.39\ V(\text{vs. Li/Li}^+) \qquad\qquad (4\text{-}3)$$

$$3Li_2S_8 + 2Li \rightleftharpoons 4Li_2S_6 \qquad 2.37\ V(\text{vs. Li/Li}^+) \qquad\qquad (4\text{-}4)$$

$$2Li_2S_6 + 2Li \rightleftharpoons 3Li_2S_4 \qquad 2.24\ V(\text{vs. Li/Li}^+) \qquad\qquad (4\text{-}5)$$

放电曲线中的低平台(<2.1 V)被认为是长链多硫化锂被进一步还原成短链多硫化锂(Li_2S_x，$1<x<4$)的阶段，在这一平台附近产生 1256 mA·h/g 的容量。具体的电化学反应如式(4-6)和式(4-7)所示[51]：

$$Li_2S_4 + 2Li \rightleftharpoons 2Li_2S_2 \qquad \approx 2.2\ V(\text{vs. Li/Li}^+) \qquad\qquad (4\text{-}6)$$

$$Li_2S_2 + 2Li \rightleftharpoons 2Li_2S \qquad 2.15\ V(\text{vs. Li/Li}^+) \qquad\qquad (4\text{-}7)$$

为提升锂硫电池正极材料电化学性能，可用碳材料如多壁碳纳米管(multiwalled carbon nanotube，MWCNT)、石墨烯、介孔碳，或导电高聚物如聚苯胺、聚吡咯、聚噻吩等与硫进行复合制备锂硫电池正极材料，这些复合材料能提供良好的导电网络，有效束缚多硫化锂，进而改善锂硫电池正极材料的导电性，有效抑制多硫化锂的穿梭效应。

4.3.2 基于聚苯胺的锂硫电池正极材料

导电聚合物如聚吡咯[52]、聚噻吩[53]及聚苯胺[54]等通常作为涂层或者导电组分与硫形成复合物，提升锂硫电池的循环性能与倍率性能。由于锂硫电池在放电过程中所产生的极性多硫化物(Li_xS，$0<x\leqslant2$)与非极性的碳基体之间结合能较低，Li_xS 易从碳基体上脱附下来，失去电化学接触点，导致电池容量损失。通过在碳材料表面用导电聚合物进行修饰，或直接在硫碳复合物中引入导电聚合物涂层，有可能提升锂硫电池的循环稳定性。值得注意的是，PANI 的电化学活性范围在 $2.5\sim4.0$ V(vs. Li/Li$^+$)，氧化电势在 3 V(vs. Li/Li$^+$)以上，而锂硫电池电势在 2.4 V 以内，因此 PANI 在锂硫电池体系中不具备电化学活性，但是可保持良好的导电性，从而保证正极材料在循环过程中具有良好的稳定性，这是 PANI 在锂硫电池正极材料中受到关注的主要原因之一。

Li 等[55]采用本征态导电聚合物为分子模型计算导电高聚物与 Li_xS($0<x\leqslant2$)中的锂原子的结合能，解释了化学结合能对硫正极循环稳定性的影响。尽管 PANI 与 Li_2S 的结合能较弱，仅为 0.67 eV，多硫化锂与聚苯胺也存在相互作用，结合能为 0.59 eV，因此即使在本征态聚苯胺与多硫化锂之间，也存在明确的相互作用。一旦采用掺杂态 PANI，因为它含有带孤对电子的 N 和带正电荷的亚胺或胺离子，能以静电吸附作用与 Li_xS($0<x\leqslant2$)中的锂原子结合，对 Li_xS($0<x\leqslant2$)甚至多硫化锂具有一定的束缚作用。因此将导电聚苯胺引入锂硫电池正极材料，不仅能提升正极材料的整体导电性，而且与本征态聚苯胺相比，掺杂态聚苯胺与多硫化锂

具有更强的相互作用，能够在一定程度上吸附多硫化锂，减轻穿梭效应，从而提升锂硫电池正极材料中活性物质硫的利用率，改善长效循环性能。

4.3.3 聚苯胺/硫复合物正极材料

王献红等[56]设计制备了超薄硫层包覆的聚苯胺纳米线，研究了其作为锂硫电池正极材料的充放电行为。他们首先制备出水分散的磷酸酯掺杂聚苯胺纳米线，该聚苯胺纳米线直径只有 70 nm，可作为活性物质硫的理想沉积模板。通过合理设计硫沉积反应，以化学沉积法将硫沉积在聚苯胺纳米线表面，厚度为 10 nm 的硫层均匀分布在聚苯胺纳米线上，如图 4-5 所示。在双层结构的 PANI/S 复合物中，

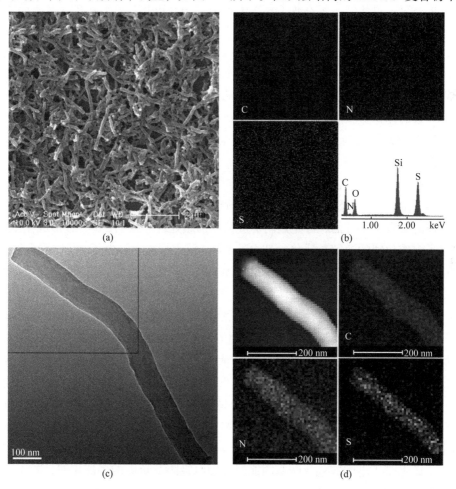

图 4-5 双层结构聚苯胺/硫复合物[56]（见书末彩图）

(a) SEM 图；(b) SEM 元素分布图；(c) TEM 图；(d) 左上图为双层结构复合物的暗场 TEM 图，其他三图为元素的能量色散 X 射线谱（EDX）图

主链带正电荷的聚苯胺纳米纤维不仅能够传输电子，同时也能通过静电吸附作用束缚多硫化锂，该正极材料在充放电倍率为 1 C 下初始放电容量能达到 977 mA·h/g，经过 100 次循环后容量保持率为 88.3%，显示出良好的循环稳定性。他们还以 Fe(NO$_3$)$_3$ 和 APS 为引发剂，HCl 为掺杂剂，通过一步法合成海胆状 S/PANI 纳米复合物作为锂硫电池正极材料[57]，在充放电倍率为 0.1 C 下初始容量为 1095 mA·h/g，在 0.2 C 下循环 100 圈后容量为 832 mA·h/g，即使在 1 C 下初始容量也可达到 609 mA·h/g。

An 等[58]以二氧化硅(SiO$_2$)为模板，在 SiO$_2$ 上进行苯胺的化学氧化聚合形成内层聚苯胺，再在内层聚苯胺上化学沉积硫，当硫沉积结束后，再在其表面聚合苯胺作为外层聚苯胺，最后用氢氟酸刻蚀 SiO$_2$，制得双壳中空 PANI/S/PANI 复合物，将其与乙炔黑(含量为 10wt%)和 PVDF 复合制备出锂硫电池正极材料，其在 0.1 C 下循环 214 圈后，容量还能达到 572.2 mA·h/g。原因在于该 PANI/S/PANI 复合物为中空结构，内层聚苯胺能够为硫的沉积提供载体，并且能够减缓由充放电过程导致的体积膨胀问题，而外层 PANI 能够有效抑制多硫化锂的溶解与扩散问题。此外，PANI 具有良好的导电性，在充放电过程中能够提供良好的电子传输途径，提高了正极材料的导电性能。

Ma 等[59]采用气相注入法将 S 与中空微球结构的 PANI 复合，作为锂硫电池正极材料，在 0.5 C 下循环 1000 圈，其容量仍有 602 mA·h/g。他们认为其优异的电化学性能来自三个方面，首先是制备过程中加热处理导致 PANI 与 S 形成化学键，限制了多硫化锂的溶解与迁移；其次是 PANI 薄壳层能允许电子与 Li$^+$进行传输，使正极材料导电性能得到提升；最后是 PANI-S 具有充足的内部空间，有效缓冲了锂硫电池充放电过程中产生的体积膨胀。

Xiao 等[60]将聚苯胺纳米管与硫混合后加热至 280℃，通过原位硫化过程制得聚苯胺与硫的分子尺度复合材料。如图 4-6 所示，在加热过程中，一部分硫与聚苯胺反应形成三维交联且结构稳定的硫/聚苯胺复合物，聚合物主链上生成链间或链内二硫键。该正极材料在 0.1 C 下循环 100 圈后容量仍然有 837 mA·h/g，即使在 1 C 下，电池在 500 次循环内依然表现出稳定的电化学性能。其原因在于，一方面硫化过程生成的三维交联网络为硫复合物提供一定的束缚作用，而且在充放电过程中聚苯胺基体作为柔性框架能减轻由体积膨胀造成的应变及结构破坏，同时聚苯胺主链上带正电的胺或亚胺基团能通过静电吸附荷负电的多硫化锂，减少了循环过程中硫的损失。

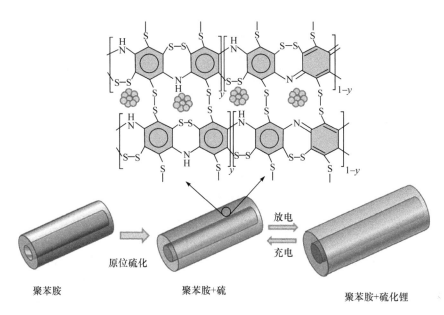

图 4-6　聚苯胺/硫复合物结构及充放电过程示意图[60]

4.3.4　基于聚苯胺的多元复合正极材料

Wu 等[61]首先制备了以多壁碳纳米管为核、硫为壳的核壳结构复合物，然后在其表面快速氧化聚合一层聚苯胺，所制备的三元复合正极材料包含 70wt%的硫、20.2wt%的聚苯胺和 9.8wt%的多层碳纳米管，其初始容量达到 1334.4 mA·h/g，80 圈循环后容量仍有 932.4 mA·h/g。Li 等[62]通过在 MWCNT 上化学沉积硫，采用抗坏血酸为掺杂剂进行苯胺的原位聚合，制备出由多壁碳纳米管、硫、聚苯胺构成的三明治结构复合材料（MWCNT-S@PANI），提高了电极材料的循环稳定性与倍率性能。Zhang 等[63]将聚苯胺涂覆在中空纳米纤维上，作为锂硫电池正极材料的导电基体，再将其与硫复合制备了正极材料，能够有效束缚硫与多硫化锂，相较于未涂覆聚苯胺的中空纳米纤维-硫复合物，其电化学性能得到大幅度改善。

Jin 等[64]通过原位聚合法将聚苯胺沉积在介孔碳（CMK-3）与 S 复合物上，制备了 CMK-3/S-PANI 复合物。CMK-3/S 的 CV 曲线中仅出现一个在 2.2 V 处的还原峰，而 CMK-3/S-PANI 复合物的 CV 曲线中出现两个还原峰，对应着锂硫电池的两个放电平台，表明聚苯胺能改善电极材料的活化过程。

Sun 等[65]以过硫酸铵为引发剂，HCl 作为掺杂剂，在 S-C 材料表面进行苯胺的聚合，制备了聚苯胺/硫/乙炔黑三元复合正极材料（PANI@S-C），当 PANI 含量为 12.5wt%时正极材料的电化学性能最佳。原因在于 PANI 涂层可作为柔性导电网络，能减少充放电过程中由体积变化所引起的应力破坏，而且乙炔黑与聚苯胺能够产生协同的导电效应，提高正极材料的导电性。Wang 等[66]制备了多层核壳结构复合物

(C-PANI-S@PANI)作为锂硫电池正极材料,该复合材料中硫含量可高达 87wt%,正极材料单位面积硫含量为 6 mg/cm^2,在 0.2 C 下初始容量为 1101 mA·h/g,100 次循环后容量仍有 835 mA·h/g,容量保持率为 76%,库仑效率接近 90%。

石墨烯作为一类典型的二维片层材料,具有高比表面积(2630 m^2/g)、高本征迁移率[200000 cm^2/(V·s)]、高热导率[约为 5000 W/(m·K)]和良好的导电性等特点[67-69],可与导电高聚物复合制备正极材料。通常石墨烯能为硫颗粒提供导电途径并能够束缚多硫化锂,而导电高聚物能在硫颗粒与石墨烯之间起到缓冲作用,减少由体积变化导致正极材料恶化的问题。Qiu 等[70]合成了 PANI 修饰的石墨烯/硫纳米复合正极材料,在 0.2 C 下初始容量约为 970 mA·h/g,300 圈循环后容量约为 715 mA·h/g,而在 0.5 C 下初始容量约为 820 mA·h/g,500 次循环后容量约为 670 mA·h/g,在 1 C 下初始容量约为 770 mA·h/g,500 次循环后容量约为 570 mA·h/g。其容量在 0.5 C 下每圈仅下降 0.036%,1 C 下每圈仅下降 0.051%。Li 等[71]制备出由 PANI、S 和石墨烯纳米带(GNR)组成的多层纳米复合正极材料,倍率性能和循环稳定性均得到很大程度改善。原因在于石墨烯纳米带能提升复合物整体机械性能,而 PANI-GNR 为硫的负载提供导电框架。

Zhang 等[72]制备出石墨烯氧化物束缚双锥硫/聚苯胺核壳结构复合物(S@PANI/GO),在 0.2 C 下循环 100 圈后容量为 875 mA·h/g,在 1 C 下循环 300 次后容量为 641 mA·h/g。三元复合物的核壳结构,加上复合物中带正电荷的 PANI 与带负电荷的石墨烯氧化物的静电吸附作用,改善了锂硫电池电化学性能。Li 等[73]用多壁碳纳米管制备弯曲状石墨烯(CG),在 CG 上化学沉积硫,随后在 CG-S 上原位聚合聚苯胺,制备了 CG-S@PANI 三元复合正极材料。在 0.2 C 下初始容量为 851 mA·h/g,经过 100 次循环后容量保持率超过 90%。Ding 等[74]通过两步液相化学沉积法制备了 N 掺杂石墨烯/硫/聚苯胺三元纳米复合物(NGNS-S-PANI),比 N 掺杂石墨烯/硫(NGNS-S)二元纳米复合物具有更为优异的电化学性能。在 0.5 C 下初始容量为 1277.3 mA·h/g,循环 100 圈后容量仍达 693 mA·h/g,库仑效率高达 98.5%。原因也是 PANI 涂覆在复合物表面能抑制多硫化锂的扩散,减轻体积膨胀,此外 N 掺杂的石墨烯也能改善正极材料的导电性。

磺化聚苯胺(SPANI)作为一种自掺杂导电高聚物,也可用于锂硫电池正极材料的导电涂层。相较于需要外部质子酸掺杂的普通导电聚苯胺,自掺杂聚苯胺无需外加质子酸掺杂剂,能在较宽的 pH 范围内保持导电性。而且 SPANI 能转化为磺化聚苯胺钠盐[75],而 SO$_3^-$ 能作为锂离子的传输位点,因此磺化聚苯胺钠盐具有一定的离子导电性。Zhao 等[76]以硫碳复合物为模板,将苯胺单体与间氨基苯磺酸混合,在 APS 的引发下共聚生成 SPANI,作为复合物的涂层制备锂硫电池正极材料。得益于自掺杂聚苯胺上的 SO$_3^-$ 基团,该涂层具有对电子和锂离子的双重导电性，提升了正极材料的电子与离子传输性能，借此制备的锂硫电池具有良好的电化学性能与稳定性。

采用多层或多元复合物作为锂硫电池正极材料大部分是为了解决多硫化物溶解与扩散引起的"穿梭效应"。很多文献报道了采用不同碳材料如石墨烯、碳纳米管、多孔碳等对硫或多硫化物进行捕获与吸附，但是碳材料只起到单纯的物理阻隔作用，不足以束缚极性的多硫化物。多硫化物在电解液中扩散，导致客体物质（多硫化物）从主体材料上脱附，从而使正极材料的氧化还原反应变得缓慢。

含 N 杂原子有较好的吸附多硫化物的能力，如吡啶型 N 与吡咯型 N 具有孤对电子，呈路易斯碱（Lewis base）型，而多硫化物 $Li_2S_x(x=1\sim8)$ 的末端 Li 原子呈路易斯酸（Lewis acid）型，因此吡啶型 N 和吡咯型 N 能与多硫化物形成结合位点，吸附锂硫电池充放电过程中产生的多硫化物。聚苯胺由于主链上含 N 杂原子，且能被掺杂，掺杂剂上的杂原子也可影响聚苯胺正极材料的性能。Chen 等[77]研究了醌式结构的 N 原子对多硫化物的吸附作用，如图 4-7 所示，他们采用植酸（PA）为掺杂剂与交联剂，合成 PA 掺杂的具有交联结构的 PANI。PA 掺杂的 PANI 的醌式亚胺结构（—NH^+=）与（—N=）发生可逆转化，这一可逆转化能为多硫化物提供吸附位点，这一行为模拟了天然的自愈体系，并且能够促进 Li_2S_2/Li_2S 的形成，从而减少由穿梭效应导致的锂硫电池容量损失，提升锂硫电池整体电化学性能。

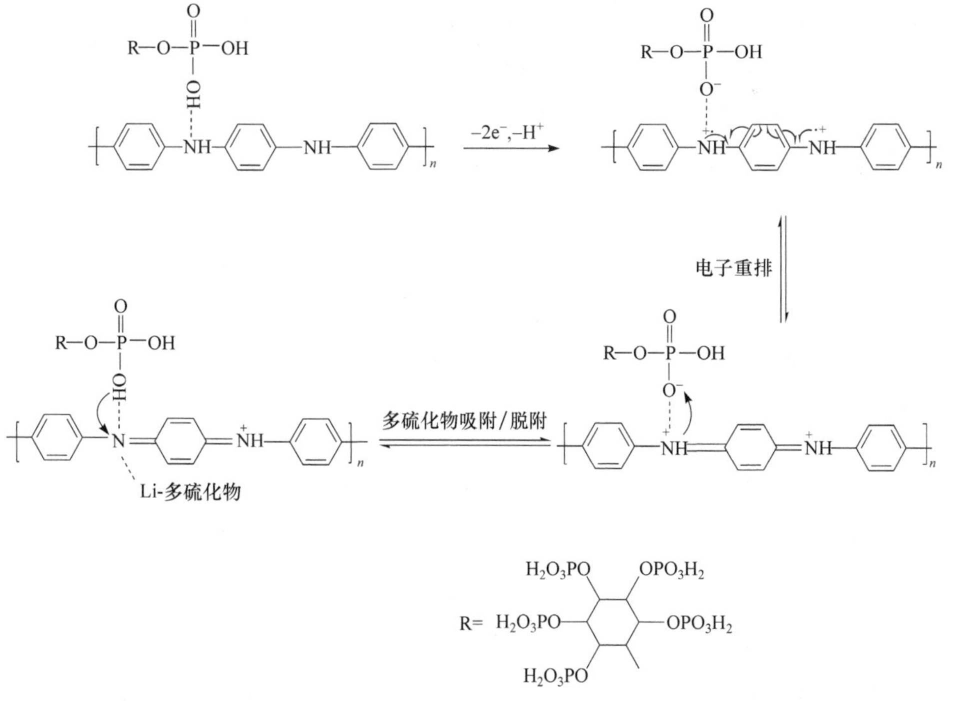

图 4-7　醌式结构 N 原子对多硫化物的吸附作用[77]

PA 除了作为掺杂剂使 PANI 形成稳定的阳离子(—NH⁺=)，且 PA 形成磷酸根离子作为平衡阴离子，同时质子化的—NH⁺=也能被对阴离子 PA 所稳定。PA 还可作为交联剂使 PANI 形成 3D 交联结构，提升材料的机械性能，增加表面的吸附位点。在电化学过程中，醌亚胺在去质子化(—N=)与质子化(—NH⁺=)之间可逆转化，能够实现对多硫化物的吸附。理论计算得出 Li$_2$S$_8$ 与醌亚胺、亚胺阳离子(—N=、—NH⁺=)的结合能分别为−1.61 eV 与−1.83 eV。亚胺阳离子—NH⁺=的对阴离子为磷酸根，Li$_2$S$_8$ 能吸附在带负电荷的磷酸基团上。而 PANI 上的苯式胺原子与 Li$_2$S$_8$ 的结合能则降低为−1.25 eV 与−1.29 eV，因此，对多硫化物的吸附主要来自聚苯胺上的醌式结构 N 原子。此外，醌式结构 N 原子除了能吸附 Li$_2$S$_8$，还能通过苯环与八元环结构的单质硫之间的 π-π 相互作用进行吸附，因此聚苯胺上醌式结构 N 原子不仅能吸附极性物质(Li$_2$S$_x$，$x = 1 \sim 8$)，还能吸附非极性的硫，以此作为正极材料可有效抑制穿梭效应，改善锂硫电池的循环性能。

4.3.5 基于聚苯胺前驱体的正极材料

杂原子如 N、P、S、B 掺杂碳材料后，能够改变碳材料表面的电子结构，影响材料表面的物理化学性质，改善碳材料的导电性与电化学性质。例如，N 掺杂能够改变邻近 C 原子的电荷状态，改善碳材料的化学吸附能力[78]。一般来说，这种化学吸附能力比多孔碳材料的物理吸附能力要强，因为 N 原子能通过配位作用、化学键作用来吸附多硫化物。从结构上分析，聚苯胺可作为含 N 前驱体，通过热解反应实现对碳材料的 N 掺杂。同时由于聚苯胺能够被不同酸掺杂，形成掺杂态聚苯胺，在热解时掺杂剂上的杂原子也能实现对碳材料的掺杂。Cai 等[79]用植酸 PA 掺杂的聚苯胺作为前驱体，由于掺杂剂植酸 PA 具有六个磷酸基团，在聚苯胺热解过程中，能制备出 N、P 共掺杂的碳材料，为碳材料提供更多的活性位点，以这种碳材料与硫复合制备锂硫电池正极材料，具有高导电性和快速的离子传输性能，同时能够吸附多硫化物，使锂硫电池具有优异的长效循环稳定性。Zhang 等[80]将植酸掺杂的聚苯胺作为前驱体，与 Li$_2$S 复合成 N、P 共掺杂的正极材料。植酸掺杂的聚苯胺碳化后能为 Li$_2$S 纳米颗粒提供快速的离子与电子通道，同时能提升活性物质的利用率与倍率性能。掺杂剂植酸为该正极材料引入了 P 原子，P 掺杂的正极材料不仅能够催化电化学反应，大幅度减少极化现象，还能生成 Li$_x$PS$_y$，可改善 Li$_2$S 的离子导电性，因此所制备的正极材料可有效提高锂硫电池的容量、提升循环稳定性。

4.3.6 聚苯胺在正极材料中的黏结剂行为

锂硫电池从实验室走向工业化应用，需要提高电池中硫的负载量。根据 Song

等[81]的估算, 锂硫电池的面积容量至少达到 $4.0\,mA\cdot h/cm^2$ 才能与商业化的锂离子电池容量相当。一些重要的电池参数, 如硫的面积负载量、硫在正极材料中的占比, 以及电解液与硫的比例等, 都影响锂硫电池的能量密度[82,83]。2013~2015 年期间, Hagen 等对如何使组装的锂硫电池容量超过商业化的锂离子电池进行了一系列研究, 提出未来具有市场竞争力的锂硫电池需满足以下三个条件, 首先是硫含量需大于 $6\,mg/cm^2$, 其次是正极中硫的占比应超过 70%, 最后是电解液与硫的比例不应超过 $3\,\mu L/mg$。基于这三个电池组装参数, 锂硫电池还需实现超过 80% 的硫的利用率, 意味着锂硫电池需要取得 $1340\,mA\cdot h/g$ 的循环容量, 这才可能使锂硫电池满足下一代高能量密度的蓄电池的要求[83,84]。目前绝大多数文献报道的锂硫电池均面临硫含量过低、电解液使用过量等问题, 导致锂硫电池的性能经常被高估[84,85]。尤其是电解液与硫之间的比例过高时, 会稀释溶解在电解液中的中间产物多硫化锂, 减小电解液黏度, 过量的电解液将掩盖由不可逆的多硫化锂迁移所带来的负面效应[86]。

解决多硫化锂溶解与扩散的策略之一是寻找合适的物理/化学吸附材料来束缚多硫化锂, 改善锂硫电池的穿梭效应, 提升电池的循环稳定性。由于锂硫电池工业化应用要求更低的电解液与硫的比例, 进一步提升多硫化锂的浓度, 因而这一策略尤为重要。导电聚苯胺聚合物链骨架上的 N 原子呈路易斯碱性, 多硫化锂中的 Li^+ 呈路易斯酸性, 两者具有强烈的相互作用。因此聚苯胺能有效束缚多硫化锂。但是, 由于聚苯胺在锂硫电池电压范围内不具备电化学活性, 聚苯胺的引入将不可避免地降低正极材料中活性物质硫的占比, 影响锂硫电池的能量密度。因此设计合理的电极材料结构, 对于在保证改善锂硫电池性能的同时, 减少聚苯胺的用量是很有意义的。

锂硫电池正极材料除了活性组分之外, 还有保持正极材料结构完整性和电子传输网络完整性的黏结剂, 目前常用的黏结剂为聚偏氟乙烯 (PVDF), 含量在 5wt%~15wt%。由于黏结剂通常是不导电的, 且没有电化学活性, 因此降低黏结剂用量也是提高电池正极容量和能量密度的重要环节。王献红等[87]以 2wt% 的聚苯胺作为锂硫电池的黏结剂, 取得了良好的性能。由于掺杂态聚苯胺由带有正电荷的共轭分子主链和带负电荷的对阴离子组成, 含有各类极性基团, 如胺盐、亚胺和苯环。因此掺杂态聚苯胺可以通过范德瓦耳斯力、静电吸附力与硫、导电添加剂相互作用, 使正极材料成为一个整体, 展现其黏结性能。例如, 将聚苯胺溶解在间甲酚与三氯甲烷的混合液中, 可作为黏结剂制备正极材料, 去除溶剂后, 聚苯胺分子链就像蜘蛛网一样将正极颗粒黏附在基底上。采用该黏结剂能够为充放电过程中正极材料体积膨胀提供足够的空间, 保证了正极材料的完整性与离子传输效率。此外, 带正电荷的导电聚苯胺与带负电荷的多硫化锂的静电相互作用将减弱穿梭效应, 提高硫的利用率及电池整体容量, 延长电池的循环寿命。

聚苯胺还能与其他碳材料"焊接"，构建具有良好导电性能与机械性能的 3D 结构。Wang 等[88]将部分碳化的聚苯胺作为"焊接剂"，焊接 N 掺杂的石墨烯与 N 掺杂的碳纳米管。他们将 N 掺杂的石墨烯与 N 掺杂的碳纳米管混合，在混合物上原位聚合聚苯胺，再与硫粉球磨，最后加热将硫粉引入复合材料内部的同时将聚苯胺部分碳化。部分碳化的聚苯胺能将导电框架紧密"焊接"并赋予复合材料一定的柔韧性，能适应锂硫电池充放电过程中的体积变化，即使是在高负载硫含量的情况下，部分碳化的聚苯胺"焊接"的 3D 材料依旧能保持良好的电化学性能。另外，聚苯胺的引入能提供丰富的 N 原子以减轻穿梭效应，保证了正极材料的长期循环稳定性能。

4.4 基于聚苯胺的超级电容器电极材料

4.4.1 超级电容器简介

超级电容器又称电化学电容器，是一种同时具有高功率密度和能量密度的能量存储器件。按照电容产生的原理，超级电容器的电容可分为双电层电容与氧化还原赝电容两类。双电层电容产生于电极与电解液界面静电吸附与聚集，采用高比表面积的电极材料增大电荷存储面积，并缩小电荷分离距离，是产生高能量密度超级电容器的两个关键因素。赝电容则基于电极材料发生快速可逆的法拉第氧化还原反应[89]，本质上是一种化学过程。

赝电容超级电容器的电极材料主要有碳材料、过渡金属氧化物及导电高分子等三类，其中典型的碳材料如活性炭、碳纳米管、石墨烯、石墨烯氧化物、碳纤维等，过渡金属氧化物则包括 RuO_2、MnO_2、V_2O_5、Fe_2O_3、NiO、Co_3O_4、CuO 和 WO_3 等，而导电高分子包括聚苯胺、聚吡咯、聚噻吩及其衍生物等。作为一种典型的赝电容电极材料，导电高分子的电导率可达数百西门子每厘米，且具有较快的充电与放电特性，在超级电容器电极材料的研究中很受关注。

4.4.2 聚苯胺基超级电容器电极材料

不同于电活性无机材料，导电高分子类有机电活性物质的传输行为更为复杂。聚合物链网络确定了电活性物质的电化学反应位点及传输通道。因此，电极材料的形貌显著影响聚苯胺的电化学行为，这也是不同文献报道的聚苯胺电极材料的循环伏安曲线存在差别的原因。一些文献报道聚苯胺具有三对氧化还原对[90-93]，分别对应从还原态聚苯胺(leucoemeraldine base)到质子化本征态聚苯胺(emeraldine base)的转变，以及从本征态到全氧化态聚苯胺(pernigraniline base)的转变，这些氧化还原峰意味着聚苯胺具有赝电容行为。也有文献报道聚苯胺的循环伏安只有两对氧化还原峰[94]，对应着还原态聚苯胺/本征态聚苯胺和本征态聚苯胺/全氧化态聚苯胺的转变。

调控聚苯胺的形貌可优化超级电容器的性能[95-97]。例如，Guan 等[98]在苯胺聚合过程中添加少量对苯二胺，可制备出较少缠绕的聚苯胺纳米纤维，能显著提升超级电容器的性能。又如，Kuang 等[99]通过改变聚合温度得到不同形貌(如管状、球形、颗粒状)的聚苯胺，进而调控聚苯胺的容量与循环稳定性。此外，通过形成多孔聚苯胺以增加电化学接触比表面积，也能显著提升聚苯胺基超电容性能，如 Sharma 等[100]合成了比表面积为 1059 m^2/g 的多孔聚苯胺，所制备的水体系超级电容器的比电容达到 410 F/g。

Eftekhari 等[101]总结了聚苯胺形貌结构对超级电容器的行为的影响，他们认为聚苯胺独特的掺杂行为(包括 p 型掺杂和 n 型掺杂)是聚苯胺具有电化学性能的关键，形貌结构将影响聚合物中氧化还原位点的暴露程度，显著影响其赝电容性能。

王献红等[102]以硝酸铁为氧化剂，采用"假高稀"方法制备出直径为 17~26 nm 的酸性磷酸酯掺杂的聚苯胺纳米纤维，其薄膜电导率达 32 S/cm。以该聚苯胺纳米纤维制备的超级电容器电极材料，即使在四乙基氟硼酸/碳酸丙烯酯非水系电解液中，也有 160 F/g 的比电容。他们还考察了不同氧化剂对聚苯胺纳米线形貌的影响[103]，分别以过硫酸铵、硝酸铁、三氯化铁为氧化剂，以酸性磷酸酯为质子酸掺杂剂，制备出直径分别为 78~90 nm、18~30 nm、16~25 nm 的水分散聚苯胺纳米线，其比表面积分别为 65 m^2/g、70 m^2/g、82 m^2/g，电导率为 18 S/cm、32 S/cm、35 S/cm。不同氧化剂制得的聚苯胺纳米线直径不同，原因在于这三种不同氧化剂的氧化还原电位不同(过硫酸铵为 2.05 V，硝酸铁为 0.77 V，三氯化铁为 0.76 V)。Ding 等[104]指出聚苯胺纳米线的直径随着氧化剂的氧化还原电位的增加而增加，氧化能力越强的氧化剂制得的聚苯胺纳米线直径越大，其比容量随聚苯胺纳米线的比表面积和电导率的增大而增大，以这三种聚苯胺纳米线为电极材料，其比电容分别为 110 F/g、140 F/g 和 152 F/g。

聚苯胺的电化学活性较高、电导率较好，因此在水系介质中比电容较高(400~500 F/g)[105]，还可通过改善聚苯胺的形态进一步提高比容量。杨红生等[106]以过硫酸铵为氧化剂，在盐酸体系下合成具有多层次结构的聚苯胺作为超级电容器的电极材料，在 2 mol/L 的硫酸电解液中，在 7 mA 充放电电流下电极材料的比电容为 408 F/g。

通常有机电解液更接近超级电容器的实际使用工况。为此，Joo 等[107]采用 $LiPF_6$ 掺杂的聚苯胺($PANI-LiPF_6$)为电极材料，如图 4-8 所示，$LiPF_6$ 掺杂聚苯胺上的醌环除了转变为苯环形成极化子之外，还存在一部分醌式结构[存在一些未掺杂位点或赝掺杂，图 4-8(b)]，因此锂离子与氮原子发生库仑相互作用，而不是化学键连接。Ryu 等[108]指出 LiPF$_6$掺杂的聚苯胺电导率约 10^{-2} S/cm，在四氟硼酸四乙基铵(Et$_4$NBF$_4$)/乙腈(AN)电解液体系中，其初始比电容为 107 F/g，9000 次循环后容量仍然保持在 84 F/g。

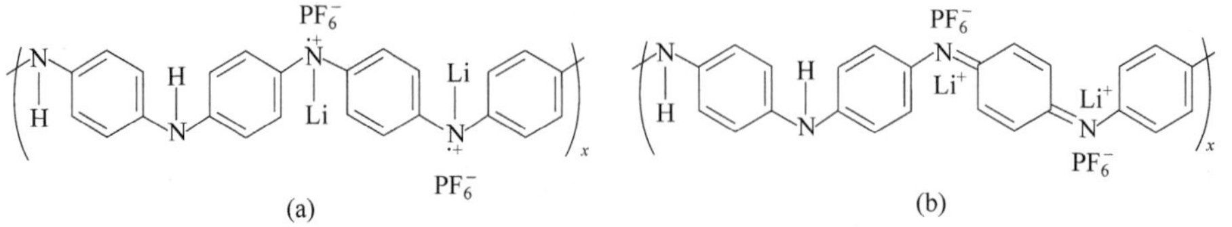

图 4-8　LiPF$_6$掺杂后 PANI 的化学结构[108]

(a)极化子的形成；(b)赝掺杂

不过，在电容器进行长期充放电循环中，聚苯胺主链因为掺杂和反掺杂而产生应力，进而产生体积收缩和膨胀等变化，甚至产生一些不可逆变化，如发生不可逆的主链化学降解、掺杂率下降，或与电解液发生不可逆的化学变化，上述多重复杂因素导致聚苯胺电极材料的比电容衰减，而由此制备的超级电容器一直面临着循环稳定性较差的难题。

4.4.3　聚苯胺/碳材料复合物电极材料

1. 聚苯胺/石墨烯复合材料

由于纯的聚苯胺电极材料的循环稳定性较差，而无机导电材料的循环稳定性较好，因此通常采用聚苯胺与无机导电材料如石墨烯、碳纳米管等复合制备电极材料，以提升其循环稳定性。

另外，对石墨烯之类典型的二维片层材料而言，尽管其具有优异的理论电导率(10^4 S/cm)，且比表面积高达 2630 m^2/g，理论上石墨烯超级电容器的比电容可达 550 F/g，但是石墨烯片层间由于 π-π 相互作用非常容易聚集[109]，使石墨烯很难以单层形式存在，而且石墨烯片层由于缺陷的存在及片层聚集问题，其电导率通常低于 10^2 S/cm，由此大大降低了石墨烯作为超电容电极材料的电荷转移效率。可见石墨烯也需要与其他材料如金属氧化物或导电聚苯胺复合来提升电容器性能，这也是近年来石墨烯/导电高分子复合材料在超级电容器电极材料上引起广泛关注的主要原因。

掺杂态聚苯胺通常带正电，且其主链上的 N 含有孤对电子，或带有亚胺盐、胺盐等基团，可与石墨烯产生静电、π-π 共轭及氢键等相互作用，这是制备聚苯胺/石墨烯复合材料的基础。目前制备聚苯胺/石墨烯复合材料的方法主要有原位化学聚合法、分散液共混法、电化学沉积法等，下面分别进行介绍。

1)原位化学聚合法

在石墨烯分散液中进行苯胺的原位化学聚合是制备聚苯胺/石墨烯复合材料

的常用方法。Wang 等[110]将苯胺单体加入到导电氧化石墨烯(电导率约为 10 S/cm)水溶液中，原位化学聚合生成直径为 300 nm 的纤维状聚苯胺，制得的聚苯胺/氧化石墨烯正极材料的电导率约为 10 S/cm，高于聚苯胺电导率(2 S/cm)，水系电解液下的比电容达到 531 F/g。

由于氧化石墨烯导电性较差，可将其进一步还原后制成石墨烯，再与 PANI 复合制备高电导率的电极材料[111]，在苯胺的原位化学聚合中，石墨烯纳米片层可作为电子受体，由于静电相互作用，苯胺单体能被迅速吸附至石墨烯纳米片层表面，制备出 PANI 均匀涂覆的 PANI/石墨烯复合物，将其作为超电容电极材料，在水系电解液中其比电容可大幅度提高到 1046 F/g。

2) 分散液共混法

分散液共混法的关键是制备均匀分散的石墨烯与聚苯胺的分散液，但由于单层石墨烯极易团聚，石墨烯很难分散在普通溶剂中，而且聚苯胺很难在水或者常见的有机溶剂中溶解或分散，因此直接使聚苯胺与石墨烯在溶液中共混制备复合物是较为困难的。

Wu 等[112]采用分散液共混法制备了三明治结构的石墨烯(还原氧化石墨烯，rGO)与聚苯胺复合物，带负电的 rGO 与带正电的 PANI 通过静电相互作用能形成均匀复合物，电导率达到 5.5 S/cm。Liu 等[113]也基于静电吸附作用制备出聚苯胺与石墨烯复合材料，他们先使带负电的聚苯乙烯磺酸钠修饰石墨烯片层使其均匀分散在水中，而后使其与带正电的聚苯胺纳米线纤维复合，制备出聚苯胺/石墨烯复合材料。Li 等[114]则用化学氧化法制得聚苯胺纳米微球水分散液，他们将聚苯胺加入石墨烯水分散液中制备出石墨烯包裹的聚苯胺纳米微球复合材料，其中聚苯胺与石墨烯能形成三明治结构，有效抑制石墨烯的团聚现象。通过调节聚苯胺含量可制备出比表面积高达 891 m²/g 的聚苯胺/石墨烯复合材料，而单纯的石墨烯材料比表面积仅为 268 m²/g，该聚苯胺/石墨烯复合材料在水电解液中的比电容可达 257 F/g。

王献红等[115]首先制备了水分散聚苯胺纳米纤维，快速加入石墨烯氧化物分散液，此时带负电荷的石墨烯氧化物与带正电荷的聚苯胺纳米纤维之间发生强烈的静电相互作用，石墨烯氧化物能包覆聚苯胺纳米纤维形成复合材料，再通过水合肼将氧化石墨烯还原，制得石墨烯包裹的聚苯胺纳米纤维复合材料。石墨烯和聚苯胺纳米纤维都是优异的电化学电容器电极材料，两者之间的协同效应使制得的电极材料在非水电解液中的比电容达 236 F/g，并且在 1000 次循环后容量为 173.3 F/g，因此复合电极材料相较于纯聚苯胺电极材料展现出良好的循环性能。

Fan 等[116]也是先制备聚苯胺空心微球，然后利用静电吸附作用，制备石墨烯氧化物包裹的带正电荷的聚苯胺空心微球，再采用电化学还原法将石墨烯氧化物还原制得石墨烯包裹的聚苯胺。聚苯胺空心微球能提供更大的比表面积，提供更高的电活性区域，并能缩短电子与离子的传输途径，而外层的石墨烯片层将独立的聚苯胺空心球连接起来，提供更多的电子传输途径，因此促进了电极材料倍率与循环性能的提升，水电解液下的超级电容器比电容可达 614 F/g。

3) 电化学沉积法

通常化学聚合法制备的石墨烯/聚苯胺复合材料为粉状样品，制备电极时需要与黏结剂(聚四氟乙烯、PVDF 等)共混来增加机械强度。电化学沉积法尽管不能大规模制备聚苯胺/石墨烯复合电极材料，却适合理论上研究如何制备高性能复合电极材料。因为该方法能直接制备具有稳定机械性能的复合材料[117]，且可通过控制施加电压与电流密度来控制聚合反应，调节聚苯胺与石墨烯微观纳米结构[118]，进而改善复合材料的综合性能。

Wang 等[119]通过原位电化学聚合法使苯胺在石墨烯纸上聚合，制得石墨烯/聚苯胺柔性电极材料，水电解液下比电容为 233 F/g。Xue 等[118]通过在石墨烯表面电化学沉积聚苯胺纳米棒，控制苯胺浓度与生长时间来调控聚苯胺纳米棒的形貌，所制备的全固态柔性微型超级电容器在充放电电流密度为 2.5 A/g 下比电容高达 970 F/g。

值得注意的是，通过控制苯胺聚合过程中的成核与生长步骤，能够制备规整聚苯胺或聚苯胺/纳米碳材料复合物，这种定向排列的纳米结构具有高比电容、优异的倍率性能、良好的离子扩散途径等特点。Gogotsi 和 Simon[120]在 2012 年指出垂直纳米线是一种优良的超级电容电极材料，随后 Wang 等[121]总结了垂直纳米线的优点：首先是每根纳米线与导电基体接触，因此所有纳米线都可贡献容量；其次纳米线能够发生直接一维电子迁移，确保有效的电子传输，并且缩短了离子传输距离，这一性能使其具有高倍率性能；最后，定向纳米线间的空隙能够适应导电高聚物在充放电过程中的体积变化。

Liang 等[122]和 Liu 等[123]通过逐步电沉积方法，在不同基底(Pt、Si、Au、C、SiO₂)上制备出聚苯胺纳米线的大型阵列。他们首先使用高电流密度(0.08 mA/cm²)在基底材料上生成成核位点，接着调整到中等电流密度(0.04 mA/cm²)反应 3 h，最后再用低电流密度(0.02 mA/cm²)反应 3 h。在高电流密度下，PANI 在基底材料上成核，接着在中等或更低电流密度下，PANI 发生持续的成核与生长过程。Wang 等[124]指出，如果电流密度适当，可以通过一步法合成 PANI 纳米线阵列，如在低电流密度(0.01 mA/cm²)下，均匀的成核反应同样能够在工作电极上产生。

PANI 纳米线阵列还可通过化学氧化聚合方法制备。Chiou 等[125]开发出一种稀溶液聚合方法(苯胺单体与氧化剂浓度比普通聚合方法所用浓度低)，采用该方法可在非导电基底或导电基底材料上形成规整的 PANI 纳米纤维。这种 PANI 纳米纤维的形成机理与 Liang 等提出的机理相同，当采用非常低浓度的苯胺单体(或氧化剂)时，异相成核反应首先发生在固体基底上，绝大多数活性成核中心在固定基体上形成，降低了界面能量势垒，有利于 PANI 在基底上生长。但由于聚苯胺纳米纤维同样能在溶液中形成，这将消耗一部分苯胺阳离子自由基和低聚物中间体，抑制了 PANI 在基底上生长。

以石墨烯氧化物为模板制备出定向排列聚苯胺与石墨烯氧化物的复合物，该复合物不仅具有定向排列聚苯胺纳米线的优点，而且聚苯胺与石墨烯还能产生 π-π 相互作用。在石墨烯分散液中原位聚合苯胺时，尽管目标是制备定向排列的聚苯胺纳米线，却很难避免无规聚苯胺纳米线网络的产生。因为一旦固定石墨烯氧化物浓度，PANI/GO 纳米复合物形貌就受苯胺单体浓度调控。当苯胺单体浓度较高（高于 0.06 mol/L）时，苯胺单体在溶液中将发生均相成核过程，苯胺胶束能作为"软模板"，从而生成无规 PANI 纳米线网络，最终产物既有在 GO 表面生成的定向排列 PANI 纳米纤维，也包括无规 PANI 纳米线网络。当苯胺单体浓度较低（低于 0.05 mol/L）时，则以异相成核为主，在石墨烯氧化物固体表面异相成核降低了固体表面与溶液界面的界面能垒，PANI 能持续在固体表面生长，产生定向排列聚苯胺纳米线；同时稀溶液聚合过程中由于苯胺浓度较低，溶液中的均相成核反应将受到抑制，因此，PANI 将在固体表面形成的成核中心上进行进一步生长，最终在 GO 纳米片层表面形成定向排列的 PANI 纳米线。Xu 等[126]采用上述稀溶液聚合法，将聚苯胺纳米线沉积在石墨烯氧化物上，以 PANI-GO 纳米复合物作为电极材料，其容量与 PANI-GO 复合物的形貌相关。当苯胺单体浓度由 0.01 mol/L 增至 0.05 mol/L 时，所生成的 PANI 纳米线阵列紧密程度增加，比电容增至 550 F/g，在 2000 次充放电后，容量还能保持初始容量的 92%。但当苯胺单体浓度增至 0.06 mol/L 时，比电容将降至 392 F/g，这可能是由于在该浓度下，生成的无规 PANI 纳米线不能完全被利用，从而导致容量下降。

2. 聚苯胺/碳纳米管复合电极材料

碳纳米管的电导率较高，且充放电过程非常稳定，有望用于超级电容器电极材料。但是碳纳米管的比表面积较低，其能量密度较低。另外，聚苯胺在重复充放电循环过程中，由于掺杂和反掺杂反应会发生分子链表观体积的膨胀/收缩现象，且这种体积变化比较显著，影响了聚苯胺电极材料的循环稳定性。将碳纳米管与聚苯胺复合，主链具有共轭结构的聚苯胺通过 π-π 相互作用能吸附在碳纳米管表面，有望改善聚苯胺在充放电过程的机械性能，进而提升电极材料的循环稳定性。

聚苯胺/碳纳米管复合材料可采用苯胺的电化学聚合或化学氧化聚合来制备。Gupta 等[127]合成了 PANI/SWCNT 复合电极材料，其水电解液中的比电容可达 463 F/g，面电容可达 2.7 F/cm²。Zhang 等[128]以碳纳米管阵列（CNTA）为框架，用电化学沉积法在阵列表面形成 PANI，制备出纳米刷状 PANI/CNTA 复合电极材料，其结构如图 4-9 所示。该材料具有分层多孔结构，尤其是纳米尺寸（7 nm）

的 PANI 均匀覆盖在 CNTA 表面，该复合电极材料不需要添加黏结剂或导电助剂，即可组装出水电解液超级电容器，比电容高达 1030 F/g。

上述纳米刷状 PANI/CNTA 复合电极材料有以下特点：

(1) PANI 纳米层通过电子"高速公路"碳纳米管(CNT)与集流体(钽箔)直接接触，形成完整的导电网络，从而确保有效的电荷传输，改善复合材料的导电性；

(2) 该复合电极具有纳米尺寸和高比表面积，能有效降低充放电过程中离子在 PANI 相中的扩散路程，提高电极材料的利用率；

(3) 分层多孔结构能极大改善 PANI/CNTA 复合物的离子导电性；

(4) 作为框架的 CNT 具有优异的机械性能，且 PANI 层处于纳米尺寸，能减轻由体积变化带来的循环性能差的难题。

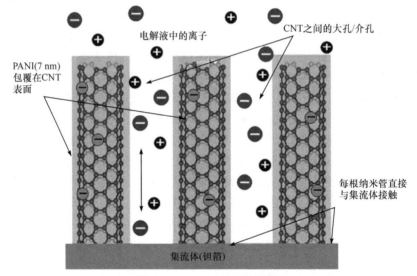

图 4-9　PANI/CNTA 结构[128]

Yoon 等[129]在 HCl 溶液中，以 APS 为氧化剂在多壁碳纳米管上实现了苯胺原位聚合，制备出导电聚苯胺与多壁碳纳米管复合物(ES/MWCNT)，再将 ES/MWCNT 用苯肼还原制得还原态聚苯胺与多壁碳纳米管复合物(LB/MWCNT)，或将 ES/MWCNT 用 APS 氧化获得全氧化态 PB/MWCNT 复合物，其比电容分别为 328 F/g、217 F/g、139 F/g。在 PB/MWCNT 中表层 PANI 电化学反应受限，因而比电容最低，而由于 ES/MWCNT 中聚苯胺具有导电性，因而比电容最高。Sivakumar 等[130]也采用原位化学聚合方法制备出 PANI/MWCNT 复合物电极材料，初始比电容达到 606 F/g。

王献红等[131]制备了一种基于聚苯胺的三明治结构材料，即以石墨烯作为外层材料，多壁碳纳米管作为内层材料，聚苯胺夹在石墨烯片层与多壁碳纳米管之间的碳纳米管/聚苯胺/石墨烯多层复合材料。他们首先制备带正电荷的多壁碳纳米管/

聚苯胺同轴纳米纤维，由于石墨烯氧化物带负电荷，因此可利用两者之间的静电相互作用制备三明治结构多层复合材料。在有机非质子电解液中，该三明治复合材料呈现较好的电容性能，在 0.5 A/g 的电流密度下，比电容为 259.4 F/g，并且在 2500 次循环后容量保持率高于 76.5%。

4.4.4　聚苯胺/金属氧化物复合物电极材料

金属氧化物由于在宽电压范围内具有赝电容，也是重要的超级电容器电极材料。不过金属氧化物的导电性通常较低，与导电聚苯胺复合，可以改善其导电性能。很多金属氧化物，如 RuO_2、MnO_2、MnO、NiO、V_2O_5、Fe_2O_3、TiO_2、CuO、ZnO、SnO_2 等均可用于制备金属氧化物/聚苯胺电极材料。必须指出的是，金属氧化物/聚苯胺的赝电容并不是两者的简单加和。例如，按照 Peng 等[132]的报道，当 MoO_3 纳米带与聚苯胺纳米管复合后，可制备高能量密度的不对称超级电容器，不过两者的氧化还原峰都同时消失，产生新的氧化还原峰。

金属氧化物能被电沉积在电极材料上，而导电高聚物可作为金属氧化物电沉积的基底材料。Prasad 与 Miura[133]将 MnO_2 电沉积在聚苯胺上制得复合电极材料，比电容为 715 F/g。即使少量 MnO_2（0.2 mg/cm²）沉积到 PANI（4 mg/cm²）表面上，电极材料的比电容也会大幅增加，可能是由于 MnO_2 与 PANI 存在协同作用的原因。在该结构中，氧化锰与聚苯胺对整体赝电容均有贡献，当 MnO_2 或 PANI 的含量增加时，超级电容器的比电容增加，且在 5000 次循环后比电容损耗仅为 3.5%。由于金属氧化物的导电性较低，聚苯胺可作为导电助剂来提升复合材料的整体导电性。相较于碳材料，聚苯胺由于具有更柔性的结构，能与金属氧化物在纳米尺度上更好地结合，有望发挥更显著的协同效应[101]。此外，金属氧化物能作为引发剂引发聚合，聚苯胺也可直接在金属氧化物表面生长，从而在纳米尺度上与金属氧化物形成强烈的相互作用[134]。

金属氧化物、碳材料和聚苯胺可以制备出具有高导电性、高比表面积的复合材料。例如，Xia 等[135]制备了石墨烯/Fe_2O_3/PANI 三元复合材料，其中的金属氧化物能很好地固定到石墨烯表面，并为聚苯胺的固定提供了良好基体，由此得到的超级电容器的比电容达到 638 F/g，同时该超级电容器在循环 5000 圈后比电容仅衰减 8%。

4.5　聚苯胺在太阳能电池上的应用

太阳能电池通过光电效应或者光化学效应直接将光能转化成电能，又称光伏电池。光伏效应是指一旦光子入射至光敏材料会产生电子空穴对，随后电子空穴对在静电势能的作用下分离，再被相应电极收集，形成电流通路[136]。与硅基(多晶硅、单晶硅)或钙钛矿等无机太阳能电池不同,有机太阳能电池是指以有机光伏材料实施光电转换功能的太阳能电池,有机光伏材料具有柔韧性的优点,且其成膜性较好,器件制作成本较低,随着近几年其光电转换效率不断提高,稳定性不断改善,已经显示出较好的应用前景。本节主要介绍聚苯胺在有机太阳能电池领域的应用。

4.5.1 聚苯胺在染料敏化太阳能电池中的应用

1. 染料敏化太阳能电池简介

染料敏化太阳能电池(DSSC)主要由光阳极、电解液、对电极(光阴极)组成[137,138],其中光阳极(PE)通常是吸附染料分子的多孔 TiO_2 薄膜,主要作用是负载染料分子并传导光生载流子。染料敏化剂在太阳能电池中起收集能量的作用,光照时染料分子的基态电子受到激发跃迁到激发态,随后激发态电子注入 TiO_2 导带中,在染料分子中产生空穴,最终 TiO_2 中的电子转移至外电路,到达光阴极(CE)完成整个回路。

电解液是影响染料敏化太阳能电池转化效率与长期稳定性的重要因素之一。目前染料敏化太阳能电池使用的电解液主要有液体电解液、准固态电解液、固态电解液[139-141]。通常电解液中含有氧化-还原离子对,以含有 I_3^-/I^- 的电解液为例,I^- 将处于氧化态的染料分子还原,使染料分子重新回到基态,完成再生过程,另外 I^- 本身则被氧化成 I_3^-,I_3^- 在对电极表面发生还原反应,完成氧化还原离子对的再生。理想的氧化-还原离子对的氧化还原电势应该和染料能级以及半导体能级相匹配,并且能够快速将氧化态的染料还原,减少半导体中电子重新与激发态染料再次结合这一竞争反应。

光阴极也是 DSSC 中的对电极,对电极材料不仅具有良好的导电性,同时具有良好的表面浸润性,并对电解液中氧化-还原离子对有优良的催化活性。在 DSSC 中,对电极扮演两个重要角色:首先是促进电子由外电路转移至电解液中氧化还原离子对中,其次是通过对电极/电解液界面催化氧化还原离子对的还原反应,促进电解液中氧化还原离子对的再生。由于透明导电氧化物膜(TCO)基底不足以为电解液中的氧化还原反应提供快速的电荷转移,通常须在 TCO 基底上沉积一层薄的铂层以催化光阴极上的还原反应。不过由于铂价格昂贵,因此有大量的文献报道非铂体系,如碳材料、过渡金属化合物、导电高聚物及其复合材料等,用于 DSSC 对电极材料的可行性。

2. 聚苯胺作为 DSSC 对电极材料

由于聚苯胺具有可逆的氧化还原特性,且对 I_3^- 具有一定的催化活性,因此可作为对电极材料应用在染料敏化太阳能电池中。Li 等[142]制备了孔径为 100 nm 的聚苯胺微孔材料以取代铂作为对电极材料,发现 I_3^- 在 PANI 对电极上比在铂电极上的反应更快。一方面是因为 PANI 有较低的电荷转移电阻,对 I_3^-/I^- 有更高的电催化活性;另一方面聚苯胺微孔材料存在多孔结构,因此具有更高的比表面积,有助于提高 I_3^-/I^- 反应的催化活性。

Sun 等[143]采用柔性的聚苯胺/碳复合材料作为对电极材料,聚苯胺薄膜的厚度、氧化程度、掺杂剂类型均会影响电极材料的性能。当 PANI 薄膜厚度为 330 nm时,DSSC 具有较高的光电转换效率,通常本征态聚苯胺比全氧化态聚苯胺显示出更高的光电流密度和转换效率。此外,通过提高 PANI 电极的比表面积,有助于提升对电极与电解液之间的电荷转移与电催化活性,如 Cho 等[144]用不同致孔剂形成具有较大比表面积的多孔 PANI,并以采用二次掺杂方法制备的樟脑磺酸掺杂的聚苯胺(PANI-CSA)为对电极,也取得了优于铂电极的电催化性能。

透明对电极材料能增加太阳能电池对入射光的捕获效率,提升太阳能电池的性能,为此 Tai 等[145]在掺杂氟 SnO_2 透明导电玻璃(FTO)表面原位聚合制备出多孔PANI 膜作为对电极材料,大幅度改善了电极的电催化性能。

为了进一步提升基于 PANI 的对电极材料的催化活性,可制备定向排列的PANI 纳米纤维。Wang 等[146]通过原位生长法制得聚苯胺纳米线,由于电子在沿PANI 纳米线方向传输很快,外表面的聚合物可以有效催化电解液中氧化态物质的还原反应。相较于无规网状的 PANI,定向 PANI 纳米线对电解液中氧化还原离子对(Co^{3+}/Co^{2+})的电催化活性高于 Pt 电极。当利用定向排列的 PANI 纳米线为对电极、含 Co 基化合物为电解液时,有机染料体系的 DSSC 能获得 8.24%的外量子转化效率。由于定向排列的 PANI 纳米纤维可在柔性基底如塑料或纤维上生长,因此可将其应用于柔性 DSSC[147]。

利用复合材料的不同组分所产生的协同效应,可改善对电极的电催化性能[148]。最常见的是将碳材料与聚苯胺进行复合制备出具有协同效应的复合材料[149],如利用碳纳米管(CNT)的导电性,将其与聚苯胺复合制备出聚苯胺与多壁碳纳米管复合的材料,具有较低电荷转移电阻[150],作为对电极材料具有较好的光电转化效率。也有报道采用单壁碳纳米管(single-walled carbon nanotube, SWCNT)与聚苯胺的复合物作为对电极材料,其中 SWCNT 是良好的电子受体,聚苯胺是良好的电子给体,聚苯胺上的亚胺基团(—NH—)上的 N 原子有一对孤对电子,能够与单壁碳纳米管上共轭结构的 C 原子相互作用,形成共价键,能有效加速电荷转移。而且 PANI与 SWCNT 之间的作用力能使 PANI 链规整排列在单壁碳纳米管外表面,PANI 与单壁碳纳米管的协同作用可提高电子传递速率。例如,He 等[151]利用回流法制备了 PANI-SWCNT 复合物,其中含 SWCNT 为 4wt%的多孔结构 PANI-SWCNT 复合物具有更大的比表面积,可供 I_3^- 发生还原反应,因此其光电转化效率达到7.81%。此外,还能将聚苯胺、单壁碳纳米管与石墨烯氧化物复合制备对电极材料,如将带正电的 PANI-SWCNT 与带负电的石墨烯氧化物通过层层自组装技术制备出具有多层结构的复合材料，可增加电催化面积，改善电催化性能[152]。也有直接将聚苯胺与石墨烯进行复合制备对电极材料，如 Cai 等[153]通过层层自组装技术将聚苯胺与石墨烯氧化物进行复合，制备多层复合材料，既利用了石墨烯良好的导电性，也利用了聚苯胺对电解液中氧化还原离子对的催化活性，以此作为对电极材料显示出优良的电催化性能。

高透明度的对电极材料可用于制备双面染料敏化太阳能电池，如 Wang 等[154]制备了多孔聚苯胺-还原氧化石墨烯(PANI-RGO)复合材料，其透明度达 80%，可用作双面染料敏化太阳能电池对电极材料。

3. 聚苯胺在固态染料敏化太阳能电池中的应用

基于液体电解液的 DSSC 中的电解液含有 I_3^-/I^- 氧化还原离子对，由于电解液不仅存在易蒸发、泄漏的问题，而且能腐蚀 Pt 对电极，影响电池的使用寿命。解决液态电解质问题的一个策略是发展基于 p 型半导体或有机空穴传输材料的固态染料敏化太阳能电池(SDSC)，SDSC 的工作原理是染料分子吸收光子的能量，分子中的电子发生跃迁，激发态电子注入到 TiO_2 导带中，TiO_2 导带中的电子被 FTO 基底收集。空穴传输材料将处于氧化态的染料分子进行还原再生，空穴传输材料中的空穴被对电极收集，从而形成完整的电子回路。需要注意的是，TiO_2 导带中的电子能够与氧化态染料分子或空穴传输材料再次结合，抑制该副反应的发生可有利于提升器件性能[155]。

聚苯胺可以作为空穴传输材料应用在固态染料敏化太阳能电池中。Tan 等[156]用 PANI 作为空穴传输材料组装 SDSC，一开始他们将溶于三氯甲烷的 PANI 以旋涂的方式涂覆在负载 N3 染料的多孔 TiO_2 层上，但转换率较低。随后他们研究了 PANI 的导电性对器件性能的影响，发现导电性适中(3.5 S/cm)的 PANI 具有最优性能[157]。结合对聚苯胺膜的形貌和聚集体的尺寸的控制，可获得短路电流密度为 0.77 mA/cm^2，光电转换效率为 0.10%的 SDSC。当以碘化锂(LiI)与 4-叔丁基吡啶为助剂，采用 4-十二烷基苯磺酸掺杂的 PANI，相应的器件转化效率提升至 1.15%[158]，其性能的提升主要得益于该材料能抑制界面电荷再次结合这一副反应。文献上很重视聚苯胺在 SDSC 的应用，如 Kim 等[159]采用原位聚合获得聚苯胺，在低光密度(14.5 mW/cm^2)下光电转换效率约为 0.8%，Ameen 等[160]则用等离子增强聚合方法在负载 N719 染料的 TiO_2 膜上制备 PANI，在 100 mW/cm^2 下，光电转换效率约为 0.68%。

聚苯胺对 I^-/I_3^- 离子对具有催化活性，并能缩短离子扩散距离，因此制备含有 PANI 的固态电解质可提升 SDSC 的能量转化效率。Li 等[161]通过共混法制备 I^-/I_3^-

掺杂的 HPN(3-羟基丙腈)/PANI 固体电解质，由于聚苯胺链分布在整个固体电解质体系中，因而在电解质/阳极界面产生的 I_3^- 只需迁移至聚苯胺共轭链段上即可完成还原反应。而当电解质中不含聚苯胺时，I_3^- 需要穿过整个电解质体系到达电解质/Pt 对电极的界面才能完成还原反应，因此聚苯胺的引入能缩短 I^-/I_3^- 离子对的扩散途径，借此制备的 SDSC 转化效率达到 3.7%，而不含 PANI 的 SDSC 的转化效率仅为 1.49%。含聚苯胺的固体电解质在 SDSC 中的应用研究发展很快。例如，Duan 等[162]通过共混法制备同时具有催化与空穴传输特性的 PEO/PANI 固态电解质，PANI 的引入可改善 $I_3^- \rightleftharpoons I^-$ 的转化与染料分子再生过程，即使固体电解质中仅含约 1.0wt%的 PANI，由此制备的 SDSC 的转化效率可达 6.1%。

4. 聚苯胺用作准固态染料敏化太阳能电池

采用液态电解液的 DSSC 存在溶剂泄漏和腐蚀 Pt 对电极等问题，有时甚至会导致染料分子分解，因此其长效稳定性一直是个难题。另外，基于固态电解质的 SDSC 虽然长效循环稳定性更好，但固态电解质导电性低、对 TiO₂ 的浸润性较差。基于凝胶电解质的准固态染料敏化太阳能电池(QS-DSSC)不仅具有较高的离子导电性，且与 TiO₂ 接触良好，并能够减缓溶剂的泄漏，改善循环性能。Tang 等[163]合成了十六烷基三甲基溴化铵接枝的聚丙烯酸(PAA-g-CTAB)并以此掺杂 PANI，制备了两亲性复合物，进而制备出具有高电解液吸收率(17.69 g/g)和高电导率(14.29 mS/cm)的凝胶电解质，借此组装准固态染料敏化太阳能电池，转化效率高达 6.68%。尽管 PANI 的引入会使凝胶电解质的吸收电解液能力略有下降，如 PAA-g-CTAB 吸收电解液能力为 18.53 g/g，而 PAA-g-CTAB/PANI 的吸收能力为 17.69 g/g，但 PANI 的引入使凝胶网络的导电性得以提升，20℃下 PAA-g-CTAB 电导率为 11.35 mS/cm，PAA-g-CTAB/PANI 的电导率则提高到 14.29 mS/cm，因此加快了 I_3^-/I^- 的传输速率，改善了电池的光电性能。

Li 等[164]利用六亚甲基二异氰酸酯(HDI)的三聚体与聚乙二醇(PEG-600)反应制备了微孔聚合物，随后在吸附苯胺后进行现场聚合，制备出含 PANI 的凝胶电解质，室温下电导率为 12.11 mS/cm，PANI 的引入能使凝胶具有更低的电荷转移电阻，从而对 I_3^-/I^- 有更高的催化活性，在 100 mW/cm² 的光照下转化效率达到 6.81%。文献上也有采用多壁碳纳米管与聚苯胺复合物(MWCNT-PANI)来改善 QS-DSSC 的性能，因为 MWCNT-PANI 能加速对电极到 I_3^- 的电荷转移，确保电解液中 I_3^-/I^- 的转化更为有效。例如，Karim 等[165]制备了以 MWCNT-PANI/PMII(1-甲基-3-丙基碘化咪唑鎓)为电解液的 QS-DSSC，其转化效率为 3.15%，而不含 MWCNT-PANI 复合物的 QS-DSSC 的转化效率仅为 0.26%。

4.5.2　聚苯胺在有机太阳能电池中的其他应用

除了用作电子传输材料，透明导电的聚苯胺薄膜还可用作有机太阳能电池的空穴注入层。Beibouji 等[166]采用溶液加工(水体系或有机体系)的聚苯胺作为有机太阳能电池的空穴传输层，他们指出 PANI 膜的厚度显著影响器件性能，当 PANI 膜较厚时(50 nm)，由于传输困难将导致器件整体性能较差，而 30 nm 厚的 PANI 膜作为空穴注入层的器件整体性能最高。PANI 薄膜的导电性也影响器件性能，当作为空穴注入层的 PANI 薄膜导电性为 10^{-2} S/cm 时即可获得良好的性能，在 100 mW/cm^2 的光照下，所研制的太阳能电池的能量转化效率达到 2.5%。

聚苯胺的能带较宽，其功函数比 ITO 的高 0.1 eV，因此可在 ITO 阳极与光活性聚合物之间传输空穴。Tan 等[167]采用电化学沉积法制备表面嵌有纳米岛结构的 PANI 膜，并将其作为阳极阻隔层应用在有机太阳能电池中，通过调整电化学沉积参数可制备出纳米岛密度尽可能大的聚苯胺膜，大幅度提升其空穴传输性能。

另外，聚苯胺具有良好的导电性、透明度及高功率函数值，可作为透明电极取代 ITO 用于有机太阳能电池。Salvatierra 等[168]用界面聚合法合成聚苯胺/碳纳米管(PANI/CNT)纳米复合物薄膜，通过减小 CNT 的直径以及对 PANI/CNT 薄膜进行二次掺杂，他们制备出高导电率、高透明度的 PANI/CNT 界面薄膜，550 nm 下透光率可高达 89%，且 PANI/CNT 膜具有可控的粗糙表面结构，从而增加器件的表面积，产生更高的短路电流。

4.6　展望

聚苯胺具有可逆的掺杂/反掺杂特性，且其导电性与电化学活性在很宽的范围内可调，同时可方便地构建出各种特殊的形貌，因此聚苯胺在锂离子电池、锂硫电池和锂空电池正极材料，以及超级电容器电极材料方面是非常活跃的一类功能高分子材料。此外，凭借其良好的导电性和空穴传输性，聚苯胺在有机太阳能电池的电极材料和电解液等方面也显示出特殊的应用可能性，借此极大地丰富了聚苯胺在能源材料领域的应用图像。不过尽管很巧妙，目前绝大部分应用还仅仅停留在可能性阶段，能否实现最终器件应用取决于一些更深层次问题的解决，如聚苯胺的电导率和氧化还原性能是否在应用工况下保持稳定，直接决定了器件的使用寿命。

参 考 文 献

[1] Mizushima K, Jones P C, Wiseman P J, et al. Li$_x$CoO$_2$ $(0 \leqslant x \leqslant 1)$: A new cathode material for batteries of high energy density. Materials Research Bulletin, 1980, 15: 783～789.

[2] Dahn J R, Vonsacken U, Juzkow M W, et al. Rechargeable LiNiO₂/carbon cells. Journal of the Electrochemical Society, 1991, 138: 2207~2211.

[3] Koetschau I, Richard M N, Soupart J B, et al. Orthorhombic LiMnO₂ as a high capacity cathode for Li-ion cells. Journal of the Electrochemical Society, 1995, 142: 2906~2910.

[4] Huang Y H, Goodenough J B. High-rate LiFePO₄ lithium rechargeable battery promoted by electrochemically active polymers. Chemistry of Materials, 2008, 20: 7237~7241.

[5] Pistoia G, Rosati R. Synthesis of an efficient LiMn₂O₄ for lithium-ion cells. Journal of Power Sources, 1996, 58: 135~138.

[6] Etacheri V, Marom R, Elazari R, et al. Challenges in the development of advanced Li-ion batteries: A review. Energy & Environmental Science, 2011, 4: 3243~3262.

[7] Guyomard D, Tarascon J M. Li metal-free rechargeable LiMn₂O₄/carbon cells: Their understanding and optimization. Journal of the Electrochemical Society, 1992, 139: 937~948.

[8] Tarascon J M, Mckonnon W R, Coowar F, et al. Synthesis conditions and oxygen stoichiometry effects on in insertion into the spinel LiMn₂O₄. Journal of the Electrochemical Society, 1994, 141: 1421~1431.

[9] Goodenough J B, Kim Y S. Challenges for rechargeable Li batteries. Chemistry of Materials, 2010, 22: 587~603.

[10] Cheng Y J, Yang S H, Hsu C S. Synthesis of conjugated polymers for organic solar cell applications. Chemical Reviews, 2009, 109: 5868~5923.

[11] Park K, Song H, Kim Y, et al. Electrochemical preparation and characterization of V₂O₅/polyaniline composite film cathodes for Li battery. Electrochimica Acta, 2010, 55: 8023~8029.

[12] Chen W M, Qie L X, Yuan L X, et al. Insight into the improvement of rate capability and cyclability in LiFePO₄/polyaniline composite cathode. Electrochimica Acta, 2011, 56: 2689~2695.

[13] Mike J F, Lutkenhaus J L. Recent advances in conjugated polymer energy storage. Journal of Polymer Science Part B: Polymer Physics, 2013, 51: 468~480.

[14] Padhi A K, Nanjundaswamy K S, Goodenough J B. High-rate LiFePO₄ lithium rechargeable battery promoted by electrochemically active polymers. Journal of the Electrochemical Society, 1997, 144: 1188~1194.

[15] Chen M W, Huang Y H, Yuan L X. Self-assembly LiFePO₄/polyaniline composite cathode materials with inorganic acids as dopants for lithium-ion batteries. Journal of Electroanalytical Chemistry, 2011, 660: 108~113.

[16] Posudievsky O Y, Kozarenko O A, Dyadyun V S, et al. Electrochemical performance of mechanochemically prepared polyaniline doped with lithium salt. Synthetic Metals, 2012, 162: 2206~2211.

[17] Posudievsky O Y, Kozarenko O A, Dyadyun V S, et al. Advanced electrochemical performance of hybrid nanocomposites based on LiFePO₄ and lithium salt doped polyaniline. Journal of Solid State Electrochemistry, 2015, 19: 2733~2740.

[18] Watanabe T, Ikeda Y, Ono T, et al. Characterization of vanadium oxide sol as a starting material for high rate intercalation cathodes. Solid State Ionics, 2002, 151: 313~320.

[19] McGraw J M, Bahn C S, Parilla P A, et al. Li ion diffusion measurements in V₂O₅ and Li(Co₁₋ₓAlₓ)O₂

thin-film battery cathodes. Electrochimica Acta, 1999, 45: 187~196.

[20] Murugan A V. Electrochemical properties of microwave irradiated synthesis of poly (3,4-ethylenedioxythiophene)/V$_2$O$_5$ nanocomposites as cathode materials for rechargeable lithium batteries. Electrochimica Acta, 2005, 50: 4627~4636.

[21] Ponzio E A, Benedetti T M, Benedetti R M. Electrochemical and morphological stabilization of V$_2$O$_5$ nanofibers by the addition of polyaniline. Electrochimica Acta, 2007, 52: 4419~4427.

[22] Gittleson F S, Hwang J, Sekol R C, et al. Polymer coating of vanadium oxide nanowires to improve cathodic capacity in lithium batteries. Journal of Materials Chemistry A, 2013, 1: 7979~7984.

[23] Shao L, Jeon J W, Lutkenhaus J L. Polyaniline/vanadium pentoxide layer-by-layer electrodes for energy storage. Chemistry of Materials, 2012, 24: 181~189.

[24] Shao L, Jeon J W, Lutkenhaus J L. Porous polyaniline nanofiber/vanadium pentoxide layer-by-layer electrodes for energy storage. Journal of Materials Chemistry A, 2013, 1: 7648~7656.

[25] Shao L, Jeon J W, Lutkenhaus J L. Polyaniline nanofiber/vanadium pentoxide sprayed layer-by-layer electrodes for energy storage. Journal of Materials Chemistry A, 2014, 2: 14421~14428.

[26] Yamada A, Tanaka M. Jahn-Teller structural phase transition around 280K in LiMn$_2$O$_4$. Materials Research Bulletin, 1995, 30: 715~721.

[27] Yamaguchi H, Yamada A, Uwe H. Jahn-Teller transition of LiMn$_2$O$_4$ studied by X-ray-absorption spectroscopy. Physical Review B, 1998, 58: 8~11.

[28] Hon Y M, Fung K Z, Hon M H. Synthesis and characterization of Li$_{1+\delta}$Mn$_{2-\delta}$O$_4$ powders prepared by citric acid gel process. Journal of the European Ceramic Society, 2001, 21: 515~522.

[29] Fonseca C P, Neves S. The usefulness of a LiMn$_2$O$_4$ composite as an active cathode material in lithium batteries. Journal of Power Sources, 2004, 135: 249~254.

[30] Wang Y G, Wu W, Cheng L, et al. A polyaniline-intercalated layered manganese oxide nanocomposite prepared by an inorganic/organic interface reaction and its high electrochemical performance for Li storage. Advanced Materials, 2008, 20: 2166~2170.

[31] Yang L H, Wang S N, Mao J J, et al. Hierarchical MoS$_2$/polyaniline nanowires with excellent electrochemical performance for lithium-ion batteries. Advanced Materials, 2013, 25: 1180~1184.

[32] MacDiarmid A G, Yang L S, Huang W S, et al. Polyaniline: Elelctrochemistry and application to rechargeable batteries. Synthetic Metals, 1987, 18: 393~398.

[33] Goto F, Abe K, Okabayashi K, et al. The polyaniline/lithium battery. Journal of Power Sources, 1987, 20: 243~248.

[34] Ryu K S, Kim K M, Kang S G, et al. The charge/discharge mechanism of polyaniline films doped with LiBF$_4$ as a polymer electrode in a Li secondary battery. Solid State Ionics, 2000, 135: 229~234.

[35] Manuel J, Kim J K, Matic A, et al. Electrochemical properties of lithium polymer batteries with doped polyaniline as cathode material. Materials Research Bulletin, 2012, 47: 2815~2818.

[36] Jiménez P, Levillain E, Alévêque O, et al. lithium n-doped polyaniline as a high-performance electroactive material for rechargeable batteries. Angewandte Chemie International Edition, 2017, 56: 1553~1556.

[37] Littauer E L, Tsai K C. Anodic behavior of lithium in aqueous electrolytes. Journal of the Electrochemical Society, 1976, 123: 771~776.

[38] Abraham K M, Jiang Z. A polymer electrolyte-based rechargeable lithium/oxygen battery. Journal of the Electrochemical Society, 1996, 143: 1~5.

[39] Read J. Characterization of the lithium/oxygen organic electrolytebattery. Journal of the Electrochemical Society, 2002, 149: 1190~1195.

[40] Ogasawara T, Debart A, Holzapfel M, et al. Rechargeable Li_2O_2 electrode for lithium batteries. Journal of the American Chemical Society, 2006, 128: 1390~1393.

[41] Lu Y C, Gasteiger H A, Parent M C, et al. The influence of catalysts on discharge and charge voltages of rechargeable Li-oxygen batteries. Electrochemical and Solid-State Letters, 2010, 13: 69-72.

[42] Feng N N, He P, Zhou H S. Critical challenges in rechargeable aprotic $Li-O_2$ batteries. Advanced Energy Materials, 2016, 6: 1502303.

[43] Cui Y, Wen Z, Liang X, et al. A tubular polypyrrole based air electrode with improved O_2 diffusivity for $Li-O_2$ batteries. Energy & Environmental Science, 2012, 5: 7893~7897.

[44] Zhang J, Sun B, Ahn H J, et al. Conducting polymer-doped polyprrrole as an effective cathode catalyst for $Li-O_2$ batteries. Materials Research Bulletin, 2013, 48: 4979~4983.

[45] Nasybulin E, Xu W, Engelhard M H, et al. Electrocatalytic properties of poly(3,4-ethylenedioxythiophene)(PEDOT) in $Li-O_2$ battery. Electrochemistry Communications, 2013, 29: 63~66.

[46] 路崎, 赵强, 张红明, 等. 空心微球聚苯胺二次锂氧电池正极材料研究. 高分子学报, 2013, 8: 1080~1084.

[47] Lu Q, Zhao Q, Zhang H M, et al. Water dispersed conducting polyaniline nanofibers for high capacity rechargeable lithium-oxygen battery. ACS Macro Letters, 2013, 2: 92~95.

[48] Bruce P G, Freunberger S A, Hardwick L, et al. $Li-O_2$ and Li-S batteries with high energy storage. Nature Materials, 2012, 11: 19~29.

[49] Scrosati B, Hassoun J, Sun Y K. Lithium-ion batteries: A look into the future. Energy & Environmental Science, 2011, 4: 3287~3295.

[50] Ji X L, Nazar L F. Advances in Li-S batteries. Journal of Materials Chemistry, 2010, 20: 9821~9826.

[51] Xu R, Lu J, Amine K. Progress in mechanistic understanding and characterization techniques of Li-S batteries. Advanced Energy Materials, 2015, 5: 1500408.

[52] Fu Y Z, Manthiram A. Core-shell structured sulfur-polypyrrole composite cathodes for lithium sulfur batteries. RSC Advances, 2012, 2: 5927~5929.

[53] Wu F, Wu S X, Chen R J, et al. Sulfur-polythiophene composite cathode materials for rechargeable lithium batteries. Electrochemical and Solid State Letters, 2010, 13: A29~A31.

[54] 姚玉洁, 路崎, 高红, 等. 芘对聚苯胺锂硫电池低温性能的影响机制研究. 高分子学报, 2017, 9: 1517~1523.

[55] Li W Y, Zhang Q F, Zheng G Y, et al. Understanding the role of different conductive polymers in improving the nanostructured sulfur cathode performance. Nano Letters, 2013, 13: 5534~5540.

[56] Gao H, Lu Q, Liu N J, et al. Facile preparation of an ultrathin sulfur-wrapped polyaniline nanofiber composite with a core-shell structure as a high performance cathode material for lithium-sulfur

batteries. Journal of Materials Chemistry A, 2015, 3: 7215～7218.

[57] Lu Q, Gao H, Yao Y J, et al. One-step synthesis of an urchin-like sulfur/polyaniline nano-composite as a promising cathode material for high-capacity rechargeable lithium-sulfur batteries. RSC Advances, 2015, 5: 92918～92922.

[58] An Y L, Wei P, Fan M Q, et al. Dual-shell hollow polyaniline/sulfur-core/polyaniline composites improving the capacity and cycle performance of lithium-sulfur batteries. Applied Surface Science, 2016, 375: 215～222.

[59] Ma G Q, Wen Z Y, Jin J, et al. Hollow polyaniline sphere@sulfur composites for prolonged cycling stability of lithium-sulfur batteries. Journal of Materials Chemistry A, 2014, 2: 10350～10354.

[60] Xiao L F, Cao Y L, Xiao J, et al. A soft approach to encapsulate sulfur: Polyaniline nanotubes for lithium-sulfur batteries with long life cycle life. Advanced Materials, 2012, 24: 1176～1181.

[61] Wu F, Chen J Z, Li L, et al. Improvement of rate and cycle performence by rapid polyaniline coating of a MWCNT/sulfur cathode. Journal of Physical Chemistry C, 2011, 115: 24411～24417.

[62] Li X G, Rao M M, Chen D R, et al. Sulfur supported by carbon nanotubes and coated with polyaniline: Preparation and performance as cathode of lithium-sulfur cell. Electrochimica Acta, 2015, 166: 93～99.

[63] Zhang Z A, Li Q, Lai Q Y, et al. Confine sulfur in polyaniline-decorated hollow carbon nanofiber hybrid nanostructure for lithium-sulfur batteries. Journal of Physical Chemistry C, 2014, 118: 13369～13376.

[64] Jin J, Wen Z Y, Ma G Q, et al. Mesoporous carbon/sulfur composite with polyaniline coating for lithium sulfur batteries. Solid State Ionics, 2014, 262: 170～173.

[65] Sun Y, Wang S P, Cheng H, et al. Synthesis of a ternary polyaniline@acetylene black-sulfur material by continuous two-step liquid phase for lithium sulfur batteries. Electrochimica Acta, 2015, 158: 143～151.

[66] Wang M J, Wang W K, Wang A B, et al. A multi-core-shell structured composite cathode material with a conductive polymer network for Li-S batteries. Chemical Communications, 2013, 49: 10263～10265.

[67] Wu S P, Ge R Y, Lu M J, et al. Graphene-based nano-materials for lithium-sulfur battery and sodium-ion battery. Nano Energy, 2015, 15: 379～405.

[68] Bolotin K I, Sikes K J, Jiang Z, et al. Ultrahigh electron mobility in suspended graphene. Solid State Communications, 2008, 146: 351～355.

[69] Zhu Y W, Murali S, Cai W W, et al. Graphene and graphene oxide: Synthesis, properties, and applications. Advanced Materials, 2010, 22: 3906～3924.

[70] Qiu Y G, Li W F, Li G Z, et al. Polyaniline-modified cetyltrimethylammonium bromide-graphene oxide-sulfur nanocomposites with enhanced performance for lithium-sulfur batteries. Nano Research, 2014, 7: 1355～1363.

[71] Li L, Ruan G D, Peng Z W, et al. Enhanced cycling stability of lithium sulfur batteries using sulfur-polyaniline-graphene nanoribbon composite cathodes. ACS Applied Materials & Interfaces, 2014, 6: 15033～15039.

[72] Zhang K L, Xu Y H, Lu Y, et al. A graphene oxide-wrapped bipyramidal sulfur@polyaniline core-

shell structure as a cathode for Li-S batteries with enhanced electrochemical performance. Journal of Materials Chemistry A, 2016, 4: 6404~6410.

[73] Li X G, Rao M M, Lin H B, et al. Sulfur loaded in curved graphene and coated with conductive polyaniline: Preparation and performance as a cathode for lithium-sulfur batteries. Journal of Materials Chemistry A, 2015, 3: 18098~18104.

[74] Ding K, Bu Y K, Liu Q, et al. Ternary-layered nitrogen-doped graphene/sulfur/polyaniline nanoarchitecture for the high-performance of lithium-sulfur batteries. Journal of Materials Chemistry A, 2015, 3: 8022~8027.

[75] Wei X L, Wang Y Z, Long S M, et al. Synthesis and physical properties of highly sulfonated polyaniline. Journal of the American Chemical Society, 1996, 118: 2545~2555.

[76] Zhao Y, Tan R, Yang J, et al. 3D-hybrid material design with electron/lithium-ion dualconductivity for high-performance Li-sulfur batteries. Journal of Power Sources, 2017, 340: 160~166.

[77] Chen C Y, Peng H J, Hou T Z, et al. A quinonoid-imine-enriched nanostructured polymer mediator for lithium-sulfur batteries. Advanced Materials, 2017, 29: 1606802.

[78] Ding Y L, Kopold P, Hahn K, et al. Facile solid-state growth of 3D well-interconnected nitrogen-rich carbon nanotube-graphene hybrid architectures for lithium-sulfur batteries. Advanced Functional Materials, 2016, 26: 1112~1119.

[79] Cai J J, Wu C, Zhu Y, et al. Sulfur impregnated N, P co-doped hierarchical porous carbon as cathode for high performance Li-S batteries. Journal of Power Sources, 2017, 341: 165~174.

[80] Zhang J, Shi Y, Ding Y, et al. A conductive molecular framework derived Li_2S/N, P codoped carbon cathode for advanced lithium-sulfur batteries. Advanced Energy Materials, 2017, 7: 1602876.

[81] Song J X, Xu T, Gordin M L, et al. Nitrogen-doped mesoporous carbon promoted chemical adsorption of sulfur and fabrication of high-areal-capacity sulfur cathode with exceptional cycling stability for lithium sulfur batteries. Advanced Functional Materials, 2014, 24: 1243~1250.

[82] Ding N, Chien S W, Hor T S A, et al. Key parameters in design of lithium sulfur batteries. Journal of Power Sources, 2014, 269: 111~116.

[83] Hagen M, Fanz P, Tubke J. Cell energy density and electrolyte/sulfur ratio in Li-S cells. Journal of Power Sources, 2014, 264: 30~34.

[84] McCloskey B D. Attainable gravimetric and volumetric energy density of Li-S and Li ion battery cells with solid separator-protected Li metal anodes. Journal of Physical Chemistry Letters, 2015, 6: 4581~4588.

[85] Scheers J, Fantini S, Johansson P. A review of electrolytes for lithium-sulphur batteries. Journal of Power Sources, 2014, 255: 204~218.

[86] Chung S H, Chang C H, Manthiram A. Progress on the critical parameters for lithium-sulfur batteries to be practically viable. Advanced Functional Materials, 2018, 28: 1801188.

[87] Gao H, Lu Q, Yao Y J, et al. Significantly raising the cell performance of lithium sulfur battery via the multifunctional polyaniline binder. Electrochimica Acta, 2017, 232: 414~421.

[88] Wang J, Cheng S, Li W F, et al. Robust electrical "highway" network for high mass loading sulfur cathode. Nano Energy, 2017, 40: 390~398.

[89] Wang G P, Zhang L, Zhang J J. A review of electrode materials for electrochemical supercapacitors.

Chemical Society Reviews, 2012, 41: 797~828.

[90] Bandyopadhyay P, Kuila T, Balamurugan J, et al. Facile synthesis of novel sulfonated polyaniline functionalized graphene using *m*-aminobenzene sulfonic acid for asymmetric supercapacitor application. Chemical Engineering Journal, 2017, 308: 1174~1184.

[91] Yu T, Zhu P, Xiong Y, et al. Synthesis of microspherical polyaniline/graphene composites and their application in supercapacitors. Electrochimica Acta, 2016, 222: 12~19.

[92] He X, Liu G, Yan B, et al. Significant enhancement of electrochemical behavior by incorporation of carboxyl group functionalized carbon nanotubes into polyaniline based supercapacitor. Reactive & Functional Polymers, 2016, 83: 53~59.

[93] Guan B, Tong J, Zhang H, et al. Sodium dodecylbenzene sulfonate-assisted synthesis of a carbon-cloth-based polyaniline flexible material for supercapacitors. RSC Advances, 2016, 6: 67271~67280.

[94] Yu P, Zhao X, Li Y, et al. Controllable growth of polyaniline nanowire arrays on hierarchical macro/mesoporous graphene foams for high performance flexible supercapacitors. Applied Surface Science, 2017, 393: 37~45.

[95] Liu H, Wang Y, Gou X, et al. Three-dimensional graphene/polyaniline composite material for high-performance supercapacitor applications. Materials Science and Engineering B: Advanced Functional Solid-State Materials, 2013, 178: 293~298.

[96] Gobal F, Faraji M. Electrodeposited polyaniline on Pd-loaded TiO$_2$ nanotubes as active material for electrochemical supercapacitor. Journal of Electroanalytical Chemistry, 2013, 691: 51~56.

[97] Eftekhari A, Jafarkhani P. Polymerization of aniline through simultaneous chemical and electrochemical routes. Polymer Journal, 2006, 38: 651~658.

[98] Guan H, Fan L, Zhang H, et al. Polyaniline nanofibers obtained by interfacial polymerization for high-rate supercapacitors. Electrochimica Acta, 2010, 56: 964~968.

[99] Kuang H, Cao Q, Wang X, et al. Influence of the reaction temperature on polyaniline morphology and evaluation of their performance as supercapacitor electrode. Journal of Applied Polymer Science, 2013, 130: 3753~3758.

[100] Sharma V, Sahoo A, Sharma Y, et al. Synthesis of nanoporous hypercrosslinked polyaniline (HCPANI) for gas sorption and electrochemical supercapacitor applications. RSC Advanced, 2015, 5: 45749~45754.

[101] Eftekhari A, Li L, Yang Y. Polyaniline supercapacitors. Journal of Power Sources, 2017, 347: 86~107.

[102] Zhang H M, Zhao Q, Zhou S P, et al. Aqueous dispersed conducting polyaniline nanofibers: Promising high specific capacity electrode materials for supercapacitor. Journal of Power Sources, 2011, 196: 10484~10489.

[103] 张红明, 陈宇, 王献红, 等. 水性聚苯胺纳米线超级电容器电极材料. 高分子学报, 2012, 5: 498~502.

[104] Ding H J, Wan M X, Wei Y. Controlling the diameter of polyaniline nanofibers by adjusting the oxidant redox potential. Advanced Materials, 2017, 19: 465~469.

[105] Talbi H, Just P E, Dao L H. Electropolymerization of aniline on carbonized polyacrylonitrile

aerogel electrodes: Applications for supercapacitors. Journal of Applied Electrochemistry, 2003, 33: 465~473.

[106] 杨红生, 周啸, 张庆武. 以多层次聚苯胺颗粒为电极活性物质的超级电容器的电化学性能. 物理化学学报, 2005, 21: 414~418.

[107] Joo J, Song H G, Jeong C K, et al. The study of electrical and magnetic properties of LiPF₆ doped polyaniline. Synthetic Metals, 1999, 98: 215~220.

[108] Ryu K S, Kim K M, Park N G, et al. Symmetric redox supercapacitor with conducting polyaniline electrodes. Journal of Power Sources, 2002, 103: 305~309.

[109] Fang M, Wang K G, Lu H B, et al. Covalent polymer functionalization of graphene nanosheets and mechanical properties of composites. Journal of Materials Chemistry, 2009, 19: 7098~7105.

[110] Wang H L, Hao Q L, Yang X J, et al. Graphene oxide doped polyaniline for supercapacitors. Electrochemistry Communications, 2009, 11: 1158~1161.

[111] Yan J, Wei T, Shao B, et al. Preparation of a graphene nanosheet/polyaniline composite with high specific capacitance. Carbon, 2010, 48: 487~493.

[112] Wu Q, Xu Y, Yao Z Y, et al. Supercapacitors based on flexible graphene/polyaniline nanofiber composite films. ACS Nano, 2010, 4: 1963~1970.

[113] Liu S, Liu X, Li Z. Fabrication of free-standing graphene/polyaniline nanofibers composite paper via electrostatic adsorption for electrochemical supercapacitors. New Journal of Chemistry, 2011, 35: 369~374.

[114] Li Z F, Zhang H, Liu Q. Fabrication of high-surface-area graphene/polyaniline nanocomposites and their application in supercapacitors. ACS Applied Materials & Interfaces, 2013, 5: 2685~2691.

[115] Zhou S P, Zhang H M, Zhao Q, et al. Graphene-wrapped polyaniline nanofibers as electrode materials for organic supercapacitors. Carbon, 2013, 52: 440~450.

[116] Fan W, Zhang C, Tjiu W W. Graphene-wrapped polyaniline hollow spheres as novel hybrid electrode materials for supercapacitor applications. ACS Applied Materials & Interfaces, 2013, 5: 3382~3391.

[117] Sun Y Q, Shi G Q. Graphene/polymer composites for energy applications. Journal of Polymer Science Part B: Polymer Physics, 2013, 51: 231~253.

[118] Xue M, Li F, Zhu J, et al. Structure-based enhanced capacitance: *In situ* growth of highly ordered polyaniline nanorods on reduced graphene oxide patterns. Advanced Functional Materials, 2012, 22: 1284~1290.

[119] Wang D W, Li F, Zhao J P, et al. Fabrication of graphene/polyaniline composite paper via *in situ* anodic electropolymerization for high-performance flexible electrode. ACS Nano, 2009, 3: 1745~1752.

[120] Gogotsi Y, Simon P. True performance metrics in electrochemical energy storage. Science, 2012, 335: 167.

[121] Wang K, Wu H P, Meng Y N, et al. Conducting polymer nanowire arrays for high performance supercapacitors. Small, 2014, 10: 14~31.

[122] Liang L, Liu J, Windisch C F, et al. Direct assembly of large arrays of oriented conducting polymer

nanowires. Angewandte Chemie International Edition, 2002, 41: 3665～3668.

[123] Liu J, Lin Y H, Liang L, et al. Templateless assembly of molecularly aligned conductive polymer nanowires: A new approach for oriented nanostructures. Chemistry: A European Journal, 2003, 9: 604～611.

[124] Wang K, Huang J Y, Wei Z X. Conducting polyaniline nanowire arrays for high performance supercapacitors. Journal of Physical Chemistry C, 2010, 114: 8062～8067.

[125] Chiou N R, Lui C M, Guan J J, et al. Growth and alignment of polyaniline nanofibres with superhydrophobic, superhydrophilic and other properties. Nature Nanotechnology, 2007, 2: 354～357.

[126] Xu J J, Wang K, Zu S Z, et al. Hierarchical nanocomposites of polyaniline nanowire arrays on graphene oxide sheets with synergistic effect for energy storage. ACS Nano, 2010, 4: 5019～5026.

[127] Gupta V, Miura N. Influence of the microstructure on the supercapacitive behavior of polyaniline/single-wall carbon nanotube composites. Journal of Power Sources, 2006, 157: 616～620.

[128] Zhang H, Gao G P, Wang Z Y, et al. Tube-covering-tube nanostructured polyaniline/carbon nanotube array composite electrode with high capacitance and superior rate performance as well as good cycling stability. Electrochemistry Communications, 2008, 10: 1056～1059.

[129] Yoon S B, Yoon E H, Kim K B. Electrochemical properties of leucoemeraldine, emeraldine, and pernigraniline forms of polyaniline/multi-wall carbon nanotube nanocomposites for supercapacitor applications. Journal of Power Sources, 2011, 196: 10791～10797.

[130] Sivakumar S R, Kim W J, Choi J A, et al. Electrochemical performance of polyaniline nanofibres and polyaniline/multi-walled carbon nanotube composite as an electrode material for aqueous redox supercapacitors. Journal of Power Sources, 2007, 171: 1062～1068.

[131] Zhou S P, Zhang H M, Wang X H, et al. Sandwich nanocomposites of polyaniline embedded between graphene layers and multi-walled carbon nanotubes for cycle-stable electrode materials of organic supercapacitors. RSC Advances, 2013, 3: 1797～1807.

[132] Peng H, Ma G, Mu J, et al. Low-cost and high energy density asymmetric supercapacitors based on polyaniline nanotubes and MoO_3 nanobelts. Journal of Materials Chemistry A, 2014, 2: 10384～10388.

[133] Prasad K R, Miura N. Polyaniline-MnO_2 composite electrode for high energy density electrochemical capacitor. Electrochemical Solid-State Letters, 2004, 7: A425.

[134] Jaidev, Jafri R I, Mishra A K, et al. Polyaniline-MnO_2 nanotube hybrid nanocomposite as supercapacitor electrode material in acidic electrolyte. Journal of Materials Chemistry, 2011, 21: 17601～17605.

[135] Xia X, Hao Q, Lei W, et al. Nanostructured ternary composites of graphene/Fe_2O_3/polyaniline for high-performance supercapacitors. Journal of Materials Chemistry, 2012, 22: 16844～16850.

[136] 张天慧, 朴玲钰, 赵谡玲, 等. 有机太阳能电池材料研究新进展. 有机化学, 2011, 2: 260～272.

[137] Grätzel M. Recent advances in sensitized mesoscopic solar cells. Accounts of Chemical Research, 2009, 42: 1788～1798.

[138] Ahmad S, Guillen E, Kavan L, et al. Metal free sensitizer and catalyst for dye sensitized solar cells. Energy & Environmental Science, 2013, 6: 3439~3466.

[139] Bay L, West K, Jesen B W, et al. Electrochemical reaction rates in a dye-sensitised solar cell: The iodide/tri-iodide redox system. Solar Energy Material & Solar Cell, 2006, 90: 341~351.

[140] Chen P Y, Lee C P, Vittal R, et al. A quasi solid-state dye-sensitized solar cell containing binary ionic liquid and polyaniline-loaded carbon black. Journal of Power Sources, 2010, 195: 3933~3938.

[141] Ikeda N, Teshima K, Miyasaka T. Conductive polymer-carbon-imidazolium composite: A simple means for constructing solid-state dye-sensitized solar cells. Chemical Communications, 2006, 16: 1733~1735.

[142] Li Q H, Wu J H, Tang Q W, et al. Application of microporous polyaniline counter electrode for dye-sensitized solar cells. Electrochemistry Communications, 2008, 10: 1299~1302.

[143] Sun H C, Luo Y H, Zhang Y D, et al. *In situ* preparation of a flexible polyaniline/carbon composite counter electrode and its application in dye-sensitized solar cells. Journal of Physical Chemistry C, 2010, 114: 11673~11679.

[144] Cho S, Hwang S H, Kim C, et al. Polyaniline porous counter-electrodes for high performance dye-sensitized solar cells. Journal of Materials Chemistry, 2012, 22: 12164~12171.

[145] Tai Q, Chen B L, Guo F, et al. *In situ* prepared transparent polyaniline electrode and its application in bifacial dye-sensitized solar cells. ACS Nano, 2011, 5: 3795~3799.

[146] Wang H, Feng Q Y, Gong F, et al. *In situ* growth of oriented polyaniline nanowires array for efficient cathode of Co(Ⅲ)/Co(Ⅱ) mediated dye sensitized solar cell. Journal of Materials Chemistry A, 2013, 1: 97~104.

[147] Fan X, Chu Z Z, Wang F Z, et al. Wire-shaped flexible dye-sensitized solar cells. Advanced Materials, 2008, 20: 592~595.

[148] Yun S N, Hagfeldt A, Ma T L. Pt-free counter electrode for dye-sensitized solar cells with high efficiency. Advanced Materials, 2014, 26: 6210~6237.

[149] Saranya K, Rameez M, Subramania A. Developments in conducting polymer based counter electrodes for dye-sensitized solar cells: An overview. European Polymer Journal, 2015, 66: 207~227.

[150] Xiao Y M, Lin J Y, Wu J H, et al. Dye-sensitized solar cells with high-performance polyaniline/multi-wall carbon nanotube counter electrodes electropolymerized by a pulse potentiostatic technique. Journal of Power Sources, 2013, 233: 320~325.

[151] He B L, Tang Q W, Liang T L, et al. Efficient dye-sensitized solar cells from polyaniline-single wall carbon nanotube complex counter electrodes. Journal of Materials Chemistry A, 2014, 2: 3119~3126.

[152] Wang M, Tang Q W, Chen H Y, et al. Counter electrodes from polyaniline-carbon nanotube complex/graphene oxide multilayers for dye-sensitized solar cell application. Electrochimica Acta, 2014, 125: 510~515.

[153] Cai H, Tang Q W, He B L, et al. Self-assembly of graphene oxide/polyaniline multilayer counter electrodes for efficient dye-sensitized solar cells. Electrochimica Acta, 2014, 121: 136~142.

[154] Wang Y S, Li S M, Hsiao S T, et al. Thickness-self-controlled synthesis of porous transparent polyaniline reduced graphene oxide composites towards advanced bifacial dye sensitized solar cells. Journal of Power Sources, 2014, 260: 326~337.

[155] Zhang W, Cheng Y M, Yin X O, et al. Solid-state dye-sensitized solar cells with conjugated polymers as hole-transporting materials. Macromolecular Chemistry and Physics, 2011, 212: 15~23.

[156] Tan S X, Zhai J, Wan M X, et al. Polyaniline as a hole transport material to prepare solid solar cells. Synthetic Metals, 2003: 1511~1512.

[157] Tan S X, Zhai J, Xue B F, et al. Property influence of polyanilines on photovoltaic behaviors of dye-sensitized solar cells. Langmuir, 2004, 20: 2934~2937.

[158] Tan S X, Zhai J, Wan M X, et al. Influence of small molecules in conducting polyaniline on the photovoltaic properties of solid-state dye-sensitized solar cells. Journal of Physical Chemistry B, 2004, 108: 18693~18697.

[159] Kim H S, Wamser C C. Photoelectropolymerization of aniline in a dye-sensitized solar cell. Photochemical & Photobiological Sciences, 2006, 5: 955~960.

[160] Ameen S, Akhtar M S, Kim G S, et al. Plasma-enhanced polymerized aniline/TiO$_2$ dye-sensitized solar cells. Journal of Alloys and Compounds, 2009, 487: 382~386.

[161] Li P J, Duan Y Y, Tang Q Q, et al. An avenue of expanding triiodide reduction and shortening charge diffusion length in solid-state dye-sensitized solar cells. Journal of Power Sources, 2015, 273: 180~184.

[162] Duan Y Y, Tang Q W, Chen Y R, et al. Solid-state dye-sensitized solar cells from poly(ethylene oxide)/polyaniline electrolytes with catalytic and hole-transporting characteristics. Journal of Materials Chemistry A, 2015, 3: 5368~5374.

[163] Tang Z Y, Liu Q, Tang Q W, et al. Preparation of PAA-g-CTAB/PANI polymer based gel-electrolyte and the application in quasi-solid-state dye-sensitized solar cells. Electrochimica Acta, 2011, 58: 52~57.

[164] Li Q H, Chen H Y, Lin L, et al. Quasi-solid-state dye-sensitized solar cell from polyaniline integrated poly(hexamethylene diisocyanate tripolymer/polyethylene glycol) gel electrolyte. Journal of Materials Chemistry A, 2013, 1: 5326~5332.

[165] Karim M R, Islam A, Akhtaruzzaman M D, et al. Multiwall carbon nanotube coated with conducting polyaniline nanocomposites for quasi-solid-state dye-sensitized solar cells. Journal of Chemistry, 2013: 962387.

[166] Beibouji H, Vignau L, Miane J L, et al. Polyaniline as a hole injection layer on organic photovoltaic cells. Solar Energy Material & Solar Cells, 2010, 94: 176~181.

[167] Tan F R, Qu S C, Wu J, et al. Electrodepostied polyaniline films decorated with nano-islands: Characterization and application as anode buffer layers in solar cells. Solar Energy Material & Solar Cells, 2011, 95: 440~445.

[168] Salvatierra R V, Cava C E, Roman L S, et al. ITO-free and flexible organic photovoltaic device based on high transparent and conductive polyaniline/carbon nanotube thin films. Advanced Functional Materials, 2013, 23: 1490~1499.

第5章

聚苯胺在金属防腐领域的应用

自然界中除了金、钯、铂等极少数贵金属之外，绝大部分金属都以氧化物、碳酸盐等化合物的形式存在。自古以来，人们一直是通过冶炼的方式从金属矿石中得到金属单质或合金。但是这些金属单质或合金通常处于热力学不稳定状态，在环境介质的作用下易发生化学或电化学反应而失去电子，释放能量，进而从高能态的单质或合金重新变成热力学相对稳定的化合物，这就是所谓的金属腐蚀过程。金属腐蚀往往导致材料外观变差、性能恶化，甚至引起材料结构的破坏，日常生活中常见的铁锈、铜绿等就是其具体体现。

从海洋到陆地再到空中的各类固定基础设施和交通工具，以及人类的各项生产和生活活动，只要有用到金属的地方，都面临金属腐蚀的问题。实际上，每年金属腐蚀给世界各国带来的经济损失通常占国内生产总值(GDP)的2%~5%。"美国腐蚀损失和防护策略"研究报告显示[1]，美国在1998年因腐蚀造成的直接经济损失为2760亿美元，相当于美国当年GDP的3.1%。如果加上因金属腐蚀造成的间接经济损失，如桥梁、铁路、建筑混凝土内的钢筋因腐蚀而引发人员伤亡事故，工厂里各种生产设备因腐蚀而导致停产，石油、天然气管道因腐蚀引发泄漏、爆炸、大火而导致安全事故及环境污染等，金属腐蚀所造成的损失和危害更为巨大。

必须指出，金属腐蚀并不像自然灾害如台风、地震、火山那样突如其来，而是呈现长时依赖性，即腐蚀是随着时间延长而逐步发展的，金属腐蚀是一个不可逆的自发过程，尽管原理上难以根除，却可以通过某种方法减缓金属腐蚀速度，达到延长金属使用寿命的目的，该方法即称为金属防腐方法。除了金属表面钝化等特殊表面处理技术，最简单的金属防护技术就是在金属表面涂覆有机或无机涂层。腐蚀防护涂层从防护功效上可以分成三大类[2-5]，第一类是屏蔽型涂层，主要依靠涂层对水、空气的隔绝作用，阻止金属表面与腐蚀介质接触，达到防护效果。第二类是含腐蚀抑制剂涂层，由于单纯的阻隔作用往往不能满足长期防护的要求，因此涂层中需加入含缓蚀剂或腐蚀抑制剂功能的添加剂，如含铬、铅之类的传统防锈颜料，腐蚀过程中铬、铅等的高价态阳离子会钝化金属表面，从而阻挡腐蚀介质对金属基底的侵蚀[6,7]。不过由于铬、铅等重金属离子对土壤和水等环境有严重污染，且易致癌，各国政府都已经立法限制此类涂层的使用[8]。第三类是牺牲型涂层，以富锌或镀锌涂层为代表，将锌粉添加到涂层中或锌粉直接通过加热熔化在金属表面形成纯锌镀层作为牺牲阳极材料，为需要保护的金属提供阴极保护[9,10]。尽管锌离子的毒性没有铬、铅离子的大，但是它仍属于重金属离子，会影响海洋生物的生存环境，也会影响土壤环境和河流的水质。

聚苯胺是由醌二亚胺和苯二胺两种结构单元组成的共轭高分子，将其用于防腐方面的研究开展得很早。1981 年，Mengoli 等[11]使用铁电极取代惰性电极，尝试在活泼的铁表面合成聚苯胺薄膜，却发现所合成的聚苯胺薄膜对铁基底有一定的腐蚀防护效果，但当时这一发现并未引起重视。四年后 Deberry[12]推测，如果具有氧化还原性能的导电聚苯胺与金属表面接触，那么它很可能为金属提供阳极保护作用，随后 Deberry 证实，聚苯胺可以在不锈钢界面形成稳定的钝化层，聚苯胺的腐蚀防护功能由此开始受到关注。目前，聚苯胺具有合成简单、环境稳定性好，且不产生重金属污染等特点，被认为是最有应用价值的新一代环保防腐材料[2,3,13]。

5.1 聚苯胺的分子结构

按照 MacDiarmid 等[14]的研究结果,本征态聚苯胺主链由苯二胺(phenylenediamine)和醌二亚胺(quinonediimine)两种重复单元构成，根据重复单元比例的不同，聚苯胺呈现出不同的氧化态。如图 5-1 所示，其中可稳定存在的形式有三种。当 $y=1$ 时，聚苯胺为全还原态(leucoemeraldine base，LEB)；当 $y=0.5$ 时，聚苯胺为中间氧化态(emeraldine base，EB)；当 $y=0$ 时，聚苯胺表现为全氧化态(pernigraniline base，PNB)。三种状态中，中间氧化态聚苯胺(EB)最为常见，通常本征态聚苯胺就是这种状态。当然 EB 在空气中仍然会缓慢出现状态变化，但在聚苯胺的几种状态中，EB 还是相对稳定的。

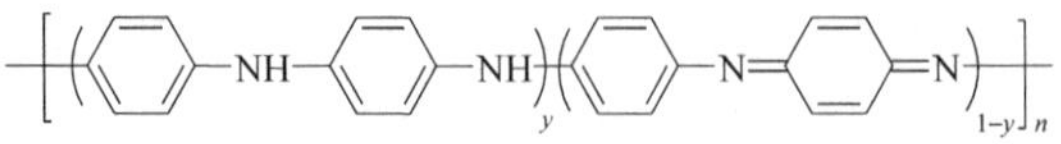

图 5-1　本征态聚苯胺的化学结构简式[14]

不同状态聚苯胺在掺杂与反掺杂、氧化与还原等条件下可进行相互转化[14,15]。如图 5-2 所示，中间氧化态聚苯胺通过质子酸掺杂可转变为掺杂态或导电态聚苯胺(emeraldine salt，ES)，质子酸中的阳离子(氢离子)与氨基结合以胺盐形式进入聚苯胺的主链，阴离子则作为对阴离子依附在胺盐附近，但不进入主链。ES 在碱性介质中则被反掺杂生成 EB。根据氧化程度的不同，掺杂态聚苯胺也有三种可稳定存在的形式，最常见的掺杂态聚苯胺形式是处于中间氧化态的 ES，其他两种形式是处于全还原态的 LES(leucoemeraldine salt) 和全氧化态的 PNS(pernigraniline salt)。

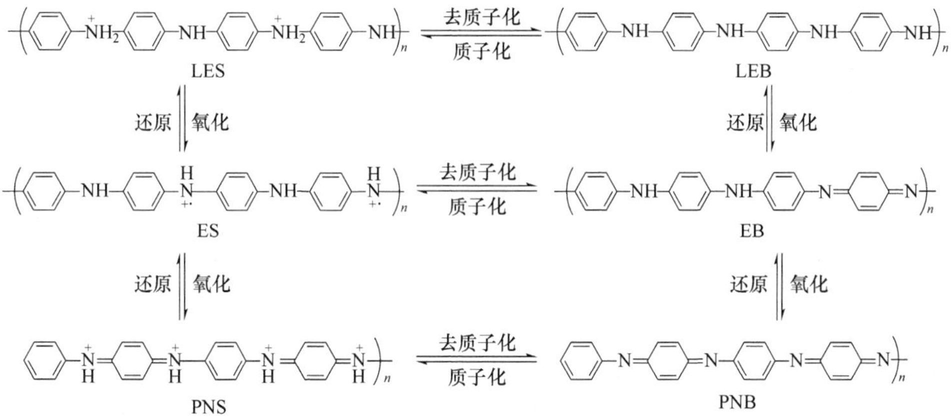

图 5-2　不同状态聚苯胺的相互转化[14,15]

5.2　聚苯胺的制备方法

如本书第 1 章所述，聚苯胺可通过电化学法或化学法制备[16,17]。电化学合成法通常是以金属(金、铂、铁、铝、铜等)为阳极，在含有苯胺单体的溶液中采用恒电流、恒电位、动电位扫描、脉冲电流或循环伏安等方法使苯胺在电极表面发生氧化聚合制得聚苯胺，所得聚苯胺通常是附着于电极表面的粉末，也可以是薄膜。该方法可以直接在金属表面制得导电聚苯胺薄膜，且可以通过调控施加的电压和扫描次数来控制薄膜厚度，但是若希望制备大批量聚苯胺则有困难，且所得产物的加工性不佳，因此电化学合成方法主要用于聚苯胺的合成与性能的基础研究。

化学氧化合成法是在酸性条件下，直接用氧化剂将苯胺溶液(水溶液或水/有机溶剂混合溶液)氧化偶联生成聚苯胺，再通过分离、干燥得到导电聚苯胺粉末。氧化剂通常是氧化还原电位超过苯胺的过氧化物，如 $(NH_4)_2S_2O_8$、H_2O_2 等，也有采用高价金属盐或氧化物，如 $FeCl_3$、$K_2Cr_2O_7$ 和 MnO_2 等。目前 $(NH_4)_2S_2O_8$ 是最常用的氧化剂，原因在于其氧化还原电位较高，不含金属离子，后处理相对方便。常用的化学氧化聚合法包括溶液法、乳液法、界面聚合法等[18]，化学氧化合成法可以批量制备规整 1,4-偶联结构的高品质聚苯胺，再选择合适的掺杂剂，可以制备溶解度高或可分散性好的本征态或掺杂态聚苯胺，再与合适的树脂基体共混即可实现聚苯胺的溶液加工，无论是有机溶液还是水溶液，甚至是水分散液，均可通过喷涂法或浇注法制备大面积薄膜。

5.3　聚苯胺对不同金属的防腐行为

5.3.1　聚苯胺对低碳钢的防腐行为

根据 Deberry[12]在 1985 年的研究结果，裸露的或被阳极钝化的含铬不锈钢在稀硫酸溶液中浸泡几分钟，表面即被活化而发生腐蚀，而在不锈钢表面用电化学法聚合一层导电聚苯胺薄膜后，其维持钝化状态的时间可延长到几小时甚至到1200 h。腐蚀速率分析表明，在 1 mol/L 硫酸溶液中，裸露不锈钢的侵蚀速率为3.1×10^4 μm/a，而导电聚苯胺膜保护的不锈钢则为 25 μm/a，侵蚀速率降低了 2 个数量级。此外，即使聚苯胺薄膜出现划痕，薄膜下的金属仍可保持钝化状态。Hermas等[19]指出，导电聚苯胺膜/含铬不锈钢界面形成的氧化层与那些由外加电压作用下在不锈钢表面形成的阳极钝化层是不相同的，前者在除掉导电聚苯胺膜后仍然可以让金属的钝化状态在酸性溶液中维持数天，而后者在浸泡几分钟后立即遭到破坏。他们通过 X 射线光电子能谱(XPS)技术发现，导电聚苯胺膜下的钝化层含更多的铬，可能是在聚苯胺作用下含铬不锈钢中出现了铬迁移，提高了钝化层中Cr_2O_3 的含量，由此提升了其耐蚀性能。

1994 年，Wessling[20]将化学法合成的导电聚苯胺分散液涂覆在低碳钢或铁的表面，在 1 mol/L NaCl 溶液中浸泡，与裸铁表面的腐蚀电位相比，涂覆聚苯胺膜后铁的腐蚀电位增加了 800 mV。即使在浸泡一段时间后将聚苯胺膜除掉，其腐蚀电位仍比普通的铁电极高。原因在于涂覆聚苯胺膜后在铁的表面形成了一层钝化层，根据 XPS 剖析，该钝化层可分为两层结构：内层以 Fe_3O_4 为主，外层以 $\gamma\text{-}Fe_2O_3$为主[21]。但若考虑到中间过渡层的问题，也可细分为三层结构：内层为 Fe_3O_4，中间过渡层为 Fe_3O_4 和 $\gamma\text{-}Fe_2O_3$ 的混合层，外层则为 $\gamma\text{-}Fe_2O_3$。因此 Wessling 认为导电聚苯胺的腐蚀防护机理在于其与铁发生作用，使铁表面形成致密的钝化层。

由于苯胺很容易在金属表面通过电化学聚合形成聚苯胺膜，因此很多报道都是研究电化学合成聚苯胺膜对金属的防腐行为。这些纯导电聚苯胺膜在实验室的测试环境中表现出了很好的防腐效果。但在实际情况下，即使不考虑成本，这些聚苯胺膜在金属表面的附着力差，且其屏蔽性能不好，也难以高效阻止腐蚀介质穿透，故不能满足长期防腐的要求[22,23]。而采用化学法合成的聚苯胺，能通过掺杂等方法制备可分散聚苯胺，进而与基体树脂共混制备出防腐涂料，可解决聚苯胺涂层附着力和屏蔽性差的问题。常用的基体树脂有环氧树脂、聚氨酯、聚乙烯缩丁醛、丙烯酸树脂等[24,25]。基体树脂的附着力、阻隔性能、力学性能等对导电聚苯胺防腐性能有重要影响，因此即使聚苯胺含量在防腐涂料中是相同的，不同基体树脂也会使涂层防腐效果产生很大差别。

除了导电态聚苯胺，关于本征态聚苯胺(EB)对铁的腐蚀防护行为也有许多报道，不过早期对本征态聚苯胺的防腐机理有较大争议。McAndrew[26]认为，EB 有较高的离子扩散电阻，在基体树脂中加入本征态聚苯胺后，涂层的物理屏蔽性能得到有效提升。随后 Talo 等[27]发现即使在 EB/环氧树脂复合涂层表面钻一个小孔，它对铁的腐蚀防护效果仍然比同样钻孔的纯环氧树脂涂层好，表明本征态聚苯胺对铁的腐蚀防护机理不仅仅是简单的物理屏蔽作用。王献红等[28]用电化学交流阻抗谱研究了涂覆 EB/环氧树脂复合涂层的低碳钢在 NaCl 溶液(3.5wt%)浸泡过程中的腐蚀行为，在浸泡前期腐蚀介质逐渐渗透涂层，到达涂层/低碳钢的界面，这一阶段体系的阻抗值有所下降。随后阻抗又迅速上升，且随着涂层中 EB 含量的增加，其上升幅度也变大。过了阻抗上升阶段后，体系的阻抗值一直维持稳定，显示出优良的防腐性能。而纯环氧树脂涂层/低碳钢体系的阻抗值从浸泡开始便一直下降，浸泡 40 天后已经下降到 $2×10^5 \Omega \cdot cm^2$，到 150 天也一直维持在这个较低的水平。EB/环氧树脂涂层保护的低碳钢阻抗值上升的原因是浸泡过程中 EB 与低碳钢作用后，在其表面形成了致密的钝化层。进一步的研究表明，EB 诱导低碳钢表面形成的钝化层与导电聚苯胺诱导的钝化层有相同的化学组成，从内到外依次为 Fe_3O_4 内层、Fe_3O_4 和 γ-Fe_2O_3 混合物中间层、γ-Fe_2O_3 外层。通过对不同腐蚀介质中的腐蚀行为分析，证实 EB/环氧树脂复合涂层在酸性和碱性环境中均具有较好的防腐效果，但是不同的介质环境会影响到 EB 所诱导形成的钝化层的耐蚀性能。

聚苯胺诱导铁表面形成钝化膜的前提是聚苯胺有两个氧化还原电位，相对于饱和甘汞电极(SCE)，分别位于 0.15 V 和 0.6 V，远高于铁的氧化还原电位(–0.45 V)，从而可与铁发生氧化还原反应，在铁的表面形成钝化膜。因此无论是导电的掺杂态聚苯胺还是绝缘的本征态聚苯胺，都能与铁表面进行相互作用，在铁表面形成钝化膜，从而有效抑制铁的腐蚀。值得注意的是部分金属的氧化还原电位高于 0.6 V，因而普通聚苯胺难以使金属处于钝化状态，解决上述难题的方案之一是重新设计聚苯胺的掺杂剂，因为掺杂剂对聚苯胺的防腐行为有重要影响，通过聚苯胺掺杂剂的设计和应用，有望达到相应的防腐要求[29-35]。

由于纳米材料特殊的尺寸效应和表面效应，人们制备了纳米分散聚苯胺，并用于制备防腐涂料。纳米分散聚苯胺可提高聚苯胺在树脂中的分散效果，增加与金属表面的接触面积，从而减少聚苯胺在涂层中的体积分数，有助于提高涂层的附着力、韧性等机械性能和屏蔽性能[26,36]，展现出了更广阔的应用空间。

另外，涂料中广泛使用无机填料，主要是能降低涂层成本，同时能改善涂层阻隔性能或力学性能。为发挥无机填料的作用，通常可在无机填料(如二氧化硅、钛白粉、蒙脱土、石墨烯、四氧化三铁等)分散液中进行苯胺的原位聚合，制备聚苯胺复合材料，然后再与树脂混合，以提升涂层的屏蔽性能。Sababi 等[37]通过紫外光固化技术制备了聚丙烯酸酯(PEA)，将其与磷酸掺杂的聚苯胺(PANI-PA)和二氧化铈(CeO$_2$)纳米粒子混合制备出复合涂层(PEA/PANI-PA/CeO$_2$)，其防腐性能远优于 PEA/PANI-PA 涂层或 PEA/CeO$_2$ 涂层，原因在于掺杂态聚苯胺和 CeO$_2$ 纳米粒子存在一定的协同效应。Chang 等[38]利用傅克酰基化反应，用 4-氨基苯甲酸与石墨烯反应，制备了功能化石墨烯 ABF-G，然后在氧化剂 APS 的作用下，苯胺在ABF-G 表面进行原位聚合获得聚苯胺/石墨烯复合涂层(PAGC)，石墨烯的存在延长了氧气和水分扩散至金属表面的路径，从而增加了涂层对氧气和水分的屏蔽，因此涂层显示出良好的防腐性能。2018 年，Ramezanzadeh 等[39]报道了一种氧化石墨烯/聚苯胺/二氧化铈/环氧树脂的复合涂层(GO-PANI-CeO$_2$-epoxy)，他们首先利用 Hummer 法制备了氧化石墨烯，然后将其作为模板，在氧化剂 APS 的作用下使苯胺发生聚合，获得石墨烯/聚苯胺纳米材料(GO-PANI)，再利用 GO-PANI 中充足的活性位点，将其与 Ce(NO$_3$)$_3 \cdot$ H$_2$O 的水溶液充分混合，Ce^{3+}通过静电相互作用和阳离子-π 相互作用成功吸附在 GO-PANI 表面，最后 Ce^{3+}在 H$_2$O$_2$ 和 NaOH 下被氧化为 CeO$_2$ 纳米颗粒，与环氧树脂混合后获得 GO-PANI-CeO$_2$-epoxy 复合涂层，GO-PANI-CeO$_2$的存在使得涂层具有很高的比表面积和锯齿状的扩散路径，表现出优越的屏蔽性能，有助于提升低碳钢的防腐性能。

5.3.2 聚苯胺对铝的防腐行为

铝合金是非常重要的轻质高比强结构材料，本身有一定的防腐能力。但是由于合金中不同金属之间的电耦合作用，铝合金也面临着腐蚀问题。那么聚苯胺对铝合金是否有防腐效果？Racicot 等[40,41]指出，涂覆在 7076-T6 铝合金表面的导电聚苯胺复合涂层即使存在划痕，在 0.5 mol/L 氯化钠溶液中浸泡几周后，划痕处也没有明显的腐蚀现象。盐雾试验、电化学阻抗测试表明，与 Alodine-600 铬转化涂层相比较，导电聚苯胺涂层有更好的防护效果，因此他们认为导电聚苯胺起到类似金属氧化剂的作用，与铝合金相互作用后可以促进其表面形成致密氧化层，降低了铝合金的腐蚀速率。

Gustavsson 等[42]利用拉曼光谱跟踪聚苯胺氧化态的变化，聚苯胺拉曼光谱中1590 cm^{-1}处的峰是醌环上 C=C 特征峰，而 1610 cm^{-1} 处的峰则是苯环上的 C—C特征峰，位于 1314 cm^{-1} 和 1333 cm^{-1} 处的峰则与聚苯胺的掺杂程度有关。因此跟踪 1610 cm^{-1} 和 1590 cm^{-1} 处两个峰相对强度比值的变化，就可了解聚苯胺氧化态的变化状况，而跟踪 1314 cm^{-1} 和 1333 cm^{-1} 处的峰强度变化，便能掌握导电聚苯胺中掺杂剂的释放情况。他们首先将涂覆导电聚苯胺/聚乙烯醇缩丁醛（polyvinyl butyral，PVB）复合涂层的铂片部分暴露在 Harrison 溶液[3.5 g/L（NH$_4$）$_2$SO$_4$＋0.5 g/L NaCl]中，用拉曼光谱原位跟踪导电聚苯胺的谱峰变化，发现聚苯胺的拉曼光谱中 1610 cm^{-1} 和 1590 cm^{-1} 处的峰强度并没有随时间发生明显变化。当把基底从铂片换成 AA2024-T3 铝合金后，1610 cm^{-1} 处的峰信号先逐渐增强，13 h 后又恢复到原来的状态，1610 cm^{-1} 与 1590 cm^{-1} 处的峰的相对强度也经历了先增大后下降的过程，表明聚苯胺首先被铝还原，然后在氧气气氛中，重新恢复到原先的氧化态。不过他们指出，尽管铝合金在聚苯胺的作用下被迅速氧化，但是合金表面并没有形成钝化层。Seegmiller 等[43]将樟脑磺酸掺杂的导电聚苯胺与聚甲基丙烯酸甲酯（PMMA）混合后涂覆在 AA2024-T3 铝合金表面，通过拉曼光谱证明，聚苯胺与铝合金之间确实存在相互作用，而采用扫描电子显微镜分析发现，纯 PMMA 涂层的划痕处有着较大的氢气析出速率，而 PANI/PMMA 复合涂层能明显抑制涂层划痕处的氢气释放速率。由于单纯的掺杂剂离子并不能有效抑制氢气释放，因而认为聚苯胺对铝合金的防护一方面来自于它能诱导基底形成氧化层，另一方面是聚苯胺可提高整个体系的腐蚀电位，从而抑制了阴极反应。Gustavsson 与 Seegmiller 的研究结果尽管都证明了聚苯胺与铝合金存在相互作用，但在是否形成氧化层方面有截然不同的结论，我们分析其原因可能与他们采用的基体树脂的不同有关。

Epstein 等[44]系统研究了本征态聚苯胺（EB）对铝合金的防腐行为，他们发现，纯 EB 膜涂覆的 2024-T3 铝合金的腐蚀电流是裸露铝合金的 1/10，且形成的界面产物层也少得多。XPS 分析显示，裸铝合金表面产物层中的铝含量远高于 EB 膜/铝合金界面产物层中的铝含量，这是因为聚苯胺具有可促进金属表面铜移除的效应，降低了铝和铜之间因电极电位不同而产生的电偶腐蚀，进而降低了合金的腐蚀速率。Cecchetto 等[45]用红外光谱跟踪了涂覆在 AA5182 铝合金表面的 EB 膜在氮气保护下加热前后的变化，证明两者间确实存在相互作用，EB 获得了铝合金失去的电子，被还原成还原态聚苯胺（LB），聚苯胺与铝合金之间的相互作用以及聚苯胺膜本身的低离子透过性对提高铝合金的耐蚀性能均有贡献。

为了进一步提升聚苯胺涂层的防腐性能，可加入金属腐蚀抑制剂，以发挥其协同作用。Kamaraj 等[46]指出，电化学聚合的导电聚苯胺膜对 AA7075-T6 铝合金的防护效率仅达到 70%，但是如果将涂覆了导电聚苯胺膜的铝合金浸泡在 60℃氯化铈溶液中处理 0.5 h 后，整个体系的防护效率可提高到 90%。XPS 分析表明经过氯化铈溶液处理后能沿着导电聚苯胺膜表面生长一层氧化铈膜。如果在其表面再涂覆一层环氧树脂涂层，浸泡在 3wt%的氯化钠溶液中 75 天后整个样品的复合阻抗值仍然在 10^6 Ω·cm^2 以上[47]，而直接涂覆环氧树脂涂层的对照样品的复合阻抗

值已经低于 $10^4\Omega\cdot cm^2$，失去了防腐效果。后来，Kartsonakis 等[48]制备了有机-无机杂化双层结构聚苯胺涂层，内层为含有 CeO_2 和 2-巯基苯并噻唑的聚苯胺-聚吡咯复合涂层，外层为环氧树脂与硅氧烷形成的溶胶-凝胶涂层，有效改善了对铝合金的防腐效果。

金属腐蚀抑制剂的防腐效果也被用于聚苯胺掺杂剂的选择和优化。根据 Kendig 等[49]的研究结果，掺杂态聚苯胺的对阴离子对铝合金的防腐效果有重要影响。采用非腐蚀抑制剂型掺杂剂时，若导电聚苯胺膜出现了划痕，那么划痕处会产生明显的腐蚀产物，且划痕四周的聚苯胺颜色将由绿色(导电态颜色)转变为蓝色(绝缘态颜色)。一旦采用腐蚀抑制剂型掺杂剂，那么划痕处则不会出现明显的腐蚀产物，且划痕周围的聚苯胺膜能保持原先的绿色。因为从聚苯胺释放出来的抑制剂可以有效阻止铝合金的进一步腐蚀，进而阻止聚苯胺的反掺杂反应。因此在制备导电聚苯胺的时候，为达到良好的防腐效果，最好根据金属基底的特点，选择具有腐蚀抑制剂型的掺杂剂。

5.3.3　聚苯胺对铜的防腐行为

尽管金属铜并不像铁、铝那样活泼，但是也会受大气环境中水分、氧气的影响而慢慢地被氧化变绿，这也是历史悠久的铜像看起来总是绿色的原因。Wessling[20]指出，涂覆导电聚苯胺膜的铜在浸泡时的腐蚀电位比裸铜高 $100\sim200\,mV$，而且在动电位极化测试下，其腐蚀电流随电压升高而增加的速率变得非常缓慢，如电压为 $2.2\,V$ 时，其腐蚀电流仅是裸铜的 1/3，原因在于导电聚苯胺与铜的相互作用可改变铜的氧化反应行为[50, 51]。实验结果也证实了上述观点，当裸铜经酸处理后再放到 155℃ 的烘箱中，其表面形成的氧化物层(CuO 层和 Cu_2O 层)的厚度均随时间而线性增长，但是如果将酸处理后的裸铜先用导电聚苯胺分散液进行预处理，再将其放到 155℃ 的烘箱中，表面形成的氧化铜层则随时间的平方根呈线性生长，而 Cu_2O 层的厚度则呈指数衰减。

除了掺杂态聚苯胺，本征态聚苯胺(EB)对铜也具有较好的防腐性能。王献红等[52]在环氧树脂涂层中加入 EB，大大提升了涂层对铜的保护性能。通常环氧树脂(ER)涂层涂覆的铜在 3.5wt%氯化钠溶液中浸泡时，电化学交流阻抗谱中 0.1 Hz 处的绝对阻抗($|Z|_{0.1Hz}$)随浸泡时间延长呈现一直下降的趋势，浸泡 30 天后，阻抗值已降到 $10^6\,\Omega\cdot cm^2$。然而对于 EB/ER 复合涂层，在浸泡的第一天其阻抗因腐蚀介质渗透的原因会轻微下降，但随后逐渐上升到 $10^9\,\Omega\cdot cm^2$ 的水平，而且开路电位随时间的变化也展现了与阻抗变化相匹配的行为，表明 EB/ER 涂层下的铜表面在浸泡过程中形成了氧化物保护层，相应的 XPS 分析显示，所形成的氧化层主要由较厚的 Cu_2O 内层和极薄的 CuO 外层构成。

5.3.4 聚苯胺对锌的防腐行为

　　锌通常作为牺牲阳极材料或直接作为阴极材料用于各类金属的腐蚀防护，那么聚苯胺对锌的腐蚀是否有防护作用呢？Williams 等[53]研究了对甲基苯磺酸(PTSA)掺杂的导电聚苯胺(PANI-PTS)与聚乙烯醇缩丁醛(PVB)复合涂层对锌的防护行为，他们采用扫描开尔文探针(SKP)检测人工缺陷处涂层的剥离速率，发现随着聚苯胺含量的增加[0～10vol%(vol%表示体积分数)]，涂层的剥离速率从480 μm/min$^{1/2}$ 减小到 150 μm/min$^{1/2}$。当聚苯胺含量为 20vol%时，在 50 h 的测试时间内，缺陷处涂层基本没有剥离。随后他们利用二次离子质谱仪检测了涂层下氧化层的厚度，无论在湿润大气中放置多长时间，PVB 涂层保护下的锌界面氧化层的厚度基本保持不变，而对含导电聚苯胺的 PVB 防护涂层，界面氧化层的厚度则随着涂层中聚苯胺含量的增加而线性增加，不过样品的稳定电势仍然较低，在−0.25 V 左右。另外，对于 PVB 涂层防护下的锌，如果在缺陷处的电解液中添加掺杂剂阴离子(PTS$^-$)，PVB 涂层的剥离速率也会降低 30%。更有意思的是，先用PANI-PTS/PVB 复合涂层在锌表面诱导形成氧化膜层，再涂覆 PVB 涂层，该 PVB涂层的剥离速率也能降低 66%以上。他们认为导电聚苯胺能促进锌表面形成一层耐蚀性较强的保护氧化层，抑制了阴极上氧气的还原反应，即使氧气被还原，所产生的 OH$^-$离子可被聚苯胺上的掺杂剂或外加掺杂剂阴离子所吸收，起到缓冲电解液 pH 值的作用，从而降低锌表面氧化层在碱性环境下的溶解速率，提升耐蚀性能。

　　本征态聚苯胺(EB)是否对锌有防护效果呢？按照 Williams 等[54]的结果，无论在 PVB 涂层中加入多少 EB，复合涂层的剥离速率基本相似，表明本征态聚苯胺并不能有效抑制涂层的剥离。不过早期 Rohwerder 等[55]采用 SKP 跟踪 EB-PVB 复合涂层下锌的电极电位，并用 XPS 分析证实锌表面形成了绝缘层，抑制了在锌表面与聚苯胺间的电子转移，显示出较强的耐蚀性能。该绝缘层即使在湿润空气中放置 3 天，其厚度也基本不变。当把测试环境从干燥空气(相对湿度 5%)改为潮湿空气(相对湿度 95%)以后，相对于标准氢电极(SHE)，其电极电位从+0.1 V 迅速下降到−0.35 V，表明该绝缘层的形成与湿度密切相关，在高湿度下绝缘层厚度会减小，导致电极功函数减小，电极电位下降[56]。实际上该结果与 Williams 等的工作可以统一解释，因为 Williams 等测试剥离率时是在水溶液中进行，聚苯胺不易在这个条件下促进表面氧化膜的形成，而 Rohwerder 等的结果表明在干燥空气中聚苯胺能促进锌表面氧化膜的形成，只是在高湿度下这层氧化膜的保护作用会消失。

5.3.5 聚苯胺对镁合金的防腐行为

　　金属镁的密度是 1.74 g/cm^3，镁合金的密度则略微增大到约 1.8 g/cm^3。由于镁合金密度小、比强度高，且具有较好的成型加工性，在航空航天、汽车等领域有重要的应用前景。但是到目前为止，镁合金都只是应用在工作环境相对温和且非承重的部件上，原因在于其过于活泼，存在严重的腐蚀问题，而传统的金属腐蚀防护技术却不适用于镁合金。因为镁或镁合金的腐蚀行为非常特殊，与普通金属或合金完全不同，至今难以找到行之有效的防护方法。

从热力学角度分析，一方面镁的标准平衡电极电位为–2.37 V$(vs. \text{SHE})$，明显比普通金属如铁[–0.45 V$(vs. \text{SHE})$]、铝[–1.66 V$(vs. \text{SHE})$]、铜[0.34 V$(vs. \text{SHE})$]等低得多，表明镁是十分活泼的，很容易失去电子而被氧化，在腐蚀介质中更容易发生腐蚀，故镁常用作牺牲阳极材料。另一方面，镁与氧反应生成氧化镁或氢氧化镁的标准生成自由焓分别为–569 kJ/mol 或–359 kJ/mol，而氧气与氢气反应生成 1 mol 水的标准生成自由焓仅为–237.18 kJ/mol，因此氧气与镁的亲和力强于其与氢气的亲和力，无论在大气环境还是水溶液中，镁被氧化腐蚀的热力学倾向很大，表面总会自发形成氧化镁或氢氧化镁，难以在打磨、抛光过程中除去，从而增加了镁合金表面镀膜的难度[57]。总而言之，镁合金在热力学上是极不稳定的，要实现对镁合金的防护，明显要比其他金属更困难。

比热力学因素更为重要的是，一般金属电极(铁、钢、铜)的阴极反应为氧的还原反应(在酸性条件下则为析氢反应)，然而镁合金的阴极反应却是析氢过程。镁合金的自腐蚀电位对于析氢或吸氧的阴极反应都是很负的电位值(即很大的过电位)，但氧气在溶液中的扩散速度慢，导致吸氧反应受到限制，因此无需考虑氧的阴极还原反应，而被水浸泡着的镁合金则在如此大过电位的驱动下高速进行析氢反应。另外，通常金属在酸性介质中其阴极反应以析氢为主，随着极化电位正移，阴极析氢速率会逐渐减小，称之为"正差数效应"，但是在镁合金却有着不一样的析氢行为，其阳极极化过程中还存在"阳极析氢"的独特现象，析氢速度随着极化电位的正移而逐渐加快，表现出"负差数效应"[59]。这种"阳极析氢"行为是由镁的阳极溶解引起的，它只发生于镁表面的腐蚀溶解处，反应过程如下[60-63]：

$$\text{Mg} \longrightarrow \text{Mg}^+ + \text{e}^-$$

$$2\text{Mg}^+ + 2\text{H}_2\text{O} \longrightarrow 2\text{Mg}^{2+} + 2\text{OH}^- + \text{H}_2 \quad \text{（中性或碱性环境）}$$

$$2\text{Mg}^+ + 2\text{H}^+ \longrightarrow 2\text{Mg}^{2+} + \text{H}_2 \quad \text{（酸性环境）}$$

析氢是伴随镁腐蚀必然会发生的重要现象，镁合金防腐的难度也因为析氢现象而大幅度增加了。因为析氢不但导致镁合金腐蚀过程中生成的产物层疏松、不致密，还能影响各种表面防护技术在镁合金上的使用，如化学转化膜、阳极氧化膜、微弧氧化膜、热喷涂涂层和有机涂层等在镁合金表面的生成与维持，因为大量的氢气容易导致镁合金表面镀层或涂层的破坏，甚至脱落或剥离。

镁在腐蚀过程中，每溶解 1 mol 的镁便会生成 2 mol 的 OH$^-$，因此溶液的 pH

值必然会不断上升，直至达到氢氧化镁饱和溶液对应的 pH 值，尽管此后 pH 值不再升高，但镁合金的腐蚀依旧在进行，镁离子仍旧不停地进入溶液中。即使在酸性电解液中，镁合金表面溶液仍呈碱性。当然，如果溶液中不存在侵蚀离子，碱性环境有利于较高耐蚀性产物层的形成，在一定程度上能保护镁合金。但必须指出的是，碱性表面往往不利于大部分有机涂层的维持，因为大部分有机涂层容易在碱性环境下出现降解，导致涂层龟裂、粉化而失去保护功能。

金属的耐蚀性能与其化学成分、相组成和微观结构等有密切联系，因此可通过合金化来提升镁合金的耐蚀性能，这正是目前提升镁的耐蚀性能的重要手段。例如，铝镁合金可以大幅度提升镁的耐蚀性能[64-67]，一方面在金属腐蚀的时候，铝也会被氧化成 Al_2O_3 和 $Al(OH)_3$，并结合在镁的腐蚀产物中，形成一个耐蚀性较强的保护层。另一方面，铝在合金中以 β 相形式存在，本身具有比 α 相更好的耐蚀性能，且由于其可以在合金中形成连续的网络结构，犹如一个阻隔网限制了 α 相铝的腐蚀扩展[68]。又如，在镁合金中加入稀土元素，可使腐蚀产物层具有更优的耐蚀性能，阻止镁合金的进一步腐蚀[69,70]。此外，改变镁合金的制备工艺，也可以改变镁合金的相结构、成分分布和晶粒尺寸，也是提升镁合金耐蚀性能的一种重要方法。

尽管从耐蚀镁合金的材料设计和制备方面有可能从根本上提升其耐蚀性，但是迄今镁合金的耐腐蚀性能仍远未达到实际要求的水平。因此亟需发展有效的镁合金表面防护技术，在其表面形成一层具有更好保护性能的表面膜或涂层，阻止其与腐蚀介质的接触，达到长效保护的目的。

镁合金的表面防护技术多种多样，其中化学转化法是将镁合金浸泡在特定溶液中，其中含可与镁合金发生化学反应的酸(氢氟酸、磷酸等)或强氧化剂(重铬酸盐、高锰酸盐)等物质[7]，在镁合金表面生成一层表面膜，又称为"化学转化膜"。一开始所制备的大部分是含铬的化学转化膜，后来由于环保要求，不含铬的环境友好化学转化膜日益受到重视[71-73]。尽管转化膜可以提供一定的防护作用，但仍然是非常有限的，因此一般不单独使用，只是作为一个表面预处理过程，在其表面再涂覆有机涂层。

最为常用的镁合金表面防护技术是阳极氧化膜技术，该技术将镁合金作为阳极，放置在特定的电解液中，通过施加电流或电压使镁合金表面形成如陶瓷一样的表面硬膜，称为"阳极氧化膜"。电流或电压、作用时间以及电解液的成分与浓度都能影响氧化膜的性质，如化学成分、表面孔隙率、厚度等。当施加电位较低时，生成的氧化膜相对致密，施加电位较高时则可看到在膜表面分布着密密麻麻的小孔[57,58]。一旦阳极氧化电位高到一定程度，就会出现火花放电现象，这种情况下的阳极氧化被称为"微弧氧化"。阳极氧化膜一般而言比化学转化膜的耐蚀性能更好，但外层有较多的孔隙，因此阳极氧化膜生成后，一般也需要用有机涂层进行封闭。

热喷涂技术是目前比较流行的一种表面防护技术，该技术利用火焰、电弧或等离子之类的外界热源把金属或非金属材料加热到熔融或半熔融状态，然后用气流经喷枪将这些融化的小液滴以一定速度喷涂到预处理过的镁合金表面，形成具有各种功能的表面涂层。目前应用在镁合金上的热喷涂涂层以金属材料居多，其次是陶瓷材料。但是该方法也存在一些不足，首先是喷涂热源温度极高，容易引起镁合金表面发生变化，其次热喷涂涂层的外层为多孔形貌，如果使用的是金属涂层，一旦涂层内部形成通孔，会引起电偶腐蚀，反而加速镁合金的破坏[74]。

有机涂层是绝大部分表面防护技术中不可缺少的保障性补充，也可单独使用。此时只需在镁合金表面涂覆涂料，固化干燥后即可在镁合金表面形成致密涂层。有机涂层具有一定的屏蔽作用，阻隔金属与周围环境的接触。如果进一步在涂层中加入防腐剂，可进一步提升涂层的腐蚀防护性能。尽管前面已经阐明聚苯胺对铁、铜、铝，甚至锌都有防腐效果，那么聚苯胺能否对镁合金的长时防腐发挥作用呢？

王献红等[75,76]研究了镁合金表面自发形成的产物层和聚苯胺诱导的界面层的化学成分，他们通过 XPS 深度剖析技术发现，镁合金自发形成的产物层具有双层结构，即以 $Mg(OH)_2$ 为主的外层和以 MgO 为主的内层，而聚苯胺诱导产生的界面层中同时存在 MgO 和 $Mg(OH)_2$，且 MgO 是主要成分，不存在明显的双层结构。原因在于聚苯胺与镁合金的相互作用促使富含 MgO 的界面层以固相反应形式生长，由于该产物层性质比较稳定，在生长过程中 MgO 的水解反应以及 Mg 的溶解-沉淀反应不明显，因此聚苯胺诱导的界面层比自发形成的产物层的外层含有较多的 MgO 和较少的 $Mg(OH)_2$。本征态聚苯胺（EB）薄膜/镁合金表面形成的界面层外表相对致密，且内部有较低的载流子密度，而裸露镁合金自发形成的产物层含多孔和裂纹结构，内部有较高的载流子密度。因此，与裸露镁合金表面形成的产物层相比，EB/镁合金所形成的界面层显示出更高的耐蚀性。

对含聚苯胺的涂层而言，聚苯胺与镁合金的相互作用改变了涂层/镁合金之间界面层的成分与结构。增加涂层中 EB 含量更有利于形成 MgO，因此通过调控涂层中的 EB 含量可以调控防腐涂层耐蚀性能。增加涂层中 EB 含量，可提高界面层致密程度，且界面层中 MgO 含量也增加，进而改善界面层的耐蚀性。

5.4 聚苯胺的金属防腐机理

从发现聚苯胺的金属防腐性能开始，其防腐机理一直是备受关注的焦点。至今为止文献上已经提出了多种机理，如物理屏蔽机理、阳极保护机理、掺杂剂阴离子腐蚀抑制机理、替换阴极反应机理、聚苯胺-金属复合物机理、电化学反应界面转移机理，以及电场机理等[22,36,77,78]。

文献上为什么会出现这么多防腐机理？其原因就在于影响聚苯胺防腐行为的因素非常多，并且十分复杂。关于聚苯胺的合成没有形成严格统一的条件控制，导致聚苯胺本身结构十分复杂，同时聚苯胺的结构还能随时间、环境变化，进一步增加了复杂性，导致不同作者采用的聚苯胺结构与性能存在较大差别。除此之外，腐蚀介质也是复杂多样的，而且腐蚀行为还与温度、湿度、气氛等环境因素密切相关。因此尽管所提出的每种防腐机理都有相应的实验数据佐证，但是这些防腐机理都存在着各种各样的不足，很难用一个统一的防腐机理解释所有金属腐蚀现象。下面我们将结合文献上的研究工作，对几种代表性的聚苯胺腐蚀防护机理进行介绍与分析。

5.4.1 物理屏蔽机理

有机涂层可以看作一个屏蔽层，当涂覆在金属表面时，可阻挡水、空气和腐蚀性离子与金属基底的接触，该涂层的腐蚀防护效果在一定程度上直接取决于其阻隔性能，即物理屏蔽机理。聚苯胺膜可以直接采用电化学方法使苯胺在金属表面聚合形成，或将化学合成的聚苯胺溶解在有机溶剂中然后在金属表面成膜。从物理角度考虑，导电聚苯胺薄膜可避免金属与电解液的直接接触，具有物理屏蔽性能，因此采用极化技术测得的体系极化电阻值和腐蚀电流，或用电化学阻抗谱(EIS)测得的复合阻抗值，通常大于在裸露金属表面测得的数值。Ozyilmaz 等[79]在含苯胺的 0.2 mol/L 草酸钠溶液中用电化学聚合方法在铜表面制备了导电聚苯胺涂层，浸泡在 3.5wt%氯化钠溶液后，初始开路电位为–0.02 V。而在不含苯胺的 0.2 mol/L 草酸钠溶液中用同样方法处理的铜，其初始开路电位为–0.08 V，该差异正是由导电聚苯胺膜自身的物理屏蔽性能所造成的。对裸露的或涂覆导电聚苯胺膜的铜电极在 3.5wt%的氯化钠溶液进行阳极极化反应后，后者的腐蚀电位正移了 100 mV，且腐蚀电流远远低于前者，进一步证实了导电聚苯胺膜的物理屏蔽作用。

质子酸掺杂的导电聚苯胺含有阳离子自由基和对阴离子，可视为一类聚电解质，从而可与电解液中的离子发生交换，让腐蚀介质渗透涂层并到达界面，而本征态聚苯胺(EB)薄膜较为致密，以此从物理屏蔽角度考虑对金属的保护能力要高于导电聚苯胺膜[80]，如涂覆在低碳钢表面的聚苯胺涂层在 3.5wt%氯化钠溶液中的涂层电阻为 $2\times10^8\ \Omega\cdot cm^2$，而对甲苯磺酸掺杂的导电聚苯胺(ES)的涂层电阻仅为 $2\times10^6\ \Omega\cdot cm^2$，表明 EB 膜要比 ES 膜更能阻挡腐蚀介质的渗透。

为了提高聚苯胺涂层的屏蔽性能，Yeh 等[81]在有机蒙脱土分散液中进行苯胺原位聚合，制备了聚苯胺/蒙脱土纳米复合材料，同时在官能化的石墨烯上进行原位聚合制备出聚苯胺/石墨烯复合涂层[38]。纯聚苯胺涂层的 O_2 和水蒸气透过率分别为 0.75 g/(m² · h) 和 168.44 g/(m² · h)，含 5wt%蒙脱土的复合涂层的 O₂ 和水蒸气透过率则降低到 0.31 g/(m² · h) 和 61.96 g/(m² · h)，含 5wt%石墨烯的复合涂层的 O₂ 和水蒸气透过率则进一步降低到 0.10 g/(m² · h) 和 19.98 g/(m² · h)。相应地，根据 Tafel 曲线的分析结果，涂覆在铁表面的涂层极化电阻也从纯聚苯胺涂层的 14.43 kΩ · cm² 增加到含 5wt%石墨烯的复合涂层的 135.22 kΩ · cm²。他们进一步通过仿生技术制备了具有荷叶表面纳米结构的本征态聚苯胺膜[82]，其疏水性能大大提升，水接触角达到 156°，比普通聚苯胺薄膜(90°)要高得多。一个有趣的现象是，HCl 浓度越高的水液滴在超疏水的聚苯胺薄膜表面的水接触角越小。该现象与聚苯胺的掺杂程度有关，因为 HCl 浓度越高，聚苯胺膜的掺杂程度越高，亲水性能越好。通过掺杂与非掺杂的相互转换，采用仿生技术制得的聚苯胺膜可以实现亲水与疏水性能的相互转变，这也从侧面说明本征态聚苯胺比掺杂态聚苯胺有更好的屏蔽性能。

一般情况下，在基体树脂中加入适量聚苯胺，可以提升涂层的屏蔽性能，延长水、气体和腐蚀介质在涂层中的渗透路径和穿透时间。若采用可溶液加工的聚苯胺与基体树脂共混，制备出的复合涂层不仅致密性好，且与金属的附着力更强，其防腐效果远优于纯聚苯胺涂层。

另外，聚苯胺的分子链中含端胺基，能与环氧树脂中的环氧基团反应，因而聚苯胺可以看作是一类特殊的固化剂，与环氧树脂发生交联反应而增加涂层的致密性。若基体树脂中存在羟基，则可与端胺基和亚胺基发生氢键作用，进一步提升涂层的屏蔽性能。更有趣的是，本征态聚苯胺(EB)和掺杂态聚苯胺(ES)都可以作为离子交换剂，因为 EB 可与 H⁺和电解液中的阴离子结合形成掺杂态聚苯胺，ES 则以自身分子链上的对阴离子与电解液阴离子进行交换，从而有效阻挡电解液中腐蚀性强的阴离子的渗透。

王献红等[28]在低碳钢表面分别涂覆了不同 EB 含量的 EB/环氧树脂复合涂层。该涂层保护下的低碳钢在 3.5wt% NaCl 溶液中浸泡，当涂层中的 EB 含量从 0 增大到 10wt%时，在 0.1 Hz 的复合阻抗($|Z|_{0.1Hz}$) 从 $8.9×10^8 \Omega · cm^2$ 增大到 $1.6×10^9 \Omega · cm^2$。然而当 EB 含量进一步增加到 13wt%时，$|Z|_{0.1Hz}$ 则降低到 $2.0×10^8 \Omega · cm^2$，原因在于涂层中含过多的 EB 反而导致涂层结构粗糙、多孔，从而降低了屏蔽性能。

电化学交流阻抗技术(EIS)是研究涂层屏蔽性能的最常用方法，若结合等效电路(equivalent electrical circuit)模型可以得出涂层电阻(R_c)和涂层电容(C_c)这两个用于评价屏蔽性能的重要参数，前者反映的是涂层对电解液离子扩散的阻力，涂层阻力越大，R_c值越高；后者是涂层对水渗透的抵抗能力，涂层中渗透的水越多，涂层电容也就越大。Zhang 等[83]利用 EIS 技术分别研究了纯环氧树脂涂层、EB/环氧树脂复合涂层和氢氟酸掺杂的聚苯胺(PANI-HF)/环氧树脂复合涂层的涂层电阻和涂层电容随电解液中浸泡时间的变化，浸泡 300 h 后，环氧树脂涂层的 C_c 从

2.6 nF/cm^2 增加到 4000 nF/cm^2，EB/环氧树脂复合涂层的 C_c 从 0.1 nF/cm^2 增加到 0.8 nF/cm^2，而 PANI-HF/环氧树脂复合涂层的 C_c 则从 0.05 nF/cm^2 增加到 0.08 nF/cm^2，说明在浸泡过程中含聚苯胺的涂层所吸收的水远远少于纯环氧树脂涂层。另外，纯环氧树脂涂层在浸泡 10 h 后涂层电阻 R_c 从 5 MΩ·cm^2 大幅度下降到 0.002 MΩ·cm^2，随后一直保持在很低的水平，EB/环氧树脂复合涂层的 R_c 在浸泡 52 h 后也从 80 MΩ·cm^2 下降到 0.01 MΩ·cm^2，而 PANI-HF/环氧树脂复合涂层的 R_c 在浸泡 96 h 后一直维持在 100 MΩ·cm^2，168 h 后才下降到 1 MΩ·cm^2。因此三个涂层对电解液离子的阻挡能力依次是：PANI-HF/环氧复合涂层＞EB/环氧复合涂层＞环氧涂层。Radhakrishnan 等[84]也制备了不同导电聚苯胺(ES)含量的环氧树脂复合涂层，Tafel 曲线显示 ES 含量越高，钢铁的腐蚀电流越小，差示扫描量热法(DSC)结果表明涂层的玻璃化转变温度随着 ES 含量的增加而有所提高，纯环氧树脂涂层为 103.65℃，而 5wt% ES/环氧树脂涂层则达到 108.3℃，原因之一可能是聚苯胺与树脂之间发生了一定程度的交联，从而提升了涂层的屏蔽性能。

　　进一步提升聚苯胺/基体树脂复合涂层的屏蔽性能的方法有许多，如改变掺杂剂种类，采用有机酸取代无机酸进行掺杂，从而增强聚苯胺与基体树脂的分散性和相容性[85]。也可以将聚苯胺进行纳米分散，提高聚苯胺在涂层中的分散效果，有时也可将聚苯胺与其他无机填料共混，或将苯胺在无机填料分散液中聚合得到复合填料，然后添加到涂层中。Sababi 等[37]将磷酸掺杂聚苯胺(PANI-PA)和二氧化铈(ceria)直接共混到聚酯丙烯酸酯型紫外光固化涂料，发现 1.5wt% PANI-PA/1.5wt% CeO$_2$ 的涂层显示较高的复合阻抗值，因此加入二氧化铈可以提升涂层的屏蔽性能，涂层中的聚苯胺则可以加速与金属基底反应形成保护层，将两者同时加入涂料中，则可发挥协同作用，其腐蚀防护效果要比单一填料的涂层好。Kalendová 等[86]在片状结构的镜铁矿(α-Fe$_2$O$_3$)、针铁矿[α-FeO(OH)]和石墨(C)上原位聚合形成聚苯胺，然后与环氧树脂共混制备复合涂层，结果表明复合颜料对铁的防腐效果都要比纯聚苯胺的好，其原因一方面来自聚苯胺本身的防腐能力，另一方面源于无机填料的添加提升了涂层的屏蔽性能。Zhang 等[87]在有机改性蒙脱土(OMMT)分散液中原位聚合，形成聚苯胺复合填料 PANI/OMMT，将其混合在环氧涂层中并涂覆在镁合金表面，在 3.5wt% NaCl 溶液中浸泡 6000 h 后涂层阻抗值(R_c)仍然维持在 300 MΩ·cm^2，同时在 0.1 Hz 处的复合阻抗值($|Z|_{0.1Hz}$)为 1 GΩ·cm^2；而只含聚苯胺的涂层在浸泡 6000 h 后的 R_c 值下降为 80 MΩ·cm^2，复合阻抗值为 120 MΩ·cm^2。相应地，纯环氧涂层的 R_c 在浸泡 1000 h 后已下降到 0.3 MΩ·cm^2，复合阻抗值仅为 1 MΩ·cm^2，可见 PANI/OMMT 填料对涂层屏蔽性能的影响要比单纯聚苯胺大得多。原因一方面在于 OMMT 以片状结构存在于涂层中，可延长氧气和水在涂层中的扩散路径；另一方面在于 OMMT 表面附着的 PANI 可增强 OMMT 与环氧涂层的相容性进而促进 OMMT 的分散水平。文献上类似的

聚苯胺/无机填料体系的研究很多，如 PANI-TiO₂[88-92]、PANI-SiO₂[93,94]、PANI-碳纳米管[95]等体系。

但是，聚苯胺的防腐机理并不像一般的有机涂层那样仅提供简单的物理屏蔽作用。Deberry[12]发现，即使对浸泡一段时间后的不锈钢电极表面的导电聚苯胺涂层引入划痕，样品仍然有较高的腐蚀电势并可维持很长一段时间，而一旦在不锈钢表面经阳极极化诱导形成的钝化层上引入划痕，浸泡在腐蚀电解液中后，划痕处的不锈钢立即被活化而腐蚀。Wessling 等[21]也分别在低碳钢表面涂覆的纯环氧树脂涂层和导电聚苯胺/环氧树脂复合涂层上引入 1.2 mm 的钻孔，当两者都浸泡在 0.1 mol/L HCl 溶液中时，后者的腐蚀速率是前者的 1/100。根据 SEM 图像，结合电化学分析和俄歇光谱数据，他们认为聚苯胺能保护缺陷处的金属的原因在于它能诱导涂层/金属界面形成保护氧化层，而这个保护层可以延伸到涂层边沿外 2 mm 的范围，有时候甚至达到 6 mm 以外的范围，从而阻止了缺陷处金属的腐蚀。这种聚苯胺诱导钝化层形成的现象已有大量文献报道，常被划入阳极保护机理的范畴，下面我们将对此机理进行详尽叙述。

5.4.2 阳极保护机理

当金属浸泡在电解液中发生阴极或阳极反应的时候，自身往往会建立起一个电位，我们称之为自然腐蚀电位。当向金属施加外电流时，金属的自然腐蚀电位会发生改变，这种现象称为极化。在金属进行阳极极化的过程中，如果金属表面能形成一层耐蚀性较高的钝化膜，极化电流会突然大幅度减小，金属呈现钝化状态。之后只要继续施加少量的电流就可以维持金属的钝化状态，防止金属进一步腐蚀，这就是阳极保护的基本机理。

聚苯胺对金属的阳极保护机理源自其独特的氧化还原性质。将聚苯胺涂层保护的金属浸泡在电解液中，聚苯胺可与金属表面发生相互作用，因为本征态聚苯胺(EB)具有较高的氧化还原电位而表现出氧化剂的行为，加速金属的氧化过程，使其失去电子，而聚苯胺获得电子。该过程类似于聚苯胺给金属施加了正电流，对金属进行极化，提高了金属的腐蚀电位，促进金属表面形成一层耐蚀性能强的保护层，降低了金属的腐蚀速率。获得电子而被还原的还原态聚苯胺(LEB)，则会被电解液中所溶解的氧重新氧化，逐步恢复到原来的氧化态。以金属铁为例，Wessling 提出了如图 5-3 所示的反应机理[96]。

该反应机理得到了许多实验证实，最主要的证据在于跟踪到了聚苯胺诱导保护层的生成。根据阳极保护机理，金属被聚苯胺极化后会导致体系的腐蚀电位发生改变，若金属表面形成保护层，那么体系腐蚀电位将向正方向移动并处于较高值，同时体系的腐蚀电流下降。因此，可用动电位极化法测量体系的腐蚀电位(E_{corr})和腐蚀电流(I_{corr})，或用开路电位测量法监控体系腐蚀电位随浸泡时间的变化行

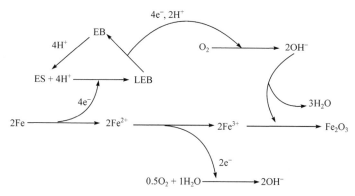

图 5-3　聚苯胺(EB)与铁(Fe)的反应机理[96]

为，从而判断聚苯胺涂层/金属界面产物层的状态。在纯聚苯胺涂层/金属体系下，其 E_{corr} 显著提高，I_{corr} 则明显下降，对于可钝化的金属还表现出清晰的"活化-钝化"行为，如 Wessling[20]发现在动电位极化下，导电聚苯胺涂覆的铁、不锈钢和铜都要比对应的裸露金属有更高的 E_{corr}，其极化电流随电压变化的速度也更缓慢。Sathiyanarayanan 等[97]用三种电化学方法(恒电位法、循环伏安法、恒电流法)在不锈钢表面制得导电聚苯胺膜，无论是在 1 mol/L H_2SO_4 溶液还是在 1 mol/L HCl 溶液中，极化曲线都显示 ES/不锈钢样品的腐蚀电位明显提高，腐蚀电流至少比裸露电极低一个数量级。Wessling 等[21]则指出，在 HCl 溶液中进行动电位极化时，EB 底漆/环氧树脂面漆和 ES 底漆/环氧树脂面漆涂覆的钢都表现出"活化-钝化"行为，而由环氧树脂涂层保护的钢则没有这种现象。

　　开路电位(OCP)测量法是一种操作相对简便的分析技术，由于 OCP 能够对金属表面和涂层/金属界面的电化学变化给出灵敏的响应，因此通过测量样品的 OCP 随时间的变化，就可了解金属表面状态。Vera 等[98]的工作表明，裸露的低碳钢浸泡在 3.5wt% NaCl 溶液后，其 OCP 值随浸泡时间的延长一直在下降，最后降低到 –540 mV，而涂覆了 EB 膜的低碳钢，尽管在浸泡初期其 OCP 也有所下降，但是浸泡 10 min 后 OCP 又开始增长，从–380 mV 上升到–340 mV，并一直维持这个值直到测试结束。浸泡初期 OCP 下降的原因在于，随浸泡时间延长，越来越多的电解液透过涂层到达界面，从而降低了 OCP。一旦电解液与金属基底发生反应，则开始形成致密的钝化层，导致 OCP 上升。对金属铜而言，在 3.5wt% NaCl 溶液中浸泡，初期裸露铜的 OCP 仅小幅上升了 25 mV，而涂覆 EB 后其 OCP 则大幅度增加了约 100 mV，显然聚苯胺参与了保护层的生长过程。除了纯 EB 涂层，EB/环氧树脂复合涂层也显示了类似现象，如 Akbarinezhad 等[99]报道，复合涂层/低碳钢在 3.5wt%的 NaCl 溶液中浸泡，初始阶段 OCP 从–0.56 V 下降到–0.62 V，但很快开始回升，浸泡到 300 天后其 OCP 值已上升到 220 mV。

　　导电态聚苯胺(ES)也表现出类似行为，如 Adhikari 等[100]报道聚乙酸乙烯酯涂层涂覆的低碳钢在 3% NaCl 溶液中浸泡，30 天内其 OCP 值在 -0.5～-0.2 V 的范围内不停波动，而且在浸泡 15 天后就已经发现涂层中有红锈形成。而涂覆了甲基磺酸掺杂的聚苯胺/环氧树脂复合涂层的低碳钢，尽管浸泡 10 h 后 OCP 值快速下降了 400 mV，但在随后的 2 天内迅速地增长了 300 mV，上升到 200 mV 并保持不变，一直维持至 60 天的测试周期结束。除了铁和铜等金属，聚苯胺对镁合金的 OCP 变化也有报道，如 Chen 等[94]研究了不同涂层保护的镁合金(纯环氧树脂涂层、含磷酸掺杂聚苯胺/SiO_2 复合填料的环氧树脂涂层)在 3wt% NaCl 溶液浸泡 23 天内 OCP 的变化行为，纯环氧树脂涂层保护的镁合金的 OCP 在浸泡前 4 天迅速下降到 -1.3 V，以后一直维持在这个较低的水平；而含聚苯胺涂层保护的镁合金的 OCP 虽然在前 3 天中也迅速下降到 -1.3 V，但是在浸泡第 8 天后便开始回升，最后一直维持在 0.2 V 左右，上升幅度达 1.5 V。

在腐蚀科学领域，电化学交流阻抗谱(EIS)是一种非常重要的电化学分析手段，可以在很宽的频率范围对涂层/金属体系进行测量，且不同频段可以分别给出不同的信息，如体系电容、电阻的变化，以及涂层/金属界面的变化情况，从而研究人员获取基底表面电荷转移电阻和双电层电容等的变化信息[101,102]。按照 Tallman[103]的研究结果，导电聚苯胺膜涂覆的钢在 3wt% NaCl 溶液中浸泡时，涂层电阻 R_c 非常小，而代表电荷转移电阻 R_{ct} 的容抗弧直径则随着时间不停变大，而将钢换成铂的时候，则没有观察到类似现象，原因在于聚苯胺可以诱导钢表面形成钝化层，增加了电子在涂层/金属界面迁移的阻力。Sababi 等[37]用 EIS 研究了不同涂层[普通紫外光(UV)固化涂层、二氧化铈(ceria)/UV 固化复合涂层、磷酸掺杂聚苯胺(PANI-PA)/UV 固化复合涂层和聚丙烯酸掺杂聚苯胺/ceria/UV 固化复合涂层]涂覆的低碳钢在 0.1 mol/L NaCl 溶液浸泡过程中的电化学行为。UV 固化涂层、ceria/UV 固化涂层保护的低碳钢，它们的 Nyquist 图只显示一个容抗弧，且该容抗弧的直径随时间不断减小，表现出普通的屏蔽涂层特征。含聚苯胺的涂层保护的低碳钢其 Nyquist 图上显示出不同的特征曲线，除了在高频区有一个容抗弧外，在低频区则为一条呈直线的扩散弧，且随浸泡时间延长而不断增大，表明在涂层和低碳钢的界面形成了一层钝化膜。Sathiyanarayanan 等[104]先在镁合金表面涂覆了磷酸掺杂聚苯胺(PANI-PA)/聚丙烯酸复合涂层底漆，随后在底漆上涂覆了聚氨酯面漆，将上述样品浸泡在 0.5wt% NaCl 溶液中，虽然浸泡前期样品的 $|Z|_{0.01Hz}$ 在不断减小，但是第 28 天后，$|Z|_{0.01Hz}$ 从 $2 \times 10^7 \Omega \cdot cm^2$ 开始上升，到第 75 天升至 3×10^7 $\Omega \cdot cm^2$。他们在其他金属上涂覆了聚苯胺复合涂层，也发现了 $|Z|_{0.01Hz}$ 先降后升的现象，其中下降过程是因为电解液透过涂层并到达涂层/金属界面的过程，而上升则是在金属/涂层界面形成钝化层而造成的。

既然已经证明掺杂态聚苯胺具有防腐性能，那么本征态聚苯胺(EB)是否有防腐性能呢？王献红等[28]在低碳钢表面制备了不同 EB 含量的复合涂层，利用

EIS 跟踪 0.1 Hz 处的绝对阻抗($|Z|_{0.1Hz}$)在 3.5wt% NaCl 溶液中浸泡后的变化。纯环氧树脂涂层保护的低碳钢其$|Z|_{0.1Hz}$ 从浸泡第一天开始就从 $7.8 \times 10^7 \, \Omega \cdot cm^2$ 下降到 $1.9 \times 10^7 \Omega \cdot cm^2$,随后一直在不断下降,第 40 天后已经低于 $1 \times 10^6 \Omega \cdot cm^2$,失去了腐蚀防护功能。而对于 EB/环氧树脂复合涂层保护的低碳钢,尽管其$|Z|_{0.1Hz}$ 在第一天也有所下降,但是随后一直逐步上升,并可一直维持在一个较高水平,而且涂层中 EB 含量越高(0~10wt%),最终所保持的$|Z|_{0.1Hz}$也越大。因此,不仅是掺杂态聚苯胺,本征态聚苯胺也具备促进金属表面形成钝化层的能力。

上述电化学测试属于宏观分析,反映的是整个样品的综合结果。扫描振动电极技术(SVET)则采用振动电极测量,可提供样品局部的电流、电压二维分布图,对研究局部腐蚀有重要价值。Kinlen 等[105]采用 SVET 研究了涂覆不同涂层的碳钢表面的阳极和阴极反应的位置与强度随时间的变化行为,发现当碳钢表面涂覆纯环氧树脂涂层时,涂层针孔处既存在阳极反应也存在阴极反应,随着浸泡时间的延长,环氧树脂涂层针孔处的化学反应强度并没有发生变化。当涂覆二壬基萘磺酸掺杂的聚苯胺(PANI-DNNSA)涂层时,针孔处则主要为阳极反应,阴极反应仅在聚苯胺薄膜表面发生,且在浸泡 8 h 后,针孔处的阳极反应明显减弱。类似现象也发生在氨基三亚甲基膦酸(ATMP)掺杂的聚苯胺与聚乙烯醇缩丁醛(PVB)的复合涂层保护下的低碳钢表面,表明导电聚苯胺可使针孔处金属发生阳极极化反应,进而在金属表面形成钝化层,使金属的氧化还原电位正移到钝化区域。

为消除涂层屏蔽行为对防腐机理的影响,可将涂层在浸泡一段时间后从金属表面除去,直接研究金属表面产物层的耐蚀性能。Wessling[20]在铁表面制备了不同厚度的导电聚苯胺涂层,在确保聚苯胺和铁充分反应后去掉聚苯胺涂层。极化测试结果显示,经聚苯胺涂层预处理后铁的腐蚀速度比新鲜打磨的铁更慢,且预处理期间聚苯胺涂层越厚,金属在极化时的腐蚀速度越慢。Hermas 等[19]比较了硫酸掺杂聚苯胺薄膜预处理后的不锈钢与阳极氧化法钝化后的不锈钢在 45℃和 1 mol/L H_2SO_4 中的腐蚀行为,也发现前者要比后者有更好的耐蚀性能,且耐蚀性能随预处理时所用聚苯胺涂层厚度的增加而有所提升。

已经证实,本征态和掺杂态聚苯胺均可诱导金属表面形成界面保护层,并显示出较好的耐蚀性能,该界面层的形貌、组成和结构是值得深入研究的。Wessling 等[20,21]首先研究了低碳钢上界面保护层的组成和结构,这层钝化膜可通过 SEM 直接观测到,而 XPS 分析则显示,该钝化膜的外层为 $\alpha\text{-}Fe_2O_3$,内层则为 Fe_3O_4。王献红等[28]采用 SEM 跟踪在 3.5wt% NaCl 溶液中浸泡的 EB/环氧树脂涂层保护的低碳钢表面的形貌变化,发现原来在低碳钢表面上打磨时留下的划痕在浸泡 20 天后消失了,此外 XPS 分析表明金属表面铁的特征信号峰也消失了,取而代之的是明显增强的 Fe_2O_3 特征信号峰,值得注意的是此时表面元素分析表明,表面并没有

Cl⁻或 Na⁺，因此金属铁表面确实形成了一层氧化膜，且这层氧化膜并不是因电解质侵蚀而产生的，而是聚苯胺与金属发生作用所致。XPS 深度剖析数据表明，本征态聚苯胺诱导低碳钢表面所形成的保护层同样是由内层的 Fe_3O_4 和外层的 Fe_2O_3 构成。将 EB 膜保护的冷轧钢样品和裸露冷轧钢分别浸泡在 0.1 mol/L NaCl 溶液或放置在高湿恒温箱中，采用 XPS 研究两个界面层的成分，发现两个界面层均为双层结构，即上层是 Fe_2O_3，下层是 Fe_3O_4，两个界面层的区别在于裸露金属表面的 Fe_3O_4 厚度随处理时间的延长而不断增厚，而 EB 膜下的 Fe_3O_4 厚度则基本保持不变，从而表明聚苯胺能让铁表面形成更为稳定的氧化层。

不过也有文献报道聚苯胺诱导铁表面所形成的保护层中还有其他不同的成分，如 Hermas 等[19, 106]利用 XPS 刻蚀方法分析了导电聚苯胺膜/不锈钢界面形成的氧化层与由外加电压下形成的阳极钝化层的化学结构，指出前者含有更多的铬，因此认为导电聚苯胺可以提高钝化层中 Cr_2O_3 含量，这是该钝化层耐蚀性能得以提升的原因。此外，Kinlen 等[107]根据保护层表面的 XPS 能谱分析，认为聚苯胺可以直接与金属反应而在金属表面形成 Fe-PANI 的络合保护膜，该观点也得到了 Sauerland 等[108]的质谱分析结果支持。即使是在聚苯胺/环氧树脂复合涂层保护的镁合金表面，Shao 等[109]和 Zhang 等[110]用 XPS 技术也观察到 Mg-PANI 络合保护膜的存在，而在纯环氧树脂涂层下则没有观测到。

聚苯胺的阳极保护机理是基于聚苯胺的氧化还原性质，这意味着在诱导保护层形成的过程中，聚苯胺自身的氧化态会发生改变。Wessling[111]将掺杂态聚苯胺分散液、还原铁粉与聚丙烯共混制成薄片，采用紫外-可见光谱观测聚苯胺氧化态的变化，发现在浸泡过程中聚苯胺先是被还原，然后被氧化，颜色也随之发生变化。而在没有还原铁粉的薄片中，看不到聚苯胺状态的改变，说明聚苯胺与金属发生相互作用，引起聚苯胺氧化态的变化，聚苯胺被铁还原，而被还原的聚苯胺在环境氧气的作用下重新被氧化。除了紫外-可见光谱分析技术，与铁作用过程中的聚苯胺的氧化态变化也可通过拉曼光谱进行观测[31,112,113]。

本征态聚苯胺与铁之间也存在相互作用，王献红等用紫外-可见光谱跟踪了整个氧化还原反应过程[114,115]。他们将 EB 粉末和还原铁粉以 1∶10 的比例浸泡在 3.5wt% NaCl 溶液中并不停搅拌，然后每间隔一段时间取出少量 EB 溶解到 NMP 溶液中，跟踪聚苯胺的紫外光谱变化，其中 330 nm 峰为聚苯胺的苯环特征峰，而 630 nm 峰则为聚苯胺的醌环特征峰，两个峰的相对强度比 I_{330}/I_{630} 可以反映聚苯胺氧化程度的变化。典型的 I_{330}/I_{630} 随时间的变化行为如图 5-4 所示。

从开始浸泡到 250 h，I_{330}/I_{630} 从 1.1 增长到 4.8，表明聚苯胺被还原；随后 I_{330}/I_{630} 下降到 1.3，说明还原了的聚苯胺又被氧化到接近原来的状态。有趣的是，这种还原-氧化的循环可逆变化一直持续到测试结束，有力地证明了聚苯胺具备可逆的氧化还原性能，这是聚苯胺与金属之间存在持续不断的相互作用的体现。

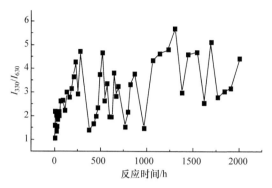

图 5-4　EB 的紫外-可见光谱中 330 nm 峰与 630 nm 峰的相对强度 (I_{330}/I_{630}) 随浸泡时间的
变化 (3.5wt% NaCl 溶液) [114,115]

由于聚苯胺拉曼光谱中位于 1590 cm^{-1} 处的峰代表其醌环信号，1610 cm^{-1} 处的峰代表其苯环信号，根据这两个峰的相对强度 (I_{1610}/I_{1590})，也可以跟踪聚苯胺氧化态的变化。Gustavsson 等[42]首先将聚苯胺涂在铝合金表面，跟踪 I_{1610}/I_{1590} 的变化情况，发现它经历了先增大后减小的过程。而对于涂在铂片上的聚苯胺，其拉曼光谱中 1610 cm^{-1} 和 1590 cm^{-1} 处两个峰相对强度却没有随时间发生明显变化，原因在于铂是惰性金属，其腐蚀电位远高于聚苯胺，而聚苯胺只有与自然腐蚀电位较低的金属接触才能发生相互作用。

尽管本征态和掺杂态聚苯胺对技术的防护作用均满足金属的阳极保护机理，但是学术界仍有不同的意见，认为聚苯胺与金属发生作用，并不一定就能促使保护层的形成，因为这个极化过程也很可能会加速金属腐蚀。Zhu 等[116]将导电聚苯胺膜作为独立电极，与要保护的金属电极连接在一起，测量两者的混合电势以及偶合电流，以研究聚苯胺对金属的钝化行为。他们发现，在 pH=1 的 0.1 mol/L H$_2$SO$_4$ 溶液中，只有当 PANI 与 20A 钢面积比大于 25∶1 的时候，金属表面才可以被钝化，而当面积小于 25∶1 时，金属的腐蚀速率则会增加。Holness 等[117]也指出，尽管导电聚苯胺可以与金属发生作用，提高体系的腐蚀电势，从而抑制氧气的阴极反应，但是聚苯胺与金属作用时所诱导的产物层并不总是具备较好的耐蚀性能，因而金属会继续腐蚀，导致腐蚀产物层随时间延长而不断增厚。

5.4.3　掺杂剂阴离子腐蚀抑制机理

除了物理屏蔽机理和阳极保护机理，不少研究者认为聚苯胺的防腐行为是基于掺杂剂阴离子的腐蚀抑制机理。众所周知，聚苯胺与金属之间的相互作用导致聚苯胺被还原并释放出掺杂剂阴离子，如果该阴离子被吸附到金属表面并起到阳极或阴极抑制作用，或与金属阳离子形成难溶的金属盐而覆盖在金属表面，那么金属基底的腐蚀反应将被阻止，至少被减缓。

1999 年，Kinlen 等[105]就研究了掺杂剂阴离子与聚苯胺防腐行为的关系，他们将不同酸掺杂的聚苯胺薄膜涂覆在钢表面，发现涂层针孔处的阳极反应与掺杂剂种类有关，其中氨基三亚甲基膦酸(ATMP)掺杂的聚苯胺膜针孔处的阳极反应持续时间最短，而对甲苯磺酸(TSA)掺杂的聚苯胺膜针孔处的阳极反应时间则最长，原因在于有机磷酸阴离子与铁形成的"掺杂剂阴离子-铁"不溶盐远比"有机磺酸阴离子-铁"更稳定。Williams 等[32]也报道了类似的结果，他们通过研究对甲苯磺酸(TSA)、樟脑磺酸(CSA)、磷酸(H_3PO_4)和苯基膦酸(H_2PP)掺杂的聚苯胺/PVB 涂层的防腐行为，发现如下的涂层剥离难易程度顺序(按掺杂剂种类)：TSA＜CSA＜H_3PO_4≤H_2PP。

其原因也是磷酸和苯基膦酸可与铁离子形成不易溶解的 $Fe_3(PO_4)_2$ 和 FePP 盐，有效阻止了界面电子的转移，从而抑制了氧气阴极反应。磺酸铁盐则相对容易溶解，难以形成致密盐层。Silva 等[31,118]也得到了类似结论，指出聚丙烯酸掺杂的聚苯胺(PANI-PPA)/聚甲基丙烯酸甲酯(PMMA)涂层对划痕处铁表面的防腐效果优于樟脑磺酸掺杂的聚苯胺(PANI-CSA)/PMMA 涂层，原因也是 PANI-PPA 还原时释放出来的 PPA⁻离子与金属离子形成的 PPA-Fe 复合盐保护膜要比 Fe-CSA 复合盐膜有更好的耐蚀性能。

由于掺杂剂的释放源于聚苯胺的还原过程，而聚苯胺的还原则在金属发生腐蚀而释放出电子之后发生，从而掺杂剂的释放具有对金属腐蚀的响应特性，由此聚苯胺"智能"防腐的概念应运而生。通过设计特殊的掺杂剂，将导电聚苯胺当作缓蚀剂的存储器，一旦金属发生腐蚀，缓蚀剂就释放出来[119-121]。2013 年，Crespy 等将苯胺或吡咯溶解在非极性溶剂中(乙苯或乙苯/正十六烷)，将表面活性剂(十二烷基硫酸钠)溶解在水相中，两相混合后快速搅拌并超声，成功制备了微乳液体系，然后利用体系中的液滴为模板剂，在氧化剂(APS)的作用下原位聚合，制备了核壳结构的聚苯胺或聚吡咯[119]。若在微乳液体系形成之前向体系中加入疏水性二缩水甘油醚或二元羧酸封端的聚二甲基硅氧烷(PDMS-DE 或 PDMS-DC)自修复组分，可将自修复组分包裹在聚合物胶囊中，当向体系中加入还原剂时，自修复组分在 30 min 内被快速释放出来，同时体系颜色发生明显的改变；而当加入氧化剂时，自修复组分的释放变得十分缓慢。这种基于氧化还原响应的聚苯胺胶囊材料有望用于金属的智能防腐。Crespy 等[121]还制备了具有电压响应功能的聚苯胺纳米球，该纳米球中包裹了锌的腐蚀抑制剂如 3-硝基水杨酸。当锌发生腐蚀后，体系电压降低，此时聚苯胺被还原并释放出抑制剂，从而阻止了金属表面被进一步腐蚀。扫描开尔文探针(SKP)分析显示，聚乙烯醇缩丁醛(PVB)涂层中加入含抑制剂的聚苯胺纳米球后，涂层剥离速率分别是纯 PVB 涂层和聚苯胺纳米球/PVB 复合涂层的 22%和 33%。开路电位(OCP)分析表明，锌表面 PVB 涂层中加入含抑制剂的聚苯胺纳米球后，划痕处的 OCP 在浸泡 6 h 后就开始逐渐上涨，浸泡 18 h

后已经从原来的-0.67 V 上升到-0.3 V，而纯 PVB 涂层和聚苯胺纳米球/PVB 复合涂层保护的锌表面划痕处的 OCP 则一直维持在-0.65 V 以下的较低水平。

必须指出的是，掺杂剂阴离子腐蚀抑制机理和其他机理一样，并不能完全解释所有文献报道过的聚苯胺腐蚀防护现象，如本征态聚苯胺没有可缓蚀的掺杂剂离子，却依然具备较好的防腐行为。而 HCl、H_2SO_4、HNO_3 等酸掺杂的聚苯胺，尽管其掺杂剂阴离子具有腐蚀性，但是它们仍然可以在一定程度上为大部分金属提供效果良好的腐蚀防护。

5.5 聚苯胺防腐涂料的工业化

聚苯胺防腐研究已经有 30 多年的历史，其防腐效果已被公众认可，即聚苯胺能够为各类金属和合金，如铁、铜、锌及铝合金、镁合金等提供效果较好的腐蚀防护，借此聚苯胺防腐涂料也陆续被推向了市场。20 世纪 90 年代，Wessling 博士创办的德国欧明创公司(Ormecon GmbH)已经向市场推出了 CORRPASSIV 系列和 ORMECON 等几款产品[122]，其中 Skippers CORRPASSIV 是一种船舶防腐涂料，包含聚苯胺分散液底漆、中间漆和面漆三类涂料，已经成功应用到船舶、港口和码头的腐蚀防护。实际应用的结果显示，该产品为船舶提供的腐蚀防护时长是传统物理屏蔽性涂层的 5 倍，而在冰岛某个港口的持续测试数据也表明了该产品要比以往防腐涂层提供更为优越的防护效果。CORRPASSIV 4900 是另一款重防腐涂料，包含聚苯胺分散液底漆和环氧面漆，被应用在郊区液压废水管理系统，具有很好的腐蚀防护效果。此外，欧明创公司还提供了用于铝合金腐蚀防护的 CORRPASSIV 4901 产品和用于印刷电路板的 ORMECON 产品。

中国科学院长春应用化学研究所利用其在聚苯胺基础研究方面的长期积累，开发了掺杂态聚苯胺/聚氨酯和无溶剂型本征态聚苯胺/环氧树脂两种防腐涂料，涂覆了 80 μm 厚的聚苯胺/环氧涂层(聚苯胺含量低于 5wt%)的钢板，涂层即使在划叉的状态下也能经受 800 h 的盐雾试验，达到了 80wt%富锌涂层的腐蚀防护能力[3]，2005 年开始与湖南中科本安公司合作，生产聚苯胺防腐涂料，建立了 1000 t/a 的生产线，到 2018 年已经成功应用于桥梁、铁路、重型机械和港口工程等领域，应用案例超过 30 个，覆盖了上海、湖南、广东、河南、海南、重庆等国内不同湿热地区，可以说，聚苯胺防腐技术通过了 10 年以上实际应用寿命的实时考核，适应绝大部分腐蚀环境。

2015 年美国 Ancatt 公司[123]推出了聚苯胺防腐涂料，该涂料由面漆、中间漆和以纳米掺杂态聚苯胺分散液为主的底漆所构成，即使在 1100 h 的连续循环老化下该涂层仍有约 5 MPa 的附着力，涂覆的钢板经受 13000 h 以上的盐雾试验

(ASTM B 117)及 6000 h 以上循环老化试验(ASTM D 5894)后，无锈点、不起泡，涂层表面外观也没有改变。相比而言，丙烯酸涂层最多可以经受 5000 h 的盐雾试验。当该聚苯胺涂料应用到铝板的防腐时，可以经受 10000 h 以上的盐雾试验。

尽管聚苯胺防腐涂层具有比常规涂层更好的腐蚀防护效果，实际上它的商业化道路却是非常曲折的。欧明创公司在推出聚苯胺防腐涂料的 3 年里，仅接到几个商业订单，于是在 1999 年中期，不得不将其关注点从最初的聚苯胺涂料转移到印刷电路板表面金属化处理产品上。同样，美国肯尼迪航天发射中心授权 GoeTech 公司生产名为 Catize™ 的聚苯胺防腐涂料，目前也没有持续的跟踪报道，甚至 Catize 的网站也已经关闭。

当然，聚苯胺防腐涂料仍然有很大的发展空间，这一方面是基于工业上迫切需要不含六价铬及铅的绿色环保型重防腐涂料，聚苯胺防腐涂料仍然是很好的选项之一；另一方面，随着世界上锌矿的枯竭和社会上对重金属锌污染海洋环境的不断认知，可人工大规模合成且不含重金属的聚苯胺防腐涂料必然受到关注。当然，要把它推广到工业领域，还需要开展深入广泛的应用研究，获得足够的第一手应用数据，为大规模取代锌系和铬系涂料提供坚实的基础。

5.6 展望

经过 30 多年的实验研究和工业化探索，聚苯胺的金属防腐性能已经被证实，但是其明确的防腐机理还有待进一步探索，原因之一在于聚苯胺的结构复杂性，由于聚苯胺在不同酸碱环境和氧化环境下均表现出不同的结构，使普适性的金属防腐机理很难获得；其二，由于纯聚苯胺涂层与金属的附着力较差，因此经常出现许多实验的结果与预测结果出现背道而驰的情况；其三，高品质聚苯胺合成过程的复杂性导致其成本较高，实际应用过程中必须与其他高分子基材共混使用，而共混体系的相态、聚集态结构也是造成实验结果差异的原因。新的聚苯胺防腐机理必须在上述三个方面进行有机结合，才能具备普适性。

从应用角度考虑，聚苯胺的金属防腐性能是明确的，其不含重金属这一环保特性，是其未来的竞争力所在。目前除了加强聚苯胺防腐涂料的应用研究，亟需发展新型的聚苯胺成型加工技术，一方面降低聚苯胺在涂层中的含量以降低成本，提高防腐涂层的性价比，另一方面是希望契合目前涂料领域的水性化发展趋势，积极发展水性聚苯胺防腐材料，但是目前水性聚苯胺防腐涂料的研究还很少[85,124]，主要原因在于没有制备出与聚苯胺相匹配的阳离子水性基体树脂，导致所制备的防腐涂料的防腐性能远比溶剂型聚苯胺防腐涂料差。

参 考 文 献

[1] Nace N D. Cost of Corrosion Study. http://www.nace.org/Publications/Cost-of-Corrosion-Study/. [2015-03-21].

[2] Li Y P, Wang X H. Intrinsically conducting polymers and their composites for anticorrosion and antistatic applications//Yang X N. Semiconducting Polymer Composites. Weinheim: Wiley-VCH Verlag GmbH & Co. KGaA, 2012: 269～298.

[3] 李应平, 王献红, 李季, 等. 聚苯胺: 新一代环境友好防腐材料. 中国材料进展, 2011, 8: 17～24.

[4] Sørensen P A, Kill S, Dam-Johansen K, et al. Anticorrosive coatings: A review. Journal of Coating Technology Research, 2009, 6: 135～176.

[5] Hughes A E, Cole I S, Muster T H, et al. Designing green, self-healing coatings for metal protection. NPG Asia Mater, 2010, 2: 143～151.

[6] Zhao J, Xia L, Sehgal A, et al. Effects of chromate and chromate conversion coatings on corrosion of aluminum alloy 2024-T3. Surface & Coatings Technology, 2001, 140: 51～57.

[7] Pommiers S, Frayret J, Castetbon A, et al. Alternative conversion coatings to chromate for the protection of magnesium alloys. Corrosion Science, 2014, 84: 135～146.

[8] Katz S A, Salem H. The toxicology of chromium with respect to its chemical speciation: A review. Journal of Applied Toxicology, 1993, 13: 217～224.

[9] Gervasi C A, Disarli A R, Cavalcanti E, et al. The corrosion protection of steel in sea-water using zinc-rich alkyd paints: An assessment of the pigment content effect by EIS. Corrosion Science, 1994, 36: 1963～1972.

[10] Shreepathi S, Bajaj P, Mallik B P. Electrochemical impedance spectroscopy investigations of epoxy zinc rich coatings: Role of Zn content on corrosion protection mechanism. Electrochim Acta, 2010, 55: 5129～5134.

[11] Mengoli G, Munari M T, Bianco P, et al. Anodic synthesis of polyaniline coatings onto Fe sheets. Journal Applied Polymer Science, 1981, 26: 4247～4257.

[12] Deberry D W. Modification of the electrochemical and corrosion behavior of stainless-steels with an electroactive coating. Journal of the Electrochemical Society, 1985, 132: 1022～1026.

[13] Baker C O, Huang X W, Nelson W. Polyaniline nanofibers: Broadening applications for conducting polymers. Chemical Society Reviews, 2017, 46: 1510～1525.

[14] MacDiarmid A G, Chiang J C, Richter A F, et al. Polyaniline: A new concept in conducting polymers. Synthetic Metals, 1987, 18: 285～290.

[15] Chandrakanthi N, Careem M A. Preparation and characterization of fully oxidized form of polyaniline. Polymer Bulletin, 2000, 45(2): 113～120.

[16] 唐劲松, 王宝忱, 王佛松. 聚苯胺的合成、结构、性能及应用. 高分子材料科学与工程, 1987, 1: 5～14.

[17] 徐浩, 延卫, 冯江涛. 聚苯胺的合成与聚合机理研究进展. 化工进展, 2008, 27: 1561.

[18] Chiou N R, Epstein A J. Polyaniline nanofibers prepared by dilute polymerization. Advanced Materials, 2005, 17: 1679～1683.

[19] Hermas A A, Nakayama M, Ogura K. Enrichment of chromium-content in passive layers on

stainless steel coated with polyaniline. Electrochim Acta, 2005, 50: 2001～2007.

[20] Wessling B. Passivation of metals by coating with polyaniline: Corrosion potential shift and morphological changes. Advanced Materials, 1994, 6: 226～228.

[21] Lu W K, Elsenbaumer R L, Wessling B. Corrosion protection of mild-steel by coatings containing polyaniline. Synthetic Metals, 1995, 71: 2163～2166.

[22] Tian Z, Yu H, Wang L, et al. Recent progress in the preparation of polyaniline nanostructures and their applications in anticorrosive coatings. RSC Advances, 2014, 4: 28195～28208.

[23] Riaz U, Nwaoha C, Ashraf S M. Recent advances in corrosion protective composite coatings based on conducting polymers and natural resource derived polymers. Progress in Organic Coatings, 2014, 44: 743～756.

[24] Diniz F B, De Andrade G F, Martins C R, et al. A comparative study of epoxy and polyurethane based coatings containing polyaniline-DBSA pigments for corrosion protection on mild steel. Progress in Organic Coatings, 2013, 76: 912～916.

[25] Luckachan G E, Mittal V. Anti-corrosion behavior of layer by layer coatings of cross-linked chitosan and poly (vinly butyral) on carbon steel. Cellulose, 2015, 22: 3275～3290.

[26] McAndrew T P. Corrosion prevention with electrically conductive polymers. Trends in Polymer Science, 1997, 5: 7～12.

[27] Talo A, Forsen O, Ylasaari S. Corrosion protective polyaniline epoxy blend coatings on mild steel. Synthetic Metals, 1999, 102: 1394～1395.

[28] Chen Y, Wang X H, Li J, et al. Long-term anticorrosion behaviour of polyaniline on mild steel. Corrosion Science, 2007, 49: 3052～3063.

[29] Kamaraj K, Siva T, Sathiyanarayanan S, et al. Synthesis of oxalate doped polyaniline and its corrosion protection performance. Journal of Solid State Electronics, 2012, 16: 465～471.

[30] Souza S. Smart coating based on polyaniline acrylic blend for corrosion protection of different metals. Surface & Coatings Technology, 2007, 201: 7574～7581.

[31] Silva J E P, Torresi S I C, Torresi R M. Polyaniline/poly (methylmethacrylate) blends for corrosion protection: The effect of passivating dopants on different metals. Progress in Organic Coatings, 2007, 58: 33～39.

[32] Williams G, Gabriel A, Cook A, et al. Dopant effects in polyaniline inhibition of corrosion-driven organic coating cathodic delamination on iron. Journal of the Electrochemical Society, 2006, 153: 425～433.

[33] Karpakam V, Kamaraj K, Sathiyanarayanan S, et al. Electrosynthesis of polyaniline-molybdate coating on steel and its corrosion protection performance. Electrochim Acta, 2011, 56: 2165～2173.

[34] Kamaraj K, Sathiyanarayanan S, Muthukrishnan S, et al. Corrosion protection of iron by benzoate doped polyaniline containing coatings. Progress in Organic Coatings, 2009, 64: 460～465.

[35] Kamaraj K, Karpakam V, Sathiyanarayanan S, et al. Synthesis of tungstate doped polyaniline and its usefulness in corrosion protective coatings. Electrochim Acta, 2011, 56: 9262～9268.

[36] Deshpande P P, Jadhav N G, Gelling V J, et al. Conducting polymers for corrosion protection: A review. Journal of Coatings Technology and Research, 2014, 100: 1331～1342.

[37] Sababi M, Pan J, Augustsson P E, et al. Influences of polyaniline and ceria nanoparticle additives

on corrosion protection of a UV-cure coating on carbon steel. Corrosion Science, 2014, 84: 189~197.

[38] Chang C H, Huang T C, Peng C W, et al. Novel anticorrosion coatings prepared from polyaniline/ graphene composites. Carbon, 2012, 50: 5044~5051.

[39] Ramezanzadeh B, Bahlakeh G, Ramezanzadeh M. Polyaniline-cerium oxide (PAni-CeO₂) coated graphene oxide for enhancement of epoxy coating corrosion protection performance on mild steel. Corrosion Science, 2018, 137: 111~126.

[40] Racicot R, Clark R L, Liu H B, et al. Thin film conductive polymers on aluminum surfaces: Interfacial charge-transfer and anti-corrosion aspects. Proceedings SPIE 2528, Optical and Photonic Applications of Electroactive and Conducting Polymers, 1995: 251~258.

[41] Racicot R, Brown R, Yang S C. Corrosion protection of aluminum alloys by double-strand polyaniline. Synthetic Metals, 1997, 85: 1263~1264.

[42] Gustavsson J M, Innis P C, He J, et al. Processable polyaniline-HCSA/poly (vinyl acetate-co-butyl acrylate) corrosion protection coatings for aluminium alloy 2024-T3: A SVET and Raman study. Electrochim Acta, 2009, 54: 1483~1490.

[43] Seegmiller J C, Pereira da Silva J E, Buttry D A, et al. Mechanism of action of corrosion protection coating for AA2024-T3 based on poly (aniline) -poly (methylmethacrylate) blend. Journal of the Electrochemical Society, 2005, 152: 45~53.

[44] Epstein A J, Smallfield J A O, Guan H, et al. Corrosion protection of aluminum and aluminum alloys by polyanilines: A potentiodynamic and photoelectron spectroscopy study. Synthetic Metals, 1999, 102: 1374~1376.

[45] Cecchetto L, Delabouglise D, Petit J P. On the mechanism of the anodic protection of aluminium alloy AA5182 by emeraldine base coatings-evidences of a galvanic coupling. Electrochim Acta, 2007, 52: 3485~3492.

[46] Kamaraj K, Karpakam V, Sathiyanarayanan S, et al. Electrosynthesis of polyaniline film on AA 7075 alloy and its corrosion protection ability. Journal of the Electrochemical Society, 2010, 157: 102~109.

[47] Kamaraj K, Karpakam V, Azim S S, et al. Electropolymerised polyaniline films as effective replacement of carcinogenic chromate treatments for corrosion protection of aluminium alloys. Synthetic Metals, 2012, 162: 536~542.

[48] Kartsonakis I A, Koumoulos E P, Balaskas A C, et al. Hybrid organic-inorganic multilayer coatings including nanocontainers for corrosion protection of metal alloys. Corrosion Science, 2012, 57: 56~66.

[49] Kendig M, Hon M, Warren L. Smart corrosion inhibiting coatings. Progress in Organic Coatings, 2003, 47: 183~189.

[50] Posdorfer J, Wessling B. Oxidation of copper in the presence of the organic metal polyaniline. Synthetic Metals, 2001, 119: 363~364.

[51] Ladebusch H, Strunskus T, Posdorfer J, et al. Chemical interaction at copper/polyaniline interfaces. Synthetic Metals, 2001, 121: 1317~1318.

[52] Chen Y, Wang X H, Li J, et al. Polyaniline for corrosion prevention of mild steel coupled with copper. Electrochim Acta, 2007, 52: 5392~5399.

[53] Williams G, Holness R J, Worsley D A, et al. Inhibition of corrosion-driven organic coating delamination on zinc by polyaniline. Electrochemical Communication, 2004, 6: 549~555.

[54] Williams G, McMurray H N, Bennett A. Inhibition of corrosion-driven organic coating delamination from a zinc surface using polyaniline pigments. Material Corrosion, 2014, 65: 401~409.

[55] Rohwerder M, Isik-Uppenkamp S, Amarnath C A. Application of the kelvin probe method for screening the interfacial reactivity of conducting polymer based coatings for corrosion protection. Electrochim Acta, 2011, 56: 1889~1893.

[56] Rohwerder M, Duc L M, Michalik A. *In situ* investigation of corrosion localised at the buried interface between metal and conducting polymer based composite coatings. Electrochim Acta, 2009, 54: 6075~6081.

[57] 宋光铃. 镁合金腐蚀与防护. 北京：化学工业出版社, 2006.

[58] Cui X J, Lin X Z, Liu C H, et al. Fabrication and corrosion resistance of a hydrophobic micro-arc oxidation coating on AZ31 Mg alloy. Corrosion Science, 2015, 90: 402~412.

[59] Song G L, Atrens A. Understanding magnesium corrosion-a framework for improved alloy performance. Advanced Engineering Materials, 2003, 5: 837~858.

[60] Song G L, Atrens A, St John D, et al. The anodic dissolution of magnesium in chloride and sulphate solutions. Corrosion Science, 1997, 39: 1981~2004.

[61] Song G L, Atrens A. Corrosion mechanisms of magnesium alloys. Advanced Enginnering Materials, 1999, 1: 11~33.

[62] Zhao M C, Liu M, Song G L, et al. Influence of the beta-phase morphology on the corrosion of the Mg alloy AZ91. Advanced Engineering Materials, 2008, 50: 1939~1953.

[63] Song G L, Atrens A, Stjohn D, et al. The electrochemical corrosion of pure magnesium in 1 N NaCl. Corrosion Science, 1997, 39: 855~875.

[64] Ambat R, Aung N N, Zhou W. Evaluation of microstructural effects on corrosion behaviour of AZ91D magnesium alloy. Corrosion Science, 2000, 42: 1433~1455.

[65] Ardelean H, Fiaud C, Marcus P. Enhanced corrosion resistance of magnesium and its alloys through the formation of cerium(and aluminium) oxide surface films. Materials and Corrosion-Werkstoffe Und Korrosion, 2001, 52: 889~895.

[66] Mathieu S, Rapin C, Steinmetz J, et al. A corrosion study of the main constituent phases of AZ91 magnesium alloys. Corrosion Science, 2003, 45: 2741~2755.

[67] Ballerini G, Bardi U, Bignucolo R, et al. About some corrosion mechanisms of AZ91D magnesium alloy. Corrosion Science, 2005, 47: 2173~2184.

[68] Song G L, Atrens A, Wu X L, et al. Corrosion behaviour of AZ21, AZ501 and AZ91 in sodium chloride. Corrosion Science, 1998, 40: 1769~1791.

[69] 余琨, 黎文献, 王日初, 等. 稀土 Ce 和 Nd 对 AZ31 镁合美耐蚀性能的影响. 材料保护, 2007, 40(11): 6~9.

[70] Arrabal R, Matykina E, Pardo A, et al. Corrosion behaviour of AZ91D and AM50 magnesium alloys with Nd and Gd additions in humid environments. Corrosion Science, 2012, 55: 351~362.

[71] Zaferani S H, Peikari M, Zaarei D, et al. Using silane films to produce an alternative for chromate conversion coatings. Corrosion, 2013, 69: 372~387.

[72] Song Y W, Shan D Y, Chen R S, et al. A novel phosphate conversion film on Mg-8.8Li alloy. Surface & Coatings Technology, 2009, 203: 1107~1113.

[73] Chen X, Li G, Lian J, et al. An organic chromium-free conversion coating on AZ91D magnesium alloy. Applied Surface Science, 2008, 255: 2322~2328.

[74] 侯伟鸷, 宋希建. 热喷涂与微弧氧化法制备镁合金表面陶瓷层. 烟台: 2006 年全国热喷涂技术研讨会, 2006.

[75] Luo Y Z, Sun Y, Lu J L, et al. Transition of interface oxide layer from porous Mg(OH)$_2$ to dense MgO induced by polyaniline and corrosion resistance of Mg alloy therefrom. Applied Surface Sciences, 2015, 328: 247~254.

[76] Luo Y Z, Wang X H, Guo W, et al. Growth behavior of initial product layer formed on Mg alloy surface induced by polyaniline. Journal of the Electrochemical Society, 2015, 162(6): 294~301.

[77] Spinks G M, Dominis A J, Wallace G G, et al. Electroactive conducting polymers for corrosion control: Part 2. Ferrous metals. Journal of Solid State Electronics, 2002, 6: 85~100.

[78] Rohwerder M. Conducting polymers for corrosion protection: A review. International Journal of Material Research, 2009, 100: 1331~1342.

[79] Ozyilmaz A T, Tuken T, Yazici B, et al. The electrochemical synthesis and corrosion performance of polyaniline on copper. Progress in Organic Coatings, 2005, 52: 92~97.

[80] Williams G, McMurray H N. Polyaniline inhibition of filiform corrosion on organic coated AA2024-T3. Electrochim Acta, 2009, 54: 4245~4252.

[81] Yeh J M, Liou S J, Lai C Y, et al. Enhancement of corrosion protection effect in polyaniline via the formation of polyaniline-clay nanocomposite materials. Chemistry of Materials, 2001, 13: 1131~1136.

[82] Peng C W, Chang K C, Weng C J, et al. Nano-casting technique to prepare polyaniline surface with biomimetic superhydrophobic structures for anticorrosion application. Electrochim Acta, 2013, 95: 192~199.

[83] Zhang Y, Shao Y, Zhang T, et al. The effect of epoxy coating containing emeraldine base and hydrofluoric acid doped polyaniline on the corrosion protection of AZ91D magnesium alloy. Corrosion Science, 2011, 53: 3747~3755.

[84] Radhakrishnan S, Sonawane N, Siju C R. Epoxy powder coatings containing polyaniline for enhanced corrosion protection. Progress in Organic Coatings, 2009, 64: 383~386.

[85] Chen F, Liu P. Conducting polyaniline nanoparticles and their dispersion for waterborne corrosion protection coatings. ACS Applied Materials & Interfaces, 2011, 3: 2694~2702.

[86] Kalendova A, Sapurina I, Stejskal J, et al. Anticorrosion properties of polyaniline-coated pigments in organic coatings. Corrosion Science, 2008, 50: 3549~3560.

[87] Zhang Y, Shao Y, Zhang T, et al. High corrosion protection of a polyaniline/organophilic montmorillonite coating for magnesium alloys. Progress in Organic Coatings, 2013, 76: 804~811.

[88] Ates M, Topkaya E. Nanocomposite film formations of polyaniline via TiO$_2$, Ag, and Zn, and their corrosion protection properties. Progress in Organic Coatings, 2015, 82: 33~40.

[89] Mahulikar P P, Jadhav R S, Hundiwale D G. Performance of polyaniline/TiO$_2$ nanocomposites in epoxy for corrosion resistant coatings. Iran Polymer Journal, 2011, 20: 367~376.

[90] Zubillaga O, Cano F J, Azkarate I, et al. Corrosion performance of anodic films containing

polyaniline and TiO₂ nanoparticles on AA3105 aluminium alloy. Surface & Coatings Technology, 2008, 202: 5936~5942.

[91] Sathiyanarayanan S, Azim S S, Venkatachari G. A new corrosion protection coating with polyaniline-TiO₂ composite for steel. Electrochim Acta, 2007, 52: 2068~2074.

[92] Sathiyanarayanan S, Azim S S, Venkatachari G. Corrosion protection of magnesium ZM 21 alloy with polyaniline-TiO₂ composite containing coatings. Progress in Organic Coatings, 2007, 59: 291~296.

[93] Weng C J, Chen Y L, Jhuo Y S, et al. Advanced antistatic/anticorrosion coatings prepared from polystyrene composites incorporating dodecylbenzenesulfonic acid-doped SiO₂@polyaniline coreshell microspheres. Polymer International, 2013, 62: 774~782.

[94] Chen X, Shen K, Zhang J. Preparation and anticorrosion properties of polyaniline-SiO₂-containing coating on Mg-Li alloy. Pigment and Resin Technology, 2010, 39: 322~326.

[95] Deshpande P, Vathare S, Vagge S, et al. Conducting polyaniline/multi-wall carbon nanotubes composite paints on low carbon steel for corrosion protection: Electrochemical investigations. Chemical Papers, 2013, 67: 1072~1078.

[96] Wessling B. Dispersion as the link between basic research and commercial applications of conductive polymers(polyaniline). Synthetic Metals, 1998, 93: 143~154.

[97] Sathiyanarayanan S, Devi S, Venkatachari G. Corrosion protection of stainless steel by electropolymerised pani coating. Progress in Organic Coatings, 2006, 56: 114~119.

[98] Vera R, Schrebler R, Cury P, et al. Corrosion protection of carbon steel and copper by polyaniline and poly (ortho-methoxyaniline) films in sodium chloride medium. Electrochemical and morphological study. Journal of Applied Electrochemistry, 2007, 37: 519~525.

[99] Akbarinezhad E, Ebrahimi M, Faridi H R. Corrosion inhibition of steel in sodium chloride solution by undoped polyaniline epoxy blend coating. Progress in Organic Coatings, 2009, 64: 361~364.

[100] Adhikari A, Claesson P, Pan J, et al. Electrochemical behavior and anticorrosion properties of modified polyaniline dispersed in polyvinylacetate coating on carbon steel. Electrochim Acta, 2008, 53: 4239~4247.

[101] Amirudin A, Thierry D. Application of electrochemical impedance spectroscopy to study the degradation of polymer-coated metals. Progress in Organic Coatings, 1995, 26: 1~28.

[102] Bonora P L, Deflorian F, Fedrizzi L. Electrochemical impedance spectroscopy as a tool for investigating underpaint corrosion. Electrochim Acta, 1996, 41: 1073~1082.

[103] Tallman D. Conducting polymers and corrosion polyaniline on steel. Corrosion, 1999, 55: 779~786.

[104] Sathiyanarayanan S, Azim S S, Venkatachari G. Corrosion resistant properties of polyaniline-acrylic coating on magnesium alloy. Applied Surface Science, 2006, 253: 2113~2117.

[105] Kinlen P J, Menon V, Ding Y W. A mechanistic investigation of polyaniline corrosion protection using the scanning reference electrode technique. Journal of the Electrochemical Society, 1999, 146: 3690~3695.

[106] Hermas A A. XPS analysis of the passive film formed on austenitic stainless steel coated with conductive polymer. Corrosion Science, 2008, 50: 2498~2505.

[107] Kinlen P J, Silverman D C, Jeffreys C R. Corrosion protection using polyaniline coating formulations. Synthetic Metals, 1997, 85: 1327~1332.

[108] Sauerland V, Schindler R N. A mass spectrometric investigation of polyaniline using photoionization. Synthetic Metals, 1996, 82: 193~199.

[109] Shao Y, Huang H, Zhang T, et al. Corrosion protection of Mg-5Li alloy with epoxy coatings containing polyaniline. Corrosion Science, 2009, 51: 2906~2915.

[110] Zhang T, Shao Y, Meng G, et al. Corrosion of hot extrusion AZ91 magnesium alloy: I-relation between the microstructure and corrosion behavior. Corrosion Science, 2001, 53: 1960~1968.

[111] Wessling B. Corrosion prevention with an organic metal (polyaniline): Surface ennobling, passivation, corrosion test results. Materials and Corrosion, 1996, 47: 439~445.

[112] Torresi R M, Souza S, Silva J E P, et al. Galvanic coupling between metal substrate and polyaniline acrylic blends: Corrosion protection mechanism. Electrochim Acta, 2005, 50: 2213~2218.

[113] Mohtasebi A, Chowdhury T, Hsu L H H, et al. Interfacial charge transfer between phenyl-capped aniline tetramer films and iron oxide surfaces. The Journal of Physical Chemistry C, 2016, 120: 29248~29263.

[114] Lu J L, Liu N J, Wang X H, et al. Mechanism and life study on polyaniline anti-corrosion coating. Synthetic Metals, 2003, 135: 237~238.

[115] Wang X H, Lu J L, Li J, et al. Solvent-free polyaniline coating for corrosion prevention of metal// Zarras P, Stenger-Smith J D, Wei Y. ACS Symposium Series. Washington: ACS Publications, 2003: 254~267.

[116] Zhu H, Zhong L, Xiao S, et al. Accelerating effect and mechanism of passivation of polyaniline on ferrous metals. Electrochim Acta, 2004, 49: 5161~5166.

[117] Holness R J, Williams G, Worsley D A, et al. Polyaniline inhibition of corrosion-driven organic coating cathodic delamination on iron. Journal of the Electrochemical Society, 2005, 152: 73~81.

[118] Silva J E P, Torresi S I C, Torresi R M. Polyaniline acrylic coatings for corrosion inhibition: The role played by counter-ions. Corrosion Science, 2005, 47: 811~822.

[119] Lv L P, Zhao Y, Vibrandt N, et al. Redox responsive release of hydrophobic self-healing agents from polyaniline capsules. Journal of the American Chemical Society, 2013, 135: 14198~14205.

[120] Cho S H, White S R, Braun P V. Self-heating polymer coatings. Advanced Materials, 2009, 21: 645~649.

[121] Vimalanandan A, Lv L P, Tran T H, et al. Redox-responsive self-healing for corrosion protection. Advanced Materials, 2013, 25: 6980~6984.

[122] Wessling B. Milestones and highlights of the organic nanometal (polyaniline). Science & Technology Research and Development. http://www.bernhard-wessling.com/pani/company/milestones_highlights.html. [2015-02-25].

[123] Ancatt. Anti-Corrosion Coating. http://www.ancatt.com. [2015-02-25].

[124] 刘年江, 罗静, 王献红, 等. 水基导电聚苯胺/二氧化硅杂化材料的防腐性能研究. 高分子学报, 2009, 2: 173~179.

第6章

聚苯胺在传感器领域的应用

传感器是能感受特定的被测量信号并按照一定规律将其转换成可测信号的器件或装置。传感器通常由敏感元件、转换元件、变换电路和辅助电源四部分组成，其中敏感元件是传感器的核心部分。如前所述，聚苯胺的电导率、光学性质等可随环境变化，如介质的 pH 值、环境的温度等，尤其是在特殊环境下，介质中存在掺杂剂或反掺杂剂、氧化剂或还原剂时，聚苯胺的结构和性能均会发生相应变化，且变化的规律可以通过设计聚苯胺的化学结构进行调节，从而赋予聚苯胺感知环境信息的能力[1-7]，这正是其作为传感器的基本要素之一。目前聚苯胺传感器的研究工作已经涉及光学、化学和生物传感器，因此聚苯胺有可能成为一种前景广阔的传感器材料。

6.1 聚苯胺气体传感器

聚苯胺气体传感器是基于聚苯胺与气体的相互作用引起的聚苯胺电学、光学等性能的定量变化原理而构成的一类传感器。与金属氧化物传感器相比，聚苯胺传感器具有灵敏度高、响应快、可室温操作等特点。聚苯胺传感器按照信息感知类型大致可分为五类，即电阻型(感知电阻变化)、电位型(感知电位变化)、安培型(感知电流变化)、光吸收型(感知光谱变化)、定量分析型(感知质量变化)。按照聚苯胺传感器所感知的物质分类，又可分为氨气(NH_3)传感器、硫化氢(H_2S)传感器、一氧化碳(CO)传感器、二氧化氮(NO_2)传感器、湿度传感器、甲醇传感器等，下面分别进行介绍。

6.1.1 聚苯胺氨气传感器

氨气传感器广泛用于工业生产、肥料加工、食品工业、临床分析、农场和环境污染监测等[8]。按照美国职业安全健康管理部门发布的数据，当空气中的氨气浓度为 25 ppm 时，将对人的皮肤、眼睛和呼吸系统等产生明显影响，接触 8 h 则会对人体造成危害。而当浓度达到 35 ppm 时，对人体造成危害的接触时间缩短到 1 min[9]。尤其是当人体摄入的 NH_3 过高时，肝脏和肾脏的机能会出现障碍[10]。因此无论对于环境污染治理还是人类健康保护，监测氨气浓度都是十分有必要的。

聚苯胺(polyaniline，PANI)的电导率随掺杂/反掺杂反应而发生可逆变化[11,12]，本征态聚苯胺处于绝缘状态，电导率低于 10^{-10} S/cm，经过质子酸掺杂后电导率会有数量级的提高，甚至可升高 10 个数量级。聚苯胺氨气传感器的基本原理是导电聚苯胺电阻对氨气的敏感性，即利用氨气与导电聚苯胺发生反掺杂反应，使聚苯胺电导率下降或电阻升高的特征。如图 6-1 所示，以质子酸掺杂的聚苯胺为敏感材料，它接触氨气等碱性气体会发生反掺杂反应，电阻迅速升高，甚至使导电聚苯胺从导体变成绝缘体。当脱离氨气环境时，铵离子(NH_4^+)发生分解反应，释放出 NH_3，质子酸(H^+A^-)则对聚苯胺重新掺杂，聚苯胺恢复到导电态，电阻迅速下降[13,14]。

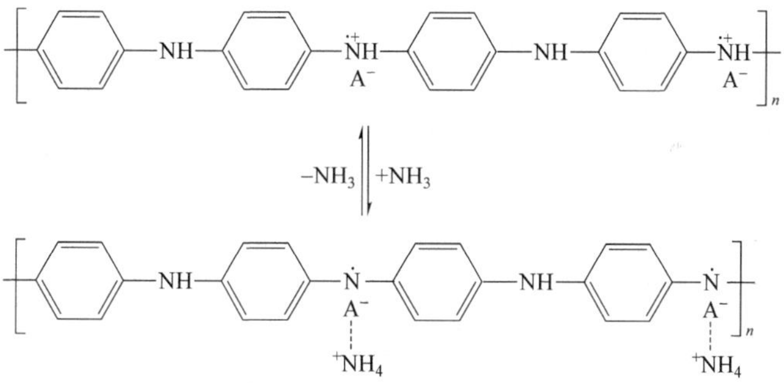

图 6-1 聚苯胺氨气传感器的基本原理

樟脑磺酸(CSA)掺杂的聚苯胺(PANI-CSA)电导率很高[15-18]，最高可达 1000 S/cm。PANI-CSA 可在间甲酚中溶解，从而制备出大面积高质量的导电薄膜，可用作氨气传感器的敏感材料。Verma 等[19]采用 MacDiarmid 等[20]发明的合成方法，在 0℃下制备了本征态 PANI，再将 PANI 溶解在间甲酚中，采用 CSA 进行掺杂后获得均相溶液，将该溶液旋涂成膜，制备出厚度为 150 nm 的导电聚苯胺薄膜。在氨气浓度为 200 ppm 时，响应时间为 1 s，但是从绝缘态恢复到导电态的时间为 7 min，恢复时间远比响应时间长，缩短恢复时间是该类传感器的一个难题。聚苯胺薄膜的扫描电子显微镜(SEM)照片显示聚苯胺在薄膜中呈六角形结构，这是间甲酚中的羟基、CSA 中的羰基和聚苯胺中的氨基形成氢键的结果，由于薄膜具有很大的比表面积，因此响应时间短。

　　静电纺丝是制备超细纤维的新技术，所制备的纤维直径通常在 100～1000 nm 之间，比表面积在 1～100 m²/g 之间，适于在传感器中应用。但是 PANI 很难进行静电纺丝，原因是 PANI-CSA 链刚性强，且 PANI-CSA/间甲酚溶液黏度较低。为此，可以将 PANI-CSA 与其他高分子材料共混以提高溶液黏度，但是由此制备的聚苯胺电导率一般较低。

　　为解决上述问题，Zhang 等[21]采用同轴静电纺丝技术制备了聚甲基丙烯酸甲酯(polymethyl methacrylate，PMMA)包覆 PANI-CSA 的纳米纤维，将 PMMA 外壳除去后，制备出均一、连续的 PANI 纤维，纤维平均直径在 620 nm 左右，取向拉升后平均直径为 450 nm。他们研究了氨气浓度在 20～700 ppm 之间变化时聚苯胺膜电阻的响应时间，通常取向拉伸后的聚苯胺纤维灵敏度更高，响应时间更短。当氨气浓度为 500 ppm 时，取向拉伸后的响应时间为 45 s 左右，恢复时间缩短为 63 s 左右。PANI 纤维可多次使用，但首次循环后膜电阻不能恢复到起始状态，之后的响应则比较稳定。Uh 等[22]利用叔丁氧羰基(t-butyloxycarbonyl，t-BOC)保护 PANI 的办法增加聚苯胺的溶解度和溶液黏度，进而通过静电纺丝制备出高比表面积纳米纤维，然后用氯化氢(HCl)除去 t-BOC，制备出多孔 PANI 纤维，电导率可达到 20 S/cm，对 NH_3 的最低响应浓度为 10 ppm。

　　石墨烯量子点(grapheme quantum dot，GQD)是尺寸更小的纳米材料，具有特殊的量子效应和边界效应[23,24]，Gavgani 等[25]制备了硫/氮掺杂的石墨烯量子点，与聚苯胺形成复合膜(S-N∶GQD/PANI 膜)，用于氨气传感器的响应材料。他们首先以柠檬酸和硫脲为原料，采用水热合成法制备了 S-N∶GQD 材料，通过原位聚合制备出 S-N∶GQD/PANI 复合材料，将其浇注在聚对苯二甲酸乙二醇酯(polyethylene terephthalate，PET)膜上，形成柔软可弯曲的复合膜。石墨烯量子点材料直径只有 2～4 nm，从而使复合膜具有更大的比表面积，氨气浓度在 1～1000 ppm 之间均有很好的响应。例如，在 10 ppm 氨气浓度下，响应时间为 115 s，恢复时间 44 s，而纯 PANI 的响应时间则为 183 s，恢复时间为 77 s。复合膜对氨气响应具有很好的选择性，而对甲苯、甲醇、丙酮、乙醇、氯苯、丙醇等则基本没有响应。关于此种材料的响应机制，他们认为除了氨气反掺杂导致复合膜的电阻上升之外，氨气扩散到膜内部后使复合膜发生膨胀，增大了 PANI 与 S-N∶GQD 之间的距离，阻碍了两种材料间的电子传递，使电导率下降更加明显，灵敏度更高，类似现象也在 Wu 等[26]的工作中得到进一步证实。

　　碳纳米管(CNT)与 PANI 的复合也能提升氨气传感器的性能[27]，Abdulla 等[28]将多壁碳纳米管(MWCNT)进行硫酸/硝酸(H_2SO_4/HNO_3)溶液处理后，使苯胺在其表面原位聚合，制备了直径约 46 nm 的 PANI/MWCNT 复合材料，其中 PANI 包覆层约 7 nm 厚。该复合材料在 −1.0～1.0 V 下显示出良好的线性电阻行为，即使氨气浓度低至 2 ppm，其响应时间可快至 6 s，恢复时间则缩短到 35 s，相应的羧基化多壁碳纳米管的响应时间为 965 s，恢复时间为 24 min。其原因如式(6-1)所示，首先是氨气对 PANI 的反掺杂反应使其电阻增高，而在恢复阶段，NH_4^+分解，释放出 NH_3，PANI 重新变为掺杂态，电阻相应下降。

$$PANIH^+ + NH_3 \rightleftharpoons PANI + NH_4^+ \qquad (6-1)$$

PANI/MWCNT 复合材料恢复时间快的原因主要有三个：首先是在恢复期 MWCNT 也会与 NH_3 作用，使得恢复时间更快；其次在于 PANI 与 MWCNT 上的缺陷点存在相互作用，形成共价键，限制了 NH_3 在 MWCNT 上的吸附，也有助于加速恢复；最后是因为 PANI 和 MWCNT 之间形成了核壳结构，加强了它们之间的电荷转移，MWCNT 倾向于获取 PANI 的电子，使得恢复时间更短。虽然 PANI/MWCNT 可以检测浓度 2～10 ppm 的痕量氨气，但是它对硫化氢(H_2S)、丙酮(acetone)、异戊二烯(isoprene)、乙醇(ethanol)、二氧化氮(NO_2)均有一定程度的响应，从而形成一定的干扰信号，表明其响应的选择性仍然需要进一步改进。

目前检测限最低的聚苯胺氨气传感器采用聚苯胺-二氧化钛(PANI-TiO_2)纳米复合材料为敏感材料，可检测到的氨气浓度低至几十 ppm 甚至几 ppm 的水平。例如，Tai 等[29]制备的 PANI-TiO_2 纳米复合材料的检测限为 23 ppm，而 Gong 等[30]则发明了检测限低至 50 ppt(1 ppt=10^{-12})的氨气传感器，作者采用静电纺丝和高温处理技术制备了 TiO_2 纳米纤维，然后在纳米纤维上进行苯胺原位聚合得到纳米颗粒 PANI 与纳米 TiO_2 纤维的复合膜。随后跟踪接触氨气后通过 PANI-TiO_2 膜的电流变化，明确了 PANI 为 p 型导电材料，而 TiO_2 为 n 型导电材料，PANI 与 TiO_2 形成了 p-n 异质结，从而可以控制电流的方向。这种氨气传感器的检测限低至氨气浓度为 50 ppt，处于目前聚苯胺氨气传感器的最高水平。

6.1.2 聚苯胺硫化氢传感器

硫化氢(H_2S)是一种有毒的腐蚀性气体，城市污水、煤矿、石油、天然气企业都会副产 H_2S 气体，其主要危害是损害中枢神经、呼吸系统和刺激黏膜。硫化氢浓度高于 250 ppm 就有可能造成人体血液的破坏，直接刺激颈动脉窦和主动脉区的感受器，导致反射性呼吸抑制，甚至引起昏迷。国家职业安全与健康机构要求 H_2S 的安全浓度在 100 ppm 以下，因此发展快捷、灵敏的硫化氢传感器是十分有必要的。

如式(6-2)所示，H_2S 是一种质子酸，可与 PANI 进行掺杂反应，提高聚苯胺的电导率。基于该反应原理，Agbor 等[31]采用 LB(Langmuir-Blodgett)膜技术制备了 PANI 薄膜，该膜可用于检测 H_2S 的浓度。Mousavi 等[32]利用静电纺丝技术制备的聚苯胺-聚氧化乙烯纳米纤维可用于 H_2S 的浓度检测。

$$PANI+H_2S \Longleftrightarrow HS^-+PANIH^+ \tag{6-2}$$

不过，与 HCl 或 H$_2$SO$_4$ 等相比，H$_2$S 是弱酸(pK_a=7.05)，因此通常情况下与PANI 的掺杂反应比较慢，且只能实现部分掺杂，导致掺杂后聚苯胺电导率变化幅度较小，影响检测灵敏度[33]，因此很难单独用聚苯胺作为响应材料。将金属或金属氯化物添加到 PANI 中，可有效解决这个难题。如式(6-3)所示，金属氯化物(MCl$_2$)可与 H$_2$S 反应生成金属硫化物(MS)和 HCl，而金属(M)与 H$_2$S 反应生成金属硫化物和 H$^+$[式(6-4)]，所生成的 H$^+$和 HCl 分别与聚苯胺(PANI)发生式(6-5)和式(6-6)所示的掺杂反应，从而大幅度改变聚苯胺的电导率，传感器的电流信号或电阻信号产生可观测的变化，从而达到检测硫化氢浓度的目的。

$$H_2S+MCl_2 \longrightarrow MS+2HCl \tag{6-3}$$

$$H_2S+M \longrightarrow MS+2H^++2e^- \tag{6-4}$$

$$PANI+H^+ \longrightarrow PANIH^+ \tag{6-5}$$

$$PANI+HCl \longrightarrow PANIHCl \tag{6-6}$$

聚苯胺传感器中的聚苯胺通常有薄膜或纤维等形态，尽管聚苯胺薄膜传感器制作简单、通用性强，但是响应时间和恢复时间较长。聚苯胺纳米纤维传感器的纳米结构使聚苯胺具有更大的比表面积，反应位点更多，从而可大幅度缩短响应和恢复时间。Mousavi 等[32]制备了一种柔软可弯曲的聚苯胺硫化氢传感器，他们将 PANI 与聚氧化乙烯(PEO)混合，利用静电纺丝技术将 PANI-PEO 涂覆在纸上，并采用樟脑磺酸掺杂，制备了聚苯胺硫化氢传感器，不过由于单纯依靠 PANI 与H$_2$S 的直接掺杂反应，传感器的响应时间和恢复时间均在 500 s 左右。尽管该传感器柔软且可弯曲，但是湿度对其检测灵敏度的影响也很大。

如前所述，加入金属或者金属氯化物可以明显提高聚苯胺硫化氢传感器的灵敏度，因此如何设计制备 PANI 金属复合材料是十分重要的。文献报道了很多种PANI-金属纳米粒子复合材料，如 PANI-Ag[33,34]、PANI-Au[35,36]、PANI-Pt[37]、PANI-Cu[38]等，也报道了一些聚苯胺-金属氯化物复合材料，如 PANI-ZnCl、PANI-CuCl、PANI-CdCl 等[39]。金属纳米粒子的加入通常有两种方式，第一种是直接将金属纳米粒子加入到 PANI 溶液中，但是容易导致金属纳米粒子的团聚，不易制备金属粒子均匀分散的复合材料；第二种是在聚合过程中利用金属盐的原位还原，通过电化学法，将金属盐还原成金属，可使金属粒子均匀地分布在聚苯胺表面，制备出金属粒子均匀分布的纳米复合材料[36]。金属氯化物的加入则可采取直接加入的方式，然后通过超声、搅拌等混合方式制备出均匀聚苯胺-金属氯化物复合材料[40]。

Shirsat 等[36]利用电化学循环伏安法制备了 PANI-Au 复合纳米材料，Au 粒子的尺寸在 70～120 nm 之间。值得注意的是，单纯的 PANI 纳米线即使在 500 ppm

浓度时对 H_2S 也没有响应,原因是 H_2S 的酸性太弱不能对 PANI 进行有效掺杂[39]。当有 Au 存在时,即使硫化氢浓度低至 100 ppb(1 ppb=10^{-9}),响应和恢复时间也较快,其原因在于发生了式(6-7)和式(6-8)的反应:

$$H_2S+Au \rightleftharpoons AuS+2H^++2e^- \tag{6-7}$$

$$PANI+H^+ \rightleftharpoons PANIH^+ \tag{6-8}$$

Au 与 H_2S 的反应可产生氢离子,大大加速对 PANI 的掺杂反应,从而对 H_2S 产生了快速响应,这种传感器的响应时间在 2 min 以内,恢复时间在 5 min 以内。Liu 等[41]制备了 PANI/Au 纳米复合材料,对 H_2S 和 CH_3SH 均表现出良好的响应性能,进一步的大蒜呼吸实验表明,该传感器可用于检测人体呼出气体中的 H_2S 和 CH_3SH。

2014 年,Mekki 等[42]以双向拉伸聚对苯二甲酸乙二醇酯(biaxially oriented polyethylene terephthalate,BOPET)为基材,表面修饰(3-氨丙基)三甲氧基甲硅烷[(3-aminopropyl)trimethoxysilane,APTMS],进而通过紫外光诱导苯胺原位聚合得到 PANI/Ag 复合膜,H_2S 浓度在 10 ppm 时响应时间为 6 min,最低检测浓度为 1 ppm,且传感器在 1~25 ppm 硫化氢浓度范围均表现出良好的线性响应,同时对不同的气体显示出较好的选择性。原因如前所述,本来 H_2S 是弱酸,不能对 PANI 直接掺杂,只是当 Ag 存在时,可释放出 H^+ 和 HS^-,进而加速了对聚苯胺的掺杂反应。

6.1.3 聚苯胺一氧化碳传感器

一氧化碳(CO)是一种无色无味的气体,主要来源于冶金工业的炼焦、炼钢、炼铁、矿井等,此外一些特定的化工过程或汽车尾气中也可发现 CO。日常生活中经常会有 CO 中毒事件的发生,原因在于 CO 与血液中的血红蛋白结合,会造成组织缺氧,即使 CO 浓度低于 100 ppm 也会使人轻度中毒而产生眩晕和头疼[43],而且 CO 也是一种易燃易爆的气体,与空气混合能形成爆炸性混合物,因此发展灵敏快速的一氧化碳传感器具有重要的实际价值。

Watcharaphalakorn 等[44]研究了聚苯胺-聚酰亚胺 CO 传感器,他们指出聚苯胺与 CO 接触后,聚苯胺的电导率会升高。但是从红外光谱上看,CO 并没有与 PANI 发生化学反应,而且 PANI 与 CO 接触前后的 X 射线衍射谱图上也没有明显变化。为此他们提出了一个解释,如图 6-2 所示,由于 O 原子具有很强的吸电子能力,使 $^+C≡O^-$ 中的 C 原子带正电荷,而 O 原子带负电荷,与 PANI 中的对离子 X^- 是取代或者共存的关系,PANI 亚胺基团中的孤对电子会被 $^+C≡O^-$ 中的 C 原子吸引,使 PANI 链上的正电荷增加,而 C 原子变成中性不带电原子,从而增加了 PANI 链上正电荷的数量,导致聚苯胺电导率的增加。

尽管 PANI 与 CO 接触会发生电导率的变化，但是并不十分显著，因此聚苯胺不是 CO 传感器的优选材料。但是将其他材料与 PANI 复合可以在保留 PANI 特性的同时改善其电导率变化的幅度。众所周知，传感器接触面积是影响待检测分子的响应信号强度和响应速度的关键参数，而敏感材料的多孔结构也能加速恢复速度。因此可通过纳米复合材料的特性提高聚苯胺一氧化碳传感器的性能指标。

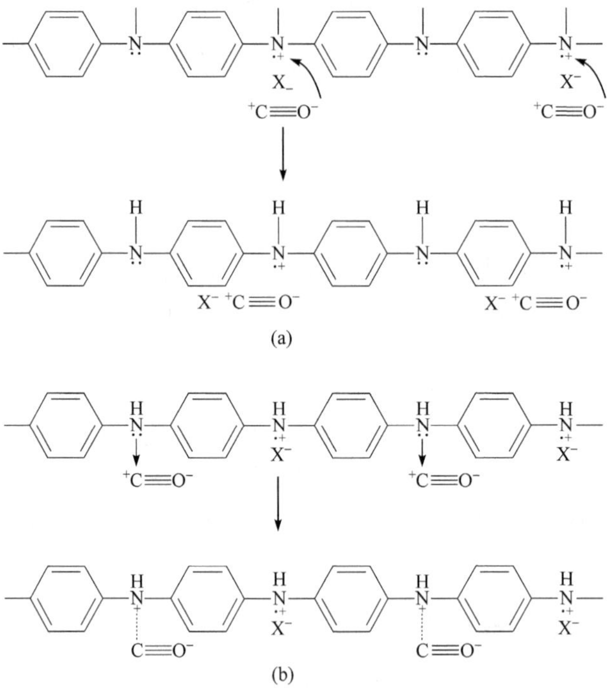

图 6-2　聚苯胺一氧化碳传感器的可能响应机理[44]

另外，圆柱状、大长径比的单壁碳纳米管(SWCNT)的比表面积较大，且对多种气体都有物理和化学吸附作用，是比较常用的一类传感器材料。不过它的气体选择性较差，需要通过化学修饰来提高监测目标被测物的灵敏度。Choi 等[45]将 SWCNT 在表面活性剂十二烷基磺酸钠的辅助下均匀分散在介质中，然后与化学法合成的 PANI 混合，制备了直径在 1～10 nm 之间、具有网状结构的 PANI-SWCNT 复合材料。PANI 与 SWCNT 都是 p 型半导体材料，从而提高了电荷载体浓度，提高了聚苯胺电导率变化的幅度，提高了灵敏度。目前这类传感器的响应时间和恢复时间均在 100 s 以内，同时传感器具备了一定的可逆性。

如前所述，纳米纤维复合材料有助于提高聚苯胺传感器的灵敏度和响应时间。尽管静电纺丝技术可制备高比表面积的纳米纤维[46-48]，但是 PANI 的黏度很低，很难进行静电纺丝。因此通常以静电纺丝得到的纳米纤维为基底，通过苯胺的原位聚合制备聚苯胺纳米纤维复合材料。Zhao 等[49]将聚丙烯腈(polyacrylonitrile, PAN)进行静电纺丝制备了 PAN 纳米纤维,在纳米纤维表面实施苯胺原位聚合,他们以磺基水杨酸(SSA)为掺杂剂,通过改变掺杂剂与聚苯胺的比例(以 SSA 与苯胺单元的比例计算),可制备直径 250~300 nm 的 PANI-PAN 纳米纤维复合材料,对 CO 的最低检测浓度达到 2.5 ppb。该传感器在 CO 浓度处于 2.5~125 ppb 范围内均显示出优良的响应性能,响应时间小于 20 s,恢复时间 50 s,且传感器的稳定性良好,放置 3 个月仍然具有快速响应和良好的恢复性能。

PANI 与金属氧化物的复合材料也经常被用于传感器中。例如,Sen 等[50]制备了直径为 80.6 nm 的 PANI-Co_3O_4 纳米纤维传感器,该传感器对甲醇和液化石油气(liquefied petroleum gas, LPG)基本没有响应,而对浓度为 75 ppm 的 CO 具有很好的响应和恢复性能,响应时间为 40 s,恢复时间为 140 s。

沸石是一类铝硅酸盐,具有开放的多面体空腔。Chuapradit 等[51]利用沸石为模板,制备了聚苯胺-沸石纳米复合材料,用于聚苯胺 CO 传感器。当纳米复合材料中沸石含量为 20wt%时,传感器的灵敏度很高,可检测的 CO 浓度范围为 16~1000 ppm。值得指出的是,尽管提高纳米复合材料中沸石含量会降低其电导率,却明显提高了聚苯胺传感器对 CO 的响应灵敏度。

如前所述,由于依靠 CO 与 PANI 直接作用使 PANI 电导率发生改变的幅度有限,限制了聚苯胺传感器对低浓度 CO 的检测灵敏度。为解决该难题,Arafa 等[52]提出了如式(6-9)所示的响应模式。他们首先将本征态 PANI 与氯化钯($PdCl_2$)复合,由于在水存在下 $PdCl_2$ 可与 CO 反应生成 HCl,HCl 可快速对 PANI 掺杂,迅速提高复合材料电导率,因此引入 $PdCl_2$ 可使 CO 与 PANI 之间原本微弱的作用转变成强酸掺杂,从而使 PANI 的电导率大幅上升,大大提高了响应的信号强度。他们通过紫外光谱和红外光谱的峰位变化证实了此反应过程,Pd^{2+} 与 PANI 的结合主要发生在亚胺氮原子上,与 CO 作用后出现了明显的盐酸掺杂 PANI 的特征峰。

$$PdCl_2 \cdot PANI + CO + H_2O \longrightarrow Pd\text{-}PANI \cdot 2HCl + CO_2 \tag{6-9}$$

6.1.4 聚苯胺二氧化氮传感器

氮氧化合物一般来自矿物燃料的高温燃烧,如燃油汽车尾气中的氮氧化合物就很受关注。氮氧化合物中二氧化氮(NO_2)是一种无色、易燃的气体,吸入 NO_2 对肺组织产生强烈的刺激作用,对人类和动物的呼吸系统有害,正常人暴露在 100~150 ppm 的 NO_2 浓度下,30~60 min 后就会因肺水肿而死亡,暴露在 200 ppm 以上的 NO_2 浓度下则会很快丧失生命,因此 NO_2 监测是十分重要的。

聚苯胺二氧化氮传感器的作用原理有两种,一种是电荷增加机理[31],NO_2 是具有氧化性质的气体,能使 PANI 链上的 π 电子向 NO_2 分子转移,使 PANI 链上的正电荷增加，进而提高了薄膜电导率，因此 NO₂ 和 PANI 接触后，表现出电导率的上升。另一种是氧化机理[53]，NO₂ 具有氧化性，与酸掺杂的 PANI 反应，提高了 PANI 的氧化程度，而掺杂态 PANI 只有在中间氧化态时的电导率最高，因此导致电导率下降。尽管上述两种机理都与 NO₂ 的氧化特性相关，但只能适用于特定的掺杂态聚苯胺。对电荷增加机理而言，PANI 通常是本征态或只发生了部分掺杂的低掺杂态，膜电导率一般在 10^{-4} S/cm，甚至更低，因此 PANI 的反应点亚胺氮原子大部分都是裸露的，NO₂ 的氧化特性会使 PANI 链上的 π 电子发生转移，正电荷增加，导致电导率增加。而第二种机理主要适用于高掺杂态 PANI，由于此时 PANI 的大部分掺杂点都已经被酸占据，PANI 只能被 NO₂ 氧化，提高了氧化程度，从而降低了其电导率。

LB 膜和自组装(self-assembling，SA)技术是制备超薄膜的有效方法，借此制备的传感器对特定气体或物质具有快速的响应时间。Xie 等[54]采用 LB 膜技术分别制备了 PANI 膜、聚苯胺-乙酸(polyaniline-acetic acid，PANI-AA)膜，他们也采用自组装技术制备了聚苯胺-聚苯乙烯磺酸(polyaniline-polystyrene sulfonic acid，PANI-PSSA)膜，三种膜对 NO₂ 的响应情况速度顺序如下：PANI-PSSA＞PANI＞PANI-AA，此外 PANI-PSSA 自组装膜的恢复时间也是最短的。当 PANI-PSSA 多层自组装膜的层数为 14 层时，对 20 ppm 的 NO₂ 浓度，其响应时间为 25 s，恢复时间为 2 min。必须指出的是，三种膜的响应原理有所不同，纯 PANI 和 PANI-AA 的 LB 膜与 NO₂ 接触时，膜电阻变小，这是因为氧化掺杂导致的电导率升高；而 PANI-PSSA 自组装膜本身电导率较高，与 NO₂ 接触时聚苯胺被氧化，反而使膜电导率下降，膜电阻变大。

Huang 等[55,56]利用水/有机两相界面聚合合成了 PANI 纳米纤维，用于聚苯胺纳米纤维传感器。按照 Yan 等[57]的研究结果，这类聚苯胺纳米纤维传感器对 NO₂ 浓度在 10～200 ppm 下均有较好的响应，NO₂ 浓度为 10 ppm 时，其响应时间为 908 s；而 NO₂ 浓度为 200 ppm 时响应时间降至 104 s。由于 PANI 纤维的多孔性，其对 NO₂ 的响应与膜厚的关系不大，其响应源于 NO₂ 的氧化性，与导电聚苯胺反应后增加了掺杂态聚苯胺的氧化程度，导致其电导率下降。

为提高传感器的响应速度，Reddy 等[58]采用对甲苯磺酸(p-toluenesulfonic acid，TSA)掺杂界面聚合法合成的 PANI，并与苯乙烯/丙烯腈共聚物共混，利用静电纺丝技术制备了聚苯胺纳米纤维，研究了其对不同 NO₂ 浓度的响应速度。当 NO₂ 浓度在 10～80 ppm 范围内，其响应时间从 5 s 缩短到 1 s。尽管 NO₂ 浓度越高，聚苯胺传感器的响应时间越短，但是恢复时间更长，如 NO₂ 浓度为 10 ppm 时，恢复时间为 180 s，而 NO₂ 浓度为 80 ppm 时，恢复时间长达 1900 s，当 NO₂ 浓度超过 80 ppm 时，几乎难以恢复，这种不可逆性正是源于 NO₂ 只是一种氧化剂，无法还原高氧化态聚苯胺，只能利用高氧化态聚苯胺在空气中的不稳定性而缓慢还原，因此恢复时间很长。

Lim 等[59]利用电化学沉积方法在羧化单壁碳纳米管上沉积一层 PANI，该传感器对 NO₂ 最低检测浓度达到了 500 ppb，灵敏度达到 1.9% ppm^{-1}，他们认为响应机理在于 PANI 上的电子转移到 NO₂ 上，导致 PANI 因正电荷数量增加而电导率上升。Srinives 等[53]采用电化学方法合成了 PANI 纳米薄膜传感器，由于使用了十八烷基三氯硅氧烷，使 PANI 膜呈现很高的比表面积和二维结构，与一维结构的传感器相比，具有突出的响应性能，其对 NO₂ 的检测限低至 0.6 ppb。

6.1.5　聚苯胺氢气传感器

氢气(H_2)是一种无色无味的气体，易燃易爆，发生爆炸的临界体积浓度仅为4%。Cho 等[60]报道 HCl 掺杂的聚苯胺在 H_2 的存在下其电导率会提高，Cho 等认为该现象是高分子的分子筛效应和金属效应共同作用的结果，Conn 等[61]则认为是水的存在促进了聚苯胺分子链上的电荷转移，从而增加了电导率。

目前聚苯胺与氢气的相互作用机理还不是很清晰，MacDiarmid[62]提出了如图 6-3 所示的机理：当 H_2 与相邻的两条 PANI 链(A)接触时，H_2 分子和 PANI 中的亚胺氮原子可能发生化学吸附(A')，H_2 共价键断裂后与 PANI 中亚胺氮原子形成了新的 N—H 键(B)，类似于对 PANI 的掺杂，在骨架上产生更多的离域电荷(极化子和双极化子)，从而提高了 PANI 的电导率(C, D)。当 H_2 被移除后，H_2 从 PANI 链中释放出来，每个活性位释放出 0.5 个 H_2，使 PANI 回到原始状态(A)。此外，Arsata 等[63]则认为 H_2 有可能作为相邻链中氮原子的连接桥，从而提高 PANI 的电导率。

表面声波传感器中的谐振器可在高频机械振荡下，对介质的电导率和介电常数进行检测，因为介质的电导率改变会影响声波的传播速度，传播速度的改变能引起表面声波传感器中心频率的变化。因此将 PANI 复合材料涂覆在叉指换能器上，就可作为氢气传感器使用。Sadek 等[64]利用无模板快速混合法合成了 PANI 纳米纤维，将其涂覆在叉指换能器上，当 PANI 接触 H_2 后，材料电导率的增加，导致共振频率的下降。他们对比了 HCl 或 CSA 掺杂的 PANI 对氢气的响应，发现PANI-CSA 灵敏度高但响应时间长，而 PANI-HCl 则恰好与其相反。随着 H_2 浓度的增加，响应时间变短，但是恢复时间延长。其中 H_2 体积浓度在 0.06%～1.0%范围内传感器均显示良好的响应和恢复性能，响应时间在 100 s 左右，而恢复时间在100～250 s 范围内。

Arsata 等[63]采用电化学合成方法在叉指换能器表面制备了纳米聚苯胺膜，然后进行反掺杂，所制备的 PANI 纳米纤维直径在 40～50 nm 之间，利用表面声波传感器技术检测了其对 H_2 的响应，该传感器具有稳定的基线和快速的响应时间，H_2 体积浓度为 1.0%时，响应时间为 12 s，恢复时间为 44 s。传感器的响应范围为 0.5%～

1.0%，必须指出的是，O_2 的存在会促进 H_2 吸附，这主要是因为生成的羟基和水促进了 H_2 向膜内扩散，类似的结论也可见于 Fogelberg 等[65]和 Tsai 等[66]的报道。

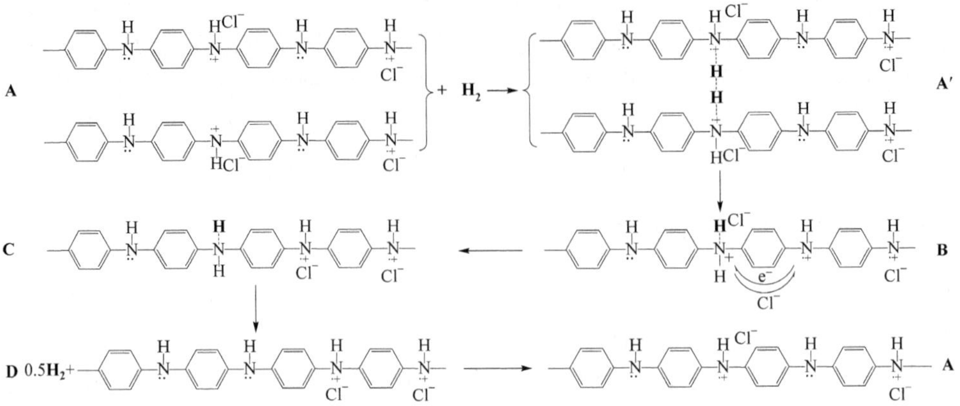

图 6-3　PANI 与 H_2 的相互作用机理[62]

A：两条相邻的 HCl 掺杂的聚苯胺链；**A′**：H_2 与两条相邻的聚苯胺链发生吸附；**B**：包含氨基的亚稳态聚苯胺链；**C**：包含氨基（不稳定）的聚苯胺链；**D**：由 C 分解得到含有双极化子的聚苯胺，并且每个活性点产生 0.5 份的 H_2

石墨烯是由 sp^2 杂化碳原子组成的二维片层材料，可作为导电材料和电子受体材料，在各类传感器中有广泛应用[67,68]，聚苯胺则可作为电子给体材料[69]，因此在石墨烯上进行苯胺化学氧化聚合可制得 PANI-石墨烯的纳米复合材料。例如，Al-Mashat 等[70]先将氧化石墨用硫酸（H_2SO_4）和高锰酸钾（$KMnO_4$）处理，然后用苯肼还原制得石墨烯，随后进行苯胺化学氧化聚得到 PANI-石墨烯复合材料。H_2 浓度为 1.0%时，纯 PANI 纳米纤维传感器的灵敏度为 9.38%，相应的石墨烯传感器的灵敏度为 0.83%，而 PANI-石墨烯复合材料的灵敏度达到 16.57%。因此，与纯 PANI 纳米纤维和石墨烯传感器相比，PANI-石墨烯复合材料传感器对 H_2 具有更高的灵敏度。

与纯石墨烯相比，氧化石墨烯更容易进行分子修饰和溶液加工，尤其是氧化石墨烯中的氧使石墨烯和小分子或者高聚物之间有更强的作用力。Zou 等[71]制备了聚苯胺与钯（Pd）、还原氧化石墨烯（reduced graphene oxide，rGO）复合的 Pd-PANI-rGO 复合材料，以此作为 H_2 传感器敏感材料，检测体积浓度可低至 0.01%。H_2 体积浓度在 0.01%~2.0%范围内，传感器呈现线性响应，其中 H_2 体积浓度为 1.0%时，响应时间为 20 s，恢复时间为 50 s。当聚苯胺传感器暴露在 H_2 中时，其电阻随着浓度的增加而变大，原因在于 Pd-PANI-rGO 复合材料与 H_2 接触时，H_2 和 Pd 可形成钯氢化物，H 原子填充了 Pd 的八面体晶格的空隙，减弱了载流子的移动能力，导致电阻变大。由于 Pd-PANI-rGO 纳米复合材料具有很大的比表面积，且 Pd 可以吸收大量的 H_2(高达钯本身体积的 900 倍)，因此传感器响应时间很快，并可检测到极低浓度的氢气。

6.1.6　聚苯胺湿度传感器

湿度传感器广泛应用于湿度敏感的产品和环境的湿度检测，根据敏感点的分类，湿度传感器可分为露点型、红外型等，但总体而言这些湿度传感器的操作温度均偏高。采用有机材料如酞菁类材料或导电高分子材料，有可能降低湿度传感器的操作温度。

PANI 对湿度的响应机制已有很多报道[72,73]，通常导电 PANI 和水作用后会增加电导率，原因在于 PANI 和水之间的质子交换作用，因为 PANI 中的氮原子能以 NH_2^+、NH、$N=$、$NH^+=$ 等不同的形式存在，而水分子能够电离出氢离子(H^+)和氢氧根离子(HO^-)[式(6-10)]。在一定的温度和 pH 值下，上述反应处于一个稳定的平衡，当环境发生变化时，平衡则会受到破坏。

$$H_2O \Longleftrightarrow H^+ + OH^- \tag{6-10}$$

导电 PANI 中存在大量的电荷，并可与水形成氢键，这些电荷和氢键的作用产生氢质子[式(6-11)]，增加了 PANI 的掺杂水平，使电导率升高，该过程已经被红外全反射光谱[74]和核磁共振谱[75]所证实。

$$NH_2^+ + H_2O \longrightarrow NH + H_3O^+ \tag{6-11}$$

导电聚苯胺与水之间的质子交换作用确实可引起聚苯胺膜电导率的增大，但是聚苯胺对湿度的响应还有其他影响因素[76]，不应单独从质子效应来解释。其中的一个因素是聚苯胺吸湿后产生的分子链膨胀现象，由此引起分子链的扭曲变形，造成电导率下降。关键在于质子交换效应和分子链膨胀效应到底哪一个会占主导，相应地会出现聚苯胺的电导率升高或下降的变化。

Jain 等[75]研究了不同质子酸掺杂的聚苯胺对湿度的响应情况，他们分别采用马来酸(maleic acid, MA)、樟脑磺酸(CSA)、磷酸二苯酯(diphenyl phosphite, DPP)掺杂聚苯胺，并与苯乙烯-丙烯酸丁酯(styrene-butyl acrylate, SBA)共聚物共混制备导电聚苯胺膜。他们指出，强酸如 CSA 掺杂的 PANI-CSA/SBA 膜对湿度响应具有更高的灵敏度，但是可逆性或恢复性能较差，弱酸如 MA 掺杂的 PANI-MA/SBA 膜对湿度响应灵敏度稍差，但是具有很好的可逆性，其薄膜电阻与相对湿度呈线性变化，相对湿度在 10%时，响应时间为 4~5 s，恢复时间为 10 s。

为增大聚苯胺湿度传感器的响应速度，提高聚苯胺的比表面积是一个重要途径。Lin 等[77]采用聚苯乙烯磺酸(PSSA)掺杂 PANI，再与聚乙烯醇缩丁醛(PVB)和聚氧化乙烯(PEO)共混，随后通过静电纺丝技术制备出纳米纤维，比表面积超过 5.0 g/cm²，在相对湿度为 20%~90%范围内均表现出较高的灵敏度和较好的快速响应性能，尤其是当相对湿度为90%时，响应时间为8s，恢复时间为6s。

Lin 等[78]在单孔表面声波谐振器上利用静电纺丝技术制备了PANI-PSSA/PVB纳米纤维膜，采用表面声波传感器检测相对湿度，最低检测限低至相对湿度为0.5%。即使在相对湿度较低的范围内(0.5%～35%)，传感器仍然具有很好的线性响应。在相对湿度为11%和98%下连续检测传感器的响应和恢复行为，传感器具有很好的重复性，响应时间为1s，恢复时间为2s。

将 PANI-Ag 纳米复合材料沉积到光学纤维上，也可制备出湿度传感器。Fukea 等[79]研究了 PANI-Ag 光纤传感器在相对湿度在 5%～95%范围内的响应，当银纳米粒子尺寸在15～30 nm 时，传感器的响应时间为30 s，恢复时间为90 s。为进一步缩短传感器的响应时间，Diggikar 等[80]在银-氧化钒纳米球表面沉积超薄 PANI膜，PANI 层的厚度在2～4 nm 之间，纳米球的尺寸在10～40 nm 之间，该传感器对湿度的响应时间只有4 s，而恢复时间也缩短至8 s。

将有机和无机材料结合，利用各自优点，同时克服相应缺点，可提升传感器的性能，如利用钛酸钡($BaTiO_3$)[81]、二氧化硅(SiO_2)[82]和氯化锂(LiCl)[83]等与有机材料复合，可提升湿度传感器的性能。可通过插层方式实现有机无机材料的复合，如 Li 等[84]将 PANI 与十二烷基磺酸钠插入到双层氢氧化物(layered double hydroxide，LDH)中，十二烷基磺酸钠既是层间阴离子，又是 LDH 的模板，并可诱导 PANI 插入片层之间，随着湿度增加，膜阻抗减小。该传感器的响应时间在3 s左右，不过恢复时间在25 s 左右。

6.1.7 其他聚苯胺气体传感器

通常有机气体分子的吸附能影响聚苯胺纳米复合材料的导电环境，从而改变其电导率。因此，除了上述研究较多的几类聚苯胺气体传感器之外，聚苯胺也可用于其他气体传感器。例如，聚苯胺吸附乙醇气体后，乙醇中的—OH 与聚苯胺中N 原子之间的氢键作用可导致分子构型改变，限制了电子离域和链的电荷传递，进而改变聚苯胺的电导率。

Choudhury[85]在有 Ag 纳米粒子存在的情况下采用原位氧化聚合制备了PANI/Ag 纳米复合材料传感器，研究了传感器在乙醇气体浓度为 100～500 ppm时的响应，当乙醇气体浓度为 500 ppm 时响应时间为52 s，而纯 PANI 传感器的响应时间长达 218 s。Khan 等[86]则采用溶胶-凝胶法合成了聚苯胺-碘磷酸锡(polyaniline-Sn iodophosphate，PANI-SnIP)纳米复合材料，发现该传感器在乙醇蒸气浓度为 50～500 ppm 范围内均表现出快速的响应和恢复，并具有很高的线性相关系数。

氯仿是一种应用广泛的溶剂和麻醉剂，但是它能抑制中枢神经的活跃程度，对人体造成危害。Sharma 等[87]利用 PANI/Au 复合材料作为检测氯仿的敏感材料，其原理是利用氯仿在金簇表面发生的吸附-解吸现象，这种氯仿与金簇之间的相互作用可通过红外光谱证实。

一氧化氮（NO）的检测也是比较困难的，Yun 等[88]提出可以利用 PANI/TiO$_2$/MWCNT 纳米复合材料的光催化作用来检测 NO。因为在光催化作用下，紫外光可使 NO 产生 HNO$_2$、NO$_2$ 和 HNO$_3$，产物吸附在 PANI/MWCNT 上，从而改变了复合材料的电阻，最终可以实现对 NO 的定量检测。

聚苯胺传感器也可用于 CO$_2$ 的检测，Azim-Araghi 等[89]制备了一种 PANI-酞菁复合材料，用于检测 CO$_2$，其基本原理是通过在 PANI、酞菁和 CO$_2$ 之间发生的电荷转移作用，改变聚苯胺的导电性能，进而定量检测出二氧化碳浓度。

6.2 聚苯胺在生物传感器中的应用

生物传感器可以对酶、抗体、DNA、细胞等生命相关的待测物进行定量和半定量分析，主要应用在临床诊断、环境监测、生物过程监测，也可用于食品和农产品加工等领域。

生物传感器主要包括两个部分，首先是生物体识别元件，作为对生命元素敏感的元件，是传感器的核心组件，是决定生物传感器性能的关键。其次是转换元件，包括信号采集、处理和反馈等部分，用于将敏感元件的变化转变成可识别的信号。

聚苯胺有独特的导电性和氧化还原特性，可作为生物传感器中反应物电子转移的中介。因此聚苯胺生物传感器主要是用导电聚苯胺为载体或包覆材料来固定生物活性成分，组成生物体识别元件，其主要工作原理如图 6-4 所示。当该元件与待测物接触后，发生物理或化学变化形成特定产物，进而产生可检测信号，最后经过信号采集和信号处理以确定被测物浓度。

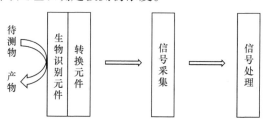

图 6-4　生物传感器的工作原理图

当 PANI 处于导电状态时，分子链带正电荷，必须有相应的对阴离子来保证聚苯胺分子链的电荷平衡。而许多生物分子可在一定条件下荷负电，从而通过静电作用与荷正电的导电 PANI 相结合，实现将生物分子固定在聚苯胺链上的目的。因此，可以利用聚苯胺的导电性、光学性能（电致变色）和对 pH 值的敏感性来制备多种生物传感器，如聚苯胺葡萄糖生物传感器、聚苯胺过氧化氢生物传感器、聚苯胺胆固醇生物传感器、聚苯胺免疫传感器、聚苯胺 DNA 传感器等。

6.2.1 聚苯胺葡萄糖生物传感器

Clark 等[90]将铂电极与葡萄糖氧化酶（GOD）结合，通过监测 O_2 的消耗来检测葡萄糖的量，借此他们在 1962 年提出了酶生物传感器的概念。第一代葡萄糖传感器是通过监测 O_2 消耗来确定葡萄糖浓度的，其反应方程式如下：

酶促进反应：GOD(FAD)+葡萄糖 $\longrightarrow$ 葡萄糖酸内酯+GOD(FADH$_2$)　　(6-12)

$$GOD(FADH_2)+O_2 \longrightarrow GOD(FAD)+H_2O_2 \qquad (6-13)$$

电极反应：　　　　　　$H_2O_2 \longrightarrow O_2+2H^++2e^- \qquad\qquad (6-14)$

葡萄糖氧化酶和葡萄糖（glucose）作用生成葡萄糖酸内酯（gluconolactone）和还原态葡萄糖氧化酶[GOD(FADH$_2$)]，GOD(FADH$_2$)和氧气又生成氧化态葡萄糖氧化酶[GOD(FAD)]和过氧化氢（H_2O_2）。

但是，上述第一代葡萄糖传感器会因为氧含量的轻微波动而影响检测的准确性，为解决这个难题，发展了第二代葡萄糖传感器。这类传感器是通过小分子（M）作为电子转移的媒介，代替传递酶与电极之间的电子通道，从而通过测量媒介的电流变化来检测葡萄糖的浓度。

酶促进反应：GOD(FAD)+葡萄糖 $\longrightarrow$ 葡萄糖酸内酯+GOD(FADH$_2$)

$$GOD(FADH_2)+M_{ox} \longrightarrow GOD(FAD)+M_{red}+2H^+ \qquad (6-15)$$

电极反应：　　　　　　$M_{red} \longrightarrow M_{ox}+ne^- \qquad\qquad (6-16)$

第二代传感器的检测电位较低，且其检测灵敏度不依赖于氧分压，不会因为氧浓度的轻微波动而影响检测的准确性。

第三代传感器是酶与电极间直接进行电子转移。通常是将酶修饰到电极上，电化学检测信号是由葡萄糖氧化酶的自身氧化还原产生的。

酶促进反应：GOD(FAD)+葡萄糖 $\longrightarrow$ 葡萄糖酸内酯+GOD(FADH$_2$)

电极反应：　　　$GOD(FADH_2) \longrightarrow GOD(FAD)+2e^-+2H^+ \qquad (6-17)$

第三代传感器的优点在于不用借助媒介，检测电位低，选择性更高。

生物高分子的氧化还原点经常被掩埋在分子内部[91]，阻碍了直接电子转移，因此如何提高活性中心与电极表面间的直接电子转移是提升传感器性能的关键。加入电子导电介质可有效解决这个问题，聚苯胺恰是这样一种介质，不仅具有优良的导电特性，可作为葡萄糖酶氧化还原反应中电子转移的媒介，同时也用作生物酶固定的母体材料。

电化学或化学合成的聚苯胺均可作为电极表面修饰材料[92]，电化学方法主要是用来制备薄膜，而化学方法用来合成纳米复合材料。尤其是将酶固定到纳米复合材料中，利用 PANI 的导电特性，可大幅度提升传感器的响应性能。

例如，Aussawasathien 等[93]利用静电纺丝技术制备了樟脑磺酸（CSA）掺杂的聚苯胺/聚苯乙烯（polyaniline-camphorsulfonic acid/polystyrene，PANI-CSA/PS）纳米纤维，纳米纤维的直径在 400～1000 nm 范围内，可用于监测过氧化氢（H_2O_2）和葡萄糖的浓度。由于纳米纤维的比表面积更大，其灵敏度远高于普通的聚苯胺膜传感器。Xian 等[94]则报道了一种基于 PANI/Au 纳米复合材料的葡萄糖传感器，他们将葡萄糖氧化酶（GOx）和 Nafion® 膜固定在纳米复合材料表面，依靠检测电化学氧化 H_2O_2 的电流来确定葡萄糖浓度。与纯 PANI 相比，PANI/Au 具有更大的阳极电流，葡萄糖浓度在 $1.0 \times 10^{-6} \sim 8.0 \times 10^{-4}$ mol/L 范围内传感器均表现出良好的线性。Xu 等[95]则制备了石墨烯/聚苯胺/金纳米粒子复合材料，用于检测葡萄糖浓度，在 4 μmol/L～1.12 mmol/L 的宽广范围内，电流呈线性变化，最低的检测浓度为 0.6 μmol/L。

Le 等[96]在十二烷基磺酸钠存在的情况下采用电化学合成方法制备了聚苯胺多壁碳纳米管（PANI-MWCNT）复合材料，并将复合材料沉积在交错的 Pt 电极上，通过戊二醛将葡萄糖氧化酶固定在复合材料上。该复合材料具有多孔结构，显示出很高的电化学活性，对葡萄糖响应时间在 5 s 以内，葡萄糖浓度在 1～12 mmol/L 范围内均呈现良好的线性关系。值得指出的是，该传感器对葡萄糖的选择性较好，因为其对抗坏血酸、尿酸、对乙酰氨基酚基本不响应。

Zhu 等[97]采用水热法获得了 TiO_2 纳米管材料，制备了 PANI-TiO_2 纳米复合材料，在复合材料上固定葡萄糖氧化酶，复合材料展现出高的电导率和低的电化学干扰，葡萄糖浓度的动态监测范围为 10～2500 μmol/L，灵敏度为 11.4 μA/(mol·L)，经过优化后检测浓度低至 0.5 μmol/L。

Forzani 等[98]设计的纳米尺寸葡萄糖传感器的响应时间小于 200 ms，他们将纳米电极的间隔缩小至 20～60 nm，利用电化学聚合将聚苯胺/葡萄糖氧化酶桥接到两电极之间，并在电极上施加微小电压，监测通过聚苯胺桥的电流。葡萄糖氧化酶和微量氧气与葡萄糖作用后会产生双氧水，双氧水的氧化特性会使聚苯胺从还原态转变成氧化态，提高了聚苯胺的电导率，使通过电极和聚苯胺桥的电流瞬间增加。传感器的高度集成特性和快速的响应时间为生物体葡萄糖的实时监测提供了一种手段。

Xue 等[99]在铂电极上包覆微孔的聚丙烯腈和电化学原位聚合的聚苯胺复合材料作为葡萄糖传感器的电极，葡萄糖浓度在 2 μmol/L～12 mmol/L 时，传感器的线性系数达到 0.998，灵敏度达到 76.1 mA/(mol·L·cm^2)。该传感器还具有良好的稳定性，电极储存在 4℃的磷酸盐缓冲溶液中保存 100 天，传感器的性能无衰减。

Wang 等[100]报道了一种葡萄糖氧化酶直接电子转移的传感器。他们利用多孔阳极氧化铝作为模板制备高度有序的聚苯胺纳米管，再将葡萄糖氧化酶固定在纳米管内壁，该电极可使与葡萄糖反应后的葡萄糖氧化酶直接失去电子，不需要其他介质介入。该传感器的响应时间只有 3 s，最低检测限约 0.3 μmol/L，且传感器对葡萄糖浓度在 0.01～5.5 mmol/L 范围内均显示出良好的线性行为，检测灵敏度约 97 μA/(mmol·L·cm^2)。

利用苯胺的氧化聚合过程也能监测葡萄糖的浓度。由于聚苯胺的合成需要氧化剂，葡萄糖和氧气在葡萄糖氧化酶的催化下可以生成葡萄糖内酯和 H$_2$O$_2$，而 H$_2$O$_2$ 可以作为苯胺聚合的氧化剂。在电化学合成聚苯胺时，其峰值电流与生成的聚苯胺有关。因此可将峰值电流与 H$_2$O$_2$ 浓度相关联，通过峰值电流大小反应出葡萄糖浓度。Sheng 等[101]将葡萄糖氧化酶通过共价键结合在羧基化的多壁碳纳米管上，当有葡萄糖和氧气存在时生成 H$_2$O$_2$，可用于苯胺化学聚合的氧化剂，在 0.05～12 mmol/L 范围内葡萄糖浓度和峰值电流呈线性关系，相关系数达到 0.0994，从而实现对葡萄糖浓度的检测。

6.2.2 聚苯胺过氧化氢生物传感器

过氧化氢(H$_2$O$_2$)是很多生物过程的副产物，在哺乳类物种的细胞中扮演重要的角色，但 H$_2$O$_2$ 对带有超氧离子或羟基基团的细胞是有害的，所形成的活性氧会破坏大分子细胞，因此 H$_2$O$_2$ 浓度的精确监测是很有意义的。

聚苯胺与辣根过氧化氢酶(horseradish peroxidase，HRP)结合可以制备 H$_2$O$_2$ 传感器[102,103]，其基本原理如式(6-18)～式(6-21)所示。当含有三价铁的辣根过氧化氢酶[HRP-Fe(Ⅲ)]与 H$_2$O$_2$ 接触时会发生氧化还原反应，生成 HRP-Fe(Ⅳ)-O [式(6-18)]，然后 HRP-Fe(Ⅳ)-O 氧化 PANI，使其失掉两个 H，成为氧化态聚苯胺 PANI(Ⅱ)[式(6-19，式(6-20)]，最后 PANI(Ⅱ)得到两个电子后回到初始状态 [式(6-21)]。

$$\text{HRP-Fe(Ⅲ)} + \text{H}_2\text{O}_2 \longrightarrow \text{HRP-Fe(Ⅳ)-O} + \text{H}_2\text{O} \tag{6-18}$$

$$\text{HRP-Fe(Ⅳ)-O} + \text{PANI} \longrightarrow \text{HRP-Fe(Ⅳ)-OH} + \text{PANI(Ⅰ)} \tag{6-19}$$

$$\text{HRP-Fe(Ⅳ)-OH} + \text{PANI(Ⅰ)} \longrightarrow \text{HRP-Fe(Ⅲ)-} + \text{PANI(Ⅱ)} \tag{6-20}$$

$$\text{PANI(Ⅱ)} + 2e^- \longrightarrow \text{PANI} \tag{6-21}$$

文献中报道了很多 PANI-H$_2$O$_2$ 传感器，主要是依靠静电作用将 HRP 固定在 PANI 上，此时具有电化学活性的 PANI 可作为一种媒介，酶氧化还原产生的电子则通过聚苯胺实现与表面电极的交换。Michira 等[104]合成了蒽基磺酸（anthrarensulfonic acid，ASA）掺杂的 PANI，利用检测电流的方法考察了 PANI-ASA 对 H$_2$O$_2$ 的响应，证明 PANI-ASA 作为一种电子传递介质，可实现 HRP 与电极之间的电子转移。Wang 等[105]在离子液体中采用电沉积方法，将 PANI-HRP 沉积在氟掺杂的氧化锡电极上，紫外-可见光谱研究表明 HRP 与 PANI 中醌环氮原子有相互作用，PANI-HRP 传感器对浓度在 20 mmol/L 以下的 H$_2$O$_2$ 表现出良好的线性响应。

采用纳米纤维 PANI 是提升 H$_2$O$_2$ 传感器响应性能的一个重要途径，Du 等[102]以 4-对甲苯磺酸为掺杂剂，采用界面聚合方法制备了 PANI 纳米纤维，然后将其溶解在壳聚糖溶液中，添加 HRP 后涂覆在玻碳电极上，制备出 PANI-HRP 传感器。该传感器有很宽的 H$_2$O$_2$ 浓度线性范围（$1\times10^{-5}\sim1.5\times10^{-3}$ mol/L），线性相关系数达到 0.998，H$_2$O$_2$ 的最低检测浓度达到 5×10^{-7} mol/L。

Morrin 等[106]采用十二烷基苯磺酸（DBSA）为掺杂剂制备了纳米 PANI，联合 HRP 作为 H$_2$O$_2$ 传感器，对 H$_2$O$_2$ 显示出快速的响应。Al-Ahmed 等[103]利用聚酯磺酸掺杂的 PANI 制备了聚苯胺纳米管，直径约为 90 nm，再将 HRP 固定在纳米管中形成 PANI-HRP 修饰电极，传感器对 H$_2$O$_2$ 浓度的检测限为 0.185 μmol/L。

Iwuoh 等[107]在聚苯胺修饰的铂圆盘电极上沉积辣根过氧化氢酶，采用聚乙烯磺酸盐掺杂聚苯胺，电极在 1 mol/L 的盐酸中可逆性良好，传感器在亲水性溶剂中具有高灵敏度。不同溶剂的动力学数据不同，如四氢呋喃适合检测低浓度样品，且该传感器在 2 周内可再生。

6.2.3　聚苯胺胆固醇生物传感器

胆固醇（cholesterol）是一类环戊烷多氢菲的衍生物，又分为高密度胆固醇和低密度胆固醇。低密度胆固醇水平与心脏病有密切的关系，低密度胆固醇升高是造成冠心病发病率增加的主要原因，另外也可能导致高血压、动脉粥样硬化和心肌梗死等疾病，因此胆固醇的检测和控制对人体健康是十分重要的。

胆固醇传感器有三种不同的工作机理：第一种如式(6-22)和式(6-23)所示，在有胆固醇酶存在下，胆固醇和 O$_2$ 反应生成胆甾-4-烯-3-酮（choles-4-en-3-one）和 H$_2$O$_2$，H$_2$O$_2$ 继而被电解产生 O$_2$，通过检测电流的变化来确定胆固醇的浓度；第二种如式(6-24)所示，在有媒介和胆固醇酶存在下，生成的 H$_2$O$_2$ 和媒介反应，通过测量其电流变化来确定胆固醇浓度；第三种是无中间体的传感器，在无氧气和媒介的情况下，氧化还原中心与电极界面直接接触，胆固醇在酶催化下直接进行电子转移，根据电流变化确定其浓度。无论哪一种机理，酶的固定是制作传感器的关键，它会影响酶的活性及电极的催化性能。目前胆固醇生物传感器的研究集中在对工作电极的化学修饰上，可通过各种方法进行电极修饰，如吸附法、共价键法、电化学聚合法等。

$$胆固醇 + O_2 \longrightarrow 胆甾-4-烯-3-酮 + H_2O_2 \tag{6-22}$$

$$H_2O_2 \longrightarrow O_2 + 2H^+ + 2e^- \tag{6-23}$$

$$H_2O_2 + M_{red} + 2H^+ \longrightarrow 2H_2O + M_{ox} \tag{6-24}$$

Srivastava 等[108]将胆固醇酶固定在带有壳聚糖的聚苯胺/金纳米粒子复合材料上制备了修饰电极，进而利用循环伏安法检测胆固醇的浓度。当胆固醇的浓度在 50～500 mg/L 范围内均表现出很好的线性，最低检测浓度为 37.89 mg/L。Ruecha 等[109]制备了石墨烯(G)、聚乙烯吡咯烷酮(PVP)和 PANI 的复合材料修饰电极，线性范围在 50 μmol/L～10 mmol/L 之间，线性相关系数达到 0.9993，检测限达到 1 μmol/L。

Dhand 等[110]制备了聚苯胺-多壁碳纳米管复合材料(PANI-MWCNT)，并将其沉积在导电玻璃电极上，利用 N-乙基-N-(3-二甲基氨丙基)碳化二亚胺和 N-羟基丁二酰亚胺将胆固醇酶固定在电极上，在 1.29～12.93 mmol/L 的胆固醇浓度范围内响应时间 10 s，且在 4℃下可以保存 12 周。当采用戊二醛作为交联剂固定胆固醇酶时[111]，传感器的线性响应范围为 25～500 mg/dL，在 pH=7 的介质中响应时间为 30 s。

Singh 等[112]将胆固醇油酸酯酶和胆固醇氧化酶(1∶1)通过戊二醛固定到电化学合成的聚苯胺上作为修饰电极，以此制备的传感器的响应时间约 40 s，当胆固醇油酸酯的浓度在 50～500 mg/dL 范围内时呈线性关系，优选 pH 值范围为 6.5～7.5，灵敏度达到 7.5×10^{-4} nA/(mg·dL)。当电压在 0.45～0.55 V 范围内时，该传感器具有良好的选择性，同时电极在 46℃以下可以保持稳定，传感器的使用寿命大约 6 周。

6.2.4 其他聚苯胺生物传感器

聚苯胺传感器也可用于脱氧核糖核酸(DNA)、尿酸、肌酸酐等的检测。

Wu 等[113]将 PANI 与氧化石墨烯纳米复合材料固定在电极上用来监测 DNA，结果显示 ssDNA 和 dsDNA 可改变聚苯胺的氧化还原状态，使传感器具有良好的稳定性和可再生性能，不过其响应情况则受介质 pH 值的影响。此外，Wang 等[114]采用电化学聚合法得到 PANI 与石墨烯纳米复合材料，并在其上电沉积 Au 纳米粒子，用于监测慢性白血病中的 BCR/ABL 融合基因。

Devi 等[115]利用共价键将尿酸酶固定在 Fe_3O_4/壳聚糖/PANI 纳米复合材料电极上，

利用复合材料的电荷转移来监测尿酸，传感器的灵敏度为 0.44 mA/(mmol·L·cm²)，检测限可达 0.1 μmol/L，检测时间为 1 s。此外，普鲁士蓝、羧化多壁碳纳米管与 PANI 的复合材料也可用于制备尿酸传感器[116]。Zhybak 等[117]则将 PANI 与 Cu 复合，所制备的传感器可用来检测肌酐酸和尿酸，并显示出较高的灵敏度和快速响应等特点。

苯甲酸是一种防腐剂，超出安全标准对身体有害，Shan 等[118]采用聚苯胺-聚丙烯腈复合材料监测苯甲酸，最低检测浓度达到 2×10^{-7} mol/L。

Bossi 等[119]则在微孔模板上覆盖聚苯胺，用来检测抗坏血酸，原理是聚苯胺和抗坏血酸作用后，其光学吸收特性发生变化，故可根据光谱变化来确定抗坏血酸的浓度，传感器的最低检测浓度为 1 mg/L。

Dhand 等[120]将聚苯胺纳米管电泳沉积在导电玻璃上，并将脂肪酶固定在聚苯胺膜上，采用阻抗滴定技术来检测甘油三酸酯。甘油三酸酯的水解使聚苯胺纳米管的电子发生转移，导致电阻变化，传感器的线性范围在 25～300 mg/dL 之间，灵敏度达到 2.59×10^{-3} dL/(kΩ·mg)，响应时间 20 s，线性相关系数达到 0.99。

Prabhakar 等[121]将聚苯胺-聚乙烯醇磺酸盐复合材料涂覆在导电玻璃上，将其作为电极，检测有机磷农药，传感器的响应时间为 30 s，使用寿命达 6 个月，对毒死蜱和马拉硫磷的检测限分别为 0.5 ppb 和 0.01 ppm。

6.3　展望

聚苯胺纳米复合材料有潜力应用于多种传感器，并对许多化学、生物物质显示出高灵敏度和高选择性。值得指出的是，尽管聚苯胺传感器的可室温操作特性使其相对于无机传感器有一定优越性，但是聚苯胺传感器的检测稳定性和可重复性一直是制约其应用的瓶颈，如很多聚苯胺传感器容易受湿度的影响，因此开发一种不受湿度影响的聚苯胺传感器一直是一个很大的挑战。目前聚苯胺生物传感器是该领域的研究热点，由于聚苯胺可与其他物质复合，其作为传感器材料有很大的广普特性。

参 考 文 献

[1] Jin Z, Su Y, Duan Y. Development of a polyaniline-based optical ammonia sensor. Sensor and Actuators B: Chemical, 2001, 72: 75～79.

[2] Kukla A L, Shirshov Y M, Piletsky S A. Ammonia sensor based on sensitive polyaniline films. Sensor and Actuators B: Chemical, 1996, 37: 135～140.

[3] Subramanian R, Crowley K, Morrin A, et al. A sensor probe for thecontinuous *in situ* monitoring of ammonia leakage in secondary refrigerant systems. Analytical Methods, 2013, 5: 134～140.

[4] Raut B T, Chougule M A , Nalage S R, et al. CSA doped polyaniline/CdS organic-inorganic nanohybrid: Physical and gas sensing properties. Ceramics International, 2012, 38: 5501～5506.

[5] Khuspe G D, Bandgar D K, Sen S, et al. Fussy nanofibrous network of polyaniline (PANi) for NH₃ detection. Synthetic Metals, 2012, 162: 1822～1827.

[6] Crowley K H, Morrin A, Hernandez A, et al. Fabrication of an ammonia gas sensor using inkjet-printed polyaniline nanoparticles. Talanta, 2008, 77: 710～717.

[7] Wang X F, Wang J L, Si Y, et al. Nanofiber-net-binary structured membranes for highly sensitive detection of trace HCl gas. Nanoscale, 2012, 4: 7585～7592.

[8] Pawar S G, Chougule M A, Sen S, et al. Development of nanostructured polyaniline-titanium dioxide gas sensors for ammonia recognition. Journal of Applied Polymer Science, 2012, 125: 1418～1424.

[9] Liu H Q, Kameoka J, Czaplewski D A, et al. Polymeric nanowire chemical sensor. Nano Letters, 2004, 4: 671～675.

[10] Hurtado J L M, Lowe C R. Ammonia-sensitive photonic structures fabricated in nafion memebranes by laser ablation. ACS Applied Materials & Interfaces, 2014, 6: 8903～8908.

[11] Kang E T, Neoh K G, Tan K L. Polyaniline: A polymer with many interesting intrinsic redox states. Progress in Polymer Science, 1998, 23: 277～324.

[12] Dhawan S K, Kumar D, Ram M K, et al. Application of conducting polyaniline as sensor material for ammonia. Sensors and Actuators B: Chemical, 1997, 40: 99～103.

[13] Virji S, Weiller B H. Construction of a polyaniline nanofiber gas sensor. Journal of Chemical Education, 2008, 85: 1102～1104.

[14] Virji S, Huang J X, Kaner R B, et al. Polyaniline nanofiber gas sensors: Examination of response mechanisms. Nano Letters, 2004, 4: 491～496.

[15] Cao Y, Qiu J J, Smith P. Effect of solvent and co-solvents and the processibility of polyaniline: I. Solubility and conductivity studies. Synthetic Metals, 1995, 69: 187～190.

[16] Lee S H, Lee D H, Lee K, et al. High-performance polyaniline prepared viapolymerization in a self-stabilized dispersion. Advanced Functional Materials, 2005, 15: 1495～1500.

[17] Adams P N, Laughlin P J, Monkman A P. Low temperature synthesis of high molecular weight polyaniline. Polymer, 1996, 37: 3411～3417.

[18] Kim C, Oh W, Park J W. Solid/liquid interfacial synthesis of high conductivity polyaniline. RSC Advance, 2016, 6: 82721～82725.

[19] Verma D, Dutta V. Role of novel microstructure of polyaniline-CSA thin film in ammoniasensing at room temperature. Sensors and Actuators B: Chemical, 2008, 134: 373～376.

[20] Chiang J C, MacDiarmid A G. Polyaniline: Protonic acid doping of the emeraldineform to the metallic regime. Synthetic Metals, 1986, 13: 193～205.

[21] Zhang Y X, Kim J J, Chen D, et al. Electrospun polyaniline fibers as highly sensitive room temperature chemiresisitive sensors for ammonia and nitrogen dioxide gases. Adanced Functional Materials, 2014, 24: 4005～4014.

[22] Uh K, Kim T, Lee C W, et al. A precursor approach to electrospun polyaniline nanofibers for gas sensors. Macromolecular Materials and Engineering, 2016, 301: 1320～1326.

[23] Chen L J, Guo C X, Zhang Q M, et al. Graphene quantum-dot-doped polypyrrole counter electrode

for high-performance dye-sensitized solar cells. ACS Applied Materials & Interfaces, 2013, 5: 2047~2052.

[24] Peng J, Gao W, Gupta B K, et al. Graphene quantum dots derived from carbon fibers. Nano Letters, 2012, 12: 844~849.

[25] Gavgani J N, Hasani A, Nouri M, et al. Highly sensitive and flexible ammonia sensor based on S and N co-doped graphene quantum dots/polyaniline hybrid at room temperature. Sensors and Actuators B: Chemical, 2016, 229: 239~248.

[26] Wu Z Q, Chen X D, Zhu S B, et al. Enhanced sensitivity of ammonia sensor using graphene/ polyaniline nanocomposite. Sensors and Actuators B: Chemical, 2013, 178: 485~493.

[27] Huang L H, Jiang P, Wang D, et al. A novel paper-based flexible ammonia gas sensor via silver and SWNT-PABS inkjet printing. Sensors and Actuators B: Chemical, 2014, 197: 308~313.

[28] Abdulla S, Mathew T L, Pullithadathil B. Highly sensitive, room temperature gas sensor based on polyaniline-multiwalled carbon nanotubes (PANI/MWCNTs) nanocomposite for trace-level ammonia detection. Sensors and Actuators B: Chemical, 2015, 221: 1523~1534.

[29] Tai H L, Jiang Y D, Xie G Z, et al. Fabrication and gas sensitivity of polyaniline-titanium dioxide nanocomposite thin film. Sensors and Actuators B: Chemical, 2007, 125: 644~650.

[30] Gong J, Li Y H, Hu Z S, et al. Ultrasensitive NH_3 as sensor from polyaniline nanograin enchased TiO_2 fibers. The Journal of Physical Chemistry C, 2010, 114: 9970~9974.

[31] Agbor N E, Petty M C, Monkman A P. Ployaniline for gas sensing. Sensors and Actuators B: Chemical, 1995, 28: 173~179.

[32] Mousavi S, Kang K, Park J, et al. A room temperature hydrogen sulfide gas sensor based on electrospun polyaniline-polyethylene oxide nanofibers directly written on flexible substrates. RSC Advances, 2016, 6: 104131~104138.

[33] Patil D S, Shaikh J S, Pawar S A, et al. Investigations on silver/polyaniline electrodes for electrochemical supercapacitors. Physical Chemistry Chemical Physics, 2012, 14: 11886~11895.

[34] Stejskal J, Sapurina I, Trchova M. Polyaniline nanostructures and the role of aniline oligomers in their formation. Progress in Polymer Science, 2010, 35: 1420~1481.

[35] Berzina T, Gorshkov K, Pucci A, et al. Langmuir-Schaefer films of a polyaniline-gold nanoparticle composite material for applications in organic memristive devices. RSC Advances, 2011, 1: 1537~1541.

[36] Shirsat M D, Bangar M A, Deshusses M A, et al. Polyaniline nanowires-gold nanoparticles hybrid network based chemiresistive hydrogen sulfide sensor. Applied Physics Letters, 2009, 94 (8): 083502.

[37] Liu F J, Huang L M, Wen T C, et al. Interfacial synthesis of platinum loaded polyaniline nanowires in poly (styrenesulfonic acid). Materials Letters, 2007, 61: 4400~4405.

[38] Zhang Y, Yin J, Wang K, et al. Electrocatalysis and detection of nitrite on a polyaniline-Cu nanocomposite-modified glassy carbon electrode. Applied Polymer Science, 2013, 128: 2971~2976.

[39] Virji S, Fowler J D, Baker C O, et al. Polyaniline nanofiber composites with metal salts: Chemical sensors for hydrogen sulfide. Small, 2005, 6: 624~627.

[40] Dimitriev O P. Doping of polyaniline by transition metal salts: Effect of metal cation on the

morphology. Synthetic Metals, 2004, 142: 299~303.

[41] Liu C J, Hayashi K, Toko K. Au nanoparticles decorated polyaniline nanofiber sensor for detecting volatile sulfur compounds in expired breath. Sensors and Actuators B: Chemical, 2012, 161: 504~509.

[42] Mekki A, Joshi N, Singh A, et al. H2S sensing using in situ photo-polymerized polyaniline-silver nanocomposite films on flexible substrates. Organic Electronics, 2014, 15: 71~81.

[43] Omaye S T. Metabolic modulation of carbon monoxide toxicity. Toxicology, 2002, 180: 139~150.

[44] Watcharaphalakorn S, Ruangchuay L, Chotpattananont D, et al. Polyaniline/polyimide blends as gas sensors and electrical conductivity response to CO-N2 mixtures. Polymer International, 2005, 54: 1126~1133.

[45] Choi H H, Lee J, Dong K Y, et al. Gas sensing performance of composite materials using conducting polymer/single-walled carbon nanotubes. Macromolecular Research, 2012, 20: 143~146.

[46] Wu J, Wang N, Zhao Y, et al. Electrospinning of multilevel structured functional mico-nanofibers and their applications. Journal of Materials Chemistry A, 2013, 1: 7290~7305.

[47] Greiner A, Wendorff J H. Electrospinning: A fascinating method for the preparation of ultrathin fibers. Angewandte Chemie International Edition, 2007, 46: 5670~5703.

[48] Li D, Xia Y. Electrospinning of nanofibers: Reinventing the wheel? Advanced Materials, 2004, 16: 1151~1170.

[49] Zhao J J, Wu G, Hu Y, et al. A wearable and highly sensitive CO sensor with a macroscopic polyaniline nanofiber membrane. Journal of Materials Chemistry A, 2015, 3: 24333~24337.

[50] Sen T, Shimpi N G, Mishra S. Room temperature CO sensing by polyaniline/Co3O4 nanocomposite. Journal of Applied Polymer Science, 2016, 133: 44115.

[51] Chuapradit C, Wannatong L R, Chotpattananont D, et al. Polyaniline/zeolite LTA composites and electrical conductivity response towards CO. Polymer, 2005, 46: 947~953.

[52] Arafa I M, El-Ghanem H M, Bani-Doumi K A. PdCl2-polyaniline composite for CO detection applications: Electrical and optical response. Journal of Inorganic and Organometallic Polymers, 2013, 23: 365~372.

[53] Srinives S, Sarkar T, Mulchandani A. Nanothin polyaniline film for highly sensitive chemiresistive gas sensing. Electroanalysis, 2013, 25: 1439~1445.

[54] Xie D, Jiang Y D, Pan W, et al. Fabrication and characterization of polyaniline-based gas sensor by ultra-thin film technology. Sensors and Actuators B: Chemical, 2002, 81: 158~164.

[55] Huang J X, Virji S, Weiller B H, et al. Polyaniline nanofibers: Facile synthesis and chemical sensors. Journal of the American Chemical Society, 2003, 125: 314~315.

[56] Huang J X, Kaner R B. Ageneral chemical route to polyaniline nanofibers. Journal of the American Chemical Society, 2004, 126: 851~855.

[57] Yan X B, Han Z J, Yang Y, et al. NO2 gas sensing with polyaniline nanofibers synthesized by a facile aqueous/organic interfacial polymerization. Sensors and Actuators B: Chemical, 2007, 123: 107~113.

[58] Reddy N R, Anandhan S. Polyaniline/poly (styrene-co-acrylonitrile) blend nanofibers exhibit enhanced ammonia and nitrogen dioxide sensing characteristics. Journal of Materials Science:

Materials in Electronics, 2016, 27: 13329~13337.

[59] Lim J H, Phiboolsirichit N, Mubeen S, et al. Electrical and gas sensing properties of polyaniline functionalized single-walledcarbon nanotubes. Nanotechnology, 2010, 21: 075502.

[60] Cho S J, Choo K, Kim D P, et al. H_2 sorption in HCl-treated polyaniline and polypyrrole. Catalysis Today, 2007, 120: 336~340.

[61] Conn C, Sestak S, Baker A T, et al. A polyaniline-based selective hydrogen sensor. Electroanalysis, 1998, 10: 1137~1141.

[62] MacDiarmid A G. Conducting polymers as new materials for hydrogen storage. https://www. hydrogen.energy.gov/pdfs/review05/stp_42_macdiarmid.pdf[2017-03-31].

[63] Arsata R, Yu X F, Li Y X, et al. Hydrogen gas sensor based on highly ordered polyaniline nanofibers. Sensors and Actuators B: Chemical, 2009, 137: 529~532.

[64] Sadek A Z, Baker C O, Powell D A, et al. Polyaniline nanofiber based surface acoustic wave gas sensors: Effect of nanofiber diameter on H_2 response. IEEE Sensors Journal, 2007, 7: 213~218.

[65] Fogelberg J, Petersson L G. Kinetic modeling of the H_2-O_2 reaction on Pd and of its influence on the hydrogen response of a hydrogen sensitive Pd metal-oxide-semiconductor device. Surface Science, 1996, 350: 91~102.

[66] Tsai Y Y, Lin K W, Chen H I, et al. Transient response of a transistor-based hydrogen sensor. Sensors and Actuator B: Chemical, 2008, 134: 750~754.

[67] Shao Y, Wang J, Wu H, et al. Graphene based electrochemical sensors and biosensors: A review. Electroanalysis, 2010, 22: 1027~1036.

[68] Lu G H, Ocola L E, Chen J H. Reduced grapheme oxide for room-temperature gas sensors. Nanotechnology, 2009, 20: 445502.

[69] Yan J, Wei T, Shao B, et al. Preparation of a graphene nanosheet/polyaniline composite with high specific capacitance. Carbon, 2010, 48: 487~493.

[70] Al-Mashat L, Shin K, Kalantar-Zadeh K, et al. Graphene/polyaniline nanocomposite for hydrogen sensing. The Journal of Physical Chemistry C, 2010, 114: 16168~16173.

[71] Zou Y J , Wang Q Y , Xiang C L, et al. Doping composite of polyaniline and reduced graphene oxide with palladium nanoparticles for room-temperature hydrogen-gas sensing. International Journal of Hydrogen Energy, 2016, 41: 5396~5404.

[72] Pinto N J, Shah P D, Kahol P K. Conducting state of polyaniline films: Dependence on moisture. Physical Review B, 1996, 53: 10690~10694.

[73] Matveeva E S. Residual water as a factor influencing the electrical properties of polyaniline. The role of hydrogen bonding of the polymer with solvent molecules in the formation of a conductive polymeric network. Synthetic Metals, 1996, 79: 127~139.

[74] Nohria R, Khillan R K, Su Y, et al. Humidity sensor based on ultrathin polyaniline film deposited using layer-by-layer nano-assembly. Sensors and Actuators B: Chemical, 2006, 114: 218~222.

[75] Jain S, Chakane S, Samui A B, et al. Humidity sensing with weak acid-doped polyaniline and its composites. Sensors and Actuators B: Chemical, 2003, 96: 124~129.

[76] Zeng F W, Liu X X, Diamond D, et al. Humidity sensors based on polyaniline nanofibres. Sensors and Actuators B: Chemical, 2010,143: 530~534.

[77] Lin Q Q, Li Y, Yang M J. Polyaniline nanofiber humidity sensor prepared by electrospinning. Sensors and Actuators B: Chemical, 2012, 161: 967~972.

[78] Lin Q Q, Li Y, Yang M J. Highly sensitive and ultrafast response surface acoustic wave humidity sensor based on electrospun polyaniline/poly(vinyl butyral) nanofibers. Analytica Chimica Acta, 2012, 748: 73~80.

[79] Fukea M V, Kanitkar P, Kulkarni M, et al. Effect of particle size variation of Ag nanoparticles in polyaniline composite on humidity sensing. Talanta, 2010, 81: 320~326.

[80] Diggikar R, Kulkarni M, Kale G, et al. Formation of multifunctional nanocomposites with ultrathin layers of polyaniline(PANI) on silver vanadium oxide(SVO) nanospheres by *in situ* polymerization. Journal of Materials Chemistry A, 2013, 1: 3992~4001.

[81] Wang J, Lin Q H, Zhou R Q, et al. Humidity sensors based on composite material of nano-BaTiO₃ and polymer RMX. Sensors and Actuators B: Chemical, 2002, 81: 248~253.

[82] Su P G, Tsai W Y. Humidity sensing and electrical properties of a composite material of nano-sized SiO₂ and poly(2-carylamido-2-methypropane sulfonate). Sensor and Actuators B: Chemical, 2004, 100: 417~422.

[83] Jiang K, Fei T, Zhang T. Humidity sensing properties of LiCl-loaded porous polymers with good stability and rapid response and recovery. Sensor and Actuators B: Chemical, 2014, 199: 1~6.

[84] Li X Z, Liu S R, Guo Y. Polyaniline-intercalated layered double hudroxides: Synthesis and properties for humidity sensing. RSC Advances, 2006, 6: 63099~63106.

[85] Choudhury A. Polyaniline/silver nanocomposites: Dielectric properties and ethanol vapour sensitivity. Sensor and Actuators B: Chemical, 2009, 138: 318~325.

[86] Khan M D A, Akhtar A, Nabi S A. Investigation of the electrical conductivity and optical property of polyaniline-based nanocomposite and its application as an ethanol vapor sensor. RSC New Journal of Chemistry, 2015, 39: 3728~3735.

[87] Sharma S, Nirkhe C, Pethkar S, et al. Chloroform vapour sensor based on copper/polyaniline nanocomposite. Sensors and Actuators B: Chemical, 2002, 85: 131~136.

[88] Yun J, Jeon S, Kim H. Improvement of NO gas sensing properties of polyaniline/MWCNT composite by photocatalytic effect of TiO₂. Journal of Nanomaterials, 2013: 184345~184350.

[89] Azim-Araghi E M, Jafari J M. Electrical and gas sensing properties of polyaniline-chloroaluminium phthalocyanine composite thin films. The European Physical Journal Applied Physics, 2010, 52: 107~115.

[90] Clark L C, Lyons C. Electrode systems for continuous monitoring in cardiovascular surgery. Annals of the New York Academy of Sciences, 1962, 102: 29~45.

[91] Liang B, Fang L, Yang G, et al. Direct electron transfer glucose biosensor based on glucose oxidase self-assembled on electrochemically reduced carboxyl graphene. Biosensors and Bioelectronics, 2013, 43: 131~136.

[92] Basozabal I, Gómez-Caballero A, Unceta N, et al. Voltammetric sensors with chiral recognition capability: The use of a chiral inducing agent in polyaniline electrochemical synthesis for the specific recognition of the enantiomers of the pesticide dinoseb. Electrochimica Acta, 2011, 58: 729~735.

[93] Aussawasathien D, Dong J H, Dai L. Electrospun polymer nanofiber sensors. Synthetic Metals, 2005, 154: 37~40.

[94] Xian Y Z, Hu Y, Liu F, et al. Glucose biosensor based on Au nanoparticles-conductive polyaniline nanocomposite. Biosensors and Bioelectronics, 2006, 21: 1996~2000.

[95] Xu Q, Gu S X, Jin L Y, et al. Graphene/polyaniline/gold nanoparticles nanocomposite for the direct electron transfer of glucose oxidase and glucose biosensing. Sensors and Actuators B: Chemical, 2014, 190: 562~569.

[96] Le T H, Trinh N T, Nguyen L H, et al. Electrosynthesis of polyaniline-multiwalled carbon nanotubes nanocomposite films in the presence of sodium dodecyl sulfate for glucose biosensing. Advances in Natural Sciences: Nanoscience and Nanotechnology, 2013, 4: 025014.

[97] Zhu J, Liu X Q, Wang X H, et al. Preparation of polyaniline-TiO$_2$ nanotube composite for the development of electrochemical biosensors. Sensors and Actuators B: Chemical, 2015, 221: 450~457.

[98] Forzani E S, Zhang H Q, Nagahara L A, et al. A conducting polymer nanojunction sensor for glucose detection. Nano Letters, 2004, 4(9): 1785~1788.

[99] Xue H G, Shen Z Q, Li C M. Improved selectivity and stability of glucose biosensor based on in situ electropolymerized polyaniline-polyacrylonitrile composite film. Biosensors and Bioelectronics, 2005, 20: 2330~2334.

[100] Wang Z Y, Liu S N, Wu P, et al. Detection of glucose based on direct electron transfer reaction of glucose oxidase immobilized on highly ordered polyaniline nanotubes. Analytical Chemistry, 2009, 81: 1638~1645.

[101] Sheng Q L, Zheng J B. Bienzyme system for the biocatalyzed deposition of polyaniline templated by multiwalled carbon nanotubes: A biosensor design. Biosensors and Bioelectronics, 2009, 24: 1621~1628.

[102] Du Z F, Li C C, Li L M, et al. Simple fabrication of a sensitive hydrogen peroxide biosensor using enzymes immobilized in processable polyaniline nanofibers/chitosan film. Materials Science and Engineering C, 2009, 29: 1794~1797.

[103] Al-Ahmed A, Ndangili P M, Jahed N, et al. Polyester sulphonic acid interstitial nanocomposite platform for peroxide biosensor. Sensors, 2009, 9: 9965~9976.

[104] Michira I, Akinyeye R, Somerset V, et al. Synthesis, characterization of novel polyaniline nanomaterials and application in amperometric biosensors. Macromolecular Symposia, 2007, 255: 57~69.

[105] Wang P, Li S Q, Kan J Q. A hydrogen peroxide biosensor based on polyaniline/FTO. Sensors and Actuators, 2009, 137: 662~668.

[106] Morrin A, Wilbeer F, Ngamna O, et al. Novel biosensor fabrication methodology based on processable conducting polyaniline nanoparticles. Electrochemistry Communications, 2005, 7: 317~322.

[107] Iwuoh E I, Villaverde D S D, Garcia N P, et al. Reactivities of organic phase biosensors. 2. The amperometric behaviour of horseradish peroxidase immobilised on a platinum electrode modified with an electrosynthetic polyaniline film. Biosensors and Bioelectronics, 1997, 12(8): 749~761.

[108] Srivastava M, Srivastava S K, Nirala N R, et al. Chitosan-based polyaniline-Au nanocomposite

biosensor for determination of cholesterol. Analytical Methods, 2014, 6: 817~824.

[109] Ruecha N, Rangkupan R, Rodthongkum N, et al. Novel paper-based cholesterol biosensor using graphene/polyvinylpyrrolidone/polyaniline nanocomposite. Biosensors and Bioelectronics, 2014, 52: 13~19.

[110] Dhand C, Arya S K, Datta M, et al. Polyaniline-carbon nanotube composite film for cholesterol biosensor. Analytical and Biochemistry, 2008, 383: 194~199.

[111] Dhand C, Solanki P R, Pandey M K, et al. Electrophoretically deposited polyaniline nanotubes based film for cholesterol detection. Electrophoresis, 2010, 31: 3754~3762.

[112] Singh S, Solanki P R, Pandey M K, et al. Covalent immobilization of cholesterol esterase and cholesterol oxidase on polyaniline films for application to cholesterol biosensor. Analytica Chimica Acta, 2006, 568: 126~132.

[113] Wu J, Zou Y H, Li X L, et al. A biosensor monitoring DNA hybridization based on polyaniline intercalated graphite oxide nanocomposite. Sensors and Actuators B: Chemical, 2005, 104: 43~49.

[114] Wang L, Hua E H, Liang M, et al. Graphene sheets, polyaniline and AuNPs based DNA sensor for electrochemical determination of BCR/ABL fusion gene with functional hairpin probe. Biosensors and Bioelectronics, 2014, 51: 201~207.

[115] Devi R, Pundir C S. Construction and application of an amperometric uric acid biosensor based on covalent immobilization of uricase on iron oxide nanoparticles/chitosan-g-polyaniline composite film electrodeposited on Pt electrode. Sensors and Actuators B: Chemical, 2014, 193: 608~615.

[116] Rawal R, Chawla S, Chauhan N, et al. Construction of amperometric uric acid biosensor based on uricase immobilized on PBNPs/cMWCNT/PANI/Au composite. International Journal of Biological Macromolecules, 2012, 50: 112~118.

[117] Zhybak M, Beni V, Vagin M Y, et al. Creatinine and urea biosensors based on a novel ammonium ion-selective copper-polyaniline nanocomposite. Biosensors and Bioelectronics, 2016, 77: 505~511.

[118] Shan D, Shi Q F, Zhu D B, et al. Inhibitive detection of benzoic acid using a novel phenols biosensor based on polyaniline-polyacrylonitrile composite matrix. Talanta, 2007, 72: 1767~1772.

[119] Bossi A, Piletsky S A, Piletska E V, et al. An assay for ascorbic acid based on polyaniline-coated microplates. Analytical Chemistry, 2000, 72: 4296~4300.

[120] Dhand C, Solanki P R, Sood K N , et al. Polyaniline nanotubes for impedimetric triglyceride detection. Electrochemistry Communications , 2009, 11: 1482~1486.

[121] Prabhakar N, Sumana G, Arora K, et al. Improved electrochemical nucleic acid biosensor based on polyaniline-polyvinyl sulphonate. Electrochimica Acta, 2008, 53: 4344~4350.

第 7 章

基于导电聚苯胺的电磁屏蔽材料

电磁干扰(electromagnetic interference, EMI)是指由外部信号源通过电磁感应、静电耦合或传导等对电路或电子元器件产生的影响或扰动, 当频谱在无线电频段时也称为射频干扰(radio frequency interference, RFI)。电磁干扰会降低电路的性能, 甚至使其失效。在数字电路中, 电磁干扰可增加错误率, 直到数据完全丢失, 严重影响数据获取和通信的准确性、完整性和时效性。

一些人类活动和自然现象(如汽车点火系统、手机、雷暴、阳光或北极光等)能产生变化的电流和电压, 进而产生电磁干扰现象。进入信息时代以来, 电子设备的应用十分普及, 器件的集成度越来越高, 电磁环境越来越复杂, 电磁干扰已经上升为一种常见的污染源[1], 不仅影响广播电视信号和手机通信, 严重的还可引起电路或元件的烧毁。更为重要的是, 以主动发送特殊频段和强度的电磁信号或改变本身的电磁特征为代表的电磁干扰技术已经用于军事目的, 形成以电磁干扰和反干扰为代表的电子战。

国际上对电磁干扰的重视由来已久, 早在 1933 年, 国际电工委员会(International Electrotechnical Commission, IEC)就建议设立国际无线电干扰专门委员会, 以应对电磁干扰问题。该委员会随后针对辐射和传导的电磁干扰制定了国际标准, 经过几十年的发展, 该标准已成为当今世界上许多电磁兼容性(electro-magnetic compatibility, EMC)规则的基础, 在商业和工业领域被广泛采用, 如欧洲电工标准化委员会制定了欧洲标准(EN), 而美国电气和电子工程师协会(The Institute of Electrical and Electronics Engineers, IEEE)、美国国家标准协会和美国军方也分别制定了相关的标准。

目前大部分电子设备都必须通过电磁兼容认证才能进入市场, 而电磁屏蔽材料则是电磁兼容设计的物质基础。电磁屏蔽材料种类很多, 包括金属材料如铜、铝、镍等[2,3], 碳材料如炭黑、石墨、碳纤维、碳纳米管、石墨烯等[4], 介电材料如钛酸钡[5]，磁性材料如铁氧体、羰基铁等[6,7]，以及导电高分子材料如聚苯胺、聚吡咯、聚噻吩等[8]，其中导电高分子材料因密度低且电磁性能可调等特点，成为很有应用潜力的一类电磁屏蔽材料，近年来备受关注。

作为典型的导电高分子材料，导电聚苯胺（PANI）是一类典型的电损耗材料[9]，既可独立作为屏蔽材料使用[10,11]，又可作为填料与树脂复合[12-25]，还可与其他屏蔽材料共混制备复合屏蔽材料[9,26-40]。导电聚苯胺的另一个特点是其电导率能按需发生可控变化，从而有望制成智能屏蔽材料[41-48]，应用于某些对可变电磁性能或自适应有特殊需求的领域。

本章主要从电磁屏蔽概念出发，探讨导电聚苯胺的电磁性能及其在电磁屏蔽领域的一些潜在应用。

7.1 电磁屏蔽的概念、原理及测量

7.1.1 电磁屏蔽的概念

电磁屏蔽的核心是阻断电磁场的正常传播。具体在电子学上，屏蔽通常是指将整个设备或者设备中的器件包覆起来，阻止外界电磁辐射对设备或器件产生影响，同时防止设备或器件的电磁辐射影响周边的环境（人员、设备或器件）[49,50]。

7.1.2 电磁屏蔽的原理

电磁屏蔽从原理上讲有三种机制，即反射、吸收和多次反射机制。反射机制要求材料具有可自由移动的载流子，吸收机制则要求材料拥有电偶极子或磁偶极子，而多次反射机制则要求材料具有电导率或磁导率不连续的界面，如多相、多孔或多层结构，电磁波在界面内表面/界面之间不断地反射耗散，最终变为热能[16,49,51,52]。实际上对某一具体场合而言，上述三种机制都是存在的，且通常会共同发挥作用。

图 7-1 是电磁波在空间传播的示意图，电磁波是横波，其电场方向、磁场方向和传播方向两两垂直。电磁波在真空呈直线传播，在阻抗不连续的界面上会发生反射和折射，在介质中传播时会产生吸收。

电磁波入射、反射、多次反射和吸收的关系如图 7-2 所示[51]：初始入射电磁波在屏蔽材料表面首先会发生反射，其余部分则进入屏蔽材料内部，并在介质中发生吸收。当遇到另一侧的界面，或材料内部存在的电导率/磁导率不连续界面时，一部分电磁波会在材料内部不断反射，另一部分穿过界面形成透射波。反射回材料内部的电磁波还有一部分会透过入射界面而成为反射波的一部分，或者透过背

面成为透射波的一部分。图 7-2 中的下图也显示了电磁波穿过一定厚度介质时的场强变化。通常电磁波对不同介质存在一定的趋肤深度（skin depth），在到达趋肤深度之前电磁波的场强随厚度变化较大，其场强损耗随介质厚度增加而发生较大幅度增大，但一旦超过趋肤深度，其场强损耗变化就很小，表明该介质对电磁波的损耗接近饱和了，因此趋肤深度也是表征某波段的电磁波对特定介质的穿透深度的一种参数。

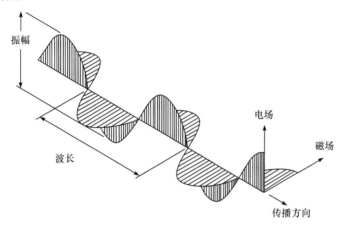

图 7-1 电磁场在空间传播的示意图

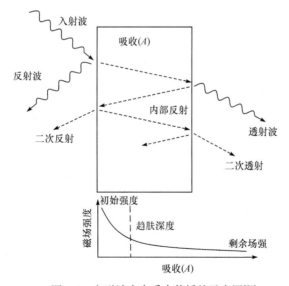

图 7-2 电磁波在介质中传播的示意图[51]

电磁屏蔽效能（shielding effectiveness，SE_T）是指透射功率（P_T）与入射功率（P_I）之比的对数值[49, 50, 53-56]，SE_T 的计算如式（7-1）所示。

$$\mathrm{SE_T = SE_R + SE_A + SE_M = 10lg}\left(\frac{P_\mathrm{T}}{P_\mathrm{I}}\right) = 20lg\left(\frac{E_\mathrm{T}}{E_\mathrm{I}}\right) = 20lg\left(\frac{H_\mathrm{T}}{H_\mathrm{I}}\right) \qquad (7\text{-}1)$$

式中，$\mathrm{SE_R}$ 为反射率；$\mathrm{SE_A}$ 为吸收率；$\mathrm{SE_M}$ 为多重反射损耗；P_T 为透射功率；P_I 为入射功率。

除了可用透射与入射功率的比值来计算电磁屏蔽效能之外，透射电场和入射电场(或透射磁场和入射磁场)的强度比值也可用于衡量电磁屏蔽效能，因此在式(7-1)中也列出了相应关系：其中，E_T 为透射电场强度；E_I 为入射电场强度；H_T 为透射磁场强度；H_I 为入射磁场强度。

7.1.3 电磁屏蔽的测量

1. 电磁屏蔽的测量原理

电磁屏蔽效能的测定通常采用矢量网络分析仪来完成，主要通过测量样件对频率和功率扫描信号的幅度和相位响应来确定样件的电磁性能。如图 7-3 所示，矢量网络分析仪通过测量两个端口的 S 参数(复散射参数)来表征试件的反射和传输特性，以 S 参数为基础，通过计算即可得到反射率、透过率、吸收率、多次反射率、复介电常数和复磁导率等[49,56-60]。

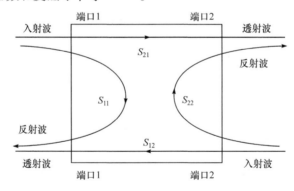

图 7-3　双端口测试的 S 参数定义[49,56-60]

其中，S_{21} 是顺方向传送特性；S_{11} 是顺方向反射特性；S_{12} 是逆方向传送特性；S_{22} 则为逆方向反射特性

2. 电磁屏蔽测量方法

材料屏蔽效能的测试主要有四种方法[62]，即同轴传输线法[56,61-64]、波导法[62,65-67]、自由空间法[63]和弓形法[62,68-69]。

同轴传输线法和波导法统称传输线法，它们通过测量填充了被测介质的传输线的反射和传输特性(S 参数)，来计算被测材料的相对复介电常数和相对复数磁导率[57]，文献上称之为"Nicolson-Ross-Weir(NRW)法"、"传输/反射法"或"T/R 法"。该方法具有频带宽、精度高、易操作等特点，是目前使用最广泛的电磁屏蔽效能测试方法。

自由空间法是将试件置于两个天线之间的一种非接触式测量方法，一般用于测试大面积平板试件，当然颗粒或粉末状的材料也可使用夹具进行测量[62]。该方法非常适用于特殊结构试件或有特殊要求的测试，诸如具有不均一结构的试件（频率选择表面、蜂窝结构吸波材料等），或现场高温、变温测试，现场变电磁参数测试及非破坏性测试等。

弓形法是自由空间法的一种，是由美国海军研究院制定的一种用于测量平板试件电磁吸收效能的标准方法。该法是将发射和接收天线安装在一个半圆形的轨道上，天线处于弧顶近似 0° 的位置对称放置，或在以 0° 为中心对称地在轨道上放置。由于试件位于圆心处，无论天线如何放置，两个天线到试件的距离总是相等的，相对法线的角度也是相同的。测试时试件放置在一个尺寸与其相同的金属底板上，通过测量反射波功率相较于入射波功率的衰减来评估试件的吸收效能。

7.2　导电聚苯胺电磁屏蔽材料

7.2.1　导电聚苯胺的电磁性能

影响导电聚苯胺屏蔽效能的因素较多，包括聚苯胺的一次结构[70]、掺杂剂[11,68,71-74]、薄膜厚度[10,75]等。通过改变合成条件可大幅提高聚苯胺的规整性和电导率[70,76]，如 Tantawy 等[70,77,78]使用研磨法在无附加溶剂条件下合成了规整 1,4-偶联的聚苯胺，几乎消除了交联结构的存在，在 2～14 GHz 频段其屏蔽效能可达 55～70 dB。Lee 等[76,79]发明了一种自稳定分散聚合法（self-stabilized dispersion polymerization，SSDP），该方法通过在水和有机体系的界面上合成聚苯胺，得到了规整性好、电导率为 600～800 S/cm 的导电聚苯胺，其在 6～18 GHz 频段的屏蔽效能可达 30～40 dB。

Hourquebie 等[11]研究了聚苯胺的规整性、掺杂剂种类及掺杂率等因素对导电聚苯胺在宽频范围内（0.1～20 GHz）屏蔽效能和复介电常数（$\varepsilon^* = \varepsilon' + j\varepsilon''$）的影响。研究表明复介电常数受聚苯胺掺杂率和分子链间距的双重影响。聚苯胺的电导率随着掺杂率的增加而增加，且 ε' 和 ε'' 同时增大，不过 ε'' 的增速要大于 ε'，表明导电聚苯胺膜的反射率随着掺杂率的增加而增加，不过吸收率也在增加。对于掺杂率一定的聚苯胺，ε' 和 ε'' 随链间距的变小而增大，ε'' 的增速大于 ε'。但是，随着掺杂率的增加，嵌入聚苯胺分子链间的掺杂剂逐渐增多，分子链间距逐渐增大，说明掺杂率和电导率对 ε^* 的影响占主导地位，链间距对 ε^* 的影响则处于次要地位。Han 等[74]在 1～100000 Hz 频率范围内进行了类似的研究，进一步验证了

Hourquebie 等的上述结果。

Phang 等[73]考察了二次掺杂剂对导电聚苯胺(对甲苯磺酸掺杂的聚苯胺，PANI-PTSA)屏蔽效能的影响，所采用的二次掺杂剂为二氯乙酸(dichloroacetic acid，DCA)，他们同时研究了不同掺杂比对聚苯胺介电常数的影响(表7-1)。他们制备了 ε'' 较低且 ε' 为负的样品(样品 E1)，该样品具有较高的电导率，在 4～13.5 GHz 频段透过率只有 1.07%～4.90%，吸收率为 57.5%～64.5%，反射率为 34.1%～40.8%，其原因是在聚苯胺链上有更多无序运动(disordered motion)的载流子[60]，从而提升了导电聚苯胺的屏蔽效能。随着掺杂剂(PTSA或DCA)用量增加，聚苯胺的掺杂比提高，导致样品表面酸性增加，其反射率呈上升趋势，但是吸收率呈下降趋势。故掺杂比较低的样品(如 E4)的吸收率较高，适合用作吸波材料，而掺杂比较高的样品(E2)其反射率较高，适合作为反射材料。

表 7-1　不同掺杂比(PANI∶PTSA∶DCA)导电聚苯胺的介电常数[73]

编号	PANI∶PTSA∶DCA(质量比)	电导率/(S/cm)	ε'	ε''
E1	1∶1∶1	9.86	−15.5	5.1
E2	1∶3∶1	2.72	−17.4	5.8
E3	1∶1∶3	4.24	−15.2	6.1
E4	1∶0.5∶1	4.45	−26.2	13.65
E5	1∶1∶0.5	1.77	−15.1	5.3

Song 等[10]研究了掺杂态聚苯胺膜的屏蔽效能与膜厚的关系，他们首先测定了不同厚度下聚苯胺膜在 X 波段(8.2～12.4 GHz)的屏蔽效能，并采用远场理论[式(7-2)][80]进行计算，式(7-2)中，Z_0 为自由空间的阻抗值(377 Ω)，σ 为屏蔽膜的电导率，d 为屏蔽膜的厚度。

$$SE_T = 20\lg\left(1 + \frac{Z_0 \sigma d}{2}\right) \tag{7-2}$$

如图 7-4 所示，实验结果与理论计算值吻合得很好，厚度仅为 5.3 μm 的聚苯胺膜的屏蔽效能就可达 20 dB，可屏蔽 99%以上的电磁波信号。值得指出的是，聚

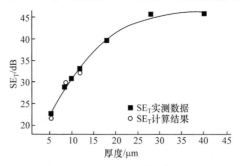

图 7-4　导电聚苯胺的屏蔽效能与厚度关系[10]

苯胺膜的屏蔽效能在厚度为 28 μm 时达到最高值，这是趋肤效应的原因，再增加聚苯胺膜的厚度已经不能进一步提升其屏蔽效能。

7.2.2　导电聚苯胺复合物的电磁屏蔽性能

由于导电聚苯胺本身的溶液加工比较困难，通常将其与树脂共混制备复合物以改善其溶液加工性，聚苯胺既可与树脂进行溶液共混制备导电材料，也可直接与树脂一起通过熔融共混制备导电材料，下面对不同方法制备的聚苯胺复合物的电磁性能进行简要介绍。

1. 基于溶液共混的导电聚苯胺复合物

Jing 等[12]将对甲苯磺酸(TSA)掺杂的聚苯胺与聚丙烯酸酯(PA)溶解在由甲基异丁基酮(MIBK)、乙二醇单丁基醚(EGMBE)和正丁醇构成的混合溶剂(4∶2∶1，质量比)中，经球磨后喷涂于 ABS 基片上，制备出厚度为 100 μm 的导电膜，按照聚苯胺在复合物中的体积分数计算，其导电逾渗阈值约为 21%，复合膜厚度为 70 μm 时屏蔽效能在 30～80 dB 之间。尤其是在 14 kHz～1 GHz 的频率区间，屏蔽效能有望满足商用要求。通常增加复合膜中的聚苯胺含量，可以进一步提升屏蔽效能，在低频区这种影响尤其明显，因为屏蔽效能是以电磁吸收为主的，通常复合膜中聚苯胺含量越高，其电磁吸收越大。

Saboor 等[15]采用溶液共混方法制备了聚苯胺与苯乙烯-丙烯腈共聚物(SAN)的复合物，并研究了其在较低频段(1 kHz～5 MHz)的电磁性能。交流电导率(σ_{AC})的研究表明聚苯胺在复合物中的逾渗阈值在 35wt%～40wt% 之间。复合膜屏蔽效能与聚苯胺含量和频率有关，通常屏蔽效能随聚苯胺含量增大而增强，当聚苯胺含量为 40wt% 时屏蔽效能达到最大，但继续增加聚苯胺含量并不能进一步增大屏蔽效能。复合膜的屏蔽效能随频率升高而降低，因为屏蔽效能以反射为主，最佳屏蔽效能出现在 1 kHz 时(聚苯胺含量 40wt%)，此时 SE 可达 164 dB。

Niu 等[81]将 HCl 掺杂的聚苯胺纳米纤维与聚丙烯酸酯(PA)在环己烷中共混，随后将共混物喷涂在聚氯乙烯(PVC)基底上，形成的复合膜厚度可达 100 μm。复合膜的电导率随聚苯胺纳米纤维含量的增加而上升，电导率逾渗阈值出现在聚苯胺含量为 20wt% 时。复合膜电磁性能如表 7-2 所示，当聚苯胺的含量大于 35wt% 以后，其屏蔽效能的增长趋于平缓，在 200 kHz～10 GHz 频段其屏蔽效能可达 38～63 dB。

表 7-2　不同频率下聚苯胺纳米纤维与 PA 复合膜的屏蔽效能[81]

PANI 含量 /wt%	不同频率下的屏蔽效能/dB				
	200 kHz	600 MHz	1 GHz	5 GHz	10 GHz
25	23	35	41	26	22
35	45	55	47	44	38
45	50	63	52	46	43

Bora 等[16]将聚苯胺纳米纤维与聚乙烯醇缩丁醛(PVB)在乙醇溶液中进行共混，用浇注法制备了厚度为 0.78 mm 的 PANI/PVB 膜。当聚苯胺纳米纤维的质量分数约为 22wt%时，复合膜的屏蔽效能最优，如图 7-5 所示，在 X 波段和 Ku 波段的屏蔽效能分别达到 26 dB 和 30 dB，而屏蔽效能的主要贡献来自电磁吸收(SE_A)。与 Saboor 等[15]报道的结果不同，聚苯胺纳米纤维与 PVB 复合物是一类散射型电磁吸收材料，其屏蔽效能不是由反射率(SE_R)决定的，原因可参考 Zhuo 等[82]的研究结果。因为

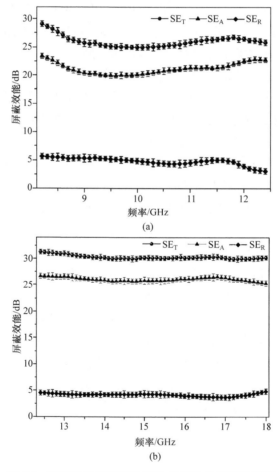

图 7-5　聚苯胺纳米纤维与 PVB 共混物的屏蔽效能[16]

PANI/PVB 复合物中每根聚苯胺纳米纤维都被 PVB 包裹，由于纳米纤维的表面积很大，与 PVB 之间形成了面积很大的界面，而每根聚苯胺纳米纤维构成一个小的天线单元，接收电磁辐射并将其转化为颗粒内部的微电流后，最后被耗散掉，因此可以选择含大体积对离子掺杂剂来掺杂聚苯胺，以构筑散射型吸波材料，从而利用导电微粒界面处的极化作用和介电损耗来达到吸波的目的。

Belaabed 等[17]制备了聚苯胺与热固性树脂的共混物，他们首先采用对甲苯磺酸掺杂聚苯胺(PANI-PTSA)，并与环氧树脂(epoxy)在四氢呋喃(THF)中混合，挥发掉溶剂后再加入固化剂，随后进行加工成型。聚苯胺在环氧树脂中的逾渗阈值大约出现在 12wt%，复合材料的交流电导率随频率的增加而增加。按照 Chen 等[83]的研究结果，对多相材料而言，在电导率和介电常数都不同的相界面上会累积电荷形成偶极子，随着聚苯胺含量的增加，偶极子的密度和迁移率也逐渐增加，当达到逾渗阈值以后，偶极子通过聚苯胺链连接并形成网络，导致复合材料的复介电常数实部和虚部同时增大。

2. 基于熔融共混的导电聚苯胺复合物

熔融共混是指在一定温度下使聚合物熔融，并通过机械剪切力将不同聚合物或聚合物与填料等混合制备复合物，再通过吹塑、流延、压延等熔融加工方法制备导电薄膜、片材等。Das 等[18]将十二烷基苯磺酸掺杂的聚苯胺(PANI-DBSA)与乙烯和乙酸乙烯酯的共聚物(EVA，所用商品牌号 Levaprene® 450)在 50℃下用单螺杆挤出机混合挤出，并在 160℃下熔融制备复合膜，其电阻率随聚苯胺含量的增大而下降，基本呈线性关系，同样其屏蔽效能与电导率也存在粗略的线性关系，不过并没有明显的逾渗阈值。Narkis 等[84-87]从形态学上对这种没有明显逾渗阈值、绝缘态-导电态过渡比较平滑的现象进行了研究，他们指出聚苯胺与热塑性树脂进行机械共混时，聚苯胺相当于溶解在熔融的树脂当中，当混合物开始冷却时，聚苯胺开始析出，形成一种两级导电结构。分子量较高的部分，溶解性较差或者不溶，首先析出，形成孤立的导电颗粒；而分子量较低的部分，溶解性较好，冷却过程中析出，形成精细的、短程的桥连结构，将高分子量形成的导电颗粒连接成网状结构，从而实现复合物整体导电。聚苯胺的掺杂剂和树脂之间的相容性对复合材料的电导率有很大影响，当掺杂剂与树脂之间有相似结构时，聚苯胺在熔融树脂中溶解较好，在共混后的冷却过程中可形成由导电颗粒和导电桥梁构成的网状结构，此时复合物电导率会随着聚苯胺含量的增加而发生突跃，产生逾渗现象。当聚苯胺与树脂的极性难以匹配时，其在熔融树脂中不能溶解而形成团聚，冷却后在树脂中形成均匀分散的颗粒结构，而非前述的两级结构，复合物的电导率会随着聚苯胺含量的增加而线性增加，因此不会发生逾渗现象。

  Dhawan 等[19]将十二烷基苯磺酸掺杂的聚苯胺(PANI-DBSA)与聚苯乙烯(PS)在 180～220℃下进行高速分散,随后在模具中浇注成膜,复合物的电阻率随着聚苯胺含量的增加而逐渐下降,电阻率的对数值与聚苯胺的含量基本呈线性关系,也没有明显的逾渗阈值,这与 Narkis 等[84]的研究结果一致。复合物的屏蔽效能同样与聚苯胺的含量呈线性关系。从屏蔽效能和电导率综合来看,聚苯胺含量在 10wt%以下时,复合材料的电导率较低,屏蔽效能较低,只能用于抗静电;当聚苯胺含量大于 30wt%时,复合材料的电导率较高,屏蔽效能大于 30 dB,可作为商用屏蔽材料。

  Bhadra 等[20]将对甲苯磺酸掺杂的聚苯胺(PANI-PTSA)与乙烯/1-辛烯的共聚物(EN,所用商品牌号 Dow Engage® 8150)在 70℃下共混,并在 70℃下压片。纯 EN 的电磁性能随频率的波动比较大,而填充聚苯胺后复合物的屏蔽效能主要由聚苯胺来体现,电磁性能随频率的变化呈现明显的规律性。聚苯胺含量在 0～40wt% 之间变化时,复合物电导率和屏蔽效能均随聚苯胺含量的增加而增大,但是当聚苯胺含量超过 40wt%以后,复合膜的屏蔽效能继续增大,而电导率反而有所下降。根据 Narkis 等[84,87]和 Miyasaka 等[88-90]的研究结果,出现这种现象的原因在于聚苯胺与树脂之间的相容性发生变化。若聚苯胺在树脂中的相容性较好,当聚苯胺含量超过逾渗阈值后,进一步增加聚苯胺含量,这部分聚苯胺仍可在树脂中分散,完善导电网络,但电导率不会有突跃,只会缓慢增加或持平。当聚苯胺在树脂中的相容性较差时,聚苯胺含量超过逾渗阈值后,进一步增加聚苯胺含量只会增大聚苯胺的团聚颗粒尺寸、削弱网状导电结构,反而在一定程度上降低复合材料的电导率,但是电磁波在树脂与聚苯胺界面的反射及在聚苯胺颗粒内部的损耗并没有降低,依然随聚苯胺含量的增加而增大,所以屏蔽效能仍呈增长趋势。当然,如果聚苯胺与树脂的相容性很差,超过逾渗阈值后聚苯胺团聚趋势进一步加强,既削弱了导电网络结构,又减小了聚苯胺颗粒与树脂的界面面积,此时将出现电导率与屏蔽效能同时下降的现象。

3. 基于静电纺丝的导电聚苯胺复合物

  静电纺丝技术近年来被广泛应用于制备纳米纤维,也是制备聚苯胺复合物纳米纤维的重要方法。采用该法制成的导电织物,可用于制作柔性屏蔽及抗静电材料。姜亚南等[21]将盐酸掺杂的聚苯胺(PANI-HCl)与聚丙烯腈(PAN)溶解在 N,N-二甲基甲酰胺(DMF)中,在 18 kV 电压下进行静电纺丝,制备了纳米纤维毡,表 7-3 列出了聚苯胺含量对复合材料电磁性能的影响,纳米纤维毡的屏蔽效能随聚苯胺含量的增加而增大,随频率的升高而下降。

表 7-3　聚苯胺含量对纳米纤维毡电磁性能的影响[21]

聚苯胺含量 /%	不同频率(MHz)下的屏蔽效能/dB					
	0.3	1	5	9	13	17
1	33.30	22.71	8.91	4.24	1.60	0.71
5	36.36	25.32	12.01	7.53	4.93	3.43
9	37.73	26.59	13.34	8.62	5.94	4.24
13	39.83	28.12	15.24	10.41	6.76	5.85

4. 基于现场聚合的导电聚苯胺复合物

现场聚合法是使苯胺在基材表面直接进行聚合形成导电聚苯胺复合物。该法不仅简便易行，而且苯胺的利用率高，即使采用少量苯胺也可制备连续的具有较高电导率的聚苯胺薄层。不过现场聚合法也有其局限性，即聚苯胺与基材的附着力较弱，这是制约其应用的最大瓶颈。

Engin 等[22]将聚酯(PET)纤维布浸泡在苯胺盐酸溶液中，以过硫酸铵(APS)为氧化剂，在纤维布表面沉积聚苯胺后制备出表面包覆 PANI-HCl 的导电纤维布。如图 7-6 所示，苯胺浓度为 0.5 mol/L 时所制备导电纤维布的屏蔽效能为 5.7 dB，苯胺浓度为 0.8 mol/L 时纤维布屏蔽效能升高到 7.2 dB，但是苯胺浓度为 1.2 mol/L 时纤维布屏蔽效能下降到 2.18 dB。主要原因是当苯胺浓度增加到一定程度后，聚苯胺形态发生了变化，附着力下降，出现团聚颗粒和缺陷，导致复合物的电导率和屏蔽效能下降。

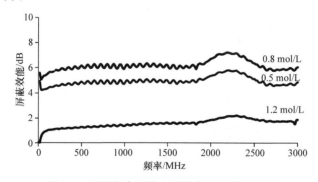

图 7-6　不同频率下导电纤维布的屏蔽效能[22]

图 7-7 显示了不同频率下导电纤维布的反射率和吸收率。按照 Dhawan 等[91]的研究结果，其屏蔽效能主要来自于吸收，因为导电聚苯胺的偶极子能吸收电磁波。在苯胺浓度为 0.5 mol/L 下制备的导电纤维布，其吸收率与在苯胺浓度为 0.8 mol/L 下制备的纤维布相差不大，但纤维布反射率差别较大，将苯胺浓度从 0.5 mol/L 提高到 0.8 mol/L，所制备的纤维布反射率会提高 5%～10%，而在苯胺

浓度为 1.2 mol/L 下所制备的纤维布，无论吸收率还是反射率都低于苯胺浓度为 0.5 mol/L 或 0.8 mol/L 下制备的纤维布，这与之前有关电导率、屏蔽效能的结果是一致的。

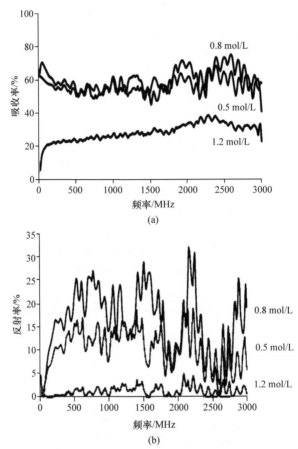

图 7-7 不同频率下导电纤维布的吸收率(a)与反射率(b)[22]

Schettini 等[23]采用现场聚合方法将苯胺、十二烷基苯磺酸与苯乙烯-丁二烯嵌段共聚物(他们采用的商品是 BASF Styroflex® 2G66，STF)溶解后引发苯胺聚合，制备了 PANI-DBSA/STF 复合物，在 120℃下模压成型。该复合物体系存在逾渗阈值，大约出现在 PANI-DBSA 含量为 20wt%时。图 7-8 显示了该复合材料在 8～13 GHz 频率范围的屏蔽效能，其数值随 PANI-DBSA 含量的增加而逐渐增加。当 PANI-DBSA 含量达到 49wt%时，复合材料在 8.2 GHz 的屏蔽效能达到 14 dB。

Lakshmi 等[24]采用与 Schettini 等[23]类似的方法，将苯胺与聚氨酯(PU)共同溶解在四氢呋喃(THF)中，以过氧化苯甲酰(BPO)为氧化剂进行苯胺聚合，再在所得的混合溶液中加入樟脑磺酸(CSA)，制得 PANI-CSA/PU 复合膜，PANI-CSA 与

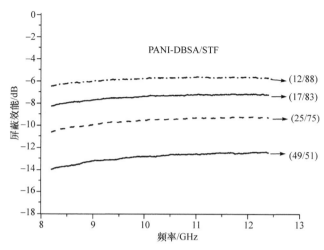

图 7-8　PANI-DBSA /STF 复合物的电磁性能(PANI-DBSA 与 STF 的质量比分别为 12/88、17/83、25/75、49/51)[23]

PU 同样是微观尺度的复合，无论在 S 波段还是 X 波段，复合膜的屏蔽效能均随厚度的增加而增大。在 S 波段，复合材料在 2.23 GHz 处屏蔽效能最强，厚度为 0.62 mm 的复合膜屏蔽效能达到 6.3 dB，而厚度为 1.26 mm 的复合膜屏蔽效能达到了 10.2 dB。在 X 波段，复合膜在 8.82 GHz 处的屏蔽效能最强，厚度为 0.62 mm 的复合膜为屏蔽效能达到 18.2 dB，厚度为 1.26 mm 的复合膜的屏蔽效能为 20 dB，当复合膜厚度为 1.9 mm 时，其屏蔽效能达到 26.7 dB。

5. 基于多层结构的导电聚苯胺复合膜

Hoang 等[25]将樟脑磺酸掺杂的聚苯胺(PANI-CSA)与 PU 溶解在二氯乙酸中(DCCA)，并将溶液涂布在聚酰亚胺膜(PI，采用的商品是杜邦 Kapton®)的正反两面，制成三层复合膜。表 7-4 是频率为 8 GHz、三层膜 SE 为 40 dB 时的理论设计参数和实际制备参数，图 7-9 中的黑线是屏蔽效能为 40 dB 时的理论计算结果，其中灰色区域是屏蔽效能实测值，可见理论设计与实际测量结果吻合很好。进一步的研究表明，在频率为 8 GHz、三层膜屏蔽效能为 80 dB 时，理论计算值和实际测量结果也吻合得较好。

表 7-4　频率为 8 GHz、屏蔽效能为 40 dB 时的理论设计参数和实际制备参数[25]

材料	ε'		$\sigma/(S/m)$		$d/\mu m$	
	理论值	实际值	理论值	实际值	理论值	实际值
第一层，PANI-PU	—	—	2215.3	2450	78.4	80
第二层，PI	3.1	3.1	≈0	≈0	125	125
第三层，PANI-PU	—	—	5888.7	5700	59.6	55

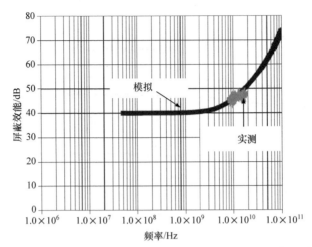

图 7-9　采用表 7-4 的参数时，三层复合膜的屏蔽效能与频率的关系[25]

7.2.3　导电聚苯胺与导电填料的复合物

为了解决导电聚苯胺电导率不够高、单独使用困难的问题，研究人员将其与碳材料如碳纤维、石墨、碳纳米管和石墨烯等共混，或将其与金属材料共混，这不但可以提高聚苯胺的电导率，同时可在聚苯胺膜中引入界面极化，大幅提高聚苯胺膜的屏蔽效能。

1. 导电聚苯胺与石墨的复合物

Saini 等[26]采用现场聚合的方法将聚苯胺与石墨(G)共混，制得聚苯胺与石墨的复合物。他们首先将苯胺、石墨和 DBSA 加入水中，超高速分散后滴入 APS，现场聚合得到聚苯胺与石墨的复合物，在石墨含量小于 30%时，其屏蔽效能随着石墨含量的增加而增加，当石墨含量达到 30wt%时屏蔽效能达到峰值，超过 33 dB，随后屏蔽效能随石墨含量进一步增加出现下降。由于复合材料的电导率随着石墨含量的增加而增大，而反射率与电导率正相关，因此引起以上现象的原因在于吸收率的变化。因为复合材料是电磁吸收型屏蔽材料，复合材料的屏蔽效能一开始以聚苯胺的电磁吸收为主[12]，但随着石墨含量的增加，聚苯胺与石墨的界面相互作用增强，界面极化等均增加了电磁吸收，当石墨含量在 30wt%时复合材料的电磁吸收率最高；当石墨含量超过 30wt%时，这种界面相互作用被削弱，复合材料的电磁波屏蔽主体从聚苯胺转变为石墨，且两者开始产生相分离，反而降低了屏蔽效能。

2. 导电聚苯胺与碳纤维的复合物

Yu 等[27]采用现场聚合方法将聚苯胺沉积在短碳纤维(short carbon fiber，SCF)

表面，制备了 PANI-SCF 复合物，并研究了其电磁性能。他们首先将 SCF 在硝酸中氧化，制得表面含羟基(—OH)、羧基(—COOH)的氧化短碳纤维(OSCF)，然后分别将 SCF 和 OSCF 加入到含有十二烷基苯磺酸钠(SDBS)、苯胺和盐酸的溶液中，再以 APS 为氧化剂，分别在 SCF 和 OSCF 表面沉积 PANI，制得 PANI-SCF 和 PANI-OSCF 复合物，将二者均与丙烯酸树脂混合固化成膜。在 9 kHz～1.5 GHz 范围内，两类复合物膜的屏蔽效能均超过 20 dB。

3. 导电聚苯胺与碳纳米管的复合物

Sarvi 等[28]将聚苯胺与多壁碳纳米管(MWCNT)复合，制备了具有核壳(core-shell)结构的复合物。他们首先将 MWCNT 用浓盐酸处理，然后加入苯胺盐酸盐溶液中，超声分散均匀后滴入 APS，苯胺在 MWCNT 表面聚合形成壳层，复合物中聚苯胺含量可控制在 5wt%～20wt%，将该复合物与聚苯乙烯(PS)一起溶解在 DMF 中，超声分散均匀，以甲醇沉淀分散液得到 MWCNT-PANI/PS 复合物粉末，最后热压成 MWCNT-PANI/PS 复合膜。复合材料的屏蔽效能以吸收为主，引入聚苯胺后，复合材料的电磁吸收较纯 MWCNT 有明显增加，作者认为主要是由于聚苯胺包覆层的电容耦合效应带来的附加电磁吸收。

4. 导电聚苯胺与石墨烯复合

Mishra 等[29]通过现场聚合方法制备了聚苯胺与多壁碳纳米管(MWCNT)、碳纤维(CF)和还原氧化石墨烯(rGO)的复合物(PCNT、PCF、PrGO)，在优化苯胺与 MWCNT、CF 和 rGO 的比例、苯胺与 β-萘磺酸(β-NSA)以及 APS 的比例后，复合物的电导率可在 25～70 S/cm 之间调控。屏蔽效能以电磁吸收为主，加入碳材料明显增加了聚苯胺的屏蔽效能，如聚苯胺/石墨烯复合材料(PrGO)在 8.2～12.4 GHz 范围内的屏蔽效能最高可达 39.27 dB。不过几类材料的屏蔽机理是有所不同的，聚苯胺及其与碳纤维的复合物(PCF)的电磁吸收主要来自空间电荷的定向极化，定向极化主要是因为束缚电荷即偶极子的存在，偶极子被束缚在一个小的范围内，迁移率较低，当电磁波的频率逐渐提高后，偶极子的运动滞后于电磁波，产生电磁吸收[92]。而聚苯胺与碳纳米管或石墨烯复合材料(PCNT 和 PrGO)，其内部存在的大量缺陷会在费米能级附近形成一种定域状态，从而导致电磁波的衰减[93]，此外 rGO 的比表面积和跳跃电导很高，也可导致强烈的极化损耗，由此 PrGO 具有比 PCNT 和 PCF 更好的屏蔽性能。

Mohan 等[30]将聚苯胺与石墨烯(GN)复合制备了自支撑膜。他们首先用自稳定分散法[76]合成高分子量聚苯胺，然后将其与 GN、CSA 一起分散在间甲酚中，超声波处理后所得溶液浇注成自支撑膜，厚度 5 μm 时电导率达到 116 S/cm。其屏蔽效能如图 7-10 所示，PANI-GN 复合膜的屏蔽效能中反射占主要部分，比吸收大 15～30 dB。在 C 波段复合膜的反射率 SE_R 达到 34～36 dB，而吸收率 SE_A 仅为 5.7～6.3 dB；在 X 波段 SE_R 为 23.2～24.2 dB，SE_A 为 5.8～8.4 dB。其高反射率主要得益于复合膜具有很高的电导率和大的比表面积，因为 GN 呈片状，互相交叠形成一个电导率均匀连续的平面，并且具有很高的电导率，类似于连续的金属，故电磁波的反射率远大于吸收率。此外，片状的 GN 增加了聚苯胺分子链间的连接，有利于电荷在分子链间传递，从而提高了其电导率，也增加了电磁屏蔽效能。值得指出的是，复合膜的屏蔽效能受频率的影响比较小，尤其在 C 波段，说明复合材料是一种性能很好的宽频屏蔽材料。尤其是 PANI-GN 复合膜，只需很薄的厚度（5 μm）即可达到 32～42 dB 的宽频屏蔽效能，因此具有较好的应用前景。

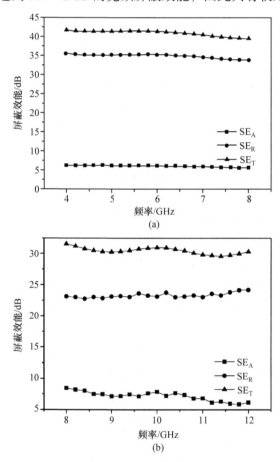

图 7-10　PANI/GN 复合物的电磁屏蔽效能[30]

(a)C 波段；(b)X 波段

5. 导电聚苯胺与金属材料的复合物

Fang 等[31]采用两种方法制备了聚苯胺与 Ag 纳米线(Ag-NW)的复合物。他们将溶剂热法(solvothermal method)制备的 Ag-NW 分散液和聚苯胺的 N-甲基吡咯烷酮(NMP)溶液先后浇注在玻璃基底上并烘干,然后用水浸渍法揭下复合膜,随后在盐酸溶液中掺杂,制得 Ag-NW/PANI 复合膜。该复合膜的电磁吸收从数据上看仍然大于反射,但值得注意的是,由于复合膜的电导率非常高,膜的 SE_R 在 Ag-NW 含量为 11%时已经达到 10.8 dB,这意味着当电磁波入射时,有 91.7%的功率首先被反射,8.3%的功率透过表面,而 SE_A 为 26.9 dB,意味着被吸收能量为从表面透射功率的 99.8%,相当于总入射功率的 8.28%被吸收,只有 0.017%的功率透射。因此虽然 SE_A 大于 SE_R,但实际上大部分能量是被反射的。

他们还直接将 Ag-NW 加入到 PANI/NMP 溶液中,超声分散后浇注成膜,随后进行盐酸掺杂,制备了 Ag-NW/PANI 复合膜,该复合膜的电导率比聚苯胺的大幅度提高,从而提高了其屏蔽效能。当 Ag-NW/PANI 复合膜中 Ag-NW 含量为 14wt%时,其屏蔽效能达到 48 dB,而聚苯胺膜仅为 0.5 dB。值得指出的是,当复合膜中 Ag-NW 的含量达到 14wt%时,其屏蔽效能随频率会发生波动,甚至下降,这可能是因为当 Ag-NW 含量达到 14wt%时,已经在聚苯胺内部形成了 Ag 导电网络,继续增加 Ag-NW 的含量会导致导电网络的无序性增加,因此出现了屏蔽效能对频率的依赖性[94, 95]。

6. 导电聚苯胺与碳或金属材料的多元复合物

Jelmy 等[32]制备了聚苯胺与纳米金(Au)、多壁碳纳米管(MWCNT)的复合物(Au-MWCNT/PANI)。他们首先将苯胺在多壁碳纳米管表面原位聚合制备出 PANI/MWCNT 复合物,同时将 $HAuCl_4$ 水合物溶解后滴加柠檬酸钠以制备 Au 胶体,然后将 PANI/MWCNT 复合物加入到 Au 胶体溶液中,得到 Au-MWCNT/PANI 复合物(Au-MWCNT/PANI-1),该复合物中 Au 主要分布在 PANI 的表面,并且 Au 纳米粒子存在团聚现象,导致复合物的电导率逾渗阈值增大。随后他们对上述方法进行了改进,首先将 Au 胶体与 MWCNT、苯胺混合在一起超声,然后滴加 APS,聚合得到 Au-MWCNT/PANI 复合物(Au-MWCNT/PANI-2),该复合物中 Au 与 PANI 可实现均匀分散,共同分布在 MWCNT 表面,如表 7-5 所示,该复合物在 X 波段的平均屏蔽效能达到–16.01 dB。聚苯胺中混入 MWCNT 和 Au 后电导率大幅增加,符合颗粒金属岛导电模型[96]。因为当聚苯胺中混入电导率较高的 MWCNT 和 Au 后,相当于在聚苯胺中增加了金属岛[97],并且 MWCNT 的长径比大,与聚苯胺的界面作用强,能大幅增强金属岛之间的电荷传输能力,从而使复合物的电导率大幅度增加。不过在上述复合物的屏蔽效能中,吸收仍然占主导地位,而吸收主要来自于界面极化,复合材料中各个组分的电导率和介电常数不同,在相界面处电荷的迁移受到阻碍，产生界面极化现象，电荷在界面处发生积累和释放，伴随着能量的存储和损耗。此外，所产生的偶极子可以与电磁波的电矢量和磁矢量发生相互作用，产生电磁吸收，进一步增大屏蔽效能。

表 7-5　聚苯胺及其与 Au、MWCNT 的复合物在 X 波段的屏蔽效能[32]

样品	σ/(S/cm)	平均 SE_R/dB	平均 SE_A/dB	平均 SE_T/dB
PANI	0.10	−1.31	−11.20	−12.5
MWCNT/PANI	25.8	−1.68	−12.0	−13.68
Au-MWCNT/PANI-1	26.37	−1.44	−13.20	−14.64
Au-MWCNT/PANI-2	36.06	−1.51	−14.5	−16.01

Sharma 等[33]先将 MWCNT 和 GN 混合，然后在 0~5℃下以 APS 为氧化剂进行苯胺现场聚合，制备了 PANI/MWCNT/GN 复合物，其总体屏蔽效能与苯胺单体浓度有关，随苯胺单体浓度的下降而升高，在苯胺单体浓度为 0.02 mol/L 时，复合物的屏蔽效能可以达到 21 dB。原因是苯胺单体浓度越低，形成的聚苯胺膜厚度越低，复合物中 MWCNT/GN 相和组分间的接触电阻也随之减小，复合物的整体电导率随之增加，屏蔽效能也随之增加。此外，SE_R、SE_A 与 SE_T 的趋势变化相同，随着苯胺单体浓度的降低，复合物的 SE_R 从−3 dB 升至−9 dB，SE_A 从−9 dB 升至−14 dB，这也是电导率升高和电容耦合现象增大所产生的结果。

7.2.4　导电聚苯胺与电磁损耗材料的复合物

聚苯胺是典型的电损耗材料，兼具一定的吸收和反射特性，不过其磁损耗基本为零。将聚苯胺与电磁损耗材料或磁损耗材料复合，尤其是与磁损耗材料复合，可进一步增强聚苯胺电磁波吸收能力(SE_A)，从另一条途径达到增加屏蔽效能的目的。

1. 导电聚苯胺与电损耗材料复合

Saini 等[34]将聚苯胺与具有高介电常数的 BaTiO₃(TBT)复合制备出 PANI-TBT 复合物。他们首先采用溶胶-凝胶(sol-gel)法制备了纳米 TBT 粉末，然后将纳米 TBT 粉末与 DBSA 高速分散后加入苯胺，随后在−5℃下滴入 APS 制得 PANI-TBT 复合物。他们通过研究 PANI-TBT 复合物的复介电常数随频率和 TBT 含量的变化趋势，解释了与复合物吸收和反射能力相关的屏蔽效能的变化行为。对任一给定频率而言(如 12.4 GHz)，PANI-TBT 复合物的 SE_R 随 TBT 含量的增加而减小，这是由于复合物中 TBT 含量的增加会导致极化子浓度减小，迁移率降低，电导率也随之减小。PANI-TBT 复合物的 SE_A 也随 TBT 含量的变化而发生相应的改变，当 TBT 的相对含量较低时，SE_A 的变化趋势主要体现聚苯胺的行为，SE_A 随着频率的增加而增加，而当 TBT 的相对含量较高时，SE_A 首先随着频率增加而增加，但是到达一个峰值后就随着频率的增加而减小，而吸收峰出现的频率和峰值都随着 TBT 含量的增加而减小。

2. 导电聚苯胺与磁损耗材料复合

Ezzati 等[35]研究了聚苯胺与磁性材料复合物的制备方法，他们首先将 Ni/Mn 掺杂的 Ba/Sr 铁氧体与盐酸和苯胺混合，冷却至 5℃后滴入 APS，苯胺在铁氧体表面聚合，制备出聚苯胺-铁氧体复合物。该铁氧体及其与聚苯胺复合物的磁滞回线如图 7-11 所示，加入聚苯胺后对复合材料的矫顽力(coercivity，H_c)影响较小，仅由 4877 Oe 降至 4750 Oe。但是聚苯胺对复合材料的饱和磁化强度(saturation magnetization，M_s)影响很大，Ba/Sr 铁氧体的 M_s 为 44.039 emu/g，而含铁氧体 20wt% 的复合物，其 M_s 大幅度下降至 9.085 emu/g，这是因为聚苯胺是非磁性材料，当聚苯胺沉积在铁氧体的表面时，会影响铁氧体表面的各向异性，而且由于聚苯胺的导电性，材料的电子自旋状态也发生了一定程度的变化[98-100]。当然加入聚苯胺后复合物中磁性组分含量的降低也是影响因素之一[101]。

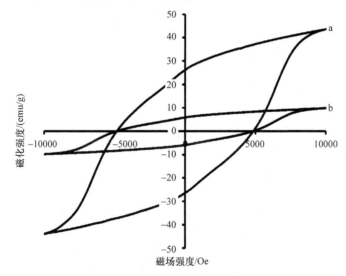

图 7-11　铁氧体及其聚苯胺复合材料的磁滞回线[35]

曲线 a 所示材料为铁氧体；曲线 b 所示材料为铁氧体含量为 20wt%的 PANI-铁氧体复合物

另外，由于聚苯胺的最大电损耗发生在 8～9 GHz，而铁氧体的最大磁损耗发生在 9～12 GHz，因此复合物的磁损耗发生的频率与纯铁氧体相比向低频方向移动，这是因为复合物内同时存在电损耗和磁损耗组分。

Tang 等[36]制备了聚苯胺与聚乙烯吡咯烷酮(PVP)、羰基铁粉(carbonyl iron powder，CIP)的三元复合物。他们首先将苯胺与 PVP 和对甲苯磺酸(TSA)共同溶解在蒸馏水中，然后加入 CIP，在 0℃下滴加 APS 进行现场聚合得到 PANI/PVP/CIP

三元复合物。与羰基铁相比,三元复合物的复介电常数的实部减小了,这是因为 PVP 和 PANI 的包覆阻隔了 CIP 颗粒形成导电网络。但是三元复合物的介电常数虚部增加了,这是因为三元复合物的层状包覆结构加强了每个颗粒固有的偶极子极化和界面极化作用,从而导致其介电常数虚部的增加。此外,在极化过程中,CIP 可以破坏 PANI 分子结构的一致性,形成不均匀的内部电场和偶极子,从而产生能量损失,因此三元复合物比羰基铁显示出更强的电损耗。

另外,三元复合物磁导率的实部在整个测试频域范围内都高于 CIP,这是因为 PANI/PVP 包覆层使 CIP 表面的各向异性增强,导致三元复合物的谐振频率变高。不过与 CIP 相比,三元复合物磁导率的虚部在大部分频率范围都只是略高,相差很小,这是由于非磁性的 PANI 和 PVP 削弱了 CIP 颗粒间的磁性相互作用。从反射损耗来看,如图 7-12 所示,三元复合物在很宽频的范围内保持很高的吸收率,

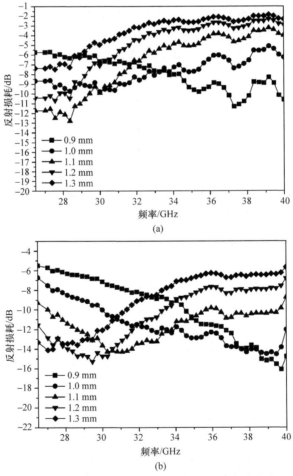

图 7-12 CIP 和 PANI/PVP/CIP 三元复合物的反射损耗[36]

(a)CIP; (b)三元复合物

整体反射损耗大于 CIP，这是因为聚苯胺与 PVP 包覆的 CIP 颗粒具有层状的核壳结构，核壳界面的极化作用可产生强烈的电磁吸收。

3. 导电聚苯胺与电磁损耗材料的多元复合物

Liu 等[37]报道了聚苯胺与电磁损耗材料构成的多元复合物的制备方法。他们首先将氧化石墨烯(graphene oxide，GO)与 $Co(NO_3)_2 \cdot 6H_2O$ 和 $Fe(NO_3)_3 \cdot 9H_2O$ 在溶液中混合均匀后加入氨水进行 180℃下水热合成反应，其中氨水可将 GO 还原为石墨烯(GN)，制得 $GN\text{-}CoFe_2O_4$ 复合物，该复合物同时具有电损耗(来源于石墨烯)和磁损耗(来源于 $CoFe_2O_4$)。将 $GN\text{-}CoFe_2O_4$ 复合物与 HCl 和苯胺一起分散在水中，在 0℃下滴入 APS 溶液，制得 $GN\text{-}CoFe_2O_4\text{-}PANI$ 电磁损耗多元复合物。该复合物具有软磁特性，M_s 为 17.1 emu/g，矫顽力(H_c)为 160.4 Oe，剩余磁感应强度(M_r)为 2.93 emu/g，而纯 $CoFe_2O_4$ 的 M_s 为 63 emu/g[102]。这是由于非磁性的 PANI 和 GN 降低了复合物中 $CoFe_2O_4$ 的质量含量并且改变了 $CoFe_2O_4$ 的表面状态。从不同材料的反射损耗来看，厚度为 2.5 mm 的 GN-PANI 复合材料的损耗峰值为–24.2 dB，频率为 13.6 GHz，–20 dB 损耗位于 13.1～13.9 GHz，带宽约为 0.8 GHz。而厚度为 2 mm 的 $GN\text{-}CoFe_2O_4$ 的损耗峰值为–30.9 dB，频率为 13.9 GHz，–20 dB 损耗位于 12.9～14.4 GHz，带宽约为 1.5 GHz。厚度为 1.6 mm 的三元复合物 $GN\text{-}CoFe_2O_4\text{-}PANI$ 的损耗峰值进一步达到–47.7 dB，频率为 14.9 GHz，而–20 dB 损耗位于 14～16 GHz，带宽达到 2 GHz，因此，与二元复合物仅有简单的电损耗、电磁损耗相比，三元复合物在损耗峰值、损耗带宽方面具有较大的优势。

Sambyal 等[9]也采用类似苯胺现场聚合的方法，制备了聚苯胺/钡锶钛酸盐(BST)/膨胀石墨(EG)多相复合物(PANI/BST/EG)。在 12.4～18 GHz 频率范围内，PANI 的屏蔽效能为 26 dB，而 PANI/BST/EG 的屏蔽效能可达到 81 dB，相应地，其 SE_A 高达 50 dB，而 SE_R 只有 1 dB。SE_A 和 SE_R 都随着 BST 含量的增加而下降，BST 的含量达到 9%时，SE_R 出现极小值，小于 1 dB。多相复合物的复介电常数无论实部还是虚部均高于聚苯胺，且均随着膨胀石墨(EG)含量的增加而增大，因为增加石墨的含量可以增加复合物的电导率和 ε'，促进多相复合物材料在电磁场中的位移极化和畸变极化。

7.2.5　导电聚苯胺与其他材料的复合物

Bora 等[38]用现场聚合的办法将聚苯胺沉积在粉煤灰中空微球(fly ash cenosphere，FAC)表面，再包覆一层聚乙烯醇缩丁醛(PVB)，制备了多层复合中空微球形屏蔽材料(PVB-PANI-FAC)，同时他们也制备了 PVB-FAC 复合物(PVBC)和 PVB-PANI(PVBP)复合物作为参考。在 8.2～12.4 GHz 的频率范围，厚度 171 μm 的 PVBC 复合膜的屏蔽效能在 4.7～1.8 dB 之间，厚度 178 μm 的 PVBP 复合膜的屏蔽效能在 16.3~14.2 dB 之间，而厚度 171 μm 的 PVBPC 复合膜的屏蔽效能达到 24~22.5 dB，一旦 PVBPC 复合膜厚度达到 197 μm，其屏蔽效能可达 30.5~28.4 dB。因此 PVBPC 的屏蔽性能要远优于 PVBP 和 PVBC，其屏蔽效能主要以电磁吸收为主。FAC 在 PANI 中是一种多相结构，使复合物的相界面大幅增加，而且两者的电导率相差很大，使得界面处可积累大量的空间电荷，显著增强了复合膜的电磁吸收。此外，由于 PANI 和 FAC 在介电性能方面的差距，PANI 中的极化子/双极化子可以在界面处被俘获，并且 FAC 的主要成分 SiO_2 和 Al_2O_3 本身也存在一定的介电损耗，上述因素都对提高复合膜的 SE_A 起到了促进作用。

　　Faisal 等[39,40]将稀土氧化物(Y_2O_3)与 HCl 和苯胺混匀后在 0~5℃下滴入 APS 进行现场聚合，制备出一系列 PANI-Y_2O_3 复合材料。从反射系数和吸收系数分析，该复合材料的屏蔽效能以电磁吸收为主。在低频范围(100 Hz~2 GHz)内，该复合材料中 Y_2O_3 含量小于 20wt%时，其屏蔽效能随 Y_2O_3 含量的增加而增大，不过当 Y_2O_3 含量大于 20wt%时，其屏蔽效能逐渐衰减，在某种程度上 Y_2O_3 含量 20wt% 可视为共混物屏蔽效能的逾渗阈值。当 Y_2O_3 含量小于 20wt%时，增加 Y_2O_3 含量能够有效增加复合材料内部的界面面积，从而增加界面极化，增强复合材料的 SE_A；当 Y_2O_3 含量超过 20wt%时，Y_2O_3 与 PANI 之间出现相分离，降低了界面极化作用，导致屏蔽效能下降。该复合材料在高频区(12.4~18 GHz)的屏蔽效能变化趋势与低频区类似，也是 Y_2O_3 含量为 20wt%时电磁性能最优。

　　Sudha 等[52]先将膨润土(bentonite)加入去离子水中并加热至 80℃，搅拌均匀后加入苯胺，再加入 3-十五烷基-苯酚-4-磺酸(PSPSA)或 DBSA，冷却至 0℃后滴入 APS，制得 PANI-膨润土复合物(PANICN-PDPSA 和 PANICN-DBSA)，再与乙烯-乙酸乙烯酯共聚物(EVA)进行溶液共混制备相应的复合膜。他们研究了不同复合物膜在 2~8 GHz 的电导率和电磁性能，对于不同的导电填充组分，随着含量的增加，其屏蔽效能都是增加的。含有膨润土的填充物比相对应的不含膨润土填充物的屏蔽效能要好。这是因为膨润土纳米颗粒的比表面积很大，加入膨润土后，复合物中的导电相和不导电相间的界面面积大幅增加，相应的界面极化/多重反射得到增强，进而提高了复合材料的屏蔽效能。

7.2.6　导电聚苯胺智能屏蔽材料

　　导电聚苯胺智能屏蔽材料是指在外场如电场或化学物质作用下其电导率可随外场变化发生相应的可逆变化，进而实现电磁屏蔽性能的可逆变化的一类智能材料。聚苯胺的电导率可以通过改变聚苯胺的氧化度、掺杂率等参数进行可逆的调节，如通过调节聚苯胺的氧化还原电位或酸度即可实现聚苯胺电导率的调控，进而在不同频率范围内调控其屏蔽效能。

Barnes 小组[41-46]研制了一系列电磁性能可控的聚苯胺复合物，该复合物将聚苯胺、酸($HCl^{[41,42]}$或者 $H_3OBF_4^{[42-46]}$)、金属($Ag^{[41-44,46]}$或 $Cu^{[45]}$)以及相应的金属离子盐按一定比例在凝胶电解质(如 PEO 基凝胶电解质)中混合后，制备出如图 7-13 所示的"智能窗口"材料。

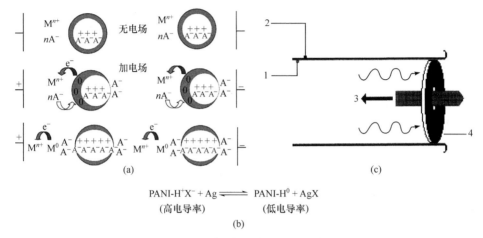

$$PANI\text{-}H^+X^- + Ag \rightleftharpoons PANI\text{-}H^0 + AgX$$
　　　　(高电导率)　　　　　　　(低电导率)

(b)

图 7-13　聚苯胺智能窗口材料示意图

(a)电子传递过程[47]，其中 M^0 为单质金属，M^{n+} 为 n 价金属离子，A^- 为金属盐中的负离子，黑色圆环和
黑色椭圆环分别为极化前和极化后的聚苯胺复合物；(b)转换原理[43]；(c)加电方式[42]，
其中 1 为波导外表面，2 为外电极，3 为连接内电极，4 为复合物样品圆环

聚苯胺智能窗口材料的切换原理如图 7-13(b)所示[43]，当聚苯胺处于还原态时，Ag 处于氧化态，由于两者均处于低导电状态，复合材料也处于低导电状态。当对复合材料施加一个电场[图 7-13(a)[47]]，聚苯胺($PANI\text{-}H^0$)颗粒会发生极化，极化产生的电荷会与其周围的 Ag^+ 发生反应，还原出单质 Ag，同时聚苯胺处于氧化状态，负离子(A^-)则进入聚苯胺中，构成导电态聚苯胺($PANI\text{-}H^+X^-$)，单质 Ag 和 $PANI\text{-}H^+X^-$ 都是高导电状态，复合材料也处于高导电状态。一旦外电场撤除后，复合材料会恢复至初始的低导电状态。

对复合材料施加电场的方式很简单，并不需要直接接触，如图 7-13(c)[42]所示，在使用同轴夹具进行现场测试过程中，直接在同轴的内外电极上施加电压即可完成切换。

图 7-14 显示了聚苯胺($PANI\text{-}HBF_4$)智能窗口复合材料在电场作用下电磁性能的变化。如图 7-14(a)所示，施加 5 V 电压即可使窗口的反射率变化达到大约 15 dB，而且这种变化是可逆的，即撤除电压后窗口材料的电磁性能会恢复至初始状态。图 7-14(b)则显示了施加 40 V 电压，复合材料在 8~12 GHz 时反射率的变化[44]，透过率最大下降了 4 dB(频率在 8 GHz 处)。当频率升高时，透过率的变化变小。需要指出的是，图 7-14(a)采用同轴电缆进行测试，图 7-14(b)则采用波导

进行测试，二者施加的电压不同，这是二者样品大小的不同，但是实际施加的场强是一样的，都在 10～15 V/cm 之间[44]。

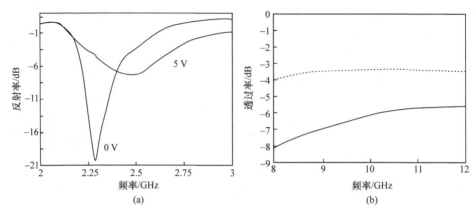

(a)　　　　　　　　　　(b)

图 7-14　聚苯胺智能窗复合材料的电磁性能

(a) 0 V 和 5 V 下复合材料反射率随频率(2～3 GHz)的变化；(b) 0 V(虚线)和 40 V(实线)下复合材料的透过率随频率(8～12 GHz)的变化[44]

对智能材料施以方波电压，无论是施加电压时还是撤除电压时，电流都能迅速达到稳定，切换均在瞬间完成(大约 200 ms)[45]，而且材料没有记忆性，可完全回到初始状态，可逆性能非常好。

Rose 等[48]使用聚苯胺制备了一种带有栅格电极的微波快门器件，其结构如图 7-15(a)所示，将 PANI-CSA、固体聚合物电解质(solid polymer electrolyte，SPE) 和 $Li_xMn_2O_4$ 逐层复合在一起，在 PANI-CSA 和 $Li_xMn_2O_4$ 表面相对的位置布置 Au 电极，电极宽度 0.127 mm，电极间距为 0.127 mm。

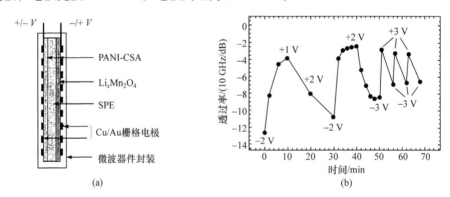

(a)　　　　　　　　　　(b)

图 7-15　聚苯胺微波快门器件

(a)结构示意图；(b)电磁性能和切换性能

如图 7-15(b)所示，聚苯胺微波快门器件的初始透过率为 4.8%(−12 dB)，此时 PANI-CSA 处于导电状态。对栅极循环施加±1 V 电压,器件的电磁性能变化不大。但是当施加电压提高到−2 V 时,器件透过率开始升高,大约 10 min 后升至 42%(−3.8 dB),变化约 9 dB。必须指出,提高切换电压可增加切换速率,但也降低了屏蔽态和透波态之间的透过率差值。

7.3　展望

导电聚苯胺是一种性能独特的电磁屏蔽材料,其电磁性可方便地进行调节。从原理上分析,导电聚苯胺是一种电损耗材料,其电磁损耗以吸收为主,反射为辅。为提高导电聚苯胺的屏蔽效能和应用适应性,通常将导电聚苯胺与树脂或其他填料共混制备复合材料。其设计原则如下。

(1)引入高电导率材料增强反射,这些材料有金属粉末、片状石墨烯等,将这些材料的反射性能与聚苯胺的吸收性能相结合,最终达到增强屏蔽效能的目的。

(2)引入电损耗材料(TiO_2、$BaTiO_2$ 等)或磁损耗材料(羰基铁粉、铁氧体等)增强本征吸收,以增强屏蔽效能。

(3)引入比表面积大、长径比大、介电性能与聚苯胺相差较大的材料增强多重反射,以纳米材料为佳,如碳纳米管、碳纤维、石墨等,这些材料可与导电聚苯胺形成电导率不连续的微界面,电磁波会在各个微界面间不断反射、耗散,最终变成热能,提高屏蔽效能。

值得关注的是,通过改变导电聚苯胺的电导率和氧化态,聚苯胺可用于制备电磁性能变化可控的智能窗口或快门材料,达到可分时分频控调透波的目标,这是导电聚苯胺研究中很有应用价值的新方向。

参 考 文 献

[1] Geetha S, Kumar K K S, Rao C R K, et al. EMI shielding: Methods and materials. A review. Journal of Applied Polymer Science, 2009, 112(4): 2073~2086.

[2] Ling J H. EMI shielding-conductive coatings-material selection. Transactions of the Institute of Metal Finishing, 1987, 65: A5~A7.

[3] Chung D D L. Electromagnetic interference shielding effectiveness of carbon materials. Carbon, 2001, 39(2): 279~285.

[4] Thomassin J M, Jerome C, Pardoen T, et al. Polymer/carbon based composites as electromagnetic interference(EMI) shielding materials. Materials Science and Engineering R, 2013, 74(7): 211~232.

[5] Ramajo L, Ramajo D, Santiago D, et al. $BaTiO_3$-filled epoxy resin composites: Numerical modelling of dielectric constants. Ferroelectrics, 2006, 338: 1533~1542.

[6] Liu L D, Duan Y P, Liu S H, et al. Microwave absorption properties of one thin sheet employing carbonyl-iron powder and chlorinated polyethylene. Journal of Magnetism and Magnetic Materials, 2010, 322(13): 1736～1740.

[7] Yusoff A N, Abdullah M H, Ahmad S H, et al. Electromagnetic and absorption properties of some microwave absorbers. Journal of Applied Physics, 2002, 92(2): 876～882.

[8] Joo J, Epstein A J. Electromagnetic-radiation shielding by intrinsically conducting polymers. Applied Physics Letters, 1994, 65(18): 2278～2280.

[9] Sambyal P, Singh A P, Verma M, et al. Tailored polyaniline/barium strontium titanate/expanded graphite multiphase composite for efficient radar absorption. RSC Advances, 2014, 4(24): 12614～12624.

[10] Song Y X, Wang H L, Zheng Y S, et al. Preparation of high conducting polyaniline films and study on their electromagnetic shielding properties. ACTA Polymerica Sinica, 2002, 1: 92～95.

[11] Hourquebie P, Olmedo L. Influence of structural parameters of conducting polymers on their microwave properties. Synthetic Metals, 1994, 65: 19～26.

[12] Jing X L, Wang Y Y, Zhang B Y. Electrical conductivity and electromagnetic interference shielding of polyaniline/polyacrylate composite coatings. Journal of Applied Polymer Science, 2005, 98(5): 2149～2156.

[13] Sahimi M. Applications of Percolation Theory. London: Taylor & Francis, 1994.

[14] Zallen R. The Physics of Amorphous Solids. New York: Wiley-Interscience, 1998.

[15] Saboor A, Khan A N, Cheema H M, et al. Effect of polyaniline on the dielectric and EMI shielding behaviors of styrene acrylonitrile. Journal of Materials Science-Materials in Electronics, 2016, 27(9): 9634～9641.

[16] Bora P J, Lakhani G, Ramamurthy P C, et al. Outstanding electromagnetic interference shielding effectiveness of polyvinylbutyral-polyaniline nanocomposite film. RSC Advances, 2016, 6(82): 79058～79065.

[17] Belaabed B, Wojkiewicz J L, Lamouri S, et al. Thermomechanical behaviors and dielectric properties of polyaniline-doped para-toluene sulfonic acid/epoxy resin composites. Polymers for Advanced Technologies, 2012, 23(8): 1194～1201.

[18] Das N C, Yamazaki S, Hikosaka M, et al. Electrical conductivity and electromagnetic interference shielding effectiveness of polyaniline-ethylene vinyl acetate composites. Polymer International, 2005, 54(2): 256～259.

[19] Dhawan S K, Singh N, Rodrigues D. Electromagnetic shielding behaviour of conducting polyaniline composites. Science and Technology of Advanced Materials, 2003, 4(2): 105～113.

[20] Bhadra S, Singha N K, Khastgir D. Dielectric properties and EMI shielding efficiency of polyaniline and ethylene 1-octene based semi-conducting composites. Current Applied Physics, 2009, 9(2): 396～403.

[21] 姜亚南, 王鸿博, 万玉芹, 等. PANI-HCl/PAN 电磁屏蔽纳米纤维膜的制备与表征. 化工新型材料, 2013, 41(7): 122～124.

[22] Engin F Z, Usta I. Electromagnetic shielding effectiveness of polyester fabrics with polyaniline deposition. Textile Research Journal, 2014, 84(9): 903～912.

[23] Schettini A R A, Soares B G. Study of microwave absorbing properties of polyaniline/STF conducting composites prepared by *in situ* polymerization//Pinto J C. Macromolecular Symposia. Brazilian Polymer Congress, 2011, 299: 164~174.

[24] Lakshmi K, John H, Mathew K T, et al. Microwave absorption, reflection and EMI shielding of PU-PANI composite. Acta Materialia, 2009, 57(2): 371~375.

[25] Hoang N H, Wojkewicz J L, Miane J L, et al. Lightweight electromagnetic shields using optimized polyaniline composites in the microwave band. Polymers for Advanced Technologies, 2007, 18(4): 257~262.

[26] Saini P, Choudhary V, Sood K N D, et al. Electromagnetic interference shielding behavior of polyaniline/graphite composites prepared by *in situ* emulsion pathway. Journal of Applied Polymer Science, 2009, 113(5): 3146~3155.

[27] Yu D X, Cheng J, Yang Z R. Performance of polyaniline-coated short carbon fibers in electromagnetic shielding coating. Journal of Materials Science & Technology, 2007, 23(4): 529~534.

[28] Sarvi A, Sundararaj U. Electrical permittivity and electrical conductivity of multiwall carbon nanotube-polyaniline (MWCNT-PANi) core-shell nanofibers and MWCNT-PANi/polystyrene composites. Macromolecular Materials and Engineering, 2014, 299(8): 1013~1020.

[29] Mishra M, Singh A P, Gupta V, et al. Tunable EMI shielding effectiveness using new exotic carbon: Polymer composites. Journal of Alloys and Compounds B, 2016, 688: 399~403.

[30] Mohan R R, Varma S J, Faisal M J, et al. Polyaniline/graphene hybrid film as an effective broadband electromagnetic shield. RSC Advances, 2015, 5(8): 5917~5923.

[31] Fang F, Li Y Q, Xiao H M, et al. Layer-structured silver nanowire/polyaniline composite film as a high performance X-band EMI shielding material. Journal of Materials Chemistry C, 2016, 4(19): 4193~4203.

[32] Jelmy E J, Ramakrishnan S, Kothurkar N K. EMI shielding and microwave absorption behavior of Au-MWCNT/polyaniline nanocomposites. Polymers for Advanced Technologies, 2016, 27(9): 1246~1257.

[33] Sharma A K, Bhardwaj P, Singh K K, et al. Improved microwave shielding properties of polyaniline grown over three-dimensional hybrid carbon assemblage substrate. Applied Nanoscience, 2015, 5: 635~644.

[34] Saini P, Arora M, Gupta G, et al. High permittivity polyaniline-barium titanate nanocomposites with excellent electromagnetic interference shielding response. Nanoscale, 2013, 5: 4330~4336.

[35] Ezzati S N, Rabbani M, Leblanc R M, et al. Conducting, magnetic polyaniline/Ba$_{0.25}$Sr$_{0.75}$Fe$_{11}$(Ni$_{0.5}$Mn$_{0.5}$)O$_{19}$ nanocomposite: Fabrication, characterization and application. Journal of Alloys and Compounds, 2015, 646: 1157~1164.

[36] Tang J H, Ma L, Tian N, et al. Synthesis and electromagnetic properties of PANI/PVP/CIP core-shell composites. Materials Science and Engineering B: Advanced Functional Solid-State Materials, 2014, 186: 26~32.

[37] Liu P B, Huang Y, Zhang X. Synthesis, characterization and excellent electromagnetic wave absorption properties of graphene@CoFe$_2$O$_4$@polyaniline nanocomposites. Synthetic Metals, 2015, 201: 76~81.

[38] Bora P J, Shahidsha N, Madras G, et al. Novel poly (vinyl butyral) (PVB)/polyaniline-cenosphere composite film for EMI shielding//Shekhawat M S, Bhardwaj S, Suthar B. International Conference on Condensed Matter and Applied Physics (ICC 2015). AIP Conference Proceedings, 2016, 1728: 020646.

[39] Faisal M, Khasim S. Ku-band EMI shielding effectiveness and dielectric properties of polyaniline-Y_2O_3 composites. Polymer Science Series A, 2014, 56 (3): 366~372.

[40] Faisal M, Khasim S. Electrical conductivity, dielectric behavior and EMI shielding effectiveness of polyaniline-yttrium oxide composites. Bulletin of the Korean Chemical Society, 2013, 34 (1): 99~106.

[41] Barnes A, Despotakis A, Wright P V, et al. Control of conductivity at microwave frequencies in a poly (aniline hydrochloride) silver-polymer electrolyte composite material. Electronics Letters, 1996, 32 (4): 358~359.

[42] Barnes A, Despotakis A, Wright P V, et al. Control of microwave reflectivities of polymer electrolyte-silver-polyaniline composite materials. Electrochimica Acta, 1998, 43 (10 ~ 11): 1629~1632.

[43] Barnes A, Despotakis A, Wong T C P, et al. Towards a "smart window" for microwave applications. Smart Materials & Structures, 1998, 7 (6): 752~758.

[44] Barnes A, Lees K, Wright P V, et al. Conducting polymer composite materials for smart microwave windows. Smart Structures and Materials 1999: Smart Materials Technologies, Proceedings of the Society of Photo-Optical Instrumentation Engineers (SPIE), 1999, 3675: 139~149.

[45] Barnes A, Ford K L, Wight P V, et al. Materials and techniques for controllable microwave surfaces// GobinP F, FriendC M. Fifth European Conference on Smart Structures and Materials. Proceedings of the Society of Photo-Optical Instrumentation Engineers (SPIE), 2000, 4073: 109~120.

[46] Wright P V, Chambers B, Barnes A, et al. Progress in smart microwave materials and structures. Smart Materials & Structures, 2000, 9 (3): 273~279.

[47] Zhang R, Barnes A, Ford K L, et al. A new microwave "smart window" based on a poly (3,4-ethylenedioxythiophene) composite. Journal of Materials Chemistry, 2003, 13 (1): 16~20.

[48] Rose T L, D'Antonio S, Jillson M H, et al. A microwave shutter using conductive polymers. Synthetic Metals, 1997, 85 (1~3): 1439~1440.

[49] Ott H W. Electromagnetic Compatibility Engineering. Hoboken: John Wiley & Sons, Inc., 2009.

[50] Saini P. Electrical properties and electromagnetic interference shielding response of electrically conducting thermosetting nanocomposites//Mittal V. Thermoset Nanocomposites. Weinheim: Wiley-VCH Verlag GmbH & Co., 2013: 211~237.

[51] Saini P. Intrinsically Conducting Polymer-Based Blends and Composites for Electromagnetic Interference Shielding: Theoretical and Experimental Aspects. Beverly: Scrivener Publishing LLC, 2015: 451~518.

[52] Sudha J D, Sivakala S, Prasanth R, et al. Development of electromagnetic shielding materials from the conductive blends of polyaniline and polyaniline-clay nanocomposite-EVA: Preparation and properties. Composites Science and Technology, 2009, 69 (3~4): 358~364.

[53] Schulz R B, Plantz V C, Brush D R. Shielding theory and practice. IEEE Transactions on

Electromagnetic Compatibility, 1988, 30: 187～201.

[54] Colaneri N F, Schacklette L W. EMI shielding measurements of conductive polymer blends. IEEE Transactions on Instrumentation and Measurement, 1992, 41: 291～297.

[55] Joo J, Epstein A J. Electromagnetic radiation shielding by intrinsically conducting polymers. Applied Physics Letters, 1994, 65: 2278～2280.

[56] Hong Y K, Lee C Y, Jeong C K, et al. Method and apparatus to measure electromagnetic interference shielding efficiency and its shielding characteristics in broadband frequency ranges. Review of Scientific Instruments, 2003, 74(2): 1098～1102.

[57] Nicolson A M, Ross G F. Measurement of the intrinsic properties of materials by time-domain techniques. IEEE Transactions on Instrumentation and Measurement, 1970, 19: 377～382.

[58] Weir W B. Automatic measurement of complex dielectric constant and permeability at microwave frequencies. Proceedings of the IEEE, 1974, 62: 33～36.

[59] GuRu B S, Hiziroglu H R. 电磁场与电磁波. 周克定, 张肃文, 董天临, 等译. 北京: 机械工业出版社, 2000: 242～286.

[60] Chandrasekhar P, Naishadham K. Broadband microwave absorption and shielding properties of a poly(aniline). Synthetic Metals, 1999, 105(2): 115～120.

[61] Kim B R, Lee H K, Park S H, et al. Electromagnetic interference shielding characteristics and shielding effectiveness of polyaniline-coated films. Thin Solid Films, 2011, 519(11): 3492～3496.

[62] Agilent 85071E materials measurement software technical overview. Agilent Technologies, Inc., USA, 2006.

[63] Standard test method for measuring the electromagnetic shielding effectiveness of planar materials. ASTM D 4935～10.

[64] 中华人民共和国电子工业部. 材料屏蔽效能的测量方法. 中华人民共和国电子行业军用标准, SJ 20524—1995.

[65] Ohlan A, Singh K, Dhawan S K. Shielding and dielectric properties of sulfonic acid-doped pi-conjugated polymer in 8.2～12.4 GHz frequency range. Journal of Applied Polymer Science, 2010, 115(1): 498～503.

[66] Joseph N, Varghese J, Sebastian M T. Self assembled polyaniline nanofibers with enhanced electromagnetic shielding properties. RSC Advances, 2015, 5(26): 20459～20466.

[67] Mohan R R, Varma S J, Sankaran J. Impressive electromagnetic shielding effects exhibited by highly ordered, micrometer thick polyaniline films. Applied Physics Letters, 2016, 108(15): 154101.

[68] Biscaro R S, Nohara E L, Peixto G G. Performance evaluation of conducting polymer paints as radar absorbing materials(RAM). International Microwave and Optoelectronics Conference-IMOC 2003, Vols I and II, 2003: 355～358.

[69] Micheli D, Vricella A, Pastore R, et al. Synthesis and electromagnetic characterization of frequency selective radar absorbing materials using carbon nanopowders. Carbon, 2014, 77: 756～774.

[70] Tantawy H R, Kengne B A F, McIlroy D N, et al. X-ray photoelectron spectroscopy analysis for the chemical impact of solvent addition rate on electromagnetic shielding effectiveness of HCl-doped polyaniline nanopowders. Journal of Applied Physics, 2015, 118(17): 175501.

[71] Kumar K K S, Geetha S, Trivedi D C. Freestanding conducting polyaniline film for the control of electromagnetic radiations. Current Applied Physics, 2005, 5 (6): 603～608.

[72] Murthy T S R, Yugandhar U. Conducting polymers for EMI shielding applications. BHEL Journal, 2003, 24 (2): 29～37.

[73] Phang S W, Hino T, Abdullah M H, et al. Applications of polyaniline doubly doped with *p*-toluene sulphonic acid and dichloroacetic acid as microwave absorbing and shielding materials. Materials Chemistry and Physics, 2007, 104 (2～3): 327～335.

[74] Han M G, Im S S. Dielectric spectroscopy of conductive polyaniline salt films. Journal of Applied Polymer Science, 2001, 82 (11): 2760～2769.

[75] Kim B R, Lee H K, Kim E, et al. Intrinsic electromagnetic radiation shielding/absorbing characteristics of polyaniline-coated transparent thin films. Synthetic Metals, 2010, 160 (17～18): 1838～1842.

[76] Lee S H, Lee D H, Lee K, et al. High-performance polyaniline prepared via polymerization in a self-stabilized dispersion. Advanced Functional Materials, 2005, 15 (9): 1495～1500.

[77] Tantawy H R, Aston D E, Smith J R, et al. A comparison of electromagnetic shielding with polyaniline nanopowders produced in solvent-limited conditions. ACS Applied Materials & Interfaces, 2013, 5: 4648～4658.

[78] Tantawy H R, Weakley A T, Aston D E. Chemical effects of a solvent-limited approach to HCl-doped polyaniline nanopowder synthesis. The Journal of Physical Chemistry C, 2014, 118: 1294～1305.

[79] Lee K, Cho S, Park S H, et al. Metallic transport in polyaniline. Nature, 2006, 441: 65～68.

[80] Shacklette L W, Colaneri N F, Wessling B J. EMI shielding of intinsically conductive polymers. Journal of Vinyl Technology, 1992, 14 (2): 118～122.

[81] Niu Y H. Electromagnetic interference shielding with polyaniline nanofibers composite coatings. Polymer Engineering and Science, 2008, 48 (2): 355～359.

[82] Zhuo R F, Qiao L, Feng H T, et al. Microwave absorption properties and the isotropic antenna mechanism of ZnO nanotrees. Journal of Applied Physics, 2008, 104: 94101.

[83] Chen L F, Ong C K, Neo C P, et al. Microwave Electronics, Measurements and Materials Characterization. Hoboken: John Wiley & Sons, 2004.

[84] Narkis M, Zilberman M, Siegmann A. On the "curiosity" of electrically conductive melt processed doped-polyaniline/polymer blends versus carbon-black/polymer compounds. Polymers for Advanced Technologies, 1997, 8: 525～528.

[85] Zilbermanl M, Siegmannl A, Narkis M. Conductivity and structure of melt-processed polyaniline binary and ternary blends. Polymers for Advanced Technologies, 2000, 11: 20～26.

[86] Zilberman M, Titelman G I, Siegmann A, et al. Conductive blends of thermally dodecylbenzene sulfonic acid-doped polyaniline with thermoplastic polymers. Journal of Applied Polymer Science, 1997, 66 (2): 243～253.

[87] Zilberman M, Siegmann A, Narkis M. Melt-processed electrically conductive polymer/polyaniline blends. Journal of Macromolecular Science B: Physics, 1998, 37 (3): 301～318.

[88] Miyasaka K, Watanabe K, Jojima E, et al. Electrical conductivity of carbon-polymer composites as a function of carbon content. Journal of Materials Science, 1982, 17: 1610～1616.

[89] Sumita M, Sakata K, Asai S, et al. Dispersion of fillers and the electrical conductivity of polymer blends filled with carbon black. Polymer Bulletin, 1991, 25: 265~271.

[90] Sumita M, Sakata K, Hayakawa Y, et al. Double percolation effect on the electrical conductivity of conductive particles filled polymer blends. Colloid & Polymer Science, 1992, 270: 134~139.

[91] Dhawan S K, Singh N, Venkatachalam S. Shielding behaviour of conducting polymer-coated fabrics in X-band, W-band and radio frequency range. Synthetic Metals, 2002, 129(3): 261~267.

[92] Singh A P, Mishra M, Sambyal P, et al. Encapsulation of Fe_2O_3 decorated reduced graphene oxide in polyaniline core-shell tubes as an exceptional tracker for electromagnetic environmental pollution. Journal of Materials Chemistry A, 2014, 2: 3581~3593.

[93] Wen B, Wang X X, Cao W Q, et al. Reduced graphene oxides: The thinnest and most lightweight materials with highly efficient microwave attenuation performances of the carbon world. Nanoscale, 2014, 6: 5754~5761.

[94] Basuli U, Chattopadhyay S, Nah C, et al. Electrical properties and electromagnetic interference shielding effectiveness of multiwalled carbon nanotubes-reinforced EMA nanocomposites. Polymer Composites, 2012, 33(6): 897~903.

[95] Al-Saleh M H, Saadeh W H, Sundararaj U. EMI shielding effectiveness of carbon based nanostructured polymeric materials: A comparative study. Carbon, 2013, 60: 146~156.

[96] Sheng P, Klafter J. Hopping conductivity in granular disordered-systems. Physical Review B, 1983, 27(4): 2583~2586.

[97] Saini P, Arora M. Microwave absorption and EMI shielding behavior of nanocomposites based on intrinsically conducting polymers, graphene and carbon nanotubes//Gomes A D S. New Polymers for Special Applications. Rio de Janeiro: InTechOpen, 2012: 71~112.

[98] Khairy M. Polyaniline-$Zn_{0.2}Mn_{0.8}Fe_2O_4$ ferrite core-shell composite: Preparation, characterization and properties. Journal of Alloys and Compounds, 2014, 608: 283~291.

[99] Jiang J, Li L, Xu F. Polyaniline-LiNi ferrite core-shell composite: Preparation, characterization and properties. Materials Science and Engineering A, 2007, 456: 300~304.

[100] Wan M X, Fan J H. Synthesis and ferromagnetic properties of composites of a water-soluble polyaniline copolymer containing iron oxide. Journal of Polymer Science Part A: Polymer Chemistry, 1998, 36(15): 2749~2755.

[101] Sozeri H, Kurtan U, Topkaya R, et al. Polyaniline(PANI)-$Co_{0.5}Mn_{0.5}Fe_2O_4$ nanocomposite: Synthesis, characterization and magnetic properties evaluation. Ceramics International, 2013, 39: 5137~5143.

[102] Kim S S, Jo S B, Gueon K I, et al. Complex permeability and permittivity and microwave absorption of ferrite-rubber composite at X-band frequencies. IEEE Transactions on Magnetics, 1991, 27(6): 5462~5464.

索　引

A

氨气传感器　197

B

本征态聚苯胺　40
苯胺的乳液聚合　107
苯胺齐聚物　6, 11

C

掺杂剂阴离子的腐蚀抑制机理　185
掺杂态聚苯胺　40
超低分子量聚苯胺　6, 10
超高分子量聚苯胺　6, 9
超级电容器　142
传感器　196
传输线法　226
磁损耗材料　240

D

胆固醇传感器　213
导电聚苯胺智能屏蔽材料　244
导电性　53
低分子量聚苯胺　6, 10
低碳钢　168
电磁干扰　223
电磁屏蔽　224
电磁屏蔽效能　225
电导率　58
电化学合成法　25

E

二次掺杂　52
二氧化氮传感器　203

F

反相微乳液聚合　110
防腐涂料　187
分散聚合　104
腐蚀防护涂层　165

G

高导电聚苯胺　60
高分子量聚苯胺　6
弓形法　227

H

化学合成　2

J

金属防腐方法　165
金属腐蚀过程　165
金属腐蚀抑制剂　172

电化学交流阻抗谱　182
电损耗材料　240
电致变色行为　28
对离子诱导制备可溶性聚苯胺　70
钝化层　168
多硫化锂"穿梭效应"　133

聚苯胺　1
聚苯胺气体传感器　196
聚苯胺生物传感器　209
聚苯胺正极材料　128

K

开路电位　181

L

锂空电池　130
锂离子电池　124
锂硫电池　133
硫化氢传感器　199
铝合金　170

M

镁合金　173

P

葡萄糖传感器　210

Q

氢气传感器　205
全还原态聚苯胺　43
全氧化态聚苯胺　43

R

染料敏化太阳能电池　150

S

扫描振动电极技术　183
生物传感器　209
湿度传感器　207
水基加工　83

T

太阳能电池　149

W

物理屏蔽机理　177

X

析氢过程　174

Y

盐雾试验　187
阳极保护机理　180
氧化还原可逆性　61
氧化还原性能　61, 62
一氧化碳传感器　201

Z

中间氧化态聚苯胺　43
自掺杂聚苯胺　84
自由空间法　227
自掺杂　52

彩　　图

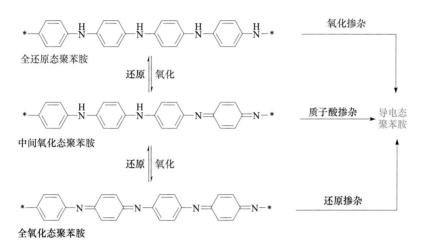

图 2-6　不同氧化态聚苯胺的掺杂反应[35,38]

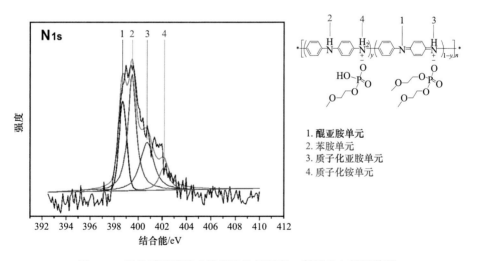

1. 醌亚胺单元
2. 苯胺单元
3. 质子化亚胺单元
4. 质子化铵单元

图 2-13　酸性磷酸酯掺杂聚苯胺的氮元素 X 射线光电子能谱[54]

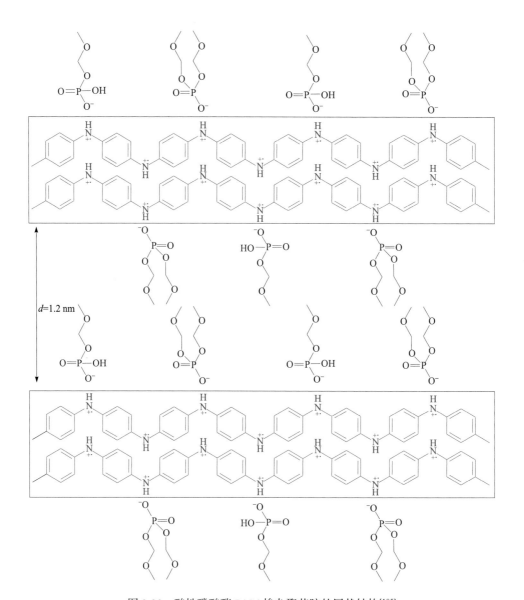

图 3-20　酸性磷酸酯 PA76 掺杂聚苯胺的层状结构[105]

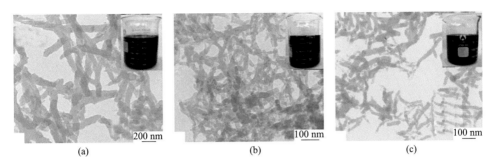

(a)   (b)   (c)

图 3-21   "假高稀"方法制备水性聚苯胺纳米线的 TEM 图[106]

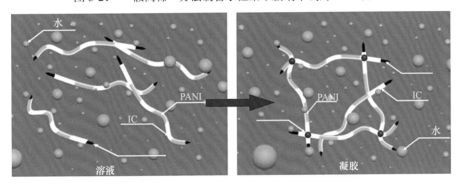

图 3-22   聚苯胺/纤维素复合溶液的溶液-凝胶转变[113]

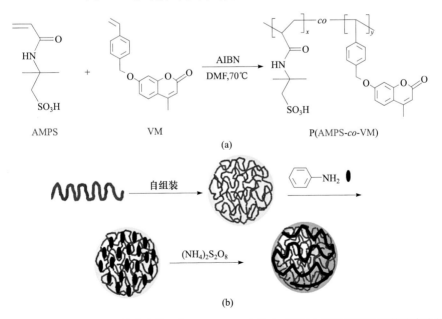

图 3-31   两亲无规光敏共聚物 P(AMPS-*co*-VM) 的合成图(a)以及以其自组装胶束为模板
制备聚苯胺胶体粒子合成示意图(b)[164]

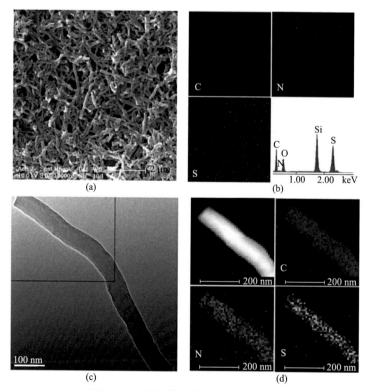

图 4-4　水分散聚苯胺纳米纤维的合成[47]

图 4-5　双层结构聚苯胺/硫复合物[56]